"十四五"时期
国家重点出版物出版专项规划项目

航天先进技术研究与应用/
电子与信息工程系列

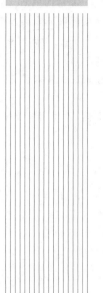

U0222998

信号与系统（第4版）

Signals and Systems

主　编　柳长源

副主编　王玉静　王庆岩　韩　闯

主　审　卢　迪

哈尔滨工业大学出版社
HARBIN INSTITUTE OF TECHNOLOGY PRESS

内容简介

本书系统地阐述了连续信号与系统的基本理论和基本分析方法,介绍了模拟信号及线性时不变系统的基本概念和分析研究问题的方法,重点是通过对信号变换域分析求解的方法,研究信号与系统的理论。

本书着重强调概念和理论的学习,淡化计算技巧,引入 MATLAB 作为信号与系统的分析工具。全书共 8 章,内容包括:绪论;连续信号的时域分析;连续时间系统的时域分析;连续信号的频域分析;连续时间系统的频域分析;连续时间系统的 s 域分析;电路的 s 域分析;连续时间信号与系统的 MATLAB 仿真实验。每章还配有大量的例题和习题,注重难点和重点的解释与分析。为了方便读者复习巩固书中的主要知识点,在书后附录部分提供了 5 套试卷形式的综合测试题,并给出了全部测试题答案。

本书可作为与信号处理相关的电子、通信、自动控制等专业的本科生、大专生以及成人自学者的教材和教学参考书,也可作为相关工程技术人员的参考资料和考研参考书。

图书在版编目(CIP)数据

信号与系统/柳长源主编.—4 版.—哈尔滨:
哈尔滨工业大学出版社,2022.8(2024.2 重印)
(电子与信息工程系列)
ISBN 978-7-5767-0354-2

Ⅰ.①信… Ⅱ.①柳… Ⅲ.①信号系统 Ⅳ.
①TN911.6

中国版本图书馆 CIP 数据核字(2022)第 147967 号

策划编辑 许雅莹
责任编辑 许雅莹 张 权
封面设计 刘长友
出版发行 哈尔滨工业大学出版社
社   址 哈尔滨市南岗区复华四道街 10 号 邮编 150006
传   真 0451－86414749
网   址 http://hitpress.hit.edu.cn
印   刷 哈尔滨博奇印刷有限公司
开   本 787mm×1092mm 1/16 印张 21.25 字数 517 千字
版   次 2011 年 8 月第 1 版 2022 年 8 月第 4 版
          2024 年 2 月第 2 次印刷
书   号 ISBN 978－7－5767－0354－2
定   价 44.00 元

第4版前言

"信号与系统"这门课程已经从电子信息工程类专业基础课发展为众多电类专业的基础课程，甚至在很多非电专业中也有设置。党的二十大报告指出："深化教育领域综合改革，加强教材建设和管理，完善学校管理和教育评价体系，健全学校家庭社会育人机制"。根据这一要求，结合近年来信号处理技术的最新发展，第4版教材在原有教材的基础上进行了修订，教材以线性时不变系统为主要研究对象，通过时域和变换域两种方法研究信号与系统的基本理论及主要应用模型分析。本书的特点体现在如下几个方面：

（1）在教材理念上，主要阐述的是现代科学的思维方法和认知过程，而不仅仅是人类知识的简单再现。读者在学习时，不仅能够获得相应的科学知识，更能提升认知能力和思维方式。因此，本书在编写过程中，对教材的形式和内容进行了系统科学的组织，形式结构条理清晰，内容表达环环相扣、深入浅出，更加符合学习的认知过程。

（2）在教材内容上，针对以电子、通信、自动控制等相关专业本科教学为主安排的内容，体现经典与现代、连续与离散、信号与系统的辩证关系，适当反映了现代电子信息技术领域取得的新理论和新技术。注意强调基本概念的描述，在对概念给出严格定义的同时，尽量使用通俗易懂的语言，并结合生活和工程应用中的实例给出解释说明。

（3）在内容的介绍过程中，穿插了较多的例题，这些例题通常不强调解题的技巧性，而是关注计算的基本过程和方法，强调基本概念的应用。每节有适当的思考题，以问答形式为主，主要用于课堂练习。增加每章课后练习题的题型（基本覆盖各类主要题型），减少重复题型，减少偏、怪题型。思考题、例题和习题的配备与教学内容紧密结合，并充分考虑部分学生考研的需要，以达到更好的教学需求。对一些绝大多数高等院校不常涉及的内容，酌情进行调整，以适应现代的教学要求。

（4）为了提高学生理论联系实际的能力，积极将教研与科研成果引入教材，并利用MAT-LAB仿真工具进行了信号与系统的分析。在国外许多大学里，诸如"应用代数""数理统计""信号与系统""自动控制""数字信号处理""通信系统""动态系统仿真"等课程的教学都逐步引入MATLAB作为学生必须掌握的工具。为了加强实践教学，教材配备了8个MATLAB实验，供教师选用。并把实验部分单独放在全书最后，详细说明实验原理、内容、实验思考题，配备大部分源程序（留出少部分由学生自己编写）等，使学习过程更加生动和灵活，更有利于学生的学习和对知识的掌握。

基于以上考虑，全书各章内容安排如下：

第1章介绍信号与系统的基本概念，内容包括信号的定义和基本运算，系统的定义和系统的性质等。

第2章介绍连续信号的时域分析，其中包括典型连续时间信号、阶跃信号与冲激信号、信号的基本运算与变换、信号的分解等。

第3章介绍连续时间系统的时域分析，内容包括系统的微分方程及其求解、零输入响应与零状态响应、冲激响应与阶跃响应、瞬态响应与稳态响应、自由响应与强迫响应、卷积及其性质、卷积的求解(图解法及特性法)等。

第4章介绍连续信号的频域分析,内容包括周期信号的傅里叶级数、对称信号的傅里叶级数分析、傅里叶变换与非周期信号的频谱分析、傅里叶变换的基本性质及应用、周期信号的傅里叶变换与频谱分析、抽样定理及抽样信号的频谱分析、抽样信号的恢复及抽样保持、能量谱与功率谱等。

第5章介绍连续时间系统的频域分析,内容包括LTI系统的系统函数、正弦信号的稳态响应、无失真传输系统、理想低通滤波器及其应用、系统物理可实现条件、带通滤波系统、通信系统的幅度调制与解调、多路通信复用技术简介等。

第6章介绍连续时间系统的s域分析,内容包括从傅里叶变换到拉普拉斯变换,拉普拉斯变换的性质及其应用,拉普拉斯逆变换,利用拉普拉斯变换求解微分方程,s域系统模型分析,系统函数的零、极点与系统特性关系,系统的稳定性等。

第7章介绍电路的s域分析,内容包括电路元件的s域模型、电路的系统函数(网络函数)、电路的复频域分析等。

第8章介绍连续时间信号与系统的MATLAB仿真实验等,并在附录中配备了相关实验的源程序。

书中带*章节可根据教学安排作为选讲内容。

针对本书前几版在教学中所反映的问题,第4版在以下几方面进行了修改:

(1)根据近年来信号与系统教学的发展,调整了少量课后习题。

(2)增加了附录4,提供了5套综合试卷及参考答案,以方便学生期末复习及考研参考。

(3)根据仿真工具软件的最新升级版本,调整了部分实验代码、附录及实验结果图形。

(4)纠正了第3版教材中的错漏及表述不够规范的文字。

(5)对选讲章节进行了微调。

本书由柳长源主编,卢迪教授审阅。第1、2、3章由王玉静编写,第4、5章由柳长源编写,第6、7章由王庆岩编写,第8章及附录、部分习题及参考答案由韩闯编写。由柳长源负责全书统稿工作并校对习题答案。

限于作者水平,书中不足之处在所难免,恳请读者批评指正。

作　者

2022 年 7 月

目　录

CONTENTS

第 1 章

绪　论

1.1　引　言

我们对信号并不陌生,在日常生活中信号随处可见,如十字路口的红绿灯、上课的铃声,不同形式的信号传送了某些不同的消息。信号是消息的一种物理体现,而消息则是信号的具体内容。通常把消息中有意义的内容称为信息。

信号作为消息的载体,通常是一种可觉察的物理量,如声、光、电、动作和化学物质等。因此,信号可以广义地定义为随一些参数变化的某种物理量。在数学上,信号可以表示为一个或多个变量的函数。例如:语音信号是空气压力随时间变化的函数,图 1.1 所示为语音信号的波形。

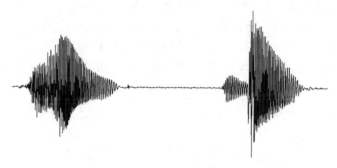

图 1.1　"we be"的语音波形

在电磁现象被人类认识之前,信息的交流与传输是由直接作用于人类感觉器官的信号来实现的,如击鼓、烽火、灯塔、旗语等都是人类较早使用的信号形式,其传送效果都受到了自然条件的限制。电报通信是莫尔斯(F. B. Morse)在 1837 年首先试验成功的,其用特定的电脉冲组合方式(莫尔斯电码)来代表英文字母。电报的发明,拉开了电信时代的序幕,开创了人类利用电来传递信息的历史。1876 年,贝尔(A. G. Bell)首先申请了电话专利权,将声音信号转变为电信号沿导线进行传送。1864 年,英国的麦克斯韦(Maxwell)建立了完整的电磁波理论,预测了电磁波的存在;1887 德国的赫兹(Hertz)用实验证实了电磁波的存在;随后克罗地亚的特斯拉(Tesla)、俄国的波波夫(Popov)和意大利的马可尼(Marconi)都分别实现了无线电通信。1901 年,马可尼成功接收到跨大西洋的信号,从此无线电不再是仅限于实验室,而是作为一种实用的通信媒介被人类广泛使用。经过 100 多年的研究和使用,电磁波的应用有长波、短波、微波、毫米波乃至光波,应用范围也越来越广。如日常生活中的广播、电视、bb 机(已经淘汰)、手机、各类无线网络、无线电导航,国防中的卫星、雷达,医学中的 X 线摄片、CT、磁共振成像等。电磁信号通常是随着时间变化的电压或电流,这种变化是与语音变化或者图像的色光变化等相对应的。这样通过编码或调制而变化着的电压或电流,分别构成了代表文字、声音和图像等消息的信号,因而信号中也就包含了消息中所含有的信息。在作为信号的诸多物理量中,电是应用最广的物理量,也容易实现与非电量的相互转换。因此,本书主要讨论电信号,即以时间变量作为信号表达式的独立变量。

　　信号的传输,要用由许多不同功能的单元组织起来的一个复杂系统来完成。系统是指由若干相互作用和相互依赖的事物组合而成的具有特定功能的整体。系统的基本作用是对输入信号进行加工和处理,将其转换为所需要的输出信号,如手机、电视机、通信网、计算机网等都可以看成系统,它们所传送的语音、音乐、图像、文字等都可以看成信号。信号的概念与系统的概念常常紧密地联系在一起。信号与系统的概念在非常广泛的领域中都有出现,信号的产生、传输和处理需要一定的物理装置,这样的物理装置常称为系统。虽然,在各个学科中的信号与系统的物理本质可能大不相同,但它们都有两个非常基本的共同点:信号是单个或多个独立变量的函数,而系统则对特定信号响应产生另外一些信号。从广义上说,一切信息的传输过程都可以看成是通信,一切完成信息传输任务的系统都是通信系统,如电报、电话、电视、雷达、导航等。就电视系统来说,其所要传输的信息包含在一些配有声音的画面之中,首先要利用摄像机把画面的光线色彩转变成图像信号,并利用话筒把声音转变成伴音信号,这些就是电视要传输的带有信息的全电视信号。这些原始信号通常要先进行存储,经过后期处理后播出。广播电视台首先把节目信号放大通过电视发射机把全电视信号变换为频率更高的信号,这时高频载波信号的某一参量随着音视频信号作相应的变化,使要传送的音频信号包含在高频载波信号之内,然后高频电流流过天线时,形成电磁波发射出去,电磁波在空间传播。电视接收天线截获到电磁波的一小部分能量并将其转变成为微弱的高频电信号,送入电视接收机。电视接收机将高频信号的频率降低,变为全电视信号,再分解为图像信号和伴音信号,并分别送到显像管和喇叭,于是就能收看到配有伴音的画面。上述过程,可以用一个简明的方框图表示,如图1.2所示。

图 1.2　通信系统的组成

　　图1.2表示了一般通信系统的组成,我们把传递信息所需的一切技术设备的总和称为通信系统。其中转换器指的是把消息转换为电信号或者反过来把电信号还原成消息的装置,如摄像管和显像管、话筒和喇叭。这些装置具有将一种形式的能量转换为另一种形式能量的功能,所以也常称其为换能器。信道是信号传输的通道,它可以是双绞线、同轴电缆和波导,也可以是空间和人造卫星,或者是光导纤维。有时发射机和接收机也可以看作信号的通道。所以一个通信系统的工作,主要是包括消息到信号的转换、信号的处理和信号的传输,有时还要对信号进行监测。

　　信号与系统理论已为通信技术的发展提供了多种分析工具,同时信号处理技术也向着多维、多谱、多分辨率和多媒体方向发展。信号与信息处理技术在下一代通信系统中发挥了至关重要的作用。现代通信技术和计算设备融合,以及互联网的广泛使用给用户提供了无限的潜力:会议、视频点播、万维网和互联网。同时,近年迅速发展的无线访问是电信业发展最强的推动力,但也存在艰难的技术挑战:需要新的理论和复杂的信号处理技术,包括高速光纤连接,无线、有线和数字通信技术的多媒体通信网络设计。现今通信发展趋势中一个最重要的特性是通信需求的多样性,是当今世界科技发展的重点,也是国家科技发展战略的重点。

党的二十大提出了"坚持面向世界科技前沿"的战略发展构想,随着近年来人工智能技术的快速发展,分形、混沌、小波和神经网络算法在通信信号处理中得到了广泛应用。以机器学习和深度学习为代表的计算智能技术与信号处理相结合可以在 5G 乃至 6G 移动通信系统的多用户检测、信道估计、信道的盲均衡和智能天线等功能的实现方面发挥核心作用。

党的二十大报告指出"深入实施科教兴国战略、人才强国战略、创新驱动发展战略,开辟发展新领域新赛道,不断塑造发展新动能新优势"。在科技领域里,创新和发展是永远不变的主题,随着新技术的不断出现,信号与系统的分析方法也不断更新,学习基础理论的同时,也要紧密关注信号分析与处理的新技术新方法,在实践中不断学习。

【思考题】
1.信号与信息的区别与联系是什么? 举例说明。
2.请根据信号与系统的定义,举出实际生产生活中属于信号与系统分析的例子。

1.2　信号的数学表示及其分类

信号的分类方法很多,可以从不同的角度进行分类。描述信号的基本方法是写出它的数学表达式,很多信号可以表示为一个时间的函数,所以常以信号所具有的时间函数特性来加以分类。信号与函数在信号分析中常常通用。信号按其时间函数特性可以分为确定信号与随机信号、连续时间信号与离散时间信号、周期信号与非周期信号、能量信号与功率信号、实信号与复信号等。

1.2.1　确定信号与随机信号

按照信号的确定性划分,信号可分为确定信号与随机信号。

确定信号(Determinate Signal)是指可以用一个确定的数学表达式来描述的信号。前面给出的信号例子都属于确定信号。确定信号的特点是信号任意时刻的值是确定的,或是可预知的,例如电路中的正弦信号,任意时刻的值是确知的(包括未来的任意时刻),如图 1.3(a)所示。

随机信号(Random Signal)也称为不确定信号,它不是时间的确定函数,当给定某一时间值时,其函数值并不确定,而只能用统计规律来描述,如图 1.3(b)所示的噪声信号。

通信系统中传输的实际信号通常具有不确定性,这与通信的目的有关,为传送新的信息,信号必然是不确定的。实际信号与确定信号有相近的特性,通常可以认为实际信号主要由确定性信号组成。确定信号作为一种近似的、理想化了的信号,能够使问题分析大为简化,具有重要意义。信号传输过程中,除了人们所需要的带有信息的信号外,同时还会夹杂着如噪声、干扰等人们所不需要的信号,它们大都带有更大的随机性质。例如在日常生活中,将收音机调谐到一个无广播电台的频率位置时,这时从喇叭中输出的噪声便是一个随机信号,该信号不能用一个确切的数学表达式来描述,且无法预知该信号未来时刻的值。

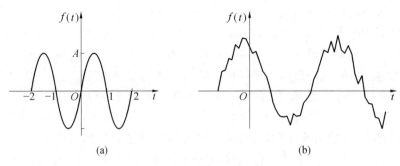

图 1.3　确定信号波形与随机信号波形

1.2.2　连续时间信号与离散时间信号

信号值都与它的(瞬时)幅度相对应。按照信号在时间轴上取值是否连续,又可将信号分为连续时间信号与离散时间信号。

连续时间信号是指在信号的定义域内,任意时刻都有确定的函数值的信号,通常用 $f(t)$ 表示。连续时间信号最明显的特点是自变量 t 在其定义域上除有限个间断点外,其余是连续可变的。由于"连续"是相对时间而言的,故信号幅值可以是不连续的。对于幅值和时间都是连续的信号,又称为模拟信号。例如,图 1.4(a)中的正弦信号为连续时间信号,即

$$f_1(t) = \sin(\pi t) \quad (-\infty < t < +\infty)$$

其定义域 $(-\infty, +\infty)$ 和值域 $[-1,1]$ 都是连续的。图 1.4(b)中信号的表达式为

$$f_2(t) = \begin{cases} 0 & (t < 0) \\ 1 & (0 \leqslant t < 1) \\ -1 & (1 \leqslant t < 2) \\ 0 & (t \geqslant 2) \end{cases}$$

其定义域 $(-\infty, +\infty)$ 是连续的,但其函数值只取 -1、0、1 三个离散的值。

离散时间信号是指时间(其定义域为一个整数集)是离散的信号(或称序列),即仅在时间 t 的离散值上给出的信号,函数值离散时刻的间隔可以是均匀的,也可以是不均匀的,一般情况都采用均匀间隔。这时,自变量 t 简化为用整数序号 n 表示,函数符号写作 $f[n]$,仅当 n 为整数时 $f[n]$ 才有定义。在实际的信号处理中,n 实际上代表 nT_s,nT_s 为离散时间变量,其中 T_s 是采样间隔(Sampling Interval)。如果离散时间信号不仅在时间上是离散的,而且在幅度上是量化的,则称为数字信号。

图 1.4(c)中信号的表达式为

$$f_3(t) = \begin{cases} 0 & (t < 0) \\ A & (t = 0, 1, 2, 3) \\ 0 & (t > 3) \end{cases}$$

其定义域为全部整数,但随着 t 的变化,序列值是有限个离散值 0、A。

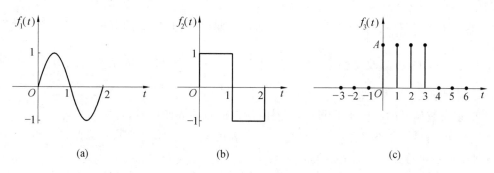

图 1.4 连续时间信号波形与离散时间信号波形

1.2.3 周期信号与非周期信号

用确定的时间函数表示的信号,又可分为周期信号(Period Signal)和非周期信号(Non-period Signal)。周期信号是每隔一个固定的时间间隔重复变化的信号。严格数学意义上的周期信号,是无始无终地重复着某一变化规律的信号。当然,这样的信号实际上是不存在的,周期信号只是指在较长时间内按照某一规律重复变化的信号。连续周期信号与离散周期信号的数学表示分别为

$$f(t) = f(t+nT) \quad (n = \pm 1, \pm 2, \pm 3, \cdots; -\infty < t < +\infty) \tag{1.1}$$
$$f(k) = f(k+nN) \quad (n = \pm 1, \pm 2, \pm 3, \cdots; -\infty < k < +\infty, k \text{ 取整数}) \tag{1.2}$$

满足以上两式中的最小正数 T、N 分别称为周期信号的基本(基波)周期,通常简称周期。

【例 1.1】 判断下列信号是否是周期的,如果是周期的,试确定其周期。其中常数 $a \neq 0$,$b \neq 0$。

(1) $f_1(t) = a\sin(5t) + b\cos(9t)$; (2) $f_2(t) = a\sin(3t) + b\cos(2\pi t)$;

(3) $f_3(t) = [a\sin(2t) + b\sin(5t)]^2$; (4) $f_4(t) = \cos\left(2t + \dfrac{\pi}{4}\right)$;

(5) $f_5(t) = \cos(2\pi t) \quad (t \geqslant 0)$。

解 如果两个周期信号的周期具有公倍数,则它们的和信号仍然是一个周期信号,其周期为两个周期信号周期的最小公倍数。

(1) 因为 $\sin(5t)$ 和 $\cos(9t)$ 都是周期信号,且 $\sin(5t)$ 的周期为 $\dfrac{2\pi}{5}$,$\cos(9t)$ 周期为 $\dfrac{2\pi}{9}$,$a\sin(5t)$ 和 $b\cos(9t)$ 中的常数 a 和 b 只改变幅值,不改变周期,$\dfrac{2\pi}{5}$ 和 $\dfrac{2\pi}{9}$ 的最小公倍数为 2π,所以,$f_1(t)$ 是周期信号,周期为 2π。

(2) 因为 $\sin(3t)$ 和 $\cos(2\pi t)$ 都是周期信号,且 $\sin(3t)$ 的周期为 $\dfrac{2\pi}{3}$,$\cos(2\pi t)$ 周期为 $\dfrac{2\pi}{2\pi} = 1$,$a\sin(3t)$ 和 $b\cos(2\pi t)$ 中的常数 a 和 b 只改变幅值,不改变周期,$\dfrac{2\pi}{3}$ 是无理数,1 是有理数,$\dfrac{2\pi}{3}$ 和 1 不存在公倍数,所以,$f_2(t)$ 是非周期信号。

(3) 因为

$$f_3(t) = (a\sin(2t) + b\sin(5t))^2 = a^2\sin^2(2t) + b^2\sin^2(5t) + 2ab\sin(2t)\sin(5t) =$$
$$\frac{a^2}{2}(1 - \cos(4t)) + \frac{b^2}{2}(1 - \cos(10t)) + ab(\cos(3t) - \cos(7t))$$

其中，$\cos(4t)$、$\cos(10t)$、$\cos(3t)$ 和 $\cos(7t)$ 都是周期信号，且它们的周期分别为 $\dfrac{\pi}{2}$、$\dfrac{\pi}{5}$、$\dfrac{2\pi}{3}$ 和 $\dfrac{2\pi}{7}$，常数 $\dfrac{a^2}{2}$、$\dfrac{b^2}{2}$ 和 a,b 只改变幅值，不改变周期。$\dfrac{\pi}{2}$、$\dfrac{\pi}{5}$、$\dfrac{2\pi}{3}$ 和 $\dfrac{2\pi}{7}$ 的最小公倍数为 2π，所以，$f_3(t)$ 是周期信号，周期为 2π。

（4）正余弦信号的相位不影响其周期性，所以信号是周期信号，且周期为 π。

（5）周期信号必须在区间 $-\infty < t < \infty$ 上满足 $f(t)=f(t+T)$，所以此信号为非周期信号，这种信号也可称作"半边周期信号"。

只要给出周期信号在任一周期内的变化过程，便可知道它在时间轴上任一时刻的数值。非周期信号在时间上不具有周而复始的特性。若令周期信号的周期 T 或 N 趋于无限大，则成为非周期信号，因而非周期信号也可以看作周期无限大的周期信号。通信系统中广泛应用"伪随机信号"，这种以具有相对较长周期的确定性信号构成的"伪随机信号"，从某一时段来看似无规律，而经一定周期之后，波形严格重复。

1.2.4 能量信号与功率信号

如果把信号 $f(t)$ 看作随时间变化的电压和电流，则当信号 $f(t)$ 通过 $1\ \Omega$ 电阻时，信号在时间间隔 $-T/2 \leqslant t \leqslant T/2$ 内所消耗的能量称为归一化能量，即为

$$E = \lim_{T\to +\infty} \int_{-\frac{T}{2}}^{\frac{T}{2}} \mid f(t) \mid^2 \mathrm{d}t$$

当 $f(t)$ 为实函数时

$$E = \lim_{T\to +\infty} \int_{-\frac{T}{2}}^{\frac{T}{2}} f^2(t)\mathrm{d}t \tag{1.3}$$

而在上述时间间隔 $-T/2 \leqslant t \leqslant T/2$ 内的平均功率称为归一化功率，即为

$$P = \lim_{T\to +\infty} \frac{1}{T} \int_{-\frac{T}{2}}^{\frac{T}{2}} \mid f(t) \mid^2 \mathrm{d}t$$

当 $f(t)$ 为实函数时

$$P = \lim_{T\to +\infty} \frac{1}{T} \int_{-\frac{T}{2}}^{\frac{T}{2}} f^2(t)\mathrm{d}t \tag{1.4}$$

上述定义式是连续时间信号 $f(t)$ 的归一化能量 E 和归一化功率 P 的定义。

若信号的能量有界，平均功率趋于零，即满足 $E < +\infty$，$P \to 0$，则称该信号为能量有界信号，简称能量信号（Finite-energy Signal）。

若信号的平均功率有界，能量趋于无穷大，即满足 $P < +\infty$，$E \to +\infty$，则称该信号为功率有界信号，简称功率信号（Finite-power Signal）。

若信号的平均功率和能量均趋于无穷大，则称该信号为非能量、非功率信号。

对能量信号只能从能量去加以考察，而无法从平均功率去考察；对于功率信号，总能量就没有意义，因而只能从功率去加以考察。由直观不难理解：在时间间隔无限趋大的情况下，周期信号都是功率信号；只存在于有限时间内的信号是能量信号；存在于无限时间内的非周期信号可以是能量信号，也可以是功率信号，这要根据信号是何种函数而定。如持续时间有界的矩形信号和三角脉冲信号等是能量信号；周期脉冲信号、正弦信号、复指数信号等均属功率信号；而类似 $f(t)=t^2$ 这类的信号，由于其能量和功率均无界，故为非能量、非功率信号。

【例 1.2】 已知一连续时间信号为 $f(t) = \begin{cases} \sin\left(\dfrac{\pi}{5}t\right) & (t \geqslant 0) \\ 0 & (t < 0) \end{cases}$

(1) 判断该信号是否为周期信号,若是,求出信号的周期;

(2) 该信号是否是能量信号? 是否是功率信号?

解 (1) 要判断该信号是否是周期信号,只需看是否存在一个非零的正整数 T,使得

$$f(t + T) = \sin\left[\frac{\pi}{5}(t + T)\right]$$

显然,对 $t \geqslant 0$,有 $T = 10$ 时,$f(t + T) = f(t)$,$f(t)$ 好像是周期的。

但由于 $t < 0$ 时,$f(t) = 0$,例如 $f(-1) = 0$,但 $f(-1 + 10) = f(9)$,$f(9) = \sin\left(\dfrac{9\pi}{5}\right) \neq 0$。

因此,$f(t)$ 不是周期信号。

(2) 根据信号能量的定义式,有

$$E = \lim_{T \to +\infty} \int_{-T}^{T} |f(t)|^2 \, dt =$$

$$\lim_{T \to +\infty} \int_{-T}^{0} |f(t)|^2 \, dt + \lim_{T \to +\infty} \int_{0}^{T} |f(t)|^2 \, dt =$$

$$0 + \lim_{T \to +\infty} \int_{0}^{T} \sin^2\left(\frac{\pi}{5}t\right) dt$$

根据三角函数的半角公式,有

$$\sin^2\left(\frac{\pi}{5}t\right) = \frac{1}{2}\left[1 - \cos\left(\frac{2\pi}{5}t\right)\right]$$

所以

$$E = \frac{1}{2} \lim_{T \to +\infty} \int_{0}^{T} \left[1 - \cos\left(\frac{2\pi}{5}t\right)\right] dt =$$

$$\frac{1}{2} \lim_{T \to +\infty} \int_{0}^{T} 1 \, dt - \frac{1}{2} \lim_{T \to +\infty} \int_{0}^{T} \cos\left(\frac{2\pi}{5}t\right) dt$$

上边积分中,第一项为无穷大,第二项为有界量($-1/2 \sim 1/2$),因而 $E \to +\infty$。

因此,$f(t)$ 不是能量信号。

根据信号平均功率的定义,有

$$P = \lim_{T \to +\infty} \frac{1}{2T} \int_{-T}^{T} |f(t)|^2 \, dt =$$

$$\lim_{T \to +\infty} \frac{1}{2T} \int_{-T}^{0} |f(t)|^2 \, dt + \lim_{T \to +\infty} \frac{1}{2T} \int_{0}^{T} |f(t)|^2 \, dt =$$

$$\frac{1}{2} \lim_{T \to +\infty} \frac{1}{2T} \int_{0}^{T} \left[1 - \cos\left(\frac{2\pi}{5}t\right)\right] dt =$$

$$\frac{1}{2} \lim_{T \to +\infty} \frac{1}{2T} \int_{0}^{T} 1 \, dt - \frac{1}{2} \lim_{T \to +\infty} \frac{1}{2T} \int_{0}^{T} \cos\left(\frac{2\pi}{5}t\right) dt =$$

$$\frac{1}{4}$$

由于满足 $P < +\infty$,$E \to +\infty$,故信号 $f(t)$ 是功率信号。

【例 1.3】 判断下列信号是否是能量信号、功率信号。

$(1) f_1(t) = A\cos(\omega_0 t) ; (2) f_2(t) = e^{-t} , t \geqslant 0 ; (3) f_3(t) = \begin{cases} t & (t \geqslant 0) \\ 0 & (t < 0) \end{cases}。$

解　$(1) f_1(t) = A\cos(\omega_0 t)$ 是基本周期 $T_0 = \dfrac{2\pi}{|\omega_0|}$ 的周期信号,其在一个基本周期内的能量为

$$E_0 = \int_0^{T_0} f^2(t)\,dt = \int_0^{T_0} A^2 \cos^2(\omega t)\,dt = A^2 \int_0^{T_0} \frac{1}{2} [1 + \cos(2\omega t)]\,dt = \frac{A^2 T_0}{2}$$

由于周期信号有无限个周期,所以 $f_1(t)$ 的归一化能量为无限值,即

$$T = \lim_{n \to +\infty} n T_0$$

信号能量为

$$E = \lim_{n \to +\infty} 2n E_0 = +\infty$$

其归一化功率为

$$P = \lim_{T \to +\infty} \frac{1}{2T} \int_{-T}^{T} f^2(t)\,dt = \lim_{n \to +\infty} \frac{1}{2n T_0} 2n E_0 = \frac{A^2}{2}$$

归一化功率是非零的有限值,因此 $f_1(t)$ 是功率信号。

（2）由式(1.3)可计算出 $f_2(t)$ 的归一化能量为

$$E = \lim_{T \to +\infty} \int_{-T}^{T} f_2^2(t)\,dt = \lim_{T \to +\infty} \int_{-T}^{T} e^{-2t}\,dt = \lim_{T \to +\infty} -\frac{1}{2}(e^{-2T} - 1) = \frac{1}{2}$$

归一化能量是有限值,因此 $f_2(t)$ 是能量信号。

（3）由于

$$E = \lim_{T \to +\infty} \int_{-T}^{T} f_3^2(t)\,dt = \lim_{T \to +\infty} \int_0^T t^2\,dt = \lim_{T \to +\infty} \left(\frac{t^3}{3}\right)\Big|_0^T = \lim_{T \to +\infty} \left(\frac{T^3}{3}\right) \to \infty$$

$$P = \lim_{T \to +\infty} \frac{1}{2T} \int_{-T}^{T} f_3^2(t)\,dt = \lim_{T \to +\infty} \frac{1}{2T} \int_0^T t^2\,dt = \lim_{T \to +\infty} \frac{1}{2T} \left(\frac{t^3}{3}\right)\Big|_0^T = \lim_{T \to +\infty} \left(\frac{T^2}{6}\right) \to \infty$$

因此此信号既不是能量信号也不是功率信号。

1.2.5　实信号与复信号

实信号(Real Signal)是指可用一实数函数来描述的信号,即信号幅度取值是实数。前面给出的有关信号的例子都是实信号。实信号的共轭是其自身。

复信号(Complex Signal)是指可用一个复函数来描述的信号,即

$$f(t) = f_1(t) + j f_2(t) \tag{1.5}$$

其中,$f_1(t)$ 与 $f_2(t)$ 均为实函数。

$f(t)$ 的共轭函数为

$$f^*(t) = f_1(t) - j f_2(t) \neq f(t) \tag{1.6}$$

复信号在实际生活中不存在,但是为了某些信号处理中描述问题方便,简化运算,常常引用复信号并以其实部或虚部表示实际信号。例如,常用正弦信号 $f(t) = a(t)\cos[w_0 t + \varphi(t)]$ 是一个实信号,在通信系统中载波 w_0 通常是一个已知常量,不含信息,而幅度 $a(t)$ 和相位 $\varphi(t)$ 通常携带有用信息,可将信号 $f(t)$ 描述为

$$f(t) = a(t)\cos[w_0 t + \varphi(t)] = \mathrm{Re}\{a(t) e^{jw_0 t + j\varphi(t)}\} = \mathrm{Re}\{a(t) e^{j\varphi(t)} e^{jw_0 t}\}$$

令复信号 $w(t)$ 为

$$w(t) = a(t) e^{w_0 t + j\varphi(t)} = a(t)\cos[w_0 t + \varphi(t)] + j a(t)\sin[w_0 t + \varphi(t)] =$$

$$f(t) + jq(t)$$

在工程上经常用复信号 $w(t)$ 来表示两个实信号 $a(t)$ 和 $\varphi(t)$。

【思考题】

1. 如何判断含有不同频率成分的信号是否是周期信号？

2. 能量信号是否一定是非周期信号？非周期信号是否都是能量信号？

3. 是否存在这样的信号：(1) 既是能量信号也是功率信号；(2) 既不是能量信号也不是功率信号。如果存在，举例说明。

1.3 系统的数学模型及其分类

要产生信号，并对信号进行传输、处理、存储和转化，需要一定的物理装置，即系统。系统是由一些互相制约的部件或事物组成并且具有一定功能的整体。通信系统、计算机系统、机器人、软件等都称为系统。

1.3.1 系统的数学模型

对系统的理论研究包括系统的数学建模、分析和综合（设计）几个方面。系统分析讨论的中心问题是：在给定的输入作用下系统将产生什么样的输出。系统综合讨论的问题是：在规定了某种激励下的响应后，确定系统的结构以满足规定的可实现的技术要求。系统分析的任务是：建立系统的数学模型或物理模型，并求解这两类模型。模型就是系统基本特性的数学抽象，它以数学表达式或用具有理想特性的符号组合成图形，来表征系统的特性。前者可称为数学模型，后者可称为物理模型。要分析一个系统，首先要建立描述该系统基本特性的数学模型，然后用数学方法进行求解，并对所得的结果做出物理解释，赋予物理意义。即系统分析的过程，是从实际物理问题抽象为数学模型，然后经数学解析后再回到物理实际的过程。

我们所研究的模型并非物理实体，它由一些理想元件结合组成，每个理想元件都代表着系统的一种特性。这些理想元件的连接与系统中实际元件的组成结构不需完全相当，但它们结合的总体所呈现的特性，与实际系统的特性应该相近。

例如，图 1.5 所示一个简单的 RC 一阶动态电路系统。图中电容 C 具有初始电压 U_0，开关 K 在 $t=0$ 时刻闭合，且有 $U_s > U_0$，使电容充电。

图 1.5 只是在工作频率较低，而且线圈、电容器损耗相对很小情况下的近似。如果考虑电路中的寄生参量，如分布电容、引线电感和损耗，而且工作频率较高时，单独一个电阻器或电容器本身就要用若干个理想元件组成的等效电路来表示，所以实际 RC 电路的高频模型就会比低频模型复杂得多。工作频率更高时，无法再用集总参数模型来表示此系统，需采用分布参数模型。

在各种系统中，电系统具有特殊的重要作用，这是因为大多数的非电系统都可以用电系统来模拟或仿真。线性系统的数学模型是线性方程（线性代数方程、线性微分方程和线性差分方程）。对于电系统，构造数学模型的依据是电网络的两个约束特性。

（1）元件特性约束：元件特性约束是表征元件特性的关系式。如电阻、电感、电容上的电压与电流的关系等。

（2）网络拓扑约束：网络拓扑约束是由网络结构决定的电压、电流的约束关系。如以基尔

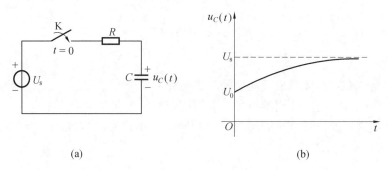

图 1.5　RC 电路与电容电压

霍夫电压定律(KVL)和基尔霍夫电流定律(KCL)等表示的约束关系。

　　在系统的模型上,一定要标出输入与输出,因为对不同形式的输入与输出,系统的数学模型是不同的。另外,对于不同的物理系统,经过抽象和近似,有可能得到形式上完全相同的数学模型。即使对于由理想元件组成的系统,在不同电路结构情况下,其数学模型也有可能一致。例如,网络对偶理论。

　　对图 1.5 所示 RC 一阶动态电路系统应用 KVL 约束条件,若以电容电压 $u_C(t)$ 为变量,该电路的动态方程式为

$$RC\,\frac{\mathrm{d}u_C}{\mathrm{d}t} + u_C(t) = U_\mathrm{s} \quad (t \geqslant 0)$$

其全解为

$$u_C(t) = U_0\,\mathrm{e}^{-\frac{t}{RC}} + U_\mathrm{s}(1 - \mathrm{e}^{-\frac{t}{RC}}) \quad (t \geqslant 0)$$

　　根据系统的物理特性,把理想元件或理想运算器加以组合连接,就可构成常见的电路图,或者系统的模拟图,这些图就是用符号表示的系统模型。应用基尔霍夫定律,即可由电路图写出电路方程;从系统的模拟图,也可容易地直接写出系统方程。

　　作为系统模型基本组成部分,还有一些理想的运算单元,它们中的每一种完成一种运算功能。例如,标量乘法器的输出信号是输入信号的 a 倍,加法器的输出信号是若干个输入信号之和。这些理想的运算器的特性,可以用实际的电路做得很接近。它们本身都各是一个小系统,同时又可用来作为一个大系统的基本单元。这些运算单元常常被抽象地用不同形状、名称的方框图来表示。每个方框图反映某种数学运算功能,给出该方框图输出与输入信号的约束条件,若干个方框图相连组成一个完整的系统。图 1.6 所示为线性系统中常见的标量乘法器、积分器、加法器、单位延时器的基本单元框图。

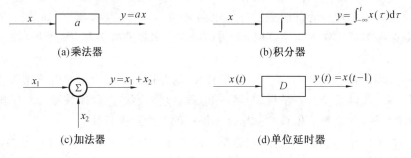

图 1.6　基本单元框图

由图 1.5 所示 RC 一阶动态电路系统所对应的线性微分方程,可以得到其对应的系统框图,如图 1.7 所示。

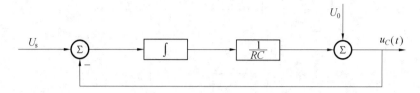

图 1.7　RC 一阶动态电路系统框图

　　线性微分方程与系统框图之间可以相互转化,系统函数法和时域中间变量法都能够在系统给出微分方程的条件下得出系统框图,也可在给出系统框图的条件下得出系统的微分方程。由于系统函数法涉及变换域,这里仅介绍时域中间变量法。

　　以一个简单的二阶线性时不变系统为例,设该系统微分方程为

$$y''(t) + a_1 y'(t) + a_0 y(t) = b_1 x'(t) + x(t) \tag{1.7}$$

对该微分方程,引入一个中间变量 $q(t)$。将微分方程中的 $y(t)$ 用 $q(t)$ 代替,令

$$q''(t) + a_1 q'(t) + a_0 q(t) = x(t) \tag{1.8}$$

将 $q''(t)$ 保留在方程左边,其他项都移到方程右边,得

$$q''(t) = x(t) - a_1 q'(t) - a_0 q(t) \tag{1.9}$$

由此可得输入 $x(t)$ 与中间变量 $q(t)$ 的部分系统框图,如图 1.8 所示。

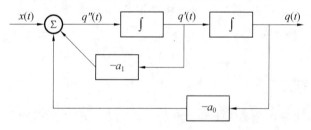

图 1.8　$x(t)$ 与中间变量 $q(t)$ 的部分系统框图

　　根据微分方程的性质,可将式(1.8)左右两边同时求导并乘以 b_1,得

$$b_1 [q'''(t) + a_1 q''(t) + a_0 q'(t)] = b_1 x'(t) \tag{1.10}$$

将式(1.8)和式(1.10)左右两边分别相加并整理,可得

$$[b_1 q'(t) + q(t)]'' + a_1 [b_1 q'(t) + q(t)]' + a_0 [b_1 q'(t) + q(t)] = b_1 x'(t) + x(t) \tag{1.11}$$

对比原微分方程和式(1.11),可以得到

$$y(t) = b_1 q'(t) + q(t)$$

由此可得输出 $y(t)$ 与中间变量 $q'(t)$ 的部分系统框图,如图 1.9 所示。

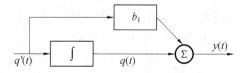

图 1.9　$y(t)$ 与中间变量 $q'(t)$ 的部分系统框图

　　合并两个框图,即可得到二阶微分系统时域系统框图,如图 1.10 所示。

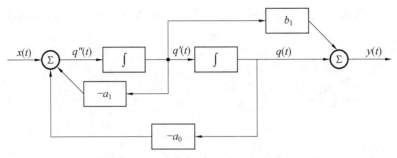

图 1.10　二阶微分系统时域系统框图

经常把整个系统看作一个整体,对于单输入单输出系统,输入经过该系统(具有初始条件)后得到输出,其系统框图如图 1.11 所示。

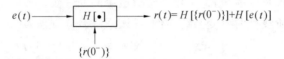

图 1.11　单输入单输出系统方框图

图中,$H[\cdot]$ 表示系统的功能作用,它取决于系统的内部结构与元件参数;$e(t)$ 是输入信号的函数,称为激励(Excitation);$r(t)$ 是输出信号的函数,称为响应(Response)。系统的输出响应 $r(t)$ 是系统的初始状态 $r(0^-)$ 与输入激励 $e(t)$ 的函数。

当系统的输入激励有多个,系统的初始状态也有多个时,系统响应 $r(t)$ 是这多个输入激励与多个初始状态的函数,即

$$r(t) = H[r_1(0^-), r_2(0^-), \cdots, e_1(t), e_2(t), \cdots] \tag{1.12}$$

1.3.2　系统的分类

系统可按多种方法进行分类。不同类型的系统其系统分析的过程是一样的,但系统的数学模型不同,因而其分析方法也就不同。系统的功能和特性就是通过由怎样的激励产生怎样的响应来体现。不同的系统具有各种不同的特性。按照系统的特性,系统可作如下分类。

1. 连续时间系统与离散时间系统

连续时间系统(Continuous Time System)和离散时间系统(Discrete Time System)是根据它们所传输和处理的信号的性质而定的。若系统的输入和输出都是连续时间信号,且其内部也未转换为离散时间信号,则称此系统为连续时间系统。若系统的输入和输出都是离散时间信号,则称此系统为离散时间系统。RLC 电路都是连续时间系统,而数字计算机就是一个典型的离散时间系统。在实际工作中,离散时间系统常常与连续时间系统联合运用,同时包含这两者的系统称为混合系统(Hybrid System),数字通信系统和用微机来进行控制的自动控制系统等都属此类。连续时间系统和离散时间系统都可以是线性的或非线性的,同时也可以是时不变的或时变的。

连续时间系统的数学模型是微分方程,而离散时间系统则用差分方程描述。

2. 线性系统与非线性系统

线性系统是同时具有齐次性(Homogeneity)和叠加性(Superposition Property)的系

统。一般地说,线性系统(Linear System)是由线性元件组成的系统,非线性系统(Nonlinear System)则是含有非线性元件的系统。但是,有的含有非线性元件的系统在一定的工作条件下,也可以看作线性系统。所以,对于线性系统应该由它的特性来规定其确切的意义。

齐次性表示当输入激励改变为原来的 k 倍时,输出响应也相应地改变为原来的 k 倍,这里 k 为任意常数。即如果由激励 $e(t)$ 产生的系统的响应是 $r(t)$,则由激励 $ke(t)$ 产生的该系统的响应是 $kr(t)$,用符号表示为

若 $$e(t) \rightarrow r(t)$$

则 $$ke(t) \rightarrow kr(t) \tag{1.13}$$

叠加性表示,当有几个激励同时作用于系统上时,系统的总响应等于各个激励分别作用于系统所产生的分量响应之和。如果 $r_1(t)$ 为系统在 $e_1(t)$ 单独作用时的响应,$r_2(t)$ 为同系统在 $e_2(t)$ 单独作用时的响应,则在激励 $e_1(t) + e_2(t)$ 作用时此系统的响应为 $r_1(t) + r_2(t)$,用符号表示为

若 $$e_1(t) \rightarrow r_1(t)$$
$$e_2(t) \rightarrow r_2(t)$$

则 $$e_1(t) + e_2(t) \rightarrow r_1(t) + r_2(t) \tag{1.14}$$

在一般情况下,符合叠加条件的系统同时也具有齐次性,电系统就属这种情况,但也存在不同时具备齐次性和叠加性的系统。将上面公式合并起来,就可得到线性系统应当具有的特性。

若 $$e_1(t) \rightarrow r_1(t)$$
$$e_2(t) \rightarrow r_2(t)$$

则 $$k_1 e_1(t) + k_2 e_2(t) \rightarrow k_1 r_1(t) + k_2 r_2(t) \tag{1.15}$$

或者说,具有这种特性的系统,称为线性系统。非线性系统不具有上述特性。

【例 1.4】 系统的输入为 $f(t)$,输出为 $y(t)$,判断下列系统是否为线性系统。

(1) $y(t) = \cos(t) \cdot f(t)$;

(2) $y(t) = |f(t) - f(t-1)|$。

解 系统是否为线性系统,需要证明该系统必须满足齐次性和叠加性,根据线性系统定义,有:

(1) 齐次性:已知 $$f(t) \Rightarrow y(t) = \cos(t) \cdot f(t)$$
$$af(t) \Rightarrow a\cos(t) \cdot f(t) = ay(t)$$

叠加性:令 $f_1(t) \Rightarrow y_1(t) = \cos(t) \cdot f_1(t)$,$f_2(t) \Rightarrow y_2(t) = \cos(t) \cdot f_2(t)$

有 $$af_1(t) + bf_2(t) \Rightarrow a\cos(t) \cdot f_1(t) + b\cos(t) \cdot f_2(t) = ay_1(t) + by_2(t)$$

所以此系统是线性系统。

(2) 令 $f_1(t) = af(t)$,则有 $f_1(t-1) = af(t-1)$

那么 $$y_1(t) = |af(t) - af(t-1)| = |a| |f(t) - f(t-1)| = |a| y(t)$$

当 $a < 0$ 时,有 $$y_1(t) = -ay(t)$$

所以不满足齐次性,此系统是非线性系统。

对于初始状态不为零的系统,如将初始状态视为独立于信号源产生响应的因素,则运用叠加性,系统的全响应将可分为零状态响应与零输入响应两部分,即 $r_{zs}(t)$ 为外加激励为零时由初始状态单独作用产生的响应,称为系统的零状态响应(Zero-state Response);$r_{zi}(t)$ 为初始

状态为零时由外加激励单独作用产生的响应,称为系统的零输入响应(Zero-input Response)。系统的零输入响应 $r_{zi}(t)$ 绝对不应与输入有关,而系统的零状态响应 $r_{zs}(t)$ 也不应与初始状态有关。于是,当线性系统既存在外部输入激励同时又具有初始状态时,系统的输出响应必定是零输入响应与零状态响应的叠加,称之为完全响应,这种特性有时也称为响应的分解性(Decomposition Property),即

$$r(t) = r_{zs}(t) + r_{zi}(t)$$

如果系统的 $r_{zs}(t)$ 与 $r_{zi}(t)$ 都满足式(1.15)的线性要求,即系统具有分解性且同时具有零输入线性与零状态线性,则该系统仍视为线性系统。

【例 1.5】 判断下列系统是否为线性系统。

(1) $y(t) = \lg x(0^-) + f^2(t)$;

(2) $y(t) = 3x(0^-) + f^2(t)$;

(3) $y(t) = x^2(0^-) + \int_0^t f(\tau)\mathrm{d}\tau$。

解 根据线性系统定义,有:

(1) 该系统满足分解性,但不满足零状态线性和零输入线性;

(2) 该系统满足分解性和零输入线性,但不满足零状态线性;

(3) 该系统满足分解性和零状态线性,但不满足零输入线性。

3. 时不变系统与时变系统

系统根据其中是否包含有随时间变化参数的元件而分为时不变系统(Time Invariant System)和时变系统(Time Varying System)。时不变系统又称非时变系统或定常系统(Fixed System),它的性质不随时间变化,或者说,它具有响应的形状不随激励施加的时间不同而改变的特性。一个系统,如果在零状态条件下,其输出响应与输入激励的关系不随输入激励作用于系统的时间起点而改变,就称为时不变系统;否则,就称为时变系统。时不变系统的特性沿时间轴是均匀的,当输入激励延时一段时间作用于系统时,其零状态响应也延时同样的一段时间,且保持输出的波形不变,这就是时不变特性。这种系统是由定常参数的元件构成的,如通常的电阻、电容元件的参数 R、C 等均视为是时不变的。时变系统中包含有时变元件,这些元件的某些参数是某种时间的函数。例如,变容元器件的电容量就是受某种外界因素控制而随时间变化的。时变系统的参数随时间而变化,所以它的性质也随时间而变化。设时不变系统对于激励 $e(t)$ 的响应是 $r(t)$,则当激励延迟一段时间而成为 $e(t-t_0)$ 时,其响应也延迟一段相同时间而形状不变,成为 $r(t-t_0)$。用符号表示为

若 $$e(t) \rightarrow r(t)$$

则 $$e(t-t_0) \rightarrow r(t-t_0) \tag{1.16}$$

式(1.16)是区分系统是否时变的依据,系统若具有式(1.16)表示的性质则为时不变系统,不具有上述性质则为时变系统。

系统是否线性和是否时变是两个互不相关的独立概念,线性系统可以是时不变的或者是时变的,非线性系统也可以是时不变的或者是时变的。如果将式(1.15)和式(1.16)加以合并,可得线性时不变系统的特性为

若 $$e_1(t) \rightarrow r_1(t)$$

$$e_2(t) \rightarrow r_2(t)$$

则 $\qquad$ $k_1 e_1(t-t_1) + k_2 e_2(t-t_2) \rightarrow k_1 r_1(t-t_1) + k_2 r_2(t-t_2)$ $\qquad$ (1.17)

判断一个系统是否为时不变系统,只需判断当输入激励 $e(t)$ 变为 $e(t-t_0)$ 时,相应的输出响应是否也由 $r(t)$ 变为 $r(t-t_0)$。因为只涉及系统的零状态响应,所以无需考虑系统的初始状态。

【例 1.6】　试判断下列系统是否为时不变系统,其中 $x(t)$ 为输入信号,$y(t)$ 为零状态响应。

$(1) y(t) = tx(t)$;　　　　　　$(2) y(t) = \int_{-\infty}^{t} x(\tau) d\tau$;

$(3) y(t) = \sin t \cdot x(t)$;　$(4) y(t) = \sin[x(t)]$。

解　判断一个系统是否为时不变系统,只需要判断当输入激励延时后,其输出响应是否也存在相应的延时。由于系统的非时变特性只考虑系统的零状态响应,因此,在判断系统的时不变特性时,都不涉及系统的初始状态。

（1）响应时移 t_0 后的表达式为

$$y_f(t-t_0) = (t-t_0) x(t-t_0)$$

而激励时移 t_0 后所对应的响应为

$$T[x(t-t_0)] = tx(t-t_0)$$

显然,$T[x(t-t_0)] \neq y(t-t_0)$,所以该系统是时变系统,这里用"$T[\ ]$"表示经过该系统输出。

（2）$y_1(t)$ 是由平移的输入信号 $x_1(t) = x(t-t_0)$ 产生的零状态响应,则

$$y_1(t) = T[x(t-t_0)] = \int_{-\infty}^{t} x(\tau-t_0) d\tau \xrightarrow{\lambda = \tau - t_0} \int_{-\infty}^{t-t_0} x(\lambda) d\lambda = y(t-t_0)$$

可见,系统为时不变系统。

（3）因为

$$y_1(t) = T[x(t-t_0)] = \sin t \cdot x(t-t_0)$$
$$y(t-t_0) = \sin(t-t_0) \cdot x(t-t_0) \neq y_1(t)$$

所以该系统为时变系统。

（4）若 $x_1(t) = x(t-t_0)$,可得

$$y_1(t) = \sin[x_1(t)] = \sin[x(t-t_0)] = y(t-t_0) = \sin[x(t-t_0)]$$

所以该系统为非时变系统。

4. 因果系统与非因果系统

符合因果律的系统称为因果系统（Causal System）,不符合因果律的系统称为非因果系统（Non-causal System）。人们生活的世界,所有事物的发展都必须遵循因果律。一切物理现象,都要满足先有原因然后产生结果这样一个因果关系,结果不能早于原因出现。因果系统是指系统在 t_0 时刻的响应只与 $t \leqslant t_0$ 时刻的输入有关,否则即为非因果系统。也就是说,激励是产生响应的原因,响应是激励引起的后果,响应不可能出现于施加激励之前,这种系统特性称为因果性。对于有些系统其自变量不是时间,判断该系统是否具有因果性,则要看它的自变量是否具有单向性。因果系统是指当且仅当输入信号激励系统时才产生输出响应的系统。这就是说,因果系统的输出响应不会出现在输入信号激励之前。反之,不具有因果特性的系统称为非因果系统。一般来说,一个常系数线性微分方程或差分方程式描述的因果系统,若在 $t < 0$ 时,激励 $e(t) = 0$,则在 $t < 0$ 时其相应的零状态响应 $r_{zi}(t)$ 也必定为零。通常（电阻器、电

感器、电容器)实际的物理系统都是因果系统,理想系统(无法实现的各类理想滤波器)往往都是非因果的。

【例 1.7】 判断下列系统是否为因果系统。

$(1) y(t) = f(t-2)$;

$(2) y(t) = f(t) - f(t-3)$;

$(3) y(t-1) = f(t) + f(t-1)$;

$(4) y(t) = f(t-1) + f(t+2)$。

解 (1) 系统在任意 t_0 时刻的响应 $y(t_0)$,只与 t_0-2 时刻的输入有关,而 $t_0-2 < t_0$,即系统的响应出现在输入信号激励之后,所以,该系统是因果系统。

(2) 系统在任意 t_0 时刻的响应 $y(t_0)$,只与 t_0 和 t_0-3 时刻的输入有关,即系统的响应不会出现在输入信号激励之前,所以,该系统是因果系统。

(3) 该系统可变换为如下形式: $y(t) = f(t+1) + f(t)$,所以系统在任意 t_0 时刻的响应 $y(t_0)$,与 t_0+1 时刻的输入有关,而 $(t_0+1) > t_0$,即系统的响应出现在输入信号激励之前,所以,该系统不是因果系统。

(4) 系统在任意 t_0 时刻的响应 $y(t_0)$,与 t_0+2 时刻的输入有关,而 $t_0+2 > t_0$,即系统的响应出现在输入信号激励之前,所以,该系统不是因果系统。

5. 可逆与不可逆系统

若系统在不同的激励信号作用下产生不同的响应,则称此系统为可逆系统(Invertible System)。反之,当若干个不同的输入产生相同输出(如在一个整流器中)时,要从输出求得输入是不可能的,则该系统是不可逆的。可简述为,如果"不同的输入产生不同的响应",则系统是可逆的。例如,对系统 $r(t) = |e(t)|$,由于系统对 $e_2(t) = -e_1(t)$ 和 $e_1(t)$ 的响应都为 $r(t) = |e_1(t)|$,故该系统是不可逆的。对于每个可逆系统都存在一个"逆系统",当原系统与此逆系统级联组合后,输出信号与输入信号相同。可逆系统由于其输入和响应间存在一一对应关系,如果系统的响应已知,则可通过一个逆映射,求出原来的输入信号。这个逆映射便是原系统的逆系统(Inverse System)。例如,一个理想的积分器,其逆系统就是一个理想的微分器。

可逆系统的概念在信号传输与处理技术领域中得到广泛的应用。例如,在通信系统中,为满足某些要求可将待传输信号进行特定的加工(如编码),在接收信号之后仍要恢复原信号,此编码器应当是可逆的。这种特定加工的一个实例如在发送端为信号加密,在接收端需要正确解密。

【例 1.8】 判断下列系统是否为可逆系统。

$(1) r(t) = e(2t-1)$;

$(2) r(t) = \dfrac{\mathrm{d}e(t)}{\mathrm{d}t}$。

解 根据可逆系统的定义,不同的输入产生不同的响应,有:

(1) 若系统激励分别为 $e_1(t)$,$e_2(t)$,其响应分别为

$$r_1(t) = e_1(2t-1), \quad r_2(t) = e_2(2t-1)$$

显然,$r_1(t) \neq r_2(t)$,不同的输入产生不同的响应,所以,该系统是可逆系统。

(2) 若系统激励分别为 $e_1(t) = t+1$,$e_2(t) = t+3$,其响应分别为

$$r_1(t) = 1, \quad r_2(t) = 1$$

显然 $e_1(t) \neq e_2(t)$，但 $r_1(t) = r_2(t)$，不同的输入产生了相同的响应，所以，该系统是不可逆系统。

6. 记忆（动态）系统与即时（瞬时无记忆）系统

如果系统在任意时刻的响应仅决定于该时刻的激励，而与它过去的历史无关，则称之为即时系统（或无记忆系统）。全部由无记忆元件（如电阻）组成的系统是即时系统。如果系统的输出信号不仅取决于同时刻的激励信号，而且与它过去的工作状态有关，这种系统称为动态系统（或记忆系统）。凡是包含有记忆作用的元件（如电容、电感、磁芯等）或记忆电路（如寄存器）的系统都属此类。即时系统可用代数方程描述，动态系统的数学模型则是微分方程或差分方程。在分析动态系统时，变量的选择又有两种方式，一种是选择输出变量与输入变量（响应与激励），另一种是选择状态变量（如电容电压、电感电流等）。

7. 集总参数系统与分布参数系统

集总参数系统仅由集总参数元件（如 R、L、C 等）组成。对于集总参数系统，人们认为系统的电能仅储存在电容中，磁能仅储存在电感中，而电阻是消耗能量的元件，同时还认为，在这样的系统中电磁能量的传输不需要时间，作用于系统任何处的激励，能立即传输到系统各处。只由集总参数元件组成的系统称为集总参数系统；含有分布参数元件的系统是分布参数系统（如传输线、波导等）。集总参数系统用常微分方程作为它的数学模型；而分布参数系统的数学模型是偏微分方程，这时描述系统的独立变量不仅是时间变量，还要考虑到空间位置。

本书主要研究集总参数的、线性时不变的连续时间系统。至于分布参数的、非线性的和时变的系统，将在其他课程中讨论。

【例 1.9】 已知连续时间系统可表示为

$$y(t) = f(t) \cdot f(t - T_0) \qquad (T_0 > 0)$$

问该系统是否为：(1) 线性系统；(2) 时不变系统；(3) 记忆系统；(4) 因果系统；(5) 稳定系统；(6) 可逆系统。

解 (1) 设信号 $f_1(t)$、$f_2(t)$ 通过系统的响应为 $y_1(t)$、$y_2(t)$，即

$$y_1(t) = f_1(t) f_1(t - T_0)$$
$$y_2(t) = f_2(t) f_2(t - T_0)$$

令输入 $f(t) = a_1 f_1(t) + a_2 f_2(t)$，则 $f(t)$ 的响应 $y(t)$ 为

$$y(t) = f(t) f(t - 1) = [a_1 f_1(t) + a_2 f_2(t)][a_1 f_1(t - T_0) + a_2 f_2(t - T_0)]$$

显然

$$y(t) \neq a_1 y_1(t) + a_2 y_2(t)$$

所以，系统是非线性的。

(2) 设信号 $f_1(t)$ 的响应为

$$y_1(t) = f_1(t) f_1(t - T_0)$$

令信号 $f_2(t) = f_1(t - t_0)$，且 $f_2(t)$ 的响应 $y_2(t)$ 为

$$y_2(t) = f_2(t) f_2(t - T_0) = f_1(t - t_0) f_1(t - T_0 - t_0) = y_1(t - t_0)$$

故系统是时不变的。

(3) 由于系统任意 t_0 时刻的响应 $y(t_0)$ 与 $t_0 - T_0$ 时刻的输入 $f(t_0 - T_0)$ 有关，所以系统是记忆系统。

（4）由于系统任意 t_0 时刻的响应 $y(t_0)$ 与 t_0 以后的输入无关，故系统为因果系统。

（5）设任一输入信号 $f(t)$ 满足

$$|f(t)| < A_1 < \infty$$

则有

$$|y(t)| = |f(t)f(t-T_0)| < A_1^2 < \infty$$

故系统是稳定的。

（6）若信号 $f_1(t)=t$，$f_2(t)=-t$，其响应分别为

$$y_1(t) = t(t-T_0),\ y_2(t)=(-t)[-(t-T_0)]=t(t-T_0)$$

显然 $f_1(t) \neq f_2(t)$，但 $y_1(t)=y_2(t)$，即系统不满足"不同的输入产生不同的响应"，故系统是不可逆的。

【思考题】

1. 举例说明，在线性系统中，存在不能同时满足叠加性和齐次性的系统。

2. 系统 $r(t)=\int_{-\infty}^{t} e(\tau)\mathrm{d}\tau$ 是否为可逆系统？

1.4　LTI 系统的特性

本书主要研究集总参数线性时不变(Linear Time-invariant，LTI) 系统，一般简称 LTI 系统，包括连续时间系统与离散时间系统。

LTI 系统具有线性、时不变性、微分特性、积分特性这四条主要的系统特性，下面将分别作出说明。

1. 线性

在 1.3 节中已经说明了线性系统的特性，现在通过图 1.12 来对其进行说明。对于 LTI 系统，若激励为 $e_1(t)$、$e_2(t)$ 时响应分别为 $r_1(t)$、$r_2(t)$，则当激励为 $k_1e_1(t)+k_2e_2(t)$（k_1、k_2 为常数）时，系统响应为 $k_1r_1(t)+k_2r_2(t)$。

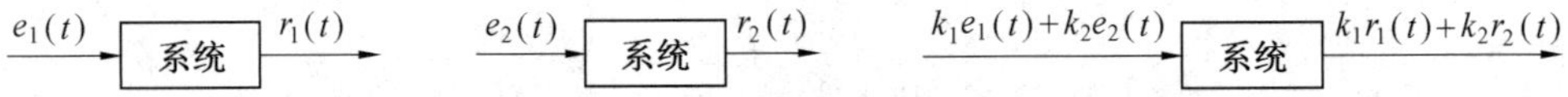

图 1.12　线性系统框图

线性系统满足叠加性和齐次性，也就是和的响应等于响应的和；乘以常数的激励对应的响应等于原来的响应乘以常数。

2. 时不变性

时不变系统的系统参数不随时间改变，因此，在同样起始状态之下，系统响应与激励施加于系统的时刻无关。写成数学表达式，激励 $e(t)$ 变为 $e(t-t_0)$ 时，相应的输出响应也由 $r(t)$ 变为 $r(t-t_0)$，如图 1.13 所示。

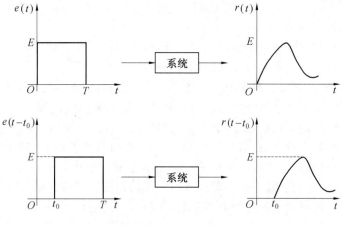

图 1.13 时不变特性

3. 微分特性

对于 LTI 系统,若激励为 $e(t)$ 时其响应为 $r(t)$;则当激励为 $\dfrac{\mathrm{d}e(t)}{\mathrm{d}t}$ 时,系统响应为 $\dfrac{\mathrm{d}r(t)}{\mathrm{d}t}$,如图 1.14 所示。

图 1.14 微分特性

微分特性表明,系统对输入微分的响应等同于对原信号输出的微分。此结论还可以扩展到高阶导数。

4. 积分特性

对于 LTI 系统,若激励为 $e(t)$ 时其响应为 $r(t)$;则当激励为 $\displaystyle\int_0^t e(\tau)\mathrm{d}\tau$ 时,系统响应为 $\displaystyle\int_0^t r(\tau)\mathrm{d}\tau$,如图 1.15 所示。

图 1.15 积分特性

积分特性表明,如果系统的初始状态为零,则系统对输入积分的响应等同于原输入响应的积分。

研究系统的方法还可以按数学模型的求解方式分为时域法和变换域法两大类。

对于线性时不变系统,时域法就是求解常系数微分(或差分)方程。时域法又分经典解法和零输入响应及零状态响应解法,后者更方便、实用些。第 3 章将讨论这两种解法。

在时域法和变换域法这两种解法中,最大的困难是求系统的特解或系统的零状态响应。特别遇到复杂的输入信号或高阶微分(或差分)方程时,很难求解。

后面将知道,因为线性系统的零输入响应和零状态响应可以分别计算,又由于它具有零状态线性,故其零状态响应又可利用信号分解成典型信号的有限项及无限项之和的形式,并利用它对典型信号响应的叠加得出，如利用不同时延的冲激信号、阶跃信号或其他一些正交函数信号的响应的叠加（时域分析）得出。

对于零输入响应和零状态响应的时域解法，最常用的是借助于卷积法来求解零状态响应，以克服遇到各种各样输入信号时解零状态响应的困难。

卷积法求零状态响应的关键是把输入信号 $e(t)$ 或 $e[n]$ 分解为许多（常常是无限多个）$\delta(t)$、$u(t)$ 或 $\delta[n]$、$u[n]$ 基本信号之和。所有基本信号都有相似的波形。因此，只要求出系统对一个单位基本信号的零状态响应，那么根据线性时不变系统的线性和时不变性，就不难得到所有基本信号的零状态响应，最后把这些响应叠加，便可得到原输入信号的零状态响应。由于它是通过卷积积分（或卷积和）完成的，所以又称为卷积法。第 3 章将对它进行详细讨论。

同样，线性系统的零状态响应也可利用不同频率的正弦型信号的响应叠加（频域分析）以及不同连续的或离散的复频率的复指数信号的响应叠加（复频域、z 域分析）的变换解法。

变换法是通过各种正交变换及逆变换，利用系统（转移）函数的概念研究系统，如连续时间傅里叶变换、拉普拉斯变换、离散时间傅里叶变换和 z 变换等。实质上，它们是分别将激励信号 $e(t)$ 或 $e[n]$ 分解成 $\mathrm{e}^{j\omega t}$、e^{st}、$\mathrm{e}^{j\Omega n}$ 和 z^n 等基本单位信号，再利用线性系统的叠加性质求解。将在第 4～6 章中分别对它们进行讨论。

线性时不变系统的分析是最基础、最重要的系统分析方法。这首先是因为许多实用的系统具有线性时不变的特性，并且很多非线性系统在一定的限定条件下，也近似地具有线性系统的特性，可以用线性系统的分析方法来加以处理，实用的非线性系统和时变系统的分析方法，大多是在线性时不变系统分析方法的基础上加以引申得来的。其次是线性时不变系统已经建立了一套完整的分析方法，并且易于综合实现。因此，工程上许多重要的问题都是基于逼近线性模型来进行设计而得到解决的。

【思考题】

简述 LTI 系统所具有的基本特性，如何判断系统是否是 LTI 系统？

习　题

1.1　分别判断题 1.1 图所示各波形是连续时间信号还是离散时间信号，若是离散时间信号是否为数字信号？

1.2　分别判断下列各函数属于何种信号。

(1) $\mathrm{e}^{-at}\sin(2t)$；(2) $\cos(2t)+\sin(\pi t)$；(3) e^{-nw}；(4) $\cos(n\omega)$；(5) $\left(\dfrac{1}{3}\right)^n$；

$$(6)\,f(n)=\begin{cases} 1 & (n=-1)\\ 2 & (n=0)\\ -1.5 & (n=1)\\ 2 & (n=2)\\ 0 & (n=3)\\ 1 & (n=4)\\ 0 & (\text{其他 } n) \end{cases}$$

1.3　判断下列信号的周期性，周期信号请指明其周期。

(1) $f(t)=a\sin\left(\dfrac{\pi}{5}t\right)+b\cos\left(\dfrac{\pi}{3}t\right)$；(2) $f(t)=a\sin\left(\dfrac{3}{4}t+\dfrac{\pi}{3}\right)$；(3) $f(t)=a\sin\left(\dfrac{\pi}{4}t+\dfrac{\pi}{5}\right)$；

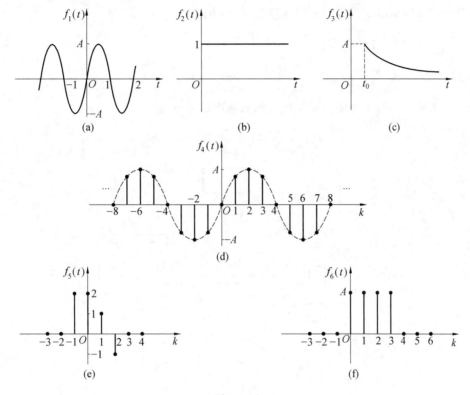

题 1.1 图

$(4) f(t) = \sin^2(\pi t)$；$(5) f(t) = a\cos(2\pi t) + b\sin(4\pi t)$；$(6) f(t) = 3\cos(\pi t)u(t)$。

1.4　已知一连续时间信号为

$$f(t) = \begin{cases} \cos\left(\dfrac{\pi}{2}t\right) & (t \geqslant 0) \\ 0 & (t < 0) \end{cases}$$

(1) 判断该信号是否为周期信号，若是，求出信号的周期；

(2) 该信号是否为能量信号？ 是否为功率信号？

1.5　判断下列信号是否为能量信号、功率信号。

$(1) x_1(t) = 2\cos(\pi t)$，$-2 \leqslant t \leqslant 2$；$(2)\ x_2(t) = 2\mathrm{e}^{-t}, t \geqslant 0$；

$(3)\ x_3(t) = \cos\left(\dfrac{\omega_0 t}{4}\right) + \sin\left(\dfrac{\omega_0 t}{5}\right)$；　$(4)\ x_4(t) = 3t, t \geqslant 0$。

1.6　试判断题 1.6 图所示信号是能量信号还是功率信号？ 若是能量信号，其能量值为多少？ 若是功率信号，其平均功率为多少？

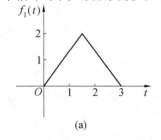

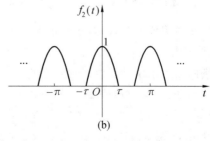

题 1.6 图

1.7   试分别画出下列方程所描述连续系统的框图。

(1) $\dfrac{d^2 y(t)}{dt^2} + 3\dfrac{dy(t)}{dt} + 2y(t) = f(t)$；

(2) $\dfrac{d^2 y(t)}{dt^2} + 5\dfrac{dy(t)}{dt} + 6y(t) = \dfrac{df(t)}{dt} + 2f(t)$。

1.8   试写出如题 1.8 图所示系统的输入输出微分方程。

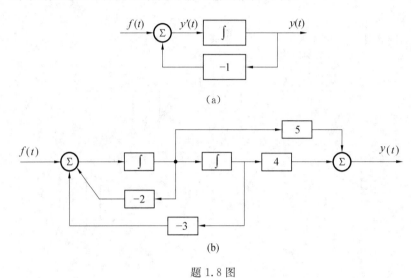

题 1.8 图

1.9   已知系统激励信号为 $e(t)$，响应信号为 $r(t)$，判断下列系统是否为线性系统，并说明理由。

(1) $r(t) = 2e(t)$；(2) $r(t) = e(t)^2$；(3) $r(t) = de(t)/dt$；(4) $r(t) = 2^{e(t)}$。

1.10   已知某系统 $y(t) = T[f(t)] = (t+1)f(t)$，$f(t)$ 为输入，$y(t)$ 为输出，$T[f(t)]$ 表示系统对 $f(t)$ 的响应，试问该系统是否为线性系统？

1.11   设系统方程如下，判断各系统是否为非时变系统。其中 $f(t)$ 为系统输入，$y(t)$ 为系统输出。

(1) $y(t) = 3f(t) - 1$；   (2) $y(t) = f\left(1 - \dfrac{t}{2}\right)$；

(3) $y(t) = f(t-2) + f(t-3)$；   (4) $y(t) = f(t^2) + 5f(t)$。

1.12   热敏电阻的阻值由于温度的改变而随时间变化。用 $R(t)$ 表示热敏电阻的阻值。将施加于热敏电阻两端的电压看成是输入信号 $x_1(t)$，流过热敏电阻的电流是输出信号 $y_1(t)$，则热敏电阻的输入输出关系为 $y_1(t) = \dfrac{x_1(t)}{R(t)}$，证明如上所述的热敏电阻是时变的。

1.13   已知某系统的输入 $e(t)$ 与输出 $r(t)$ 关系为 $r(t) = |e(t)|$，判断该系统的线性和时不变性，并说明理由。

1.14   判断以下系统的线性与时不变性。

(1)$y'(t) - 2y(t) = 4f(t)$；(2)$y''(t) - 2ty'(t) = f(t)$；(3)$y'(t) - 2y^2(t) = 2f'(t) - f(t)$；
(4)$y'(t) - 2y(t) = e^{f(t)}f(t)$；(5)$y'(t) - 4y(t)y(2t) = f(t)$。

1.15   已知系统激励信号 $e(t)$、响应信号 $r(t)$，判断下列信号的系统特性(线性、时不变性、因果性)。

$(1) r(t) = e(-t)$；$(2) r(t) = 2e(t) + 1$；$(3) r(t) = 5e^2(t) + 2$；$(4) r(t) = e(t+1)$；

$(5) r(t) = \dfrac{\mathrm{d}e(t)}{\mathrm{d}t}$；$(6) r(t) = \displaystyle\int_{-\infty}^{t+1} e(\tau)\mathrm{d}\tau$；$(7) r(t) = \displaystyle\int_{-\infty}^{3t} e(\tau)\mathrm{d}\tau$；$(8) r(t) = e(t/2)$。

1.16　已知一连续系统表示为 $y(t) = f(t-2) - f(2-t)$，讨论该系统的线性、时不变性、因果性和可逆性。

1.17　已知 LTI 系统在非零激励 $e(t)$ 作用下响应 $r(t) = \sin(t)u(t)$，求当激励为 $2e(t-1)$ 时的响应。

1.18　已知一 LTI 系统，当输入信号为 $f_1(t)$ 时，系统输出信号为 $y_1(t)$，波形如题 1.18 图 (a) 和图 (b) 所示。当输入信号为图 (c) 所示 $f_2(t)$ 以及图 (d) 所示 $f_3(t)$ 时，分别求其对应系统输出 $y_2(t)$ 和 $y_3(t)$，画出其波形图。

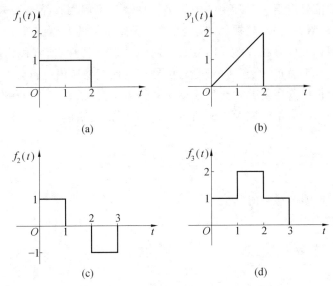

题 1.18 图

1.19　证明线性时不变系统的微分特性：若系统在激励 $e(t)$ 作用下响应为 $r(t)$，则激励 $\dfrac{\mathrm{d}e(t)}{\mathrm{d}t}$ 作用下其输出响应为 $\dfrac{\mathrm{d}r(t)}{\mathrm{d}t}$。

1.20　已知两个线性、时不变、因果系统 A 和 B，分别按题 1.20 图所示的四种方式组合成一个新系统，判断组合后的系统是否为线性、时不变、因果系统。

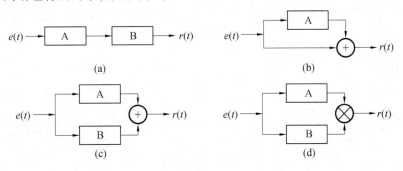

题 1.20 图

第 2 章

连续信号的时域分析

连续时间信号简称连续信号,即在所讨论的信号时间区间内,除去若干不连续点之外,任意时间都有确定的信号取值。实际生活中许多物理现象可以用连续信号来描述,如人体心电图信号、人们发出的语音信号、电视上的动态画面、天线发射的电磁波等。

本章主要介绍连续信号在连续时间变量域内的情况及特性,通常称为连续信号的时域分析。时域分析方法波形直观,概念清晰,是对信号在其他变换域内进行分析运算的基础。首先介绍信号与系统分析中常用的几种典型连续时间信号,包括指数信号、正弦信号、复指数信号、斜坡信号、抽样信号、冲激信号以及阶跃信号等,它们都是复杂信号分析研究的基础。

2.1 典型连续时间信号

下面介绍几种典型的连续时间信号。

1. 指数信号

指数信号 $f(t)$ 的数学表达式为

$$f(t) = A e^{at} \tag{2.1}$$

式中　　A——$t = 0$ 时的信号幅值,为实数;

　　　　a—— 实数。

若 $a > 0$,信号 $f(t)$ 的幅度将随时间增长而增长;若 $a < 0$,信号 $f(t)$ 的幅度将随时间增长而衰减;在 $a = 0$ 的特殊情况下,信号不随时间变化而变化,成为直流信号。指数信号的波形如图 2.1 所示。

指数 a 的绝对值大小反映了信号幅度增长或衰减的速率,a 的绝对值越大,增长或衰减的速率就越快。实际中较多遇到的是单边指数衰减信号,如图 2.2 所示,其数学表达式为

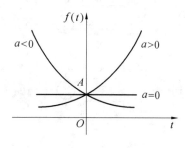

图 2.1　指数信号

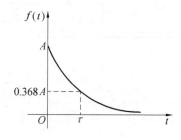

图 2.2　单边指数衰减信号

$$f(t) = \begin{cases} 0 & (t < 0) \\ Ae^{at} & (t \geqslant 0, a < 0) \end{cases} \tag{2.2}$$

指数信号的一个重要特性是它对时间的微分和积分仍然是指数信号形式。

2. 正弦信号

正弦信号和余弦信号两者仅仅是在相位上相差 $\dfrac{\pi}{2}$，故统称为正弦信号，其数学表达式为

$$f(t) = A\sin(\omega t + \varphi) \tag{2.3}$$

式中　　A—— 正弦信号振荡的振幅；

ω—— 正弦信号振荡的角频率，rad/s；

φ—— 正弦信号的初始相位。

一种简单的单频正弦信号波形如图 2.3 所示。

正弦信号是周期信号，其周期 T 与频率 f 和角频率 ω 满足下列关系式：

$$T = \frac{1}{f} = \frac{2\pi}{\omega} \tag{2.4}$$

由欧拉公式可知，虚指数信号可以用与其相同基波周期的正弦信号表示，即

$$e^{j\omega t} = \cos(\omega t) + j\sin(\omega t) \tag{2.5}$$

$$e^{-j\omega t} = \cos(\omega t) - j\sin(\omega t) \tag{2.6}$$

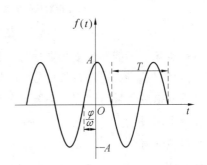

图 2.3　正弦信号

所以有

$$\sin(\omega t) = \frac{1}{2j}(e^{j\omega t} - e^{-j\omega t}) \tag{2.7}$$

$$\cos(\omega t) = \frac{1}{2}(e^{j\omega t} + e^{-j\omega t}) \tag{2.8}$$

与指数信号的性质类似，正弦信号对时间的微分与积分仍为同频率的正弦信号。

3. 复指数信号

如果指数信号的指数因子为复数，则称为复指数信号，其数学表达式为

$$f(t) = Ae^{st} \tag{2.9}$$

式中

$$s = \sigma + j\omega \tag{2.10}$$

其中　　σ —— 复数 s 的实部；

ω —— 复数 s 的虚部。

借助欧拉公式将式（2.9）展开，可得

$$Ae^{st} = Ae^{(\sigma + j\omega)t} = Ae^{\sigma t}\cos(\omega t) + jAe^{\sigma t}\sin(\omega t) \tag{2.11}$$

式（2.11）表明，一个复指数信号可分解为实部和虚部两部分，且实部和虚部都是幅度按指数规律变化的正弦信号。指数因子实部 σ 表征了实部和虚部振幅随时间变化的情况。若 $\sigma > 0$，实部和虚部是增幅振荡；若 $\sigma < 0$，实部和虚部是衰减振荡，如图 2.4 所示。指数因子的虚部 ω 表示实部和虚部中正弦信号的角频率。这里有两个特殊情况：当 $\sigma = 0$，即 s 为虚数时，则

正弦信号是等幅振荡;当 $\omega=0$,即 s 为实数时,复指数信号则成为一般的指数信号。若 $\sigma=0$ 且 $\omega=0$,即 $s=0$,则复指数信号的实部和虚部均与时间无关,成为直流信号。

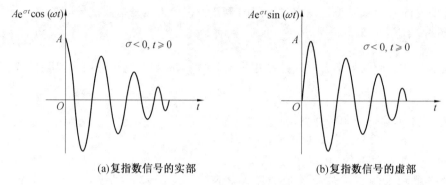

(a)复指数信号的实部　　　　　　　(b)复指数信号的虚部

图 2.4　复指数信号

虽然实际上不能产生复指数信号,但是它概括了多种情况,可以利用复指数信号来描述各种基本信号,如直流信号、指数信号、正弦信号等。复指数信号的微分和积分仍然是复指数信号。利用复指数信号可使许多运算和分析得以简化,因此,复指数信号是信号分析理论中非常重要的基本信号。

4. 斜坡信号

斜坡信号,也称为"斜变信号",其数学表达式为

$$r(t)=\begin{cases} t & (t \geqslant 0) \\ 0 & (t < 0) \end{cases} \tag{2.12}$$

斜坡信号的波形如图 2.5 所示。

后面学习了阶跃信号 $u(t)$ 以后,斜坡信号也可以表示为

$$r(t)=tu(t) \tag{2.13}$$

5. 抽样信号

抽样信号 $\mathrm{Sa}(t)$ 是指 $\sin t$ 与 t 之比构成的函数,其数学表达式为

$$\mathrm{Sa}(t)=\frac{\sin t}{t} \tag{2.14}$$

抽样信号的波形如图 2.6 所示。

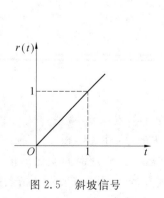

图 2.5　斜坡信号

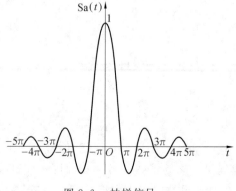

图 2.6　抽样信号

可以看出,Sa(t) 为偶函数;当 $t \to \pm \infty$ 时,Sa(t) 的振幅衰减趋近于 0,Sa($\pm k\pi$) = 0 ($k = \pm 1, \pm 2, \cdots, \pm n$)。

Sa(t) 信号还具有以下性质:

$$\int_0^{+\infty} \text{Sa}(t)\mathrm{d}t = \frac{\pi}{2} \tag{2.15}$$

$$\int_{-\infty}^{+\infty} \text{Sa}(t)\mathrm{d}t = \pi \tag{2.16}$$

【思考题】

试举出在你生活学习环境中遇到的与典型连续时间信号相类似的实例。

2.2 阶跃信号与冲激信号

在信号分析中,常常会遇到单位阶跃信号和单位冲激信号,这两个信号由于本身存在不连续点或其导数或积分存在不连续点,所以都称为奇异信号。

2.2.1 阶跃信号

单位阶跃信号的定义为

$$u(t) = \begin{cases} 1 & (t > 0) \\ 0 & (t < 0) \end{cases} \tag{2.17}$$

其波形如图 2.7(a) 所示。在跳变点 $t = 0$ 处,单位阶跃信号 $u(t)$ 未定义,此处存在间断点。单位阶跃信号可以延时任意时刻 t_0,以符号 $u(t - t_0)$ 表示,即

$$u(t - t_0) = \begin{cases} 1 & (t > t_0) \\ 0 & (t < t_0) \end{cases} \tag{2.18}$$

其波形如图 2.7(b) 所示。

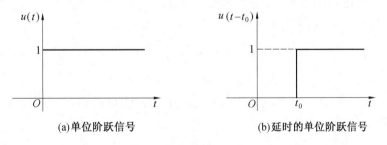

(a)单位阶跃信号　　　　　(b)延时的单位阶跃信号

图 2.7　单位阶跃信号

单位阶跃信号的出现基于某些特定的物理现象,例如,在 $t = 0$ 时,将单位直流电压源或单位直流电流源加于某一电路的输入端,并且无限期地作用下去,则该电路的激励信号将会表现为单位阶跃信号。

单位阶跃信号是一种简单但却十分有用的信号。利用阶跃信号表现出的信号的单边特性,任意信号与阶跃信号相乘即可截断该信号,阶跃信号的这一特性,可表示因果信号。另外,还可以用单位阶跃信号来表示一些特殊信号,如矩形脉冲信号,其波形如图 2.8 所示,即

$$G_\tau(t) = u\left(t + \frac{\tau}{2}\right) - u\left(t - \frac{\tau}{2}\right) \tag{2.19}$$

利用阶跃信号还可以表示符号函数 $\mathrm{sgn}(t)$,其定义如下:

$$\mathrm{sgn}(t) = 2u(t) - 1 \tag{2.20}$$

波形如图 2.9 所示。

【例 2.1】 试画出信号 $f(t) = \sin(2\pi t)\left[u(t) - u(t-2)\right]$ 的波形图。

解 波形图是周期为 1、幅度为 1、从原点开始长度为两个周期的正弦信号,如图 2.10 所示。

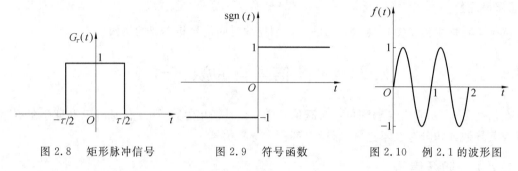

图 2.8　矩形脉冲信号　　　　图 2.9　符号函数　　　　图 2.10　例 2.1 的波形图

2.2.2　冲激信号

1. 单位冲激信号的定义

单位冲激信号是一个非常有用的特殊信号,狄拉克(Dirac)给出了单位冲激信号(记作 δ 函数)的一种定义方式,即

$$\begin{cases} \int_{-\infty}^{+\infty} \delta(t)\,\mathrm{d}t = 1 \\ \delta(t) = 0 \qquad (t \neq 0) \end{cases} \tag{2.21}$$

所以,有时也称 δ 函数为狄拉克函数。其波形用箭头表示,冲激信号的强度在图中以括号注明,以便与信号的幅值加以区分,如图 2.11(a) 所示。

在任一时刻 $t = t_0$ 处出现的冲激信号用 $\delta(t - t_0)$ 表示,即

$$\begin{cases} \int_{-\infty}^{+\infty} \delta(t - t_0)\,\mathrm{d}t = 1 \\ \delta(t - t_0) = 0 \qquad (t \neq t_0) \end{cases} \tag{2.22}$$

其波形如图 2.11(b) 所示。显然,单位冲激信号是在零时刻处取值为无穷大,而在其他位置全部取零值,总强度为单位 1。

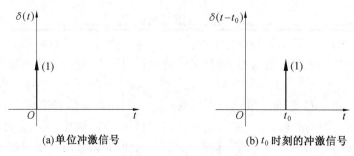

(a)单位冲激信号　　　　　　　　　(b) t_0 时刻的冲激信号

图 2.11　单位冲激信号

冲激信号是一个时间极短,但取值极大的信号类的函数模型,其实际背景如力学中瞬间作用的冲击力、电学中的雷击电闪、数字通信中的抽样脉冲等。将任意形状的信号进行水平压缩,如果它满足上述冲激信号的特点,就可以用冲激信号来表示,如果波形的净面积不是 1 而是一个常数 E,则可以用一个强度为 E 的冲激信号表示,即 $E\delta(t)$。

　　以矩形脉冲如何演变为冲激信号为例来直观理解冲激信号。将 $\delta(t)$ 看成是图 2.12 所示的单位面积矩形脉冲的极限,此矩形脉冲宽为 τ,高为 $\dfrac{1}{\tau}$,保持矩形脉冲的面积 $\tau \cdot \dfrac{1}{\tau}=1$ 不变的条件下,当矩形脉冲的宽度 τ 减小时,其高度 $\dfrac{1}{\tau}$ 会相应增加,随着脉冲宽度的一步步减小,矩形脉冲便一步步逼近单位冲激信号,当脉冲宽度趋近于零时,脉冲高度必将趋于无穷大,此极限即为单位冲激信号。

$$\delta(t)=\lim_{\tau \to 0}\frac{1}{\tau}\left[u\left(t+\frac{\tau}{2}\right)-u\left(t-\frac{\tau}{2}\right)\right] \tag{2.23}$$

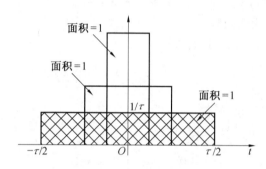

图 2.12　单位面积矩形脉冲转化为单位冲激信号

　　此外,还可以利用三角脉冲信号、抽样信号、指数信号等信号的极限模型来分析定义冲激信号。

　　下面以一个电路实例来帮助理解冲激信号的物理意义。

　　【例 2.2】　在图 2.13 中,一个直流电源对电容充电,当开关 K 在 $t=0$ 时刻闭合时,电容在瞬间被充电至电压 E。

　　设电容 C 的初始电压为 0,则电容的电荷随时间的变化为

$$q(t)=CEu(t)$$

充电电流是电荷变化的导函数,即

$$i(t)=\frac{\mathrm{d}q(t)}{\mathrm{d}t}=CE\delta(t)$$

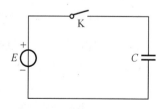

图 2.13　例 2.2 图

　　它是一个强度为 CE 的冲激信号,实际电路中不可避免地有电感和电阻,充电时间不可能为无穷小,充电电流幅值也达不到无穷大,但在充电电流持续时间很短、电流幅值很大的情况下,可用冲激信号近似来表示。

2. 单位冲激信号的性质

(1) 单位冲激信号 $\delta(t)$ 的抽样(或筛选)特性。

　　如果 $f(t)$ 在 $t=0$ 处连续,且处处有界,则其与单位冲激信号 $\delta(t)$ 的乘积仅在 $t=0$ 处有

$f(0)\delta(t)$，其余各点均为零，即满足

$$\int_{-\infty}^{+\infty} f(t)\delta(t)\mathrm{d}t = \int_{-\infty}^{+\infty} f(0)\delta(t)\mathrm{d}t = f(0)\int_{-\infty}^{+\infty}\delta(t)\mathrm{d}t = f(0) \tag{2.24}$$

同理可得到 $t = t_0$ 时刻的抽样值 $f(t_0)$，即

$$\int_{-\infty}^{+\infty} f(t)\delta(t - t_0)\mathrm{d}t = \int_{-\infty}^{+\infty} f(t_0)\delta(t - t_0)\mathrm{d}t = f(t_0)\int_{-\infty}^{+\infty}\delta(t - t_0)\mathrm{d}t = f(t_0) \tag{2.25}$$

（2）单位冲激信号 $\delta(t)$ 为偶函数。

$$\delta(t) = \delta(-t) \tag{2.26}$$

证明：因为

$$\int_{-\infty}^{+\infty} f(t)\delta(-t)\mathrm{d}t = \int_{+\infty}^{-\infty} f(-\tau)\delta(\tau)\mathrm{d}(-\tau) = \int_{-\infty}^{+\infty} f(0)\delta(\tau)\mathrm{d}\tau = f(0)$$

而

$$\int_{-\infty}^{+\infty} f(t)\delta(t)\mathrm{d}t = f(0)$$

故

$$\delta(t) = \delta(-t)$$

单位冲激信号 $\delta(t)$ 为偶函数。

（3）单位冲激信号 $\delta(t)$ 的尺度特性。

$$\delta(at) = \frac{1}{|a|}\delta(t) \quad (a \neq 0) \tag{2.27}$$

证明：设 $a > 0$，并令 $at = \tau$，有

$$\int_{-\infty}^{+\infty} \delta(at)f(t)\mathrm{d}t = \int_{-\infty}^{+\infty} f\left(\frac{\tau}{a}\right)\delta(\tau)\mathrm{d}\left(\frac{\tau}{a}\right) = \frac{1}{a}\int_{-\infty}^{+\infty} f\left(\frac{\tau}{a}\right)\delta(\tau)\mathrm{d}\tau = \frac{1}{a}f(0)$$

设 $a < 0$，并令 $-|a|t = \tau$，同样有

$$\int_{-\infty}^{+\infty} \delta(at)f(t)\mathrm{d}t = \int_{-\infty}^{+\infty} \delta(-|a|t)f(t)\mathrm{d}t = \frac{1}{-|a|}\int_{+\infty}^{-\infty} \delta(\tau)f\left(\frac{\tau}{-|a|}\right)\mathrm{d}\tau =$$

$$\frac{1}{|a|}\int_{-\infty}^{+\infty} \delta(\tau)f\left(-\frac{\tau}{|a|}\right)\mathrm{d}\tau = \frac{1}{|a|}f(0)$$

故

$$\delta(at) = \frac{1}{|a|}\delta(t)$$

由此可得出一个推论

$$\delta(at + b) = \frac{1}{|a|}\delta\left(t + \frac{b}{a}\right) \quad (a \neq 0)$$

（4）单位冲激信号 $\delta(t)$ 的卷积特性。

如果信号 $f(t)$ 是一个任意连续时间信号，则有

$$f(t) * \delta(t - t_0) = f(t - t_0) \tag{2.28}$$

式（2.28）表明任意连续时间信号 $f(t)$ 与单位冲激信号 $\delta(t)$ 相卷积的结果为信号 $f(t)$ 的延时信号 $f(t - t_0)$。

证明：根据卷积的定义

$$f(t) * g(t) = \int_{-\infty}^{+\infty} f(\tau)g(t - \tau)\mathrm{d}\tau$$

有

$$f(t) * \delta(t - t_0) = \int_{-\infty}^{+\infty} f(\tau)\delta(t - \tau - t_0)\mathrm{d}\tau$$

利用 $\delta(t)$ 的偶函数特性和抽样特性,可得

$$f(t) * \delta(t - t_0) = \int_{-\infty}^{+\infty} f(\tau)\delta[\tau - (t - t_0)]\mathrm{d}\tau = f(t - t_0)$$

【例 2.3】　试分别计算下列各式的值。

(1) $t\delta(t - 5)$；　　　　　　　　(2) $\int_{-\infty}^{+\infty} (t^2 + 2t)\delta(-t + 1)\mathrm{d}t$；

(3) $\int_{-\infty}^{+\infty} (3t/2)\delta(t - 2)\mathrm{d}t$；　　(4) $\int_{-\infty}^{5} \delta(t) \dfrac{\sin(4t)}{3t}\mathrm{d}t$。

解　利用冲激信号的性质,且 $f(t)\delta(t) = f(0)\delta(t)$, $f(t)\delta(t - t_0) = f(t_0)\delta(t - t_0)$,可得:

(1) $t\delta(t - 5) = 5\delta(t - 5)$;

(2) $\int_{-\infty}^{+\infty} (t^2 + 2t)\delta(-t + 1)\mathrm{d}t = \int_{-\infty}^{+\infty} (t^2 + 2t)\delta(t - 1)\mathrm{d}t = (t^2 + 2t)\big|_{t=1} = 3$;

(3) $\int_{-\infty}^{+\infty} (3t/2)\delta(t - 2)\mathrm{d}t = (3t/2)\big|_{t=2} = 3$;

(4) $\int_{-\infty}^{5} \delta(t) \dfrac{\sin(4t)}{3t}\mathrm{d}t = \dfrac{4}{3} \times \dfrac{\sin(4t)}{4t}\bigg|_{t=0} = \dfrac{4}{3}$。

3. 冲激偶信号

冲激信号的微分将呈现正、负极性的一对冲激,称为冲激偶信号,以 $\delta'(t)$ 表示,即

$$\delta'(t) = \frac{\mathrm{d}\delta(t)}{\mathrm{d}t} \tag{2.29}$$

其波形如图 2.14 所示。

单位冲激偶信号是这样一种信号:当 t 从负值趋近于零时,它是一个强度为无穷大的正冲激;当 t 从正值趋近于零时,它是一个强度为无穷大的负冲激,其可以利用规则函数系列取极限的概念引出。如图 2.15(a) 所示,一底宽为 2τ,高度为 $\dfrac{1}{\tau}$ 的三角形脉冲,当 $\tau \to 0$ 时,三角形脉冲成为单位冲激信号 $\delta(t)$。对三角形脉冲求导可得正、负极性的两个矩形脉冲,成为脉冲偶对,如图 2.15(b) 所示,其宽度为 τ,高度为 $\pm\dfrac{1}{\tau^2}$,面积均为 $\dfrac{1}{\tau}$。随着 τ 减小,脉冲偶对宽度变窄,幅度增高,当 $\tau \to 0$ 时,脉冲偶对成为正负极性的两个冲激信号,其强度均为无限大。

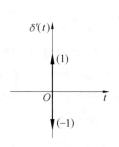

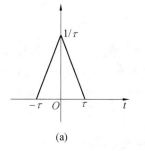

(a)

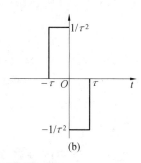

(b)

图 2.14　冲激偶信号　　　　　图 2.15　冲激偶信号的形成

冲激偶信号有如下性质：

（1）抽样特性。

$$\int_{-\infty}^{+\infty} f(t)\delta'(t - t_0)\mathrm{d}t = -f'(t_0) \tag{2.30}$$

式中　$f'(t_0)$——$f(t)$ 导数在 t_0 点的取值。

（2）筛选特性。

$$f(t)\delta'(t - t_0) = f(t_0)\delta'(t - t_0) - f'(t_0)\delta(t - t_0) \tag{2.31}$$

（3）尺度特性。

$$\delta'(at) = \frac{1}{a|a|}\delta'(t)\ ,a \neq 0 \tag{2.32}$$

（4）$\delta'(t)$ 是奇函数。

由冲激偶信号的尺度特性不难看出，取 $a = -1$ 时，则有

$$\delta'(-t) = -\delta'(t) \tag{2.33}$$

故 $\delta'(t)$ 是奇函数，且有

$$\int_{-\infty}^{+\infty} \delta'(t)\mathrm{d}t = 0 \tag{2.34}$$

（5）卷积特性。

$$f(t) * \delta'(t) = f'(t) \tag{2.35}$$

【例 2.4】　试计算 $\displaystyle\int_{-\infty}^{+\infty} (t - \sin t)\delta'\left(2t - \frac{\pi}{3}\right)\mathrm{d}t$。

解　利用冲激偶信号的性质，可得

$$\int_{-\infty}^{+\infty} (t - \sin t)\delta'\left(2t - \frac{\pi}{3}\right)\mathrm{d}t = \frac{1}{4}\int_{-\infty}^{+\infty} (t - \sin t)\delta'\left(t - \frac{\pi}{6}\right)\mathrm{d}t = -\frac{1}{4}(1 - \cos t)\Big|_{t = \frac{\pi}{6}} = \frac{\sqrt{3} - 2}{8}$$

2.2.3　冲激信号与阶跃信号的关系

单位冲激信号的积分等于单位阶跃信号，即

$$\int_{-\infty}^{t} \delta(\tau)\mathrm{d}\tau = \begin{cases} 1 & (t > 0) \\ 0 & (t < 0) \end{cases} = u(t) \tag{2.36}$$

反之，单位阶跃信号的微分等于单位冲激信号，即

$$\frac{\mathrm{d}u(t)}{\mathrm{d}t} = \delta(t) \tag{2.37}$$

此结论可做以下解释：阶跃信号在除 $t = 0$ 以外的各点都取固定值，其变化率都等于零。而在 $t = 0$ 处有不连续点，此跳变的微分对应在零点的冲激。这一结论适用于任意信号，即对信号求导时，信号在不连续点的导数为冲激信号或延时的冲激信号，冲激信号的强度就是不连续点的跳跃值。

2.2.4　斜坡信号与阶跃信号的关系

单位斜坡信号的导数等于单位阶跃信号，即

$$\frac{\mathrm{d}r(t)}{\mathrm{d}t} = u(t) \tag{2.38}$$

反之，单位阶跃信号的积分等于单位斜坡信号，即

$$\int_{-\infty}^{t} u(\tau)\, \mathrm{d}\tau = r(t) \tag{2.39}$$

【思考题】

1. 斜坡信号与阶跃信号之间存在着怎样的微积分关系？

2. 试分别用斜坡信号和阶跃信号表示图 2.16 所示的梯形信号。

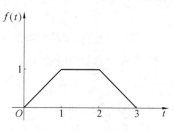

图 2.16　梯形信号

2.3　信号的基本运算与变换

2.3.1　信号的基本运算

在信号分析与系统分析中,信号的基本运算与变换也是基础。信号与系统研究中的一个重要方面就是利用系统对信号进行加工处理,这常常涉及一些基本运算的组合,信号的基本运算主要包括相加(减)、相乘(除)、积分、微分等。

1. 信号的相加

两个信号相加得到一个新信号,其大小可由它们各时间点的函数值逐点对应相加来确定,表示为

$$f(t) = f_1(t) + f_2(t) \tag{2.40}$$

图 2.17 给出了两个信号相加的信号波形。

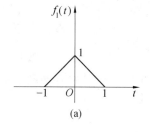
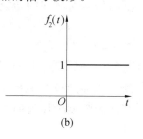
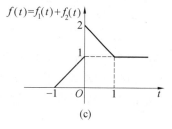

图 2.17　信号的相加

2. 信号的相乘

两个信号相乘得到一个新信号,其大小可由它们各时间点的函数值逐点对应相乘来确定,表示为

$$f(t) = f_1(t) \cdot f_2(t) \tag{2.41}$$

图 2.18 给出了两个信号相乘的信号波形。

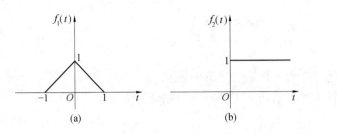
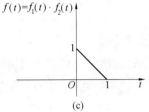

图 2.18　信号的相乘

在通信系统的调制解调等过程中常会遇到相乘运算。

3. 信号的积分

对连续时间信号而言,信号的积分是指在区间$(-\infty,t)$上的积分,其定义为

$$f^{(-1)}(t) = \int_{-\infty}^{t} f(\tau)\mathrm{d}\tau \tag{2.42}$$

如图 2.19(a) 所示,信号 $f(t)=\begin{cases}\mathrm{e}^{-at} & (0<t<t_0) \\ \mathrm{e}^{-at}-\mathrm{e}^{-a(t-t_0)} & (t_0\leqslant t<+\infty)\end{cases}$,其中 $t_0\gg\dfrac{1}{a}$。对该信号进行积分运算后,其结果如图 2.19(b) 所示。由波形可知,信号经积分运算后其突变部分可变得平滑。

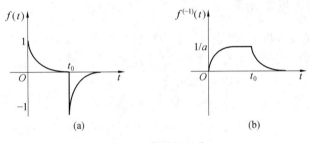

图 2.19　信号的积分

4. 信号的微分

对连续时间信号而言,信号的微分是指信号对时间的导数,其定义为

$$f'(t) = \frac{\mathrm{d}f(t)}{\mathrm{d}t} \tag{2.43}$$

如图 2.20(a) 所示信号,对其进行微分运算后,其结果如图 2.20(b) 所示。由波形可知,与信号的积分相反,经微分运算后信号的变化部分被突显出来,并且当信号含有间断点时,此间断点处的求导结果将出现冲激信号,其冲激强度为该处的跳变量。

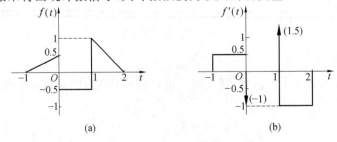

图 2.20　信号的微分

【例 2.5】　已知信号 $f_1(t)$ 和 $f_2(t)$ 的波形如图 2.21 所示,绘出下列各信号波形图。

$(1)f_1(t)+f_2(t)$；$(2)f_1(t)\cdot f_2(t)$；$(3)f_1{}^{(-1)}(t)=\int_{-\infty}^{t}f_1(\tau)\mathrm{d}\tau$。

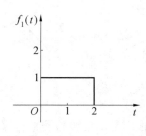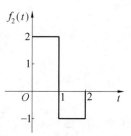

图 2.21

解　由以上信号的基本运算知识可得各信号波形图如图 2.22 所示。

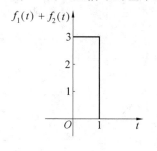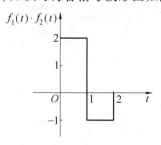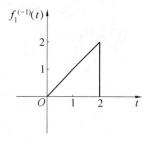

图 2.22

【例 2.6】　已知 $f(t)=(t^2-3t+1)u(t)$,求 $f''(t)$,并画出其波形。

解　由信号的微分性质可得

$$f'(t)=(2t-3)u(t)+(t^2-3t+1)\delta(t)=(2t-3)u(t)+\delta(t)$$
$$f''(t)=2u(t)+(2t-3)\delta(t)+\delta'(t)=2u(t)-3\delta(t)+\delta'(t)$$

$f''(t)$ 的波形如图 2.23 所示。

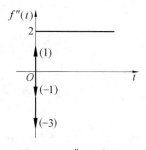

图 2.23　$f''(t)$ 波形

2.3.2　信号的基本变换

信号的基本变换主要指信号波形的平移、翻转和尺度变换等。

1. 信号的平移

信号 $f(t)$ 的平移是将 $f(t)$ 的波形在时间轴整体移动 t_0 个单位,即 $y(t)=f(t-t_0)$,若 $t_0>0$,则信号 $f(t)$ 的波形沿 t 轴向右整体移动 t_0 个单位；若 $t_0<0$,信号波形将沿 t 轴向左整

体移动$|t_0|$个单位,如图 2.24 所示。

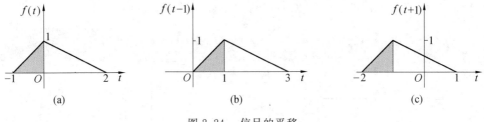

图 2.24 信号的平移

通信系统中长距离的雷达和地震信号检测中,很容易出现被检测信号移位的现象,山谷中的回声就是日常生活中的实际例子。

2. 信号的翻转

信号$f(t)$的翻转是将$f(t)$的自变量t变换为$-t$,即$y(t)=f(-t)$,其结果是信号$f(t)$的波形以$t=0$为轴反褶过来,如图 2.25 所示。

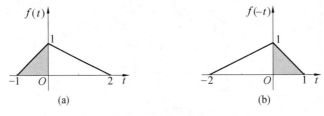

图 2.25 信号的翻转

3. 信号的尺度变换(信号的展缩)

信号$f(t)$的尺度变换是将$f(t)$的自变量t变换为$at(a>0)$的行为,即$y(t)=f(at)$。若$a>1$,信号$f(t)$的波形在t轴上压缩a倍;若$0<a<1$,则信号$f(t)$的波形在t轴上扩展$\dfrac{1}{a}$倍,如图 2.26 所示。

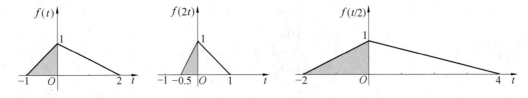

图 2.26 信号的尺度变换

尺度变换相当于将已存储的信号以加快或减慢的速度播放或显示,如电影中的"快动作"和"慢动作"。

信号的变换在实际情况下并不一定是单独出现的,往往对某一个信号同时需要进行几种变换,即综合分析问题。此时,必须留意变换的次序,否则会影响计算结果的正确性。如果采用不同的次序则应注意坐标的变化是否影响延时量或尺度变换量。

根据这三种最基本的信号波形变换情况,实际中便可解决各种组合变换问题,如$f(at+b)$(其中$a\neq 0$)类的分析计算。

【例 2.7】 已知信号$f(t)$的波形如图 2.27 所示,试求信号$f(-2t+3)$的波形。

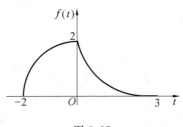

图 2.27

解　(1) 首先对信号 $f(t)$ 做移位变换,求得信号 $f(t+3)$,其波形如图 2.28(a) 所示;

(2) 对信号 $f(t+3)$ 做尺度变换,求得信号 $f(2t+3)$,其波形如图 2.28(b) 所示;

(3) 将信号 $f(2t+3)$ 翻转,求得信号 $f(-2t+3)$,其波形如图 2.28(c) 所示。

当然,也可以对上述变换的顺序进行改变,最终所得结果是相同的。不过,当 t 前面有负号时,按"移位 → 展缩 → 翻转"的顺序是最不易出错的,否则平移方向容易弄反。

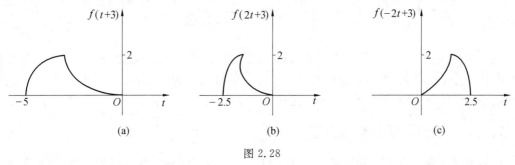

(a)　　　　　　　　　(b)　　　　　　　　　(c)

图 2.28

【例 2.8】　已知信号 $f\left(-\dfrac{1}{2}t-1\right)$ 的波形如图 2.29 所示,试求信号 $f(t)$ 的波形。

解　这是一类信号基本变换转换步骤反过来的题型,首先,由

$$f\left(-\frac{1}{2}t-1\right)=f\left[-\frac{1}{2}(t+2)\right]$$

可以利用信号的平移向右移动 2 单位得到 $f\left(-\dfrac{1}{2}t\right)$,如图 2.30(a) 所示;由波形 $f\left(-\dfrac{1}{2}t\right)$ 利用信号的翻转得到 $f\left(\dfrac{1}{2}t\right)$ 的波形,如图 2.30(b) 所示;最后利用信号的尺度变换得到 $f(t)$ 的波形,如图 2.30(c) 所示。本题还有一种做法是先求 $f\left(\dfrac{1}{2}t-1\right)$,再画 $f(t-1)$,最后平移到 $f(t)$,读者可以自己画一下,两种结果是一样的。

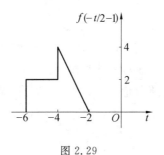

图 2.29

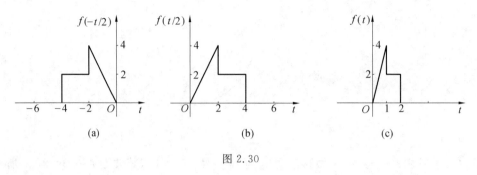

图 2.30

【思考题】

1.若 $f(t)$ 是一家庭自行录制的一盘录像带,那么 $f(-t)$、$f(2t)$、$f(t-1)$ 和 $3f(t)$ 分别是该录像带的何种播放效果?

2.4　信号的分解

在实际研究信号与系统的各类问题时,为使复杂问题简单化,方法之一是将一些信号分解为基本信号分量之和,以便从更合理的角度来分析信号与系统的过程。信号的分解犹如在力学问题中分解任一方向的力为几个分力之和。

2.4.1　直流分量与交流分量

信号可以分解为直流分量与交流分量之和。信号的直流分量即信号的平均值,是不随时间变化的稳定分量。原信号去除直流分量后所剩成分即为交流分量,可表示为

$$f(t) = f_D(t) + f_A(t) \tag{2.44}$$

式中　　$f_D(t)$——信号的直流分量;

$f_A(t)$——信号的交流分量。

图 2.31 给出了信号分解为直流分量和交流分量的一常见实例。

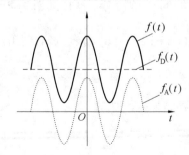

图 2.31　信号的直流分量和交流分量

【例 2.9】　已知信号 $f(t) = \sin^2 t$,求其直流分量 $f_D(t)$ 和交流分量 $f_A(t)$。

解　　首先求信号 $f(t)$ 的直流分量 $f_D(t)$,由于信号的直流分量即信号的平均值,故

$$f_D(t) = \frac{1}{T} \int_0^T f(t) \mathrm{d}t =$$

$$\frac{1}{\pi} \int_0^\pi \sin^2 t \mathrm{d}t =$$

$$\frac{1}{\pi} \int_0^\pi \frac{1 - \cos(2t)}{2} \mathrm{d}t =$$

$$\frac{1}{\pi} \cdot \frac{\pi}{2} = \frac{1}{2}$$

交流分量 $\qquad\qquad f_A(t) = f(t) - f_D(t) = -\dfrac{\cos(2t)}{2}$

2.4.2 偶分量与奇分量

因为任意信号 $f(t)$ 总可写为

$$f(t) = \frac{1}{2}[f(t) + f(t) + f(-t) - f(-t)] =$$

$$\frac{1}{2}[f(t) + f(-t)] + \frac{1}{2}[f(t) - f(-t)] \tag{2.45}$$

故信号可以分解为偶分量与奇分量之和,表示为

$$f(t) = f_e(t) + f_o(t) \tag{2.46}$$

偶分量 $f_e(t)$ 的定义为

$$f_e(t) = \frac{1}{2}[f(t) + f(-t)] \tag{2.47}$$

且很容易证明偶分量 $f_e(t)$ 为偶函数,即

$$f_e(t) = f_e(-t) \tag{2.48}$$

奇分量 $f_o(t)$ 的定义为

$$f_o(t) = \frac{1}{2}[f(t) - f(-t)] \tag{2.49}$$

且很容易证明奇分量 $f_o(t)$ 为奇函数,即

$$f_o(t) = -f_o(-t) \tag{2.50}$$

图 2.32 给出信号分解为偶分量与奇分量的一个实例。

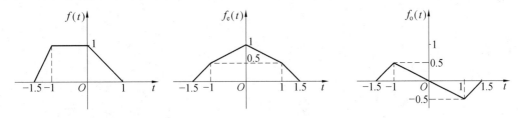

图 2.32 信号的偶分量和奇分量

【例 2.10】 已知 $f(t) = e^t + \sin t$,求其偶分量 $f_e(t)$ 和奇分量 $f_o(t)$。

解 因为 $\qquad\qquad f(-t) = e^{-t} - \sin t$

故

$$f_e(t) = \frac{1}{2}[f(t) + f(-t)] = \frac{e^t + e^{-t}}{2}$$

$$f_o(t) = \frac{1}{2}[f(t) - f(-t)] = \frac{e^t + \sin t - e^{-t} + \sin t}{2} = \frac{e^t - e^{-t}}{2} + \sin t$$

2.4.3　实部分量与虚部分量

瞬时值为复数的信号 $f(t)$ 可以分解为实部分量与虚部分量之和,表示为

$$f(t) = f_r(t) + \mathrm{j} f_i(t) \tag{2.51}$$

式中　　$f_r(t)$——实部分量;

　　　　$f_i(t)$——虚部分量。

信号 $f(t)$ 对应的共轭复函数是

$$f^*(t) = f_r(t) - \mathrm{j} f_i(t) \tag{2.52}$$

故有以下表达式成立:

$$f_r(t) = \frac{1}{2}\left[f(t) + f^*(t) \right] \tag{2.53}$$

$$f_i(t) = \frac{1}{2\mathrm{j}}\left[f(t) - f^*(t) \right] \tag{2.54}$$

虽然实际产生的信号都是实信号,但在信号分析理论中,常借助复信号来研究某些实信号的问题,它可以建立某些有益的概念或简化运算。例如,复指数常用于表示正弦信号。近年来,在通信系统、网络理论、数字信号处理等方面,复信号的应用日益广泛。

2.5*　正交函数

信号还可以用正交函数集的线性组合来表示。本节利用向量空间的概念引出正交函数和正交函数集的定义。

2.5.1　正交向量

所谓正交,即垂直互不包含的意思,此概念来自于向量空间。如图 2.33 所示是二维向量空间。

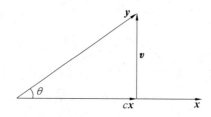

图 2.33　二维向量空间

有向量 y 和 x,如果用 x 方向上的一个向量 cx 来近似地表示 y,即

$$y \approx cx \tag{2.55}$$

式中　　c——常数。

则产生的误差向量为

$$v = y - cx \tag{2.56}$$

随着 c 的不同,误差向量 v 也不同,显然,当 c 的选择使 v 和 x 垂直时,v 的长度最短,此时用 cx 来表示 y 所产生的误差最小。当 v 和 x 垂直时,称 cx 是 y 在 x 上的投影,也称 cx 是 y 在 x

方向上的分量。

可以推得，误差向量 $\boldsymbol{v}$ 最小时，系数 c 满足关系

$$c = \frac{|\boldsymbol{y}||\boldsymbol{x}|\cos\theta}{|\boldsymbol{x}|^2} \tag{2.57}$$

式中　　θ——$\boldsymbol{y}$ 和 $\boldsymbol{x}$ 两向量的夹角。

根据向量内积的定义，$\boldsymbol{y}$ 和 $\boldsymbol{x}$ 两向量的内积为

$$\langle\boldsymbol{y},\boldsymbol{x}\rangle = |\boldsymbol{y}||\boldsymbol{x}|\cos\theta \tag{2.58}$$

$\boldsymbol{x}$ 和其自身的内积为

$$\langle\boldsymbol{x},\boldsymbol{x}\rangle = |\boldsymbol{x}||\boldsymbol{x}| = |\boldsymbol{x}|^2 \tag{2.59}$$

采用向量内积表示，有

$$c = \frac{\langle\boldsymbol{y},\boldsymbol{x}\rangle}{\langle\boldsymbol{x},\boldsymbol{x}\rangle} \tag{2.60}$$

当 $\boldsymbol{y}$ 和 $\boldsymbol{x}$ 垂直时，则有

$$\langle\boldsymbol{y},\boldsymbol{x}\rangle = |\boldsymbol{y}||\boldsymbol{x}|\cos\theta = 0 \tag{2.61}$$

$c=0$，因此，$\boldsymbol{y}$ 和 $\boldsymbol{x}$ 垂直时，它们的内积为零，$\boldsymbol{y}$ 在 $\boldsymbol{x}$ 上的投影为零，亦即 $\boldsymbol{y}$ 不包含在 $\boldsymbol{x}$ 方向上的分量，此时称 $\boldsymbol{y}$ 和 $\boldsymbol{x}$ 正交。

根据上述原理，可以将一个平面中的任意向量在直角坐标中分解为两个正交向量的组合。为便于研究向量分解，把相互正交的两个向量组成一个二维的"正交向量集"，这样，在此平面上的任意分量都可用二维正交向量集的分量组合来代表。同理，三维空间中的任意向量都可以分解为三维正交向量集中正交分量之和。

2.5.2　正交函数

设在时间区间 (t_1,t_2) 内有两个函数 $f_1(t)$ 和 $f_2(t)$，借助向量空间的概念，可以把这两个函数看作一个函数空间的两个元素。如果在区间 (t_1,t_2) 内用函数 $cf_2(t)$ 近似地表示 $f_1(t)$，即

$$f_1(t) \approx cf_2(t) \tag{2.62}$$

式中　　c——常数。

那么所产生的误差函数为 $f_1(t)-cf_2(t)$，定义为方均误差，即误差函数的平均功率为

$$\varepsilon^2 = \frac{1}{t_2-t_1}\int_{t_1}^{t_2}\left[f_1(t)-cf_2(t)\right]^2\mathrm{d}t \tag{2.63}$$

选择常数 c，使得方均误差 ε^2 最小，令

$$\frac{\mathrm{d}\varepsilon^2}{\mathrm{d}c} = 0 \tag{2.64}$$

得

$$c = \frac{\displaystyle\int_{t_1}^{t_2}f_1(t)f_2(t)\mathrm{d}t}{\displaystyle\int_{t_1}^{t_2}f_2^2(t)\mathrm{d}t} \tag{2.65}$$

根据向量空间的表述，在此 c 的取值下，称 $cf_2(t)$ 为 $f_1(t)$ 在 $f_2(t)$ 上的投影，或称 $cf_2(t)$ 为 $f_1(t)$ 在 $f_2(t)$ 方向上的向量。

定义函数空间中两个函数元素在区间 (t_1,t_2) 内的内积为

$$\langle f_1(t), f_2(t) \rangle = \int_{t_1}^{t_2} f_1(t) f_2(t) \mathrm{d}t \tag{2.66}$$

当此两元素为复函数时,根据复函数的信号能量和平均功率进行推导,得两复函数的内积定义为

$$\langle f_1(t), f_2(t) \rangle = \int_{t_1}^{t_2} f_1(t) f_2^*(t) \mathrm{d}t \tag{2.67}$$

式中　$f_2^*(t)$——$f_2(t)$ 的共轭。

借助函数内积的表述可得

$$c = \frac{\langle f_1(t), f_2(t) \rangle}{\langle f_2(t), f_2(t) \rangle} \tag{2.68}$$

当 $\langle f_1(t), f_2(t) \rangle = 0$ 时,则 $c = 0$,此时称 $f_1(t)$ 在 $f_2(t)$ 上的投影为零,即 $f_1(t)$ 和 $f_2(t)$ 正交。当两个函数在给定区间上正交时,它们的内积为零,即两个函数在区间 (t_1, t_2) 上正交的条件是 $\int_{t_1}^{t_2} f_1(t) f_2(t) \mathrm{d}t = 0$,此时称这两个函数为相互正交函数。

假设有 i 个函数 $f_1(t), f_2(t), \cdots, f_i(t)$ 构成的一个函数集,这些函数在区间 (t_1, t_2) 内满足如下的正交特性:

$$\langle f_m(t), f_n(t) \rangle = \begin{cases} 0 & (m \neq n) \\ K_m & (m = n) \end{cases} \quad (m, n = 1, 2, \cdots, i) \tag{2.69}$$

则此函数集称为正交函数集。

若在函数 $f_1(t), f_2(t), \cdots, f_i(t)$ 之外再也找不到一个非零的函数 $f_{i+1}(t)$,满足

$$\langle f_m(t), f_{i+1}(t) \rangle = 0 \quad (m = 1, 2, \cdots, i) \tag{2.70}$$

则此函数集为完备正交函数集。

若有

$$\langle f_m(t), f_m(t) \rangle = K_m = 1 \quad (m = 1, 2, \cdots, i) \tag{2.71}$$

则此函数集为规范化(归一化)的完备正交函数集。

【例 2.11】　试证明 $\cos t, \cos(2t), \cdots, \cos(nt)$($n$ 为整数) 是区间 $(0, 2\pi)$ 中的正交函数集,但不是完备正交函数集。

证明:

$$\int_0^{2\pi} \cos(mt) \cos(kt) \mathrm{d}t = \frac{1}{2} \int_0^{2\pi} [\cos(m+k)t + \cos(m-k)t] \mathrm{d}t =$$

$$\frac{1}{2} \left[\frac{1}{m+k} \sin(m+k)t + \frac{1}{m-k} \sin(m-k)t \right] \Big|_0^{2\pi} =$$

$$\begin{cases} 0 + 0 = 0 & (m \neq k) \\ 0 + \dfrac{t}{2} \Big|_0^{2\pi} = \pi \neq 0 & (m = k) \end{cases}$$

所以上面的函数集为正交函数集。

当 $m = k$ 时,即

$$\int_0^{2\pi} \cos^2(mt) \mathrm{d}t = \pi \neq 1$$

所以该函数集不是归一化的。

在函数集外我们可以找到一个函数 $f(t) = 1$,它与集合内所有函数都正交,即

$$\int_0^{2\pi} 1 \times \cos(mt)\,\mathrm{d}t = \frac{\sin(mt)}{m}\Big|_0^{2\pi} = 0$$

且

$$\int_0^{2\pi} 1^2 \,\mathrm{d}t = t\,\Big|_0^{2\pi} = 2\pi \neq 0$$

所以该函数集不是完备的。

2.5.3　信号的正交分解

如果信号 $f(t)$ 在时间区间 (t_1, t_2) 内满足狄利克雷条件:如果存在间断点,间断点的个数是有限个;信号极大值和极小值的个数是有限个;信号绝对可积,即

$$\int_{t_1}^{t_2} |f(t)|\,\mathrm{d}t < +\infty \tag{2.72}$$

则在时间区间 (t_1, t_2) 内 $f(t)$ 可表示为完备正交函数集的各分量的线性组合,即

$$f(t) = c_1 f_1(t) + c_2 f_2(t) + \cdots + c_i f_i(t) = \sum_{m=1}^{i} c_m f_m(t) \tag{2.73}$$

式中　$c_m f_m(t)$——$f(t)$ 在 $f_m(t)$ 上的投影,有

$$c_m = \frac{\langle f(t), f_m(t) \rangle}{\langle f_m(t), f_m(t) \rangle} \quad (m = 1, 2, \cdots, i) \tag{2.74}$$

这就是信号 $f(t)$ 的正交分解。

在完备正交分解情况下,信号能量满足关系

$$\int_{t_1}^{t_2} f^2(t)\,\mathrm{d}t = \sum_{m=1}^{i} c_m^2 \int_{t_1}^{t_2} f_m^2(t)\,\mathrm{d}t \tag{2.75}$$

当 $f(t)$ 为复函数时,有

$$\int_{t_1}^{t_2} |f(t)|^2\,\mathrm{d}t = \int_{t_1}^{t_2} f(t) f^*(t)\,\mathrm{d}t = \sum_{m=1}^{i} c_m^2 \int_{t_1}^{t_2} f_m(t) f_m^*(t)\,\mathrm{d}t \tag{2.76}$$

以上两式显示,一个信号的能量等于此信号的完备正交函数分解的各分量能量的总和,此为信号正交分解的能量守恒关系,称为帕塞瓦尔定理。

【思考题】

1.正交函数集是否一定是完备的?

2.若函数 $f_1(t)$ 和 $f_2(t)$ 在区间 (t_1, t_2) 上正交,将 $f_2(t)$ 在该区间上近似表示为 $f_2(t) \approx c f_1(t)$,那么 c 为何值时方均误差最小?

2.6*　信号的相关性

信号之间的相关程度,通常用相关函数来表征,用以衡量信号之间的关联或相似程度。通常相关的概念是从研究随机信号的统计特性而引入的。考虑本课程的研究范围,从确定性信号的相似性引出相关系数与相关函数的概念,为学习后续课程做好准备。

相关函数包括互相关函数和自相关函数,它们的定义及运算方法都与卷积积分相类似,即相关函数与卷积运算有着密切联系。从数学本质来看,相关系数是信号矢量空间内积与范数特征的具体表现。

2.6.1　相关系数与相关函数

在信号分析中,有时要求比较两个信号波形是否相似,希望给出两者相似程度的统一描述。例如,图 2.34(a) 中的两个波形,从直观上很难说明它们的相似程度,它们在任何瞬间的取值似乎都是彼此不相关的。图 2.34(b) 则是一对完全相似的波形,它们或是形状完全一致,或是两变化规律相同而幅度呈某一倍数关系的波形。图 2.34(c) 的两个波形幅度呈负系数倍乘关系。

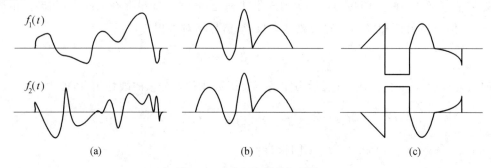

图 2.34　两个波形的相关性

对于这些不同组合的信号波形如何定量衡量它们之间的相关性,需要引出相关系数的概念。假定 $f_1(t)$ 和 $f_2(t)$ 是能量有限的实信号,选择适当的系数 c_{12} 令 $c_{12}f_2(t)$ 去逼近 $f_1(t)$,利用方均误差(能量误差)$\overline{\varepsilon^2}$ 来说明两者的相似程度,故

$$\overline{\varepsilon^2} = \int_{-\infty}^{+\infty} \left[f_1(t) - c_{12}f_2(t) \right]^2 \mathrm{d}t \tag{2.77}$$

选择 c_{12} 使误差 $\overline{\varepsilon^2}$ 最小,即要求

$$\frac{\mathrm{d}\,\overline{\varepsilon^2}}{\mathrm{d}c_{12}} = 0 \tag{2.78}$$

所以可以求得

$$c_{12} = \frac{\displaystyle\int_{-\infty}^{+\infty} f_1(t) f_2(t) \mathrm{d}t}{\displaystyle\int_{-\infty}^{+\infty} f_2^2(t) \mathrm{d}t} \tag{2.79}$$

此时,能量误差为

$$\overline{\varepsilon^2} = \int_{-\infty}^{+\infty} \left[f_1(t) - f_2(t) \frac{\displaystyle\int_{-\infty}^{+\infty} f_1(t) f_2(t) \mathrm{d}t}{\displaystyle\int_{-\infty}^{+\infty} f_2^2(t) \mathrm{d}t} \right]^2 \mathrm{d}t \tag{2.80}$$

将被积函数展开并化简,得到

$$\overline{\varepsilon^2} = \int_{-\infty}^{+\infty} f_1^2(t) \mathrm{d}t - \frac{\left[\displaystyle\int_{-\infty}^{+\infty} f_1(t) f_2(t) \mathrm{d}t \right]^2}{\displaystyle\int_{-\infty}^{+\infty} f_2^2(t) \mathrm{d}t} \tag{2.81}$$

令相对能量误差为

$$\frac{\overline{\varepsilon^2}}{\displaystyle\int_{-\infty}^{+\infty} f_1^2(t) \mathrm{d}t} = 1 - \rho_{12}^2 \tag{2.82}$$

式中

$$\rho_{12} = \frac{\int_{-\infty}^{+\infty} f_1(t) f_2(t) \mathrm{d}t}{\left[\int_{-\infty}^{+\infty} f_1^2(t) \mathrm{d}t \int_{-\infty}^{+\infty} f_2^2(t) \mathrm{d}t\right]^{\frac{1}{2}}} \tag{2.83}$$

通常把 ρ_{12} 称为 $f_1(t)$ 和 $f_2(t)$ 的相关系数。不难求得

$$\left| \int_{-\infty}^{+\infty} f_1(t) f_2(t) \mathrm{d}t \right| \leqslant \left[\int_{-\infty}^{+\infty} f_1^2(t) \mathrm{d}t \int_{-\infty}^{+\infty} f_2^2(t) \mathrm{d}t\right]^{\frac{1}{2}} \tag{2.84}$$

故有

$$|\rho_{12}| \leqslant 1 \tag{2.85}$$

由式(2.83)和式(2.84)可以看出,对于两个能量有限信号,相关系数 ρ_{12} 的大小由两信号的内积所决定

$$\rho_{12} = \frac{\langle f_1(t), f_2(t) \rangle}{\left[\langle f_1(t), f_1(t) \rangle \langle f_2(t), f_2(t) \rangle\right]^{\frac{1}{2}}} = \frac{\langle f_1(t), f_2(t) \rangle}{\| f_1(t) \|_2 \| f_2(t) \|_2} \tag{2.86}$$

对于图 2.34(b)、(c) 所示的两个相同或相反的波形,由于它们的形状完全一致,内积的绝对值最大,ρ_{12} 分别等于 +1 或 -1,此时 $\overline{\varepsilon^2}$ 等于零。一般情况下 ρ_{12} 的取值在 -1 到 +1 之间。当 $f_1(t)$ 与 $f_2(t)$ 为正交函数时 $\rho_{12} = 0$,此时 $\overline{\varepsilon^2}$ 最大。相关系数 ρ_{12} 从信号之间能量误差的角度描述了它们的相关特性,利用矢量空间的内积运算给出了定量说明。

上面对两个固定信号波形的相关性进行了研究,然而经常会遇到更复杂的情况,信号 $f_1(t)$ 和 $f_2(t)$ 由于某种原因产生了时差,例如雷达站接收到两个不同距离目标的发射信号,这就需要专门研究两信号在时移过程中的相关性,为此需引出相关函数的概念。

1. 信号的互相关

如果两能量信号 $f_1(t)$ 和 $f_2(t)$ 是能量有限信号且为实函数,它们之间的互相关函数定义为

$$R_{12}(\tau) = \int_{-\infty}^{+\infty} f_1(t) f_2(t-\tau) \mathrm{d}t = \int_{-\infty}^{+\infty} f_1(t+\tau) f_2(t) \mathrm{d}t \tag{2.87}$$

$$R_{21}(\tau) = \int_{-\infty}^{+\infty} f_1(t-\tau) f_2(t) \mathrm{d}t = \int_{-\infty}^{+\infty} f_1(t) f_2(t+\tau) \mathrm{d}t \tag{2.88}$$

显然,互相关函数 $R(\tau)$ 是两信号之间的时间间隔 τ 的函数,它反映了一个信号与延迟或超前了 τ 的另一个信号的相似程度。注意式(2.87)和式(2.88)中下标 1 与 2 的顺序不能互换,一般情况下 $R_{12}(\tau) \neq R_{21}(\tau)$,而满足关系

$$R_{12}(\tau) = R_{21}(-\tau) \tag{2.89}$$

上式只要将式(2.88)中的 τ 改写为 $-\tau$ 便可得证。

两功率有限信号 $f_1(t)$ 和 $f_2(t)$ 的互相关函数的定义为

$$R_{12}(\tau) = \lim_{T \to +\infty} \left[\frac{1}{T} \int_{-\frac{T}{2}}^{\frac{T}{2}} f_1(t) f_2(t-\tau) \mathrm{d}t \right] \tag{2.90}$$

$$R_{21}(\tau) = \lim_{T \to +\infty} \left[\frac{1}{T} \int_{-\frac{T}{2}}^{\frac{T}{2}} f_2(t) f_1(t-\tau) \mathrm{d}t \right] \tag{2.91}$$

如果两复函数 $f_1(t)$ 和 $f_2(t)$ 为能量有限信号,它们之间的互相关函数的定义为

$$R_{12}(\tau) = \int_{-\infty}^{+\infty} f_1(t) f_2^*(t-\tau) \mathrm{d}t = \int_{-\infty}^{+\infty} f_2^*(t) f_1(t+\tau) \mathrm{d}t \tag{2.92}$$

$$R_{21}(\tau) = \int_{-\infty}^{+\infty} f_2(t) f_1^*(t-\tau) \mathrm{d}t = \int_{-\infty}^{+\infty} f_1^*(t) f_2(t+\tau) \mathrm{d}t \qquad (2.93)$$

同时具有如下性质:

$$R_{12}(\tau) = R_{21}^*(-\tau) \qquad (2.94)$$

两功率有限的复函数信号之间的互相关函数的定义为

$$R_{12}(\tau) = \lim_{T \to +\infty} \left[\frac{1}{T} \int_{-\frac{T}{2}}^{\frac{T}{2}} f_1(t) f_2^*(t-\tau) \mathrm{d}t \right] \qquad (2.95)$$

$$R_{21}(\tau) = \lim_{T \to +\infty} \left[\frac{1}{T} \int_{-\frac{T}{2}}^{\frac{T}{2}} f_2(t) f_2^*(t-\tau) \mathrm{d}t \right] \qquad (2.96)$$

2. 信号的自相关

如果 $f_1(t)$ 与 $f_2(t)$ 是同一信号,即 $f_1(t) = f_2(t) = f(t)$,此时它们之间的相关函数变为自相关函数,且相关函数无需加注下标,以 $R(\tau)$ 表示,它描述信号与自身的相关问题,即

$$R(\tau) = \int_{-\infty}^{+\infty} f(t) f(t-\tau) \mathrm{d}t = \int_{-\infty}^{+\infty} f(t+\tau) f(t) \mathrm{d}t \qquad (2.97)$$

自相关函数反映了一个信号与其延迟或超前了 τ 的信号之间的相关程度,显然,对自相关函数有如下性质:

$$R(\tau) = R(-\tau) \qquad (2.98)$$

可见,实函数的自相关函数是时移 τ 的偶函数。

若 $f(t)$ 是功率有限信号,其自相关函数的定义为

$$R(\tau) = \lim_{T \to +\infty} \left[\frac{1}{T} \int_{-\frac{T}{2}}^{\frac{T}{2}} f(t) f(t-\tau) \mathrm{d}t \right] \qquad (2.99)$$

若 $f(t)$ 为复函数且为能量有限信号,其自相关函数的定义为

$$R(\tau) = \int_{-\infty}^{+\infty} f(t) f^*(t-\tau) \mathrm{d}t = \int_{-\infty}^{+\infty} f^*(t) f(t+\tau) \mathrm{d}t \qquad (2.100)$$

且

$$R(\tau) = R^*(-\tau) \qquad (2.101)$$

若 $f(t)$ 为复函数的功率有限信号,其自相关函数的定义为

$$R(\tau) = \lim_{T \to +\infty} \left[\frac{1}{T} \int_{-\frac{T}{2}}^{\frac{T}{2}} f(t) f^*(t-\tau) \mathrm{d}t \right] \qquad (2.102)$$

2.6.2 相关定理

讨论完了信号的相关问题,下面介绍相关定理。信号的相关是建立在信号的时间波形之间的,而相关定理描述了相关函数与能量密度函数或功率密度函数之间的关系。关于能量谱和功率谱的概念,要在第 4 章学过傅里叶变换后再给出,这里只给出相关定理的基本形式,不加详细讨论。

设 $f_1(t)$ 和 $f_2(t)$ 为能量信号,而且有

$$f_1(t) \Leftrightarrow F_1(\omega) \qquad (2.103)$$

$$f_2(t) \Leftrightarrow F_2(\omega) \qquad (2.104)$$

则

$$R_{12}(\tau) \Leftrightarrow F_1(\omega) F_2^*(\omega) \qquad (2.105)$$

$$R_{21}(\tau) \Leftrightarrow F_1^*(\omega)F_2(\omega) \tag{2.106}$$

$$R(\tau) \Leftrightarrow F^2(\omega) \tag{2.107}$$

相关定理表明,能量信号的互相关函数与信号的互能量密度函数是一对傅里叶变换,而能量信号的自相关函数与信号的能量密度函数为一对傅里叶变换。

还可以证明,对于功率信号 $f(t)$,其自相关函数与功率密度函数互为傅里叶变换关系,即

$$R(\tau) \Leftrightarrow \lim_{T \to +\infty} \frac{F^2(\omega)}{T} = P(\omega) \tag{2.108}$$

总之,信号的自相关函数及能量信号的互相关函数与它们的谱密度之间有着确定的傅里叶变换关系。

【思考题】

讨论正弦信号 $\sin t$ 与余弦信号 $\cos t$ 之间存在怎样的相关性。

习　　题

2.1　已知信号 $f(t)$ 波形如题 2.1 图所示,试写出这些信号波形的函数表达式。

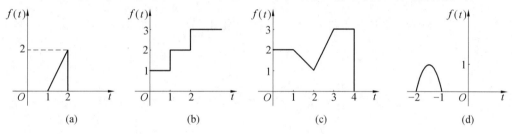

题 2.1 图

2.2　试粗略绘出下列各时间函数的波形图。

(1) $f(t) = e^{-2t}\cos 3\pi t[u(t-2) - u(t-4)]$; (2) $f(t) = \mathrm{Sa}(t-3)u(t-1)$;

(3) $f(t) = \mathrm{sgn}(\mathrm{Sa}(t))$。

2.3　试画出下列信号 $f(t)$ 的波形图。

(1) $f(t) = \delta(t+1) - 2\delta(t) - 2\delta(t-1)$; 　(2) $f(t) = \cos(\pi t)[u(t) - u(t-3)]$;

(3) $f(t) = (1-t)[u(t) - u(t-1)]$; 　　　(4) $f(t) = e^{-t}u(2-t)$;

(5) $f(t) = \sin(2\pi t)[u(t) - u(t-2)]$。

2.4　试绘出 $f(t) = u(\cos t)$ 在 $(-3\pi, 3\pi)$ 之间的波形。

2.5　完成以下各式运算。

(1) $(3t^3 - 2t)\delta(2t+1)$; (2) $\sin\left(2t + \dfrac{\pi}{3}\right)\delta\left(t + \dfrac{\pi}{2}\right)$; (3) $e^{-(t-2)}\delta(t-3)$;

(4) $\sin(\pi t)\delta(-t+2)$; (5) $\delta(t)\cos t$; (6) $e^{t-2}u(t)\delta(t-2)$。

2.6　完成以下各积分运算。

(1) $\displaystyle\int_0^{+\infty} 2e^{j\omega t}\delta(t+1)dt$; (2) $\displaystyle\int_{-\infty}^{+\infty}(t+\sin t)\delta\left(t - \dfrac{\pi}{6}\right)dt$; (3) $\displaystyle\int_{-\infty}^{+\infty}(t-3)[\delta(t) + \delta'(t)]dt$;

(4) $\displaystyle\int_{-2}^4(3t^2 - t + 7)\delta'(t-1)dt$; (5) $\displaystyle\int_{-\infty}^{+\infty}\delta(t) \cdot \dfrac{\sin 2t}{t}dt$; (6) $\displaystyle\int_{-\infty}^{\infty}\mathrm{Sa}(t)\delta(t-\pi)dt$。

2.7　有一线性时不变系统,当激励 $e_1(t) = u(t)$ 时,响应 $r_1(t) = e^{-at}u(t)$,试求当激励

$e_2(t) = \delta(t)$ 时,响应 $r_2(t)$ 的表达式。(假定起始时刻系统无储能)

2.8 已知正弦信号 $f_1(t) = \sin \omega t$,$f_2(t) = \sin 10\omega t$,试绘出 $f_1(t) + f_2(t)$ 的波形图。

2.9 已知信号 $f_1(t)$ 和 $f_2(t)$ 的波形如题 2.9 图所示,试求:

(1) $f_1(t) + f_2(t)$;(2) $f_1(t) \cdot f_2(t)$。

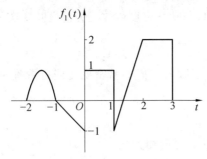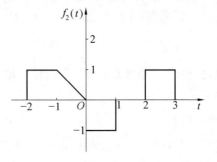

题 2.9 图

2.10 已知 $f(t) = \delta'(t+2) + 3\delta(t-1) - t\delta(t-2)$,计算并绘出 $f(t)$ 和 $f^{(-1)}(t) = \int_{-\infty}^{t} f(\tau)\mathrm{d}\tau$ 的波形。

2.11 已知 $f(t)$ 的波形如题 2.11 图所示,试绘出 $\dfrac{\mathrm{d}}{\mathrm{d}t} f(t)$ 的波形。

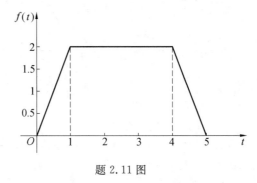

题 2.11 图

2.12 已知信号 $f(t)$ 的波形如题 2.12 图所示,试画出 $g(t) = f(-2t+2)$ 的波形图。

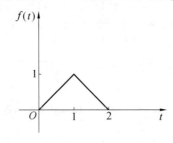

题 2.12 图

2.13 信号 $f(2t+1)$ 的波形如题 2.13 图所示,试绘出信号 $f(t)$ 的波形。

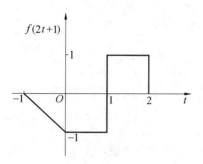

题 2.13 图

2.14　已知信号 $f(t)$ 的波形如题 2.14 图所示,试画出下列信号的波形图。

$(1)g(t) = f\left(-\dfrac{1}{2}t + 1\right)$; $(2)p(t) = f(2t - 2)$。

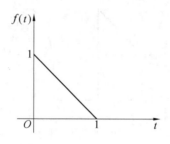

题 2.14 图

2.15　已知信号 $f(t-2)$ 的波形如题 2.15 图所示,试绘出下列各函数的波形。

$(1)f(1+3t)$; $(2)f(1+t)$; $(3)f(1-3t)$; $(4)f\left(\dfrac{t}{3}-3\right)$; $(5)f(t-1)u(t-1)$。

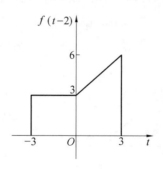

题 2.15 图

2.16　已知信号 $f(t)$ 波形如题 2.16 图所示,试画出下列函数 $y(t)$ 的波形图。

$(1)y(t) = f(t-3)$;　　　　　$(2)y(t) = f(2t+1)$;

$(3)y(t) = f(t) + f(2-t)$;　　　$(4)y(t) = \dfrac{\mathrm{d}f(t)}{\mathrm{d}t}$。

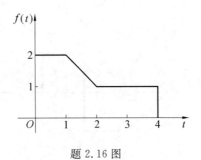

题 2.16 图

2.17 已知信号波形如题 2.17 图所示,试画出 $\dfrac{\mathrm{d}}{\mathrm{d}t}\left[f\left(2-\dfrac{t}{3}\right)\right]$ 的波形图。

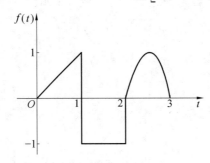

题 2.17 图

2.18 求以下信号的直流分量和交流分量。

(1)$f(t)=1+\cos t$; (2)$f(t)=\sin t+\cos t$。

(3)$f(t)=\cos^2 t$; (4)$f(t)=\mid \sin \omega t\mid$。

2.19 已知信号 $f(t)$ 波形如题 2.19 图所示,分别画出其所对应的偶分量 $f_e(t)$ 和奇分量 $f_o(t)$。

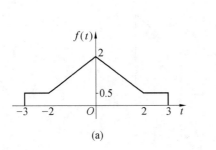

(a)

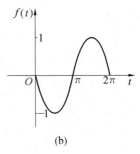

(b)

题 2.19 图

2.20 试证明因果信号 $f(t)$ 的偶分量 $f_e(t)$ 与奇分量 $f_o(t)$ 之间存在着关系式:
$$f_e(t)=\mathrm{sgn}(t)f_o(t), \quad f_o(t)=\mathrm{sgn}(t)f_e(t)$$

2.21 已知两个函数 $f_1(t)=1$,$f_2(t)=\sin t+\cos t$,两者在区间$(0,x)$上正交,求 x 的最小值。

2.22 判断函数集 $\sin t,\sin 2t,\sin 3t,\cdots,\sin nt$ (n 是正整数)在区间$(0,2\pi)$内的正交性、完备性和归一性。

2.23 已知信号 $f(t)=\cos \omega t$,试求其自相关函数。

第 3 章

连续时间系统的时域分析

系统分析对于研究系统性质、信号的传输能力和系统设计等都有重要意义。和信号分析相类似,系统分析方法也有时域分析法和频域分析法两种,本章主要介绍连续时间系统的时域分析。因为在时域分析过程中所涉及的函数变量为时间 t,故称为时间域分析方法,与后面将要介绍的频域分析法相比,时域分析法物理概念清晰,相对较为繁琐,但可作为学习其他变换域分析方法的基础。

3.1 系统的微分方程及其求解

3.1.1 微分方程的建立

进行系统的时域分析时,首先要建立系统的数学模型,建立数学模型就是根据力学、电学等物理学规律,得到输入和输出之间满足的数学表达式,即列出描述系统特性的微分方程式。一个 n 阶连续时间系统可以用 n 阶微分方程来描述,其一般形式为

$$y^{(n)}(t) + a_{n-1}y^{(n-1)}(t) + \cdots + a_1 y'(t) + a_0 y(t) =$$
$$b_m x^{(m)}(t) + b_{m-1}x^{(m-1)}(t) + \cdots + b_1 x'(t) + b_0 x(t) \tag{3.1}$$

式中　　$y(t)$ 和 $x(t)$——系统的响应和激励;

　　　　$y^{(n)}(t)$——$y(t)$ 的 n 阶导数;

　　　　$x^{(m)}(t)$——$x(t)$ 的 m 阶导数;

　　　　a_k 与 b_k——各项系数。

对于线性时不变系统,即连续时间 LTI 系统来说,其组成系统的元件都是具有恒定参数值的线性元件,因此,式中各参数为常数,而对一个线性时不变系统的描述,即数学模型就是一个线性常系数微分方程。本书后续出现的连续时间系统,如无特殊说明,均为线性时不变系统。

为了在时域中分析系统,必须首先建立连续时间 LTI 系统的常系数微分方程。微分方程的建立过程与应用系统的特性有关。例如,对于经典力学理论,主要依赖于牛顿定律;对于微波和电磁场而言,主要依赖于麦克斯韦方程。

以电路系统为例,建立微分方程的基本依据是基尔霍夫定律(KCL、KVL)以及元件的电压—电流关系(VCR),即

KCL:对任一节点有 $\sum i(t) = 0$;

KVL:对任一回路有 $\sum v(t) = 0$。

例如,图 3.1 所示的电路。

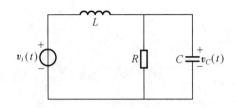

图 3.1　二阶系统示例

若以信号源 $v_i(t)$ 为系统的激励信号,电容器两端的端电压 $v_C(t)$ 为系统的响应,根据基尔霍夫电压与电流定律,可得

$$\begin{cases} v_i(t) = v_L(t) + v_C(t) \\ i_L(t) = i_R(t) + i_C(t) \end{cases} \tag{3.2}$$

式中　　$v_L(t)$——电感器的电压;

　　　　$i_L(t)$——通过电感的电流;

　　　　$i_R(t)$——通过电阻的电流;

　　　　$i_C(t)$——通过电容的电流。

各元件的端电流与电压之间的关系分别为 $i_L(t) = \dfrac{1}{L}\displaystyle\int_0^t v_L(t)\mathrm{d}t, i_R(t) = \dfrac{v_C(t)}{R}, i_C(t) = C\dfrac{\mathrm{d}v_C(t)}{\mathrm{d}t}$,整理可得

$$v''_C(t) + \frac{1}{RC}v'_C(t) + \frac{1}{LC}v_C(t) = \frac{1}{LC}v_i(t) \tag{3.3}$$

这是一个二阶微分方程。为了求得该微分方程的解,通常还需要知道电路的初始条件 $v_C(0)$ 和 $v'_C(0)$。

3.1.2　微分方程的求解

系统的微分方程的解即系统的响应,利用经典法求解微分方程时,系统的响应可由两部分相加而成。一部分是微分方程的齐次方程的解,称为齐次解,记为 $y^{(h)}(t)$;另一部分是原方程任意的一个解,称为特解,记为 $y^*(t)$。这样,系统的完全响应就是

$$y(t) = y^{(h)}(t) + y^*(t) \tag{3.4}$$

1. 齐次解

将微分方程中与输入相关的项全部设为零便得到齐次方程。因此,对于连续时间系统,$y^{(h)}(t)$ 就是齐次方程

$$y^{(n)}(t) + a_{n-1}y^{(n-1)}(t) + \cdots + a_1 y'(t) + a_0 y(t) = 0 \tag{3.5}$$

的解。连续系统的齐次解具有如下形式

$$y^{(h)}(t) = \sum_{i=1}^N c_i \mathrm{e}^{r_i t} \tag{3.6}$$

如果设齐次解为 $c\mathrm{e}^{rt}$,c 为任意常数,将 $c\mathrm{e}^{rt}$ 代入方程式(3.5),可得

$$cr^n \mathrm{e}^{rt} + ca_{n-1}r^{n-1}\mathrm{e}^{rt} + \cdots + ca_1 r\mathrm{e}^{rt} + ca_0 \mathrm{e}^{rt} = 0 \tag{3.7}$$

方程两边同除以 $c\mathrm{e}^{rt}$,得

$$r^n + a_{n-1}r^{n-1} + \cdots + a_1 r + a_0 = 0 \qquad (3.8)$$

此式即为微分方程的特征方程。其中 $r_i (i=1,2,\cdots,N)$ 是系统特征方程的 N 个根，称为特征根。特征根决定了齐次方程的解的函数形式。因此，对应这 N 个特征根就有 N 个线性独立的解，而齐次解就是这 N 个独立解的线性组合。

通常特征根 r_i 分三种情况讨论：

(1) r_i 为 N 个互不相同的单根，此时，齐次解为

$$y^{(h)}(t) = \sum_{i=1}^{N} c_i \mathrm{e}^{r_i t} \qquad (3.9)$$

(2) r_i 中有重根。如 r_1 有 L 重根，即 $r_1 = r_2 = \cdots = r_L$，其余 $N-L$ 个根均为单根，则齐次解为

$$y^{(h)}(t) = \sum_{i=1}^{L} c_i t^{i-1} \mathrm{e}^{r_1 t} + \sum_{j=L+1}^{N} c_j \mathrm{e}^{r_j t} \qquad (3.10)$$

(3) r_i 为共轭复根，即 $r_1 = \alpha + \mathrm{j}\beta$，$r_2 = \alpha + \mathrm{j}\beta$，其齐次解为

$$y^{(h)}(t) = \mathrm{e}^{\alpha t}[A_1 \cos(\beta t) + A_2 \sin(\beta t)] \qquad (3.11)$$

以上各式中的待定系数由初始状态确定。

2. 特解

特解 $y^*(t)$ 是微分方程对给定输入的任意一个解，因此 $y^*(t)$ 并不唯一。一般通过假定输出为与输入相同的一般函数形式来求得特解。特解的函数形式取决于微分方程右端的自由项，而自由项取决于激励信号 $x(t)$。

当输入与齐次解中某一项的函数形式相同时，求特解的步骤将略有不同。在这种情况下，必须假定一个与齐次解中所有项的函数形式都不相同的特解。这与特征根有重根时写出齐次解中不同函数形式项的过程相类似。具体来说，将特解乘以最低幂次的 t，使其不同于齐次解中所有项的函数形式，然后将假定的特解代入原微分方程确定出系数。表 3.1 中给出了几种典型函数对应的特解。

表 3.1　几种典型函数对应的特解

自由项	对应的特解
E（常数）	A
t^p	$A_p t^p + A_{p-1} t^{p-1} + \cdots + A_1 t + A_0$，所有特征根均不等于零 $(A_p t^p + A_{p-1} t^{p-1} + \cdots + A_1 t + A_0) t^p$，有 L 重等于零的特征根时
$\mathrm{e}^{\alpha t}$	$A \mathrm{e}^{\alpha t}$，α 不为特征根时 $(A_1 t + A_0)\mathrm{e}^{\alpha t}$，$\alpha$ 为特征单根时 $(A_L t^L + A_{L-1} t^{L-1} + \cdots + A_1 t + A_0)\mathrm{e}^{\alpha t}$，$\alpha$ 为 L 重根时
$\sin(\beta t)$ 或 $\cos(\beta t)$	$A_1 \sin(\beta t) + A_2 \cos(\beta t)$，所有特征根均不等于 $\pm \mathrm{j}\beta$ 时

3. 全解

求出微分方程的齐次解 $y^{(h)}(t)$ 和特解 $y^*(t)$ 后，将它们相加即得方程的全解，即全响应

$$y(t) = y^{(h)}(t) + y^*(t)$$

4. 初始状态 0^- 和初始条件 0^+

在系统分析中,系统加入激励信号 $x(t)$ 之前,常常在 $t=0^-$ 时刻有一组初始状态 $y^{(k)}(0^-)(k=0,1,\cdots,n-1)$,即 $t=0^-$ 时刻的响应或响应的导数值,与激励无关,反映系统的历史情况。假设系统在 $t=0^+$ 时刻加入了激励信号 $x(t)$,将会得到一组初始条件 $y^{(k)}(0^+)(k=0,1,\cdots,n-1)$,即 $t=0^+$ 时刻的响应或响应的导数值,包含了激励信号的作用以及系统的历史情况。一般来说 0^- 初始值和 0^+ 初始值是不同的,要考虑 $0^-\rightarrow 0^+$ 这一瞬间的状态变化。求解 0^+ 初始值是正确解决系统全响应的关键。

【例 3.1】 已知某连续时间 LTI 系统的微分方程为 $y''(t)+7y'(t)+6y(t)=3\delta(t)+u(t)$,且 $y(0^-)=3$,$y'(0^-)=0$,试求初始条件 $y(0^+)$ 与 $y'(0^+)$。

解 比较方程两边各阶微分项可知,$y''(t)$ 中应该含有冲激信号 $\delta(t)$,而 $y(t)$ 在 $t=0$ 处连续。

将微分方程两端进行 0^- 到 0^+ 的积分,可得

$$\int_{0^-}^{0^+}[y''(t)+7y'(t)+6y(t)]\mathrm{d}t=\int_{0^-}^{0^+}[3\delta(t)+u(t)]\mathrm{d}t$$

由于 $y(t)$ 在 $t=0$ 处连续,而且 0^- 和 0^+ 都无限趋于 0,故

$$\int_{0^-}^{0^+}y(t)\mathrm{d}t=0$$

且

$$\int_{0^-}^{0^+}y'(t)\mathrm{d}t=y(0^+)-y(0^-)=0$$

由已知 $y(0^-)=3$,从而得到 $y(0^+)=y(0^-)=3$。

而积分 $\int_{0^-}^{0^+}u(t)\mathrm{d}t=0$,所以可有

$$y'(0^+)-y'(0^-)=3$$

所以

$$y'(0^+)=y'(0^-)+3=3$$

即得初始条件

$$\begin{cases} y(0^+)=3 \\ y'(0^+)=3 \end{cases}$$

【例 3.2】 已知系统微分方程为 $y''(t)+4y'(t)+3y(t)=\mathrm{e}^{-t}$,初始条件为 $y(0^+)=1$,$y'(0^+)=3$,试求系统的全响应。

解 (1) 齐次解

原微分方程的齐次方程为

$$y''(t)+4y'(t)+3y(t)=0$$

其特征方程为

$$r^2+4r+3=0$$

求得系统齐次方程的特征根为 $r_1=-3$,$r_2=-1$,对应该系统的齐次解为

$$y^{(h)}(t)=c_1\mathrm{e}^{-3t}+c_2\mathrm{e}^{-t}$$

(2) 特解

由于系统激励信号 $x(t)=\mathrm{e}^{-t}$,故设特解 $y^*(t)=(A_1t+A_0)\mathrm{e}^{-t}$,将此特解代入原方程中,

可确定 $A_1 = \dfrac{1}{2}$，又 A_0 可取任意值，则其特解为

$$y^*(t) = (\frac{1}{2}t + A_0)e^{-t}$$

（3）全响应

该系统的全响应为

$$y(t) = y^{(h)}(t) + y^*(t) = c_1 e^{-3t} + (c_2 + A_0)e^{-t} + \frac{1}{2}te^{-t}$$

代入初始条件 $y(0^+) = 1, y'(0^+) = 3$，可确定各待定系数

$$c_1 = -\frac{7}{4}, c_2 + A_0 = \frac{11}{4}$$

所以系统的全响应为

$$y(t) = -\frac{7}{4}e^{-3t} + \frac{11}{4}e^{-t} + \frac{1}{2}te^{-t}$$

【思考题】

1. 建立连续时间系统的微分方程时，应特别注意哪几个问题？
2. 在电路中，起始点跳变是如何产生的？

3.2　零输入响应与零状态响应

系统的全响应可以划分为零输入响应和零状态响应两部分，这是求解系统响应的一种广泛应用的形式。这样，系统的全响应可表示为

$$y(t) = y_{zi}(t) + y_{zs}(t) \qquad (3.12)$$

式中　$y_{zi}(t)$ 和 $y_{zs}(t)$—— 零输入响应和零状态响应。

3.2.1　零输入响应

零输入响应是系统输入激励为零时，仅由初始状态引起的响应，与激励无关，常用 $y_{zi}(t)$ 表示。在零输入的条件下，系统微分方程式（3.1）为齐次方程。若方程的特征根全为单根，则

$$y_{zi}(t) = \sum_{i=1}^{N} c_{zi} e^{r_i t} \qquad (3.13)$$

式中　c_{zi}—— 待定系数。

其他特征根情况见 3.1 节。

【例 3.3】　已知某二阶连续时间 LTI 系统的常系数微分方程为 $y''(t) - 3y'(t) + 2y(t) = e^{-3t}$，初始状态 $y(0^-) = 2, y'(0^-) = 1$，试求系统的零输入响应 $y_{zi}(t)$。

解　该系统的特征方程为

$$r^2 - 3r + 2 = 0$$

解得特征根为 $r_1 = 1, r_2 = 2$，所以该系统的零输入响应 $y_{zi}(t)$ 为

$$y_{zi}(t) = c_1 e^t + c_2 e^{2t}$$

代入初始状态 $y(0^-) = 2, y'(0^-) = 1$，可得

$$c_1 + c_2 = 2$$

$$c_1 + 2c_2 = 1$$

解得
$$c_1 = 3, c_2 = -1$$

所以此系统的零输入响应为
$$y_{zi}(t) = 3e^t - e^{2t}$$

【例3.4】 已知描述某LTI系统的微分方程为 $y^{(3)}(t) + 2y''(t) + 2y'(t) = x(t)$,初始状态 $y(0^-) = 3, y'(0^-) = 0, y''(0^-) = -2$,求系统的零输入响应 $y_{zi}(t)$。

解 该系统的特征方程为
$$r^3 + 2r^2 + 2r = 0$$

解得特征根为 $r_1 = 0, r_2 = -1 + j, r_3 = -1 - j$,所以该系统的零输入响应 $y_{zi}(t)$ 为
$$y_{zi}(t) = c_0 + e^{-t}(c_1\cos t + c_2\sin t)$$

代入初始状态 $y(0^-) = 3, y'(0^-) = -1, y''(0^-) = -2$,可得
$$c_0 + c_1 = 3$$
$$-c_1 + c_2 = 0$$
$$-2c_2 = -2$$

解得
$$c_0 = 2, c_1 = 1, c_2 = 1$$

所以此系统的零输入响应为
$$y_{zi}(t) = 2 + e^{-t}(\cos t + \sin t)$$

3.2.2 零状态响应

零状态响应是系统的初始状态为零时,仅由输入激励引起的响应,用 $y_{zs}(t)$ 表示。零状态响应是满足初始条件下非齐次微分方程的全解。在零状态的条件下,若微分方程式(3.1)的方程特征根全为单根,则零状态响应为

$$y_{zs}(t) = \sum_{i=1}^{N} c_{zs}e^{r_i t} + y^*(t) \tag{3.14}$$

式中 c_{zs}——待定系数。

当然,在学习卷积的方法后,就可以用之来求连续时间系统的零状态响应。因为相比之下,利用卷积来求解系统的零状态响应要简单得多。

根据信号分解理论,任意信号 $f(t)$ 可以分解为单位冲激信号的线性组合,即

$$f(t) = \lim_{\Delta t \to 0} \sum_{-\infty}^{+\infty} f(k\Delta t)\delta(t - k\Delta t)\Delta t = \int_{-\infty}^{+\infty} f(\tau)\delta(t - \tau)d\tau \tag{3.15}$$

不同的信号只是冲激信号的强度不同。所以,信号 $f(t)$ 作用于系统产生的零状态响应 $y_{zs}(t)$ 可由一系列冲激信号 $\delta(t - k\Delta t)$ 产生的响应相叠加而得。

冲激响应 $h(t)$ 是单位冲激信号 $\delta(t)$ 作用于系统时所产生的零状态响应。对于连续时间LTI系统,冲激信号 $\delta(t)$ 及其冲激响应 $h(t)$ 满足

$$T\{\delta(t - k\Delta t)\} = h(t - k\Delta t) \tag{3.16}$$

由线性特性的均匀性有

$$T\{f(k\Delta t)\Delta\delta(t - k\Delta t)\} = f(k\Delta t)\Delta h(t - k\Delta t) \tag{3.17}$$

再由线性特性的叠加性有

$$T\left\{\sum_{k=-\infty}^{+\infty} f(k\Delta t)\Delta\delta(t - k\Delta t)\right\} = \sum_{k=-\infty}^{+\infty} f(k\Delta t)\Delta h(t - k\Delta t) \tag{3.18}$$

当 $\Delta t \to 0$ 时,式(3.18)可写为

$$T\left\{\int_{-\infty}^{+\infty} f(\tau)\delta(t-\tau)\mathrm{d}\tau\right\} = \int_{-\infty}^{+\infty} f(\tau)h(t-\tau)\mathrm{d}\tau \tag{3.19}$$

上式右端的积分称为 $f(t)$ 和 $h(t)$ 的卷积积分。卷积积分将在 3.6 节详细介绍。

【例 3.5】　已知某系统微分方程为 $y'(t) + 4y(t) = u(t)$,试求该系统的零状态响应。

解　此系统微分方程的齐次解为

$$y^{(h)}(t) = c e^{-4t} u(t)$$

令该系统的特解为 $y^*(t) = A$(常数),代入方程式可得 $A = \dfrac{1}{4}$,故系统的零状态响应为

$$y_{zs}(t) = \sum_{i=1}^{N} c_{zs} e^{r_i t} + y^*(t) = c e^{-4t} u(t) + \frac{1}{4}$$

由零状态响应的初始条件 $y(0^+) = 0$,可得 $c = -\dfrac{1}{4}$,所以该系统的零状态响应 $y_{zs}(t)$ 为

$$y_{zs}(t) = -\frac{1}{4} e^{-4t} u(t) + \frac{1}{4}$$

3.2.3　响应的分解及线性关系

系统的全响应可以分解成零输入响应和零状态响应之和。一个集总参数且各部分参数不随时间变化的系统,一般都可以用一个常系数线性微分方程来描述,这类系统有如下特征:

(1) 零输入响应由系统的初始状态决定,并且与初始条件呈线性时不变关系;

(2) 零状态响应由系统的外加激励信号决定,并且与激励信号呈线性时不变关系。

如果该系统是 LTI 因果系统,那么系统初始条件为零,零输入响应为零,全响应与激励信号呈线性关系,此时全响应即零状态响应。

【例 3.6】　一个常系数线性微分方程描述的系统,在相同初始条件下,当激励为 $f(t)$ 时,其全响应为 $y_1(t) = 2e^{-t} + \cos(2t)$;当激励为 $2f(t)$ 时,其全响应为 $y_2(t) = e^{-t} + 2\cos(2t)$ $(t > 0)$。试求在相同初始条件下,当激励为 $4f(t)$ 时系统的全响应 $y(t)$。

解　设系统的零输入响应为 $y_{zi}(t)$,激励为 $f(t)$ 时的零状态响应为 $y_{zs}(t)$,则有

$$y_1(t) = y_{zi}(t) + y_{zs}(t) = 2e^{-t} + \cos(2t)$$
$$y_2(t) = y_{zi}(t) + 2y_{zs}(t) = e^{-t} + 2\cos(2t)$$

联立解得
$$y_{zi}(t) = 3e^{-t} \quad (t > 0)$$
$$y_{zs}(t) = -e^{-t} + \cos(2t) \quad (t > 0)$$

于是,当激励为 $4f(t)$ 且初始条件相同时系统的全响应为

$$y(t) = y_{zi}(t) + 4y_{zs}(t) = 3e^{-t}u(t) + 4[-e^{-t} + \cos(2t)]u(t) = [-e^{-t} + 4\cos(2t)]u(t)$$

【思考题】

1. 求解系统全响应时,各分量的待定系数分别与哪些因素有关?

2. 一个常系数线性微分方程描述的系统,在什么情况下是 LTI 系统?

3. 一个常系数线性微分方程描述的系统,若激励信号为 $e(t)$ 时系统零状态响应为 $r_{zs}(t)$,那么激励为 $e(t-1)$ 时零状态响应为多少?

3.3　冲激响应与阶跃响应

3.3.1　冲激响应

冲激响应是指系统在单位冲激信号 $\delta(t)$ 作用下,产生的零状态响应一般用 $h(t)$ 表示。

在连续时间 LTI 系统分析中,冲激响应有着重要的作用:一方面利用 $h(t)$ 可以方便地求解系统在任意激励信号作用下的零状态响应;另一方面 $h(t)$ 可以很好地描述系统本身的特性,如因果性和稳定性等。

因为冲激响应是零状态响应,所以其解的形式与零状态响应相同;但是单位冲激信号只在 $t=0$ 时有定义,即 $t>0$ 时,系统的激励为零,所以系统的特解为零。因此冲激响应的形式应该与齐次解的形式相同。

根据连续时间 LTI 系统的数学模型,其冲激响应 $h(t)$ 应满足微分方程

$$h^{(n)}(t)+a_{n-1}h^{(n-1)}(t)+\cdots+a_1h'(t)+a_0h(t)=$$
$$b_m\delta^{(m)}(t)+b_{m-1}\delta^{(m-1)}(t)+\cdots+b_1\delta'(t)+b_0\delta(t) \tag{3.20}$$

及初始状态

$$h^{(k)}(0^-)=0(k=0,1,\cdots,n-1)$$

由于 $\delta(t)$ 及其各阶导数在 $t\geqslant 0^+$ 时都等于零,故上式右端各项在 $t\geqslant 0^+$ 时恒等于零。

如果系统的特征根为不等实数,且当 $n>m$ 时

$$h(t)=\left(\sum_{k=1}^{n}C_k\mathrm{e}^{s_kt}\right)u(t) \tag{3.21}$$

式中的待定系数 $C_k(k=1,2,\cdots,n)$ 可以采用冲激平衡法确定,即将式(3.21)代入式(3.20),为保持系统对应的微分方程式恒等,方程式两端所具有的冲激信号及其高阶导数必须相等,根据此规则可求得待定系数 C_k。其他特征根情况见 3.1 节。当 $n\leqslant m$ 时,要使方程式两边所具有的冲激信号及其高阶导数相等,则 $h(t)$ 表示式中还应含有 $\delta(t)$ 及其相应阶的导数 $\delta^{(m-n)}(t)$,$\delta^{(m-n-1)}(t)$,$\cdots$,$\delta'(t)$ 等项。

【例 3.7】　已知描述系统的微分方程为 $y''(t)+3y'(t)+2y(t)=\dfrac{1}{2}x'(t)+2x(t)$,求其冲激响应 $h(t)$。

解　本例属于 $n>m$ 的情况,微分方程的特征根为 $r_1=-1,r_2=-2$,故冲激响应的形式为

$$h(t)=(c_1\mathrm{e}^{-t}+c_2\mathrm{e}^{-2t})u(t)$$

对上式两端求导,可得

$$h'(t)=(c_1\mathrm{e}^{-t}+c_2\mathrm{e}^{-2t})\delta(t)+(-c_1\mathrm{e}^{-t}-2c_2\mathrm{e}^{-2t})u(t)=(c_1+c_2)\delta(t)+(-c_1\mathrm{e}^{-t}-2c_2\mathrm{e}^{-2t})u(t)$$
$$h''(t)=(c_1+c_2)\delta'(t)+(-c_1-2c_2)\delta(t)+(c_1\mathrm{e}^{-t}+4c_2\mathrm{e}^{-2t})u(t)$$

将 $x(t)=\delta(t)$,$y(t)=h(t)$ 及其各阶导数代入原微分方程,整理可得

$$(c_1+c_2)\delta'(t)+(2c_1+c_2)\delta(t)=\frac{1}{2}\delta'(t)+2\delta(t)$$

可解得 $c_1=\dfrac{3}{2}$,$c_2=-1$。

所以该系统的冲激响应为

$$h(t) = (\frac{3}{2}e^{-t} - e^{-2t})u(t)$$

【例 3.8】 某电路如图 3.2 所示,其中 $R=1\ \Omega, L_1=L_2=1\ \mathrm{H}$,求以 $v_L(t)$ 为求解变量的冲激响应。

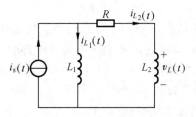

图 3.2 系统电路图

解 由图 3.2 可得该电路的 KCL 方程

$$i_{L_1}(t) + i_{L_2}(t) = i_s(t)$$

又由

$$\frac{1}{L_1}\int_{-\infty}^{t} v_{L1}(\tau)\mathrm{d}\tau = i_{L1}(t)$$

$$\frac{1}{L_2}\int_{-\infty}^{t} v_L(\tau)\mathrm{d}\tau = i_{L2}(t)$$

$$v_R(t) = Ri_{L_2}(t) = \frac{R}{L_2}\int_{-\infty}^{t} v_L(t)\mathrm{d}t$$

同时电路又满足

$$v_R(t) + v_L(t) = v_{L1}(t)$$

联合以上各式可求得该系统以 $v_L(t)$ 作为输出量的微分方程为

$$v'_L(t) + \frac{v_L(t)}{2} = \frac{i''_s(t)}{2}$$

根据得到的系统方程可设该电路系统的冲激响应解的形式为

$$h_{v_L}(t) = c_1 e^{-\frac{t}{2}}u(t) + c_2\delta(t) + c_3\delta'(t)$$

利用冲激平衡法可确定各待定系数为

$$c_1 = \frac{1}{8}, c_2 = -\frac{1}{4}, c_3 = \frac{1}{2}$$

由此可得该系统的冲激响应为

$$h_{v_L}(t) = \frac{1}{8}e^{-\frac{t}{2}}u(t) - \frac{1}{4}\delta(t) + \frac{1}{2}\delta'(t)$$

3.3.2 阶跃响应

阶跃响应 $s(t)$ 是系统在单位阶跃信号 $u(t)$ 的激励作用下产生的零状态响应。考虑到单位冲激信号 $\delta(t)$ 与单位阶跃信号 $u(t)$ 之间存在微分与积分关系,因而对连续时间 LTI 系统,$h(t)$ 和 $s(t)$ 之间也存在微分与积分关系,即

$$h(t) = \frac{\mathrm{d}}{\mathrm{d}t}s(t) \tag{3.22}$$

$$s(t) = \int_{-\infty}^{t} h(\tau) d\tau \tag{3.23}$$

系统的阶跃响应 $s(t)$ 满足方程

$$s^{(n)}(t) + a_{n-1} s^{(n-1)}(t) + \cdots + a_1 s'(t) + a_0 s(t) =$$
$$b_m u^{(m)}(t) + b_{m-1} u^{(m-1)}(t) + \cdots + b_1 u'(t) + b_0 u(t) \tag{3.24}$$

及初始状态 $s^{(k)}(0^-) = 0 (k = 0, 1, \cdots, n-1)$。可以看出方程右端含有 $\delta(t)$ 及其各阶导数,同时还包含阶跃信号 $u(t)$,因而阶跃响应表示式中除去含齐次解形式之外,还应增加特解项。

通常可以利用冲激响应和阶跃响应的微积分关系,来求解某些问题。

【例 3.9】 一个可用常系数线性微分方程描述的系统,其冲激响应 $h(t) = (e^{-t} + \cos t) u(t)$,在输入信号 $u(t)$ 激励下的全响应 $y(t) = (2e^{-t} + \sin t) u(t)$。求该响应中的零状态响应 $y_{zs}(t)$ 和零输入响应 $y_{zi}(t)$。

解 全响应 $y(t) = y_{zs}(t) + y_{zi}(t) = (2e^{-t} + \sin t) u(t)$,对于该系统,$u(t)$ 作用下的阶跃响应 $y_{zs}(t)$ 应该是冲激响应 $h(t)$ 的积分,所以

$$y_{zs}(t) = \int_{-\infty}^{t} h(\tau) d\tau = \int_{-\infty}^{t} (e^{-\tau} + \cos \tau) u(\tau) d\tau =$$

$$\int_{0}^{t} (e^{-\tau} + \cos \tau) d\tau = (1 - e^{-t} + \sin t) u(t)$$

$$y_{zi}(t) = y(t) - y_{zs}(t) = (3e^{-t} - 1) u(t)$$

【例 3.10】 已知某连续时间 LTI 因果系统的单位冲激响应 $h(t) = e^{-t} u(t)$。

(1) 求该系统的单位阶跃响应 $s(t)$。

(2) 若该系统的激励信号 $x(t)$ 如图 3.3 所示,求该系统的响应信号 $y(t)$。

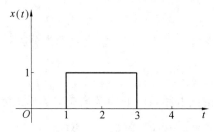

图 3.3 系统激励信号波形图

解

(1) 该系统的单位阶跃响应为

$$s(t) = \int_{-\infty}^{t} h(\tau) d\tau = \int_{0}^{t} e^{-\tau} d\tau = (1 - e^{-t}) u(t)$$

(2) 因为 $x(t) = u(t-1) - u(t-3)$,对连续时间 LTI 系统,所以有系统响应

$$y(t) = s(t-1) - s(t-3) = (1 - e^{-t+1}) u(t-1) - (1 - e^{-t+3}) u(t-3)$$

【例 3.11】 已知某 LTI 系统微分方程为 $y''(t) + 3y'(t) + 2y(t) = -x'(t) + 2x(t)$,求该系统的阶跃响应。

解 设系统 $y''(t) + 3y'(t) + 2y(t) = x(t)$ 的阶跃响应为 $s_1(t)$,则

$$s''_1(t) + 3s'_1(t) + 2s_1(t) = u(t)$$

$$s_1(0^-) = s'_1(0^-) = 0$$

其特征根为 $r_1 = -1, r_2 = -2$，其特解为 $\frac{1}{2}$，所以可得

$$s_1(t) = (c_1 e^{-t} + c_2 e^{-2t} + \frac{1}{2})u(t)$$

故可得

$$s_1(0^+) = s_1(0^-) = 0, s'_1(0^+) = s'_1(0^-) = 0$$

$$s_1(0^+) = c_1 + c_2 + \frac{1}{2} = 0$$

$$s'_1(0^+) = -c_1 - 2c_2 = 0$$

解得 $c_1 = -1, c_2 = \frac{1}{2}$，即

$$s_1(t) = (-e^{-t} + \frac{1}{2}e^{-2t} + \frac{1}{2})u(t)$$

原系统的阶跃响应为

$$s(t) = -s'_1(t) + 2s_1(t) = (-3e^{-t} + 2e^{-2t} + 1)u(t)$$

【思考题】

1. 一个 LTI 因果系统，当 $t < 0$ 时，其冲激响应是多少？

2. 连续时间 LTI 系统的冲激响应与阶跃响应之间存在什么关系？

3. 有同学说系统的冲激响应是零状态响应，但其解的形式与零输入响应一致。你同意他的说法吗？

3.4　瞬态响应与稳态响应

这里引入两种重要响应的概念，即瞬态响应 $y_t(t)$ 和稳态响应 $y_s(t)$。当 $t \rightarrow +\infty$ 时，响应趋于零的那部分响应分量称为瞬态响应；当 $t \rightarrow +\infty$ 时响应中保留下来的那部分分量称为稳态响应。

$$y_s(t) = \lim_{t \rightarrow +\infty} y(t)$$

$$y_t(t) = y(t) - y_s(t) \tag{3.25}$$

【例 3.12】　已知某系统的完全响应信号为 $y(t) = (3e^{-2t} + \sin t)u(t)$。求该系统的瞬态响应以及稳态响应。

解　已知该系统的完全响应信号 $y(t)$，根据瞬态响应定义可知，随时间增长响应 $y(t)$ 中趋于零的响应分量是含有 e^{-2t} 的项，故该系统的瞬态响应 $y_t(t)$ 为

$$y_t(t) = 3e^{-2t}u(t)$$

当时间 $t \rightarrow +\infty$ 时，响应中能够保留下来的分量是含有 $\sin t$ 的项，故该系统的稳态响应 $y_s(t)$ 为

$$y_s(t) = \sin(t)u(t)$$

【思考题】

系统的瞬态响应是否可以为零？

3.5* 自由响应与强迫响应

结合 3.2 节所学知识,系统的全响应可写为

$$y(t) = y_{zi}(t) + y_{zs}(t) = \underbrace{\sum_{i=1}^{N} c_{zi} \mathrm{e}^{r_i t}}_{y_{zi}(t)} + \underbrace{\sum_{i=1}^{N} c_{zs} \mathrm{e}^{r_i t} + y^*(t)}_{y_{zs}(t)} \tag{3.26}$$

另外,系统的全响应也可分解为自由响应与强迫响应之和,即

$$y(t) = \underbrace{\sum_{i=1}^{N} c_i \mathrm{e}^{r_i t}}_{\text{自由响应}} + \underbrace{y^*(t)}_{\text{强迫响应}} \tag{3.27}$$

比较式(3.26)和式(3.27)可知

$$\sum_{i=1}^{N} c_i \mathrm{e}^{r_i t} = \sum_{i=1}^{N} c_{zi} \mathrm{e}^{r_i t} + \sum_{i=1}^{N} c_{zs} \mathrm{e}^{r_i t} \tag{3.28}$$

即待定系数有

$$c_i = c_{zi} + c_{zs}, i = 1, 2, \cdots, N$$

其关系式为

$$y(t) = \underbrace{\sum_{i=1}^{N} c_{zi} \mathrm{e}^{r_i t} + \sum_{i=1}^{N} c_{zs} \mathrm{e}^{r_i t}}_{\text{自由响应}} + \underbrace{y^*(t)}_{\text{强迫响应}} =$$

$$\underbrace{\sum_{i=1}^{N} c_i \mathrm{e}^{r_i t}}_{\text{齐次解}} + \underbrace{y^*(t)}_{\text{特解}} \tag{3.29}$$

自由响应与系统自身的特性有关,是系统微分方程的齐次解,与系统特征根相对应的响应。它描述了系统中由非零初始条件所代表的储能或过去储能值所耗散的方式。由于自由响应假定了零输入,由初始条件可确定常数 c_i,因而与特解无关。虽然系统的自由响应和零输入响应都为微分方程(3.1)的齐次解,但两者的系数不同。自由响应的系数 c_i 由激励与系统的初始状态共同决定,即使系统初始状态为零,自由响应也不一定为零;零输入响应的系数 c_{zi} 仅决定于系统的初始状态。事实上,零输入响应只是自由响应中系统初始状态所产生的那一部分。用时域经典法求解系统的响应时,为确定自由响应部分常数,还必须根据系统的 0^- 状态和激励情况求出 0^+ 状态。

强迫响应是系统微分方程的特解,与外部输入信号形式相同,与初始条件为零时输入激励信号引起的系统响应有关,它属于零状态响应的一部分。初始条件为零称为系统处于零状态,因为系统中没有储能或存储值,强迫响应描述了当系统处于零状态时受输入信号"推动"的结果。强迫响应只在 $t > 0$ 时有效。

【例3.13】 已知某系统微分方程为 $y''(t) + 5y'(t) + 6y(t) = 2x'(t) + 5x(t)$,且初始状态 $y(0^-) = 2, y'(0^-) = 0$,另 $x(t) = u(t)$,试求:

(1) 初始条件 $y(0^+)$ 与 $y'(0^+)$;

(2) 系统的完全响应;

(3) 系统的自由响应、强迫响应分量;

（4）系统的零输入响应、零状态响应分量。

解　由零输入响应的求解知识可知,题中给出的已知条件 $y(0^-)=2$, $y'(0^-)=0$ 可以决定零输入响应中的待定系数,但是全响应的求解过程必须知道初始条件 $y(0^+)$ 与 $y'(0^+)$,故必须首先考虑初始条件是否等于初始状态,即初始时刻是否有跳变,跳变量 $y_{zs}(0^+)$ 和 $y'_{zs}(0^+)$ 是否等于零（$y_{zs}^{(k)}(0^+)$ 决定零状态响应）。这里有如下关系:

$$y^{(k)}(0^+)-y^{(k)}(0^-)=y_{zs}^{(k)}(0^+)\quad(k=0,1,2,\cdots)$$

（1）代入激励信号 $x(t)=u(t)$,有

$$y''(t)+5y'(t)+6y(t)=2\delta(t)+5u(t)$$

考虑冲激平衡法,初始时刻转换过程中方程两端的冲激及冲激各项导数的系数应保持平衡相等。由于方程右侧含有冲激信号 $\delta(t)$,若使方程两端平衡相等,则方程左侧也应含有冲激项。将微分方程两端进行 0^- 到 0^+ 的积分,可得

$$\int_{0^-}^{0^+}[y''(t)+5y'(t)+6y(t)]\mathrm{d}t=\int_{0^-}^{0^+}[2\delta(t)+5u(t)]\mathrm{d}t$$

由于 $y(t)$ 在 $t=0$ 处连续,而且 0^- 和 0^+ 都无限趋于 0,故 $\int_{0^-}^{0^+}y(t)\mathrm{d}t=0$

且

$$\int_{0^-}^{0^+}y'(t)\mathrm{d}t=y(0^+)-y(0^-)=0$$

由已知 $y(0^-)=2$,从而得到 $y(0^+)=y(0^-)=2$。

而积分 $\int_{0^-}^{0^+}u(t)\mathrm{d}t=0$,所以可有

$$y'(0^+)-y'(0^-)=2$$

所以

$$y'(0^+)=y'(0^-)+2=2$$

即得初始条件

$$\begin{cases}y(0^+)=2\\y'(0^+)=2\end{cases}$$

（2）求完全响应

原微分方程的齐次方程为

$$y''(t)+5y'(t)+6y(t)=0$$

其特征方程为

$$r^2+5r+6=0$$

求得系统齐次方程的特征根为 $r_1=-3$, $r_2=-2$,对应该系统的齐次解为

$$y^{(h)}(t)=c_1\mathrm{e}^{-3t}+c_2\mathrm{e}^{-2t}$$

当 $t>0$ 时,由于系统激励信号 $x(t)=u(t)$,故设特解 $y^*(t)=A$,将此特解代入原方程中,可确定 $A=\dfrac{5}{6}$,则系统的全响应为

$$y(t)=y^{(h)}(t)+y^*(t)=c_1\mathrm{e}^{-3t}+c_2\mathrm{e}^{-2t}+\dfrac{5}{6}$$

则

$$y'(t)=-3c_1\mathrm{e}^{-3t}-2c_2\mathrm{e}^{-2t}$$

代入初始条件 $y(0^+)=2$ 及 $y'(0^+)=2$,可确定各待定系数

$$c_1=-\frac{13}{3},c_2=\frac{11}{2}$$

所以系统的全响应为

$$y(t)=\frac{11}{2}e^{-2t}-\frac{13}{3}e^{-3t}+\frac{5}{6}$$

（3）由系统的全响应

$$y(t)=\frac{11}{2}e^{-2t}-\frac{13}{3}e^{-3t}+\frac{5}{6}$$

可知系统的自由响应为 $\frac{11}{2}e^{-2t}-\frac{13}{3}e^{-3t}$,强迫响应为 $\frac{5}{6}$。

（4）零输入响应 $y_{zi}(t)$

零输入响应所满足的方程为

$$y''_{zi}(t)+5y'_{zi}(t)+6y_{zi}(t)=0$$

且初始条件满足

$$y_{zi}(0^+)=y_{zi}(0^-)=y(0^-)=2$$
$$y'_{zi}(0^+)=y'_{zi}(0^-)=y'(0^-)=0$$

故

$$y_{zi}(t)=d_1e^{-3t}+d_2e^{-2t}$$

很容易确定待定系数为

$$d_1=-4,d_2=6$$

故该系统的零输入响应为

$$y_{zi}(t)=6e^{-2t}-4e^{-3t}$$

（5）零状态响应 $y_{zs}(t)$

系统的零状态响应等于该系统的全响应与零输入响应之差,即

$$y_{zs}(t)=y(t)-y_{zi}(t)=\frac{11}{2}e^{-2t}-\frac{13}{3}e^{-3t}+\frac{5}{6}-6e^{-2t}+4e^{-3t}=$$

$$-\frac{1}{2}e^{-2t}-\frac{1}{3}e^{-3t}+\frac{5}{6}$$

【思考题】

若已知某系统的完全响应为 $y(t)=6e^{-5t}+e^{-t}-3$,能否直接得到该系统的自由响应和强迫响应表达式?

3.6　卷积及其性质

卷积是一种极为重要的系统分析工具,随着信号与系统理论研究的深入及计算机技术发展,卷积方法得到了广泛应用。超声诊断、光学成像、地震勘探、系统辨别等诸多信号处理领域中卷积无处不在,而且许多都是有待深入开发研究的课题。下面详细介绍卷积积分的性质及其计算。

3.6.1　卷积的定义

设 $f_1(t)$ 和 $f_2(t)$ 是定义在 $(-\infty, +\infty)$ 区间上的两个连续时间信号,将 $f_1(t)$ 和 $f_2(t)$ 的卷积定义为

$$y(t) = f_1(t) * f_2(t) = \int_{-\infty}^{+\infty} f_1(\tau) f_2(t-\tau) \mathrm{d}\tau \tag{3.30}$$

式中积分上下限反映的是 $f_1(t)$ 和 $f_2(t)$ 作用的时间范围。当 $f_1(t)$ 和 $f_2(t)$ 均为因果信号时,即 $f_1(t) = f_1(t)u(t)$,$f_2(t) = f_2(t)u(t)$ 时,不难得证

$$f_1(t) * f_2(t) = \int_0^t f_1(\tau) f_2(t-\tau) \mathrm{d}\tau \tag{3.31}$$

如果做卷积积分的两信号能用解析函数式表示,则可以直接按照卷积的定义进行计算。

由式(3.19)可知,连续时间 LTI 系统的零状态响应 $y_{zs}(t)$ 等于输入激励信号 $f(t)$ 和系统冲激响应 $h(t)$ 的卷积积分,即

$$y_{zs}(t) = \int_{-\infty}^{+\infty} f(\tau) h(t-\tau) \mathrm{d}\tau = f(t) * h(t) \tag{3.32}$$

3.6.2　卷积的性质

卷积积分运算具有一些特殊的性质,这些性质可以使卷积运算简化,并在信号与系统分析中起着重要的作用。

(1) 交换律

$$f_1(t) * f_2(t) = f_2(t) * f_1(t) \tag{3.33}$$

证明:

$$f_1(t) * f_2(t) = \int_{-\infty}^{+\infty} f_1(\tau) f_2(t-\tau) \mathrm{d}\tau \overset{\tau = t - \tau'}{=}$$

$$\int_{-\infty}^{+\infty} f_2(\tau') f_1(t-\tau') \mathrm{d}\tau' = f_2(t) * f_1(t)$$

(2) 分配律

$$f(t) * [f_1(t) + f_2(t)] = f(t) * f_1(t) + f(t) * f_2(t) \tag{3.34}$$

(3) 结合律

$$[f(t) * f_1(t)] * f_2(t) = f(t) * [f_1(t) * f_2(t)] \tag{3.35}$$

(4) 时移特性

若 $f_1(t) * f_2(t) = y(t)$,则

$$f_1(t - t_1) * f_2(t - t_2) = y(t - t_1 - t_2) \tag{3.36}$$

证明:

$$f_1(t - t_1) * f_2(t - t_2) = \int_{-\infty}^{+\infty} f_1(\tau - t_1) f_2(t - t_2 - \tau) \mathrm{d}\tau \overset{\tau - t_1 = \tau'}{=}$$

$$\int_{-\infty}^{+\infty} f_1(\tau') f_2(t - t_2 - t_1 - \tau') \mathrm{d}\tau' = y(t - t_1 - t_2)$$

(5) 微分特性

若 $y(t) = f_1(t) * f_2(t)$,则

$$y'(t) = f'_1(t) * f_2(t) = f_1(t) * f'_2(t) \tag{3.37}$$

(6) 积分特性

若 $y(t) = f_1(t) * f_2(t)$，则

$$y^{(-1)}(t) = f_1^{(-1)}(t) * f_2(t) = f_1(t) * f_2^{(-1)}(t) \tag{3.38}$$

另外还可以推导出卷积的高阶导数或多重积分的运算规律，若 $y(t) = f_1(t) * f_2(t)$，则

$$y^{(i)}(t) = f_1^{(j)}(t) * f_2^{(i-j)}(t) \tag{3.39}$$

式中，当 i,j 取正整数时为导数的阶次，取负整数时为重积分的次数，如

$$y(t) = f_1^{(-1)}(t) * f_2'(t) = f_1'(t) * f_2^{(-1)}(t) \tag{3.40}$$

3.6.3 冲激信号或阶跃信号的卷积

信号 $f(t)$ 与单位冲激信号 $\delta(t)$ 的卷积结果仍然是信号 $f(t)$ 本身，即

$$f(t) * \delta(t) = f(t) \tag{3.41}$$

进一步延伸，可有

$$f(t) * \delta(t - t_1) = f(t - t_1) \tag{3.42}$$

$$f(t - t_1) * \delta(t - t_2) = f(t - t_1 - t_2) \tag{3.43}$$

对于冲激偶信号 $\delta'(t)$，任意信号 $f(t)$ 与其的卷积结果为信号 $f(t)$ 的一阶导数，即

$$f(t) * \delta'(t) = f'(t) \tag{3.44}$$

实际中，如果一个系统的冲激响应为冲激偶信号 $\delta'(t)$，则此系统即等效为微分器。

对于单位阶跃信号 $u(t)$，任意信号 $f(t)$ 与其的卷积，结果为信号 $f(t)$ 的积分，即

$$f(t) * u(t) = f^{(-1)}(t) = \int_{-\infty}^{t} f(\tau) d\tau \tag{3.45}$$

$$f(t) * u(t - t_0) = \int_{-\infty}^{t} f(\tau - t_0) d\tau \tag{3.46}$$

【例 3.14】 某连续时间 LTI 系统的组成如图 3.4 所示，且 $h_1(t) = \delta(t - 1)$，$h_2(t) = -\delta(t - 3)$，$h_3(t) = u(t - 1)$。

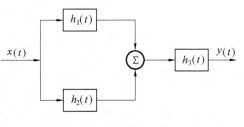

(1) 求图中所示系统总的冲激响应 $h(t)$。

(2) 画出所求得的冲激响应 $h(t)$ 的波形图。

解 (1) 由连续时间 LTI 系统的性质可得，该系统总的冲激响应 $h(t)$ 为

图 3.4　系统组成框图

$$h(t) = [h_1(t) + h_2(t)] * h_3(t) =$$
$$[\delta(t - 1) - \delta(t - 3)] * u(t - 1) = u(t - 2) - u(t - 4)$$

(2) 冲激响应 $h(t)$ 的波形如图 3.5 所示。

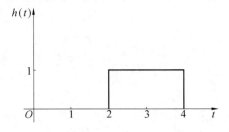

图 3.5　系统冲激响应波形图

【思考题】

1. 试计算 $y(t) = f(t) * [\delta(t+2) + \delta(t-2)]$；由计算结果可以得到什么结论？

2. 信号与冲激函数乘积和卷积有何区别？

3.7　卷积的求解:图解法及特性法

计算两个信号的卷积最典型的方法是利用定义式直接计算,为了更形象化地理解计算过程,并简化运算步骤,也可以利用图解法以及特性法来进行求解。

3.7.1　图解法

两信号 $f_1(t)$ 和 $f_2(t)$ 的卷积积分运算利用图解法主要分 5 个步骤:

(1) 将自变量 t 换成 τ:改换两信号 $f_1(t)$ 和 $f_2(t)$ 中的自变量 t 为 τ;

(2) 翻转:将两信号之一进行翻转,如翻转 $f_2(\tau)$ 为 $f_2(-\tau)$;

(3) 平移:将翻转后的信号 $f_2(-\tau)$ 做平移,移位量为 t,得到 $f_2(t-\tau)$。当 $t>0$ 时,图形向右平移 t 个单位量,当 $t<0$ 时,图形向左平移 t 个单位量;

(4) 相乘:将两信号 $f_1(\tau)$ 和 $f_2(t-\tau)$ 相互重叠部分相乘;

(5) 积分:对乘积函数做图形积分。

【例 3.15】 已知 $f_1(t) = (t-1)[u(t-1) - u(t-3)]$,$f_2(t) = u(t+1) - 2u(t-2)$,如图 3.6 所示,利用图解法计算 $y(t) = f_1(t) * f_2(t)$。

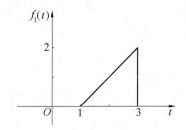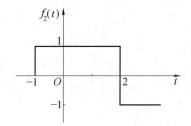

图 3.6　信号波形图

解　(1) 变换信号 $f_1(t)$ 和 $f_2(t)$ 中的自变量 t 为 τ,如图 3.7(a)、(b) 所示。

(2) 翻转信号 $f_2(\tau)$ 为 $f_2(-\tau)$,如图 3.7(c) 所示。

(3) 将翻转后的信号 $f_2(-\tau)$ 做平移,移位量为 t,得到 $f_2(t-\tau)$,根据 t 值大小,讨论如下:

当 $t+1<1$,即 $t<0$ 时,$f_2(t-\tau)$ 的右边沿与 $f_1(\tau)$ 的左边沿不交叠,如图 3.7(d) 所示,因此有

$$y(t) = f_1(t) * f_2(t) = \int_{-\infty}^{+\infty} f_1(\tau) f_2(t-\tau) \mathrm{d}\tau = 0$$

当 $1 \leqslant t+1 < 3$,即 $0 \leqslant t < 2$ 时,$f_2(t-\tau)$ 与 $f_1(\tau)$ 的波形在区间 $(1, t+1)$ 内有交叠,如图 3.7(e) 所示,因此有

$$y(t) = f_1(t) * f_2(t) = \int_{-\infty}^{+\infty} f_1(\tau) f_2(t-\tau) \mathrm{d}\tau = \int_1^{t+1} (\tau-1) \mathrm{d}\tau = \frac{t^2}{2}$$

当 $3 \leqslant t+1$,且 $t-2 < 1$,即 $2 \leqslant t < 3$ 时,$f_2(t-\tau)$ 与 $f_1(\tau)$ 的波形在区间 $(1, 3)$ 内有交

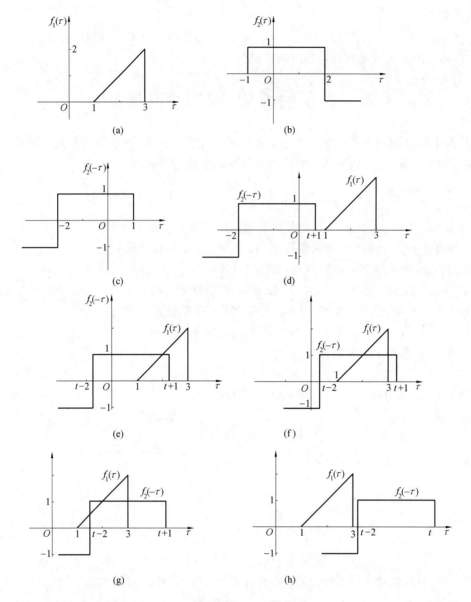

图 3.7　两信号的卷积图解

叠，如图 3.7(f) 所示，因此有

$$y(t) = f_1(t) * f_2(t) = \int_{-\infty}^{+\infty} f_1(\tau) f_2(t-\tau)\mathrm{d}\tau = \int_1^3 (\tau-1)\mathrm{d}\tau = 2$$

当 $1 \leqslant t-2 < 3$，即 $3 \leqslant t < 5$ 时，$f_2(t-\tau)$ 与 $f_1(\tau)$ 的波形在区间 $(1,3)$ 内有交叠，如图 3.7(g) 所示，因此有

$$y(t) = f_1(t) * f_2(t) = \int_{-\infty}^{+\infty} f_1(\tau) f_2(t-\tau)\mathrm{d}\tau =$$

$$-\int_1^{t-2} (\tau-1)\mathrm{d}\tau + \int_{t-2}^3 (\tau-1)\mathrm{d}\tau = -t^2 + 6t - 7$$

当 $t-2 \geqslant 3$，即 $t \geqslant 5$ 时，$f_2(t-\tau)$ 与 $f_1(\tau)$ 的波形在区间 $(1,3)$ 内有交叠，如图 3.7(h) 所

示,因此有

$$y(t) = f_1(t) * f_2(t) = \int_{-\infty}^{+\infty} f_1(\tau) f_2(t-\tau) \mathrm{d}\tau = -\int_1^3 (\tau-1) \mathrm{d}\tau = -2$$

综合各区间的结果可得

$$y(t) = \begin{cases} 0 & (t < 0) \\ \dfrac{t^2}{2} & (0 \leqslant t < 2) \\ 2 & (2 \leqslant t < 3) \\ -t^2 + 6t - 7 & (3 \leqslant t < 5) \\ -2 & (t \geqslant 5) \end{cases}$$

其波形如图 3.8 所示。

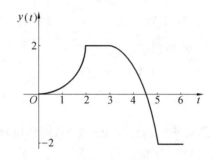

图 3.8　卷积结果波形图

【例 3.16】　已知信号 $f_1(t)$ 和 $f_2(t)$ 的波形如图 3.9 所示,求卷积运算 $y(t) = f_1(t) * f_2(t)$。

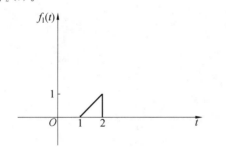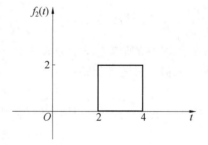

图 3.9　信号波形图

解　按照卷积积分运算的图解法步骤,首先将两个信号的波形进行坐标替换,即将自变量 t 变为 τ,再将其中一个信号翻转,这里选翻转信号 $f_2(\tau)$ 为 $f_2(-\tau)$,如图 3.10 所示。

现在将 $f_2(-\tau)$ 波形做平移,移位量为 t,得到 $f_2(t-\tau)$,根据 t 值大小,卷积积分运算涉及的时间范围可分为如下几段:$t < 3,3 \leqslant t < 4,4 \leqslant t < 5,5 \leqslant t < 6,t \geqslant 6$。

当 $t < 3$ 时,两个波形无重叠,所以

$$f_1(t) * f_2(t) = 0$$

当 $3 \leqslant t < 4$ 时,两个波形重叠的上下限分别为 $1 \sim (t-2)$,所以

$$f_1(t) * f_2(t) = \int_1^{t-2} f_1(\tau) f_2(t-\tau) \mathrm{d}\tau = \int_1^{t-2} 2(\tau-1) \mathrm{d}\tau = t^2 - 6t + 9$$

当 $4 \leqslant t < 5$ 时,两个波形重叠的上下限分别为 $1 \sim 2$,所以

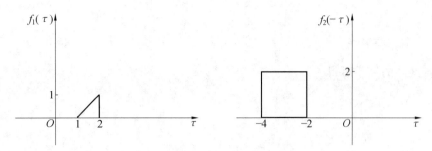

图 3.10　卷积运算过程示意图

$$f_1(t) * f_2(t) = \int_1^2 f_1(\tau) f_2(t-\tau) d\tau = \int_1^2 2(\tau-1) d\tau = 1$$

当 $5 \leqslant t < 6$ 时,两个波形重叠的上下限分别为 $(t-4) \sim 2$,所以

$$f_1(t) * f_2(t) = \int_{t-4}^2 f_1(\tau) f_2(t-\tau) d\tau = \int_{t-4}^2 2(\tau-1) d\tau = -t^2 + 10t - 24$$

当 $t \geqslant 6$ 时,两个波形无重叠,所以

$$f_1(t) * f_2(t) = 0$$

3.7.2　特性法

根据卷积积分的一些性质,在求解信号卷积积分时,可利用卷积特性法来简化运算。

【例 3.17】　试完成下列信号的卷积运算。

$(1) y(t) = \delta(t-3) * \sin t;$

$(2) y(t) = f(t-t_1) * \delta(t-t_2);$

$(3) y(t) = e^{-5t} u(t-1) * u(t);$

$(4) y(t) = \dfrac{d}{dt}[\cos(2t)] * u(t)$。

解　结合 3.6 节所学卷积积分的性质,可得

(1) 利用冲激信号的卷积特性以及时移特性可得

$$y(t) = \delta(t-3) * \sin t = \sin(t-3)$$

(2) 利用冲激信号的卷积特性以及时移特性可得

$$y(t) = f(t-t_1) * \delta(t-t_2) = f(t-t_1-t_2)$$

(3) 利用阶跃信号卷积特性可得

$$y(t) = e^{-5t} u(t-1) * u(t) = \int_1^t e^{-5\tau} d\tau = \frac{1}{5}(e^{-5} - e^{-5t}) u(t-1)$$

(4) 利用卷积积分的微分性质可得

$$y(t) = \frac{d}{dt}[\cos(2t)] * u(t) = \cos(2t) * \delta(t) = \cos(2t)$$

【例 3.18】　已知信号 $f_1(t)$ 和 $f_2(t)$ 的波形如图 3.11 所示,求两信号的卷积 $f_1(t) * f_2(t)$。

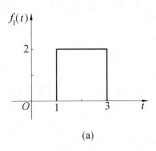

(a)

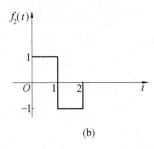

(b)

图 3.11   信号波形图

解   如果直接求解 $f_1(t) * f_2(t)$ 会比较复杂,这里可以利用卷积的微、积分性质及信号与冲激信号的卷积性质进行求解。

设 $f_1(t)$ 的导数为 $f_1^{(1)}(t)$,$f_2(t)$ 的积分为 $f_2^{(-1)}(t)$,它们的波形分别如图 3.12(a)、(b) 所示。由卷积积分的性质可得

$$f_1(t) * f_2(t) = f_1^{(1)}(t) * f_2^{(-1)}(t) =$$
$$2\delta(t-1) * f_2^{(-1)}(t) - 2\delta(t-3) * f_2^{(-1)}(t) =$$
$$2f_2^{(-1)}(t-1) - 2f_2^{(-1)}(t-3)$$

卷积积分结果如图 3.12(c) 所示。

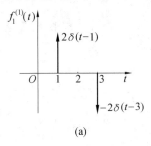

(a)

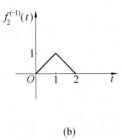

(b)

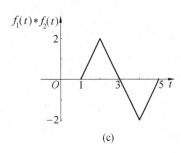

(c)

图 3.12   卷积运算过程示意图

习   题

3.1   用经典法求解下列齐次微分方程。

(1)$y''(t) + 5y'(t) + 6y(t) = 0$,$y'(0^-) = -1$,$y(0^-) = 1$。

(2)$y''(t) + y(t) = 0$,$y'(0^-) = 0$,$y(0^-) = 2$。

3.2   已知系统微分方程 $y''(t) + 5y'(t) + 6y(t) = x'(t)$,$y(0^-) = 1$,$y'(0^-) = 2$。当输入信号 $x(t) = u(t)$ 时,试求初始条件 $y(0^+)$ 和 $y'(0^+)$。

3.3   已知某连续时间 LTI 系统的微分方程为 $y''(t) + 6y'(t) + 8y(t) = x''(t) + 5x'(t) + 3x(t)$,$y(0^-) = 1$,$y'(0^-) = 2$。当输入信号 $x(t) = \delta(t)$ 时,试求初始条件 $y(0^+)$ 和 $y'(0^+)$。

3.4   已知某连续时间 LTI 系统的微分方程为 $y''(t) + 4y'(t) + 4y(t) = 2x'(t) + 8x(t)$,输入信号 $x(t) = e^{-t}$,$y(0^+) = 3$,$y'(0^+) = 4$,试求系统的全响应。

3.5   已知系统微分方程 $y''(t) + 4y'(t) + 3y(t) = x(t)$,初始条件为 $y(0^+) = 1$,$y'(0^+) =$

3,当输入信号 $x(t)=u(t)$ 时,试求系统的全响应。

3.6 试求下列连续时间 LTI 系统的零输入响应。

(1) $y''(t)+7y'(t)+6y(t)=x(t),y(0^-)=0,y'(0^-)=5$;

(2) $y''(t)-3y'(t)+2y(t)=5x'(t)+2x(t),y(0^-)=3,y'(0^-)=4$;

(3) $y''(t)+5y'(t)+6y(t)=x(t),y(0^-)=1,y'(0^-)=-1$;

(4) $y''(t)+2y'(t)+y(t)=x(t),y(0^-)=1,y'(0^-)=1$。

3.7 已知描述某连续时间 LTI 系统的微分方程为 $y''(t)+2y'(t)+y(t)=x'(t)$,初始状态为 $y(0^-)=1,y'(0^-)=2$,当外界激励信号 $x(t)=e^{-t}u(t)$ 时,试求该系统的零输入响应、零状态响应和全响应。

3.8 已知某 LTI 系统的方程为 $y'(t)+ay(t)=x(t)$,若在非零激励信号 $x(t)$ 的作用下其响应为 $y(t)=1-e^{-t}$。试求方程 $y'(t)+ay(t)=2x(t)+x'(t)$ 的响应。

3.9 已知描述系统的微分方程如下,试分别求出系统的单位冲激响应 $h(t)$。

(1) $y''(t)+3y'(t)+2y(t)=4f(t),t>0$ (2) $y'(t)+4y(t)=3f'(t)+2f(t),t>0$

3.10 一个线性常系数微分方程所描述的系统,当输入激励信号 $x_1(t)=u(t)$ 时,系统全响应 $y_1(t)=3e^{-3t}u(t)$;在相同的初始条件下,当输入激励信号 $x_2(t)=-u(t)$ 时,系统全响应 $y_1(t)=e^{-3t}u(t)$。

(1) 求该系统的单位阶跃响应 $s(t)$;

(2) 求该系统的单位冲激响应 $h(t)$。

3.11 已知某连续时间 LTI 系统对输入激励 $x(t)$ 的零状态响应为 $y_{zs}(t)=\int_{t-2}^{+\infty}e^{t-\tau}x(\tau-1)d\tau$,求该系统的单位冲激响应。

3.12 已知某连续时间 LTI 系统,其输入信号 $x(t)$ 与输出信号 $y(t)$ 的关系为 $\int_{-\infty}^{t}e^{-(t-\tau)}x(\tau-2)d\tau$,求

(1) 该系统的单位冲激响应 $h(t)$;

(2) 该系统的阶跃响应 $s(t)$。

3.13 已知某连续时间 LTI 系统的冲激响应 $h(t)=2e^{-t}u(t)$,试求当激励信号为 $x(t)=u(t)$ 时该系统的零状态响应 $y_{zs}(t)$。

3.14 已知线性时不变系统在信号 $\delta(t)$ 激励下的零状态响应为 $h(t)=u(t)-u(t-1)$,试求在信号 $u(t-1)$ 激励下的零状态响应 $y(t)$。

3.15 已知微分方程 $y''(t)+3y'(t)+2y(t)=f'(t)+3f(t)$,当激励分别为 (1) $f(t)=u(t)$;(2) $f(t)=e^{-3t}u(t)$ 时,试用卷积分析法求解零状态响应 $y_{zs}(t)$。

3.16 已知某连续时间 LTI 系统的微分方程为 $y''(t)+5y'(t)+6y(t)=x'(t),y(0^-)=1,y'(0^-)=0,x(t)=10\cos t\cdot u(t)$。系统的全响应为 $y(t)=-e^{-2t}+e^{-3t}+\cos t+\sin t,t>0$。

试求该系统响应中的瞬态响应分量、稳态响应分量、固有响应分量和强迫响应分量。

3.17　已知某连续时间 LTI 系统 $y'(t) + ay(t) = x(t)(a \neq 0)$ 的完全响应为 $y(t) = 3e^{-2t} + 5, t \geq 0$，试求：

(1) a 的值和 $x(t)$ 的表达式；

(2) 该系统的自由响应和强迫响应。

3.18　试求以下各积分表达式并画出其波形图。

(1) 已知 $f(t) = u(t) - u(t-2)$，求 $r(t) = f(t) * f(t)$；

(2) 已知 $f(t) = u(t) - u(t-1)$，求 $r(t) = f(t) * f(t)$；

(3) 已知 $f(t) = u(t-1) - u(t-2)$，求 $r(t) = f(t) * f(t)$；

(4) 已知 $e(t) = u(t) - u(t-1)$，求 $r(t) = e(t) * e(t-1)$。

3.19　已知连续时间 LTI 系统组成如题 3.19 图所示，且 $h_1(t) = \delta(t-2)$，$h_2(t) = u(t)$，$h_3(t) = -\delta(t)$，$h_4(t) = u(t-1)$。

(1) 求系统总的冲激响应 $h(t)$；

(2) 画出 $h(t)$ 的波形图。

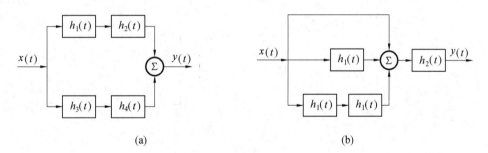

题 3.19 图

3.20　已知信号 $f_1(t)$ 和 $f_2(t)$ 波形如题 3.20 图所示，画出 $f_1(t) * f_2(t)$ 卷积运算后的波形图。

3.21　完成下列信号的卷积运算。

(1) $3 * \delta(t)$；　　　　　　　(2) $u(t-5) * u(t+3)$；

(3) $e^{-t}u(t) * u(t) * \delta(t-t_0)$；　(4) $(6 - e^{-5t})u(t) * \delta'(t) * u(t)$；

(5) $[e^{-2t}u(t)] * \delta'(t)$；　　　(6) $[e^{-t}u(t)] * \delta'(t-1)$。

3.22　已知 $y(t) = x(t) * [u(t+1) - u(t-1)]$，证明：$y(t) = \int_{t-1}^{t+1} x(\tau)d\tau$。

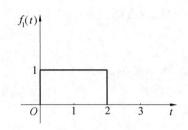

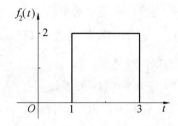

(a)

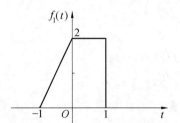

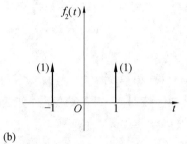

(b)

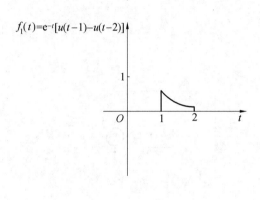

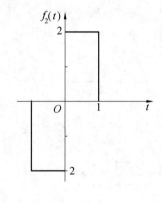

(c)

题 3.20 图

第 4 章

连续信号的频域分析

4.1 引 言

前 3 章主要研究信号幅度随时间变化的关系,可以观察其波形变化,信号与信号之间的波形关系,信号通过系统前后的波形变化,不同系统对信号波形的影响,这些内容可以统称为时间域分析,简称时域分析。这种分析方法可以直观的反映不同信号及通过系统前后的波形变化,但无法直接得到信号的频谱信息。为了准确得到包含不同频率分量的信号各频率分量之间的关系,信号通过系统前后频率的变化,以及不同系统的频率特性,我们要引入一种新的分析方法——频域分析。

频域分析是变换域分析的一种。本章采用的方法是通过傅里叶级数或傅里叶变换,把 $f(t)$ 变换成另一种函数 $F(j\omega)$,也就是把信号强度(幅度值)随时间变化的函数关系通过一种数学方法,变换成信号所包含的不同频率分量的强度随频率 ω 变化的另一种关系。

一般信号都由很多个频率分量组成,可以利用傅里叶级数或傅里叶变换的方法,直观的解析这些频率分量,并可以通过频谱图来直观的反映。在很多时候,采用变换域分析,比时域分析能够更简单方便的处理一些与信号及系统相关的问题。

傅里叶(J. Fourier,1768—1830),如图 4.1 所示,1768 年生于法国,1807 年提出"任何周期信号都可用正弦函数级数表示",由于对热传导理论的贡献,于 1817 年当选为巴黎科学院院士,1822 年成为科学院终身秘书。傅里叶首先应用三角级数求解热传导方程,同时为了处理无穷区域的热传导问题又导出了现在所称的"傅里叶积分",这一切都极大地推动了偏微分方程边值问题的研究。傅里叶的工作迫使人们对函数的概念作修正、推广,特别是引起了对不连续函数的探讨;三角级数收敛性问题更刺激了集合论的诞生。因此,《热的解析理论》影响了整个 19 世纪分析严格化的进程。

图 4.1 法国数学家傅里叶

傅里叶理论的主要论点是:"周期信号都可表示为成谐波关系的正弦信号的加权和","非周期信号都可用正弦信号的加权积分表示"。

4.2　周期信号的傅里叶级数

4.2.1　傅里叶展开及其条件

傅里叶级数展开，就是把周期的非正弦连续信号，用无穷多个正弦（或虚指数）信号加权叠加的形式等价表示。

1. 傅里叶展开的两种形式

（1）三角形式 $\{\cos(n\omega_1 t), \sin(n\omega_1 t)\}$：把 $f(t)$ 展开成无穷多个正（余）弦信号加权叠加的形式。

（2）指数形式 $\{e^{jn\omega_1 t}\}$：把 $f(t)$ 展开成无穷多个以 e 为底，指数为虚数的无穷多个虚指数信号叠加的形式。

根据欧拉公式

$$\begin{cases} \cos(\omega t) = \dfrac{e^{j\omega t} + e^{-j\omega t}}{2} \\ \sin(\omega t) = \dfrac{e^{j\omega t} - e^{-j\omega t}}{2j} \end{cases} \tag{4.1}$$

也可以表示成

$$\begin{cases} e^{j\omega t} = \cos(\omega t) + j\sin(\omega t) \\ e^{-j\omega t} = \cos(\omega t) - j\sin(\omega t) \end{cases} \tag{4.2}$$

可以看出，以 e 为底的虚指数信号实际就是正弦信号，两种展开虽然形式不同，但实质上是一样的。

2. 狄里克利条件

并不是所有周期连续信号都能进行傅里叶展开，要展开成上述形式是有条件的。

（1）在一周期内，间断点的数目有限；

（2）在一周期内，极大、极小值的数目有限；

（3）在一周期内，信号绝对可积。$\displaystyle\int_{t_0}^{t_0+T} | f(t) | \, dt < +\infty$，$T$ 为信号周期，t_0 为任意常数。

这一组条件是傅里叶级数收敛的充分条件，称为狄里克利条件，绝大多数周期信号都可以满足这一条件。

4.2.2　傅里叶级数的三角形式

将连续函数展开成傅里叶级数，相当于对这个函数进行一种正交分解。从第 2 章中可以看到，各谐波分量构成了一个正交三角函数集。在很多情况下，这种分解有利于更直观的研究函数的谐波组成及其频谱特征。

$$\int_{t_0}^{t_0+T} \cos(n\omega_1 t) \cdot \sin(m\omega_1 t) \cdot dt = 0 \tag{4.3}$$

$$\int_{t_0}^{t_0+T} \sin(n\omega_1 t)\sin(m\omega_1 t)\,dt = \begin{cases} \dfrac{T_1}{2} & (m = n) \\ 0 & (m \neq n) \end{cases} \tag{4.4}$$

$$\int_{t_0}^{t_0+T} \cos(n\omega_1 t)\cos(m\omega_1 t)\,\mathrm{d}t = \begin{cases} \dfrac{T_1}{2} & (m=n) \\[2mm] 0 & (m \neq n) \end{cases} \tag{4.5}$$

1. 计算方法

$$f(t) = a_0 + \sum_{n=1}^{+\infty}(a_n\cos(n\omega_1 t) + b_n\sin(n\omega_1 t)) \quad (n=1,2,3,\cdots) \tag{4.6}$$

直流分量：

$$a_0 = \frac{1}{T_1}\int_{t_0}^{t_0+T_1} f(t)\,\mathrm{d}t \tag{4.7}$$

余弦分量幅度：

$$a_n = \frac{2}{T_1}\int_{t_0}^{t_0+T_1} f(t)\cos(n\omega_1 t)\,\mathrm{d}t \tag{4.8}$$

正弦分量幅度：

$$b_n = \frac{2}{T_1}\int_{t_0}^{t_0+T_1} f(t)\sin(n\omega_1 t)\,\mathrm{d}t \tag{4.9}$$

式中　　T_1——信号 $f(t)$ 周期；

　　　　ω_1——周期信号的角频率，$\omega_1 = \dfrac{2\pi}{T_1}$；

　　　　f_1——频率，$f_1 = \dfrac{1}{T_1}$；

　　　　t_0——任意常数，通常取 $t_0 = 0$ 或 $t_0 = -\dfrac{T_1}{2}$。

2. 谐波分量

通常，把 $n=1$ 时的频率分量 $a_1\cos(\omega_1 t) + b_1\sin(\omega_1 t)$ 称为基波分量；把 $n \geqslant 2$ 时的频率分量 $a_n\cos(n\omega_1 t) + b_n\sin(n\omega_1 t)$ 称为 n 次谐波分量。

正常情况下，n 的阶数越高，谐波幅度值 a_n 和 b_n 会逐级减小，直至逼近为零。因此，有时可以把 $f(t)$ 近似表示成前几次谐波分量的和，取的阶数越高，所表示的近似误差越小。

4.2.3　傅里叶级数的指数形式

$$f(t) = \sum_{n=-\infty}^{+\infty} F_n \mathrm{e}^{jn\omega_1 t} \quad (n=0,\pm1,\pm2\cdots) \tag{4.10}$$

其中

$$F_n = \frac{1}{T_1}\int_{t_0}^{t_0+T_1} f(t)\mathrm{e}^{-jn\omega_1 t}\,\mathrm{d}t \tag{4.11}$$

4.2.4　傅里叶级数两种形式之间的联系

如果一个函数的傅里叶展开式存在，那么其傅里叶级数的三角形式和指数形式都唯一存在，可以相互转换。

【例 4.1】　利用欧拉公式证明：$F_0 = a_0$，$F_n = \dfrac{1}{2}(a_n - jb_n)$，$F_{-n} = \dfrac{1}{2}(a_n + jb_n)$。

证明：

$$f(t) = a_0 + \sum_{n=1}^{+\infty} (a_n\cos(n\omega_1 t) + b_n\sin(n\omega_1 t)) = a_0 + \sum_{n=1}^{+\infty} c_n\cos(n\omega_1 t + \varphi_n)$$

$$a_n\cos(n\omega_1 t) + b_n\sin(n\omega_1 t) = c_n \cdot \frac{a_n}{c_n}\cos(n\omega_1 t) + c_n \cdot \frac{b_n}{c_n}\sin(n\omega_1 t) =$$

$$c_n\cos\varphi_n\cos(n\omega_1 t) - c_n\sin\varphi_n\sin(n\omega_1 t) =$$

$$c_n\cos(n\omega_1 t - \varphi_n)$$

其中 $c_n = \sqrt{a_n^2 + b_n^2}$；$a_n = c_n\cos\varphi_n$；$b_n = -c_n\sin\varphi_n$；$\varphi_n = -\tan^{-1}\dfrac{b_n}{a_n}$；

$$\cos(n\omega_1 t - \varphi_n) = \frac{1}{2}\left[e^{j(n\omega_1 t - \varphi_n)} + e^{-j(n\omega_1 t - \varphi_n)}\right]$$

所以

$$f(t) = a_0 + \sum_{n=1}^{+\infty} \frac{c_n}{2}\left[e^{j(n\omega_1 t - \varphi_n)} + e^{-j(n\omega_1 t - \varphi_n)}\right]$$

$$f(t) = \sum_{n=-\infty}^{+\infty} F_n e^{jn\omega_1 t} = \frac{1}{2}\sum_{n=-\infty}^{+\infty} c_n e^{j(n\omega_1 t - \varphi_n)}$$

$$F_n = \frac{1}{2}c_n e^{-j\varphi_n} = \frac{1}{2}\left[c_n\cos\varphi_n - jc_n\sin\varphi_n\right] = \frac{1}{2}(a_n - jb_n)$$

$$F_{-n} = \frac{1}{2}c_n e^{j\varphi_n} = \frac{1}{2}\left[c_n\cos\varphi_n + jc_n\sin\varphi_n\right] = \frac{1}{2}(a_n + jb_n)$$

因为

$$F_n = \frac{1}{T}\int_{t_0}^{t_0+T_1} f(t)e^{-jn\omega_1 t}dt$$

所以

$$F_0 = \frac{1}{T}\int_{t_0}^{t_0+T_1} f(t)e^{j0}dt = \frac{1}{T}\int_{t_0}^{t_0+T_1} f(t)e^{-jn\omega_1 t}dt = a_0$$

【例 4.2】 若周期信号傅里叶级数展开式为

$$f(t) = 0.5 + \sum_{n=1}^{+\infty} 2^{-n}\left[\cos\frac{n\pi}{3}\cos(n100\pi t) + \sin\frac{n\pi}{3}\sin(n100\pi t)\right]$$

（1）求出该信号的周期；（2）写出其基波分量；（3）写出其指数形式的展开式。

解 由傅里叶展开式可知

$$a_0 = 0.5, a_n = 2^{-n}\cos\frac{n\pi}{3}; b_n = 2^{-n}\sin\frac{n\pi}{3}$$

（1）基频

$$\omega_1 = \frac{2\pi}{T_1} = 100\pi$$

$$T_1 = 0.02 \text{ s}$$

（2）基波

$$a_1\cos(\omega_1 t) + b_1\sin(\omega_1 t) = \frac{1}{2}\cos\frac{\pi}{3}\cos(100\pi t) + \frac{1}{2}\sin\frac{\pi}{3}\sin(100\pi t) =$$

$$\frac{1}{4}\cos(100\pi t) + \frac{\sqrt{3}}{4}\sin(100\pi t) =$$

$$\frac{1}{2}\cos(100\pi t - \frac{\pi}{3})$$

（3）转换为指数形式

$$F_n = \frac{1}{2}(a_n - jb_n) = \frac{1}{2}2^{-n}\left(\cos\frac{n\pi}{3} - j\sin\frac{n\pi}{3}\right)$$

$$f(t) = \sum_{n=-\infty}^{+\infty} F_n \mathrm{e}^{\mathrm{j}n\omega_1 t} = \frac{1}{2} \sum_{n=-\infty}^{+\infty} 2^{-n} (\cos\frac{n\pi}{3} - \mathrm{j}\sin\frac{n\pi}{3}) \mathrm{e}^{\mathrm{j}n\omega_1 t} \quad (n = 0, \pm 1, \pm 2, \pm 3, \cdots)$$

4.2.5　周期函数的频谱

有了傅里叶级数这个计算工具,可以用图形来表示各谐波分量之间的幅度和相位关系,称为频谱图。

通过例 4.1 可知,可以把傅里叶级数展开式的每一对同频率正余弦分量合并,写成如下余弦形式:

$$f(t) = a_0 + \sum_{n=1}^{+\infty} (a_n \cos(n\omega_1 t) + b_n \sin(n\omega_1 t)) = c_0 + \sum_{n=1}^{+\infty} c_n \cos(n\omega_1 t + \varphi_n) \quad (4.12)$$

其中
$$c_0 = a_0; \quad c_n = \sqrt{a_n{}^2 + b_n{}^2};$$

$$a_n = c_n \cos \varphi_n; \quad b_n = -c_n \sin \varphi_n; \quad \varphi_n = -\arctan\left(\frac{b_n}{a_n}\right)$$

或者写成正弦形式:

$$f(t) = d_0 + \sum_{n=1}^{+\infty} d_n \sin(n\omega_1 t + \theta_n) \quad (4.13)$$

其中

$$d_0 = a_0; \quad d_n = \sqrt{a_n^2 + b_n^2};$$

$$a_n = d_n \sin \theta_n; \quad b_n = d_n \cos \theta_n; \quad \theta_n = \arctan\left(\frac{b_n}{a_n}\right)$$

这里可以看出,$f(t)$ 的各次谐波分量只能取基频 ω_1 的整数倍,第 n 次谐波的角频率为 $\omega = n\omega_1$,且 n 次谐波强度为 c_n。ω 与各谐波之间的这种关系可以用图 4.2 所示频谱图表示。

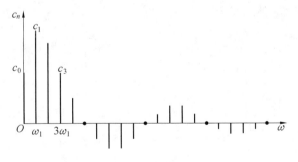

图 4.2　频谱图

在下一节要介绍的周期矩形信号的傅里叶级数,画出如图 4.2 所示的频谱图。当然也可以用指数形式的傅里叶级数表示频谱,画出 F_n 与 ω 之间的关系。

其中,把谐波强度 $|c_n|$ 与 ω 之间的关系称为幅度谱,或幅频特性;把各谐波的相位 φ_n 与 ω 之间的关系称为相位谱,或相频特性,如图 4.3 所示。

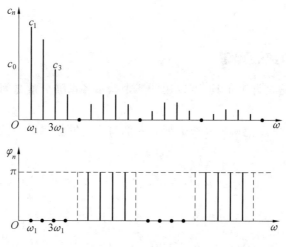

图 4.3　幅度谱和相位谱

【例 4.3】　已知 $f(t)=1+\sin(\omega_1 t)+2\cos(\omega_1 t)+\cos\left(2\omega_1 t+\dfrac{\pi}{4}\right)$，试画出该信号的幅度谱和相位谱。

解　先把 $f(t)$ 整理成余弦函数，表示为

$$f(t)=1+\sqrt{5}\cos(\omega_1 t-0.15\pi)+\cos\left(2\omega_1 t+\frac{\pi}{4}\right)$$

由此可知傅里叶系数如下：

$$c_0=1;c_1=\sqrt{5}=2.236;c_2=1;$$
$$\varphi_0=0;\varphi_1=-0.15\pi;\varphi_2=0.25\pi$$

其幅度谱和相位谱如图 4.4 所示。

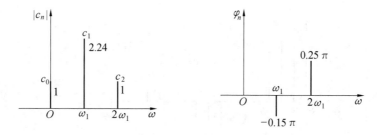

图 4.4　求幅度谱和相位谱举例

4.2.6　傅里叶级数有限次近似

通常来说，连续周期信号的傅里叶级数展开可以看出由无穷次谐波叠加而成，各谐波强度会随着次数的增加呈下降趋势（否则级数不收敛），因此可以取前几次谐波之和近似表示原信号 $f(t)$。因此，后面更高次谐波分量就被忽略了，这些忽略的部分就是近似计算中的逼近误差。

$$f(t)=a_0+\sum_{n=1}^{+\infty}\left[a_n\cos(n\omega_1 t)+b_n\sin(n\omega_1 t)\right]$$

取前 $2N+1$ 项来逼近 $f(t)$，有

$$S_N = a_0 + \sum_{n=1}^{N} [a_n \cos(n\omega_1 t) + b_n \sin(n\omega_1 t)]$$

误差函数可表示为

$$\varepsilon_N(t) = f(t) - S_N$$

方均误差为

$$E_N = \overline{\varepsilon_N^2(t)} = \frac{1}{T_1} \int_{t_0}^{t_0+T_1} \varepsilon_N^2(t) \, \mathrm{d}t$$

$$E_N = \overline{\varepsilon_N^2(t)} = \overline{f^2(t)} - \left[a_0^2 + \frac{1}{2} \sum_{n=1}^{N} (a_n^2 + b_n^2) \right] \tag{4.14}$$

【思考题】

1. 非周期信号是否存在傅里叶级数？为什么？
2. 证明：信号的功率等于其傅里叶展开后各谐波分量功率和。

4.3   对称信号的傅里叶级数分析

当函数 $f(t)$ 具有某些对称关系时，其傅里叶级数具有一些特殊形式。掌握这些规律，可以简化这类函数的傅里叶级数计算，也有利于分析它们谐波分量的一些特殊规律。针对几种常见的对称关系，分析其频谱的特点。

4.3.1   偶对称函数

偶对称函数满足如下关系：

$$f(t) = f(-t)$$

由于傅里叶级数的正弦分量相当于函数 $f(t)$ 的奇分量，余弦分量及直流分量对应于函数 $f(t)$ 的偶分量。因此对偶函数来说，其奇分量一定为零。此时傅里叶级数的系数可以由以下的简化形式来计算。

直流分量：

$$a_0 = \frac{2}{T_1} \int_{t_0}^{t_0+T_1/2} f(t) \, \mathrm{d}t \tag{4.15}$$

余弦分量幅度：

$$a_n = \frac{4}{T_1} \int_{t_0}^{t_0+T_1/2} f(t) \cos(n\omega_1) \, \mathrm{d}t \tag{4.16}$$

正弦分量幅度：

$$b_n = 0 \tag{4.17}$$

式中 t_0 —— 任意常数，通常取 $t_0 = 0$。

对指数形式的傅里叶级数，有

$$F_0 = a_0 \tag{4.18}$$

$$F_n = F(n\omega_1) = \frac{1}{2}(a_n - \mathrm{j}b_n) = \frac{1}{2}a_n \tag{4.19}$$

【例 4.4】   求图 4.5 所示偶函数的傅里叶级数。

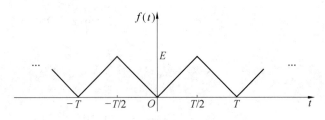

图 4.5　偶函数的傅里叶级数

解　$f(t)$ 在一个周期内可表示为

$$f(t)=\begin{cases}\dfrac{2E}{T}t & \left(0\leqslant t\leqslant\dfrac{T}{2}\right)\\[2mm]-\dfrac{2E}{T}t & \left(-\dfrac{T}{2}\leqslant t<0\right)\end{cases}$$

$f(t)$ 是偶函数，故　　　　　　　　　　$b_n=0$

$$a_0=\frac{2}{T}\int_0^{\frac{T}{2}}f(t)\mathrm{d}t=\frac{2}{T}\left[\int_0^{\frac{T}{2}}\frac{2E}{T}t\,\mathrm{d}t\right]=E/2$$

$$a_n=\frac{4}{T}\int_0^{\frac{T}{2}}\frac{2E}{T}t\cdot\cos(n\omega_1 t)\mathrm{d}t=$$

$$\frac{8E}{T^2}\left[\frac{t}{n\omega_1}\sin(n\omega_1 t)\ \Big|_0^{\frac{T}{2}}-\int_0^{\frac{T}{2}}\frac{1}{n\omega_1}\sin(n\omega_1 t)\mathrm{d}t\right]=$$

$$0+\frac{8E}{T^2}\cdot\frac{1}{(n\omega_1)^2}\int_0^{\frac{T}{2}}\mathrm{d}\cos(n\omega_1 t)=$$

$$\frac{-2E}{(n\pi)^2}\left[1-(-1)^n\right]=$$

$$\begin{cases}\dfrac{-4E}{(n\pi)^2} & (n\ \text{为奇数})\\[2mm]0 & (n\ \text{为偶数})\end{cases}$$

$$f(t)=\frac{E}{2}+\frac{4E}{\pi^2}\sum_{n=1,3,5\cdots}^{+\infty}\frac{1}{n^2}\cos\left(\frac{2n\pi}{T}t\right)=$$

$$\frac{E}{2}-\frac{4E}{\pi^2}\left[\cos\left(\frac{2\pi}{T}t\right)-\frac{1}{9}\cos\left(\frac{6\pi}{T}t\right)-\frac{1}{25}\left(\cos\frac{10\pi}{T}t\right)-\cdots\right]$$

其频谱如图 4.6 所示。

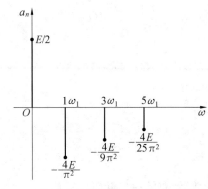

图 4.6　谐波分量幅值与 ω 的关系（频谱图）

4.3.2　奇对称函数

奇对称的函数满足如下关系：

$$f(t) = -f(-t)$$

对奇函数来说，其直流分量和偶分量一定为零，此时傅里叶级数的系数可以由以下的简化形式来计算。

直流分量：

$$a_0 = 0 \tag{4.20}$$

余弦分量幅度：

$$a_n = 0 \tag{4.21}$$

正弦分量幅度：

$$b_n = \frac{4}{T_1} \int_{t_0}^{t_0 + T_1/2} f(t) \sin(n\omega_1 t) \mathrm{d}t \tag{4.22}$$

对指数形式的傅里叶级数，有

$$F_0 = 0 \tag{4.23}$$

$$F_n = F(n\omega_1) = \frac{1}{2}(a_n - \mathrm{j}b_n) = -\frac{1}{2}\mathrm{j}b_n \tag{4.24}$$

【例 4.5】　求图 4.7 所示奇函数的傅里叶级数。

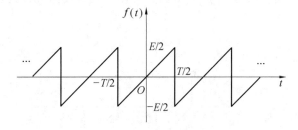

图 4.7　奇函数的傅里叶级数

解

$$a_0 = a_n = 0$$

$$b_n = \frac{4}{T} \int_0^{T/2} f(t) \sin(n\omega_1 t) \mathrm{d}t =$$

$$\frac{4}{T} \int_0^{T/2} \left(\frac{E}{T} t \right) \sin\left(n\frac{2\pi}{T}t \right) \mathrm{d}t =$$

$$\frac{2E}{n\pi T} \int_0^{T/2} t \sin\left(n\frac{2\pi}{T}t \right) \mathrm{d}\left(n\frac{2\pi}{T}t \right) =$$

$$-\frac{E}{n\pi} \cos(n\pi) = \frac{E}{n\pi} (-1)^{n+1}$$

$$f(t) = \frac{E}{\pi} \sum_{n=1}^{+\infty} \frac{1}{n} (-1)^{n+1} \sin\left(n\frac{2\pi}{T}t \right) =$$

$$\frac{E}{\pi} \left[\sin(\omega_1 t) - \frac{1}{2}\sin(2\omega_1 t) + \frac{1}{3}\sin(3\omega_1 t) - \cdots \right]$$

4.3.3　奇谐函数

还有一类函数的频谱具有这样的特点:在其频谱中只含有奇次谐波,n 为偶数时的谐波分量为 0,这类函数称为奇谐函数。进一步研究发现,这类函数还具有如下的对称关系:

$$f(t) = -f\left(t \pm \frac{T_1}{2}\right)$$

这种函数的波形沿时间轴平移半个周期后再相对于该轴上下反转后,恰好与原函数波形重合,具有半波对称特性。这一类函数只含有奇次谐波,直流分量和偶次谐波分量为零,这样再求傅里叶级数时只需计算奇次项。

直流分量:

$$a_0 = 0 \tag{4.25}$$

余弦分量幅度:

$$a_n = \frac{4}{T_1} \int_0^{T_1/2} f(t)\cos(n\omega_1 t)\mathrm{d}t \quad (n=1,3,5,7,\cdots) \tag{4.26}$$

正弦分量幅度:

$$b_n = \frac{4}{T_1} \int_0^{T_1/2} f(t)\sin(n\omega_1 t)\mathrm{d}t \quad (n=1,3,5,7,\cdots) \tag{4.27}$$

对于偶次项:　　　　　　$a_n = b_n = 0 \quad (n=2,4,6,8,\cdots)$

奇谐函数可以同时是偶对称或奇对称的,也可以不具有奇偶对称关系,如图 4.8 所示的奇谐函数。

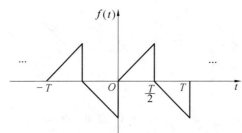

图 4.8　奇谐函数

需要指出的是,我们可以构造一个只含有偶次谐波的偶谐函数,但这样的函数没有实际研究意义,因为偶谐函数需满足:

$$f(t) = f\left(t \pm \frac{T_1}{2}\right)$$

不难看出这样的函数看成周期为 T_1 的周期信号,还不如直接看成周期为 $T_1/2$ 的周期信号,因为我们习惯把最小正周期当成信号的周期。也就是说只有把二倍最小正周期当成 T_1 时,才会出现偶谐函数,这显然不符合我们的习惯。

4.3.4　周期矩形信号的傅里叶级数分析

周期矩形信号常被用作频谱分析的典型例子,下面通过求傅里叶级数分析其频谱的特性。

设信号周期为 T_1,矩形幅度为 E,矩形脉冲宽度为 τ,如图 4.9 所示。

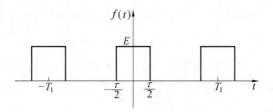

图 4.9　周期矩形信号

信号在一个周期内可以表示为

$$f(t) = \begin{cases} E & (\mid t \mid \leqslant \dfrac{\tau}{2}) \\ 0 & (\mid t \mid > \dfrac{\tau}{2}) \end{cases}$$

由于该函数是偶函数,因此

$$b_n = 0$$

$$a_0 = \frac{2}{T_1}\int_0^{\frac{T_1}{2}} f(t)\,\mathrm{d}t = \frac{2}{T_1}\int_0^{\frac{\tau}{2}} E\,\mathrm{d}t = \frac{E\tau}{T_1}$$

$$a_n = \frac{4}{T_1}\int_0^{\frac{T_1}{2}} f(t)\cos(n\omega_1 t)\,\mathrm{d}t = \frac{4}{T_1}\int_0^{\frac{\tau}{2}} E\cos(n\omega_1 t)\,\mathrm{d}t = \frac{4E}{nT_1\omega_1}\sin(n\omega_1 t)\,\Big|_0^{\tau/2} =$$

$$\frac{2E}{n\pi}\sin\left(\frac{n\omega_1\tau}{2}\right) = \frac{E\omega_1\tau}{\pi}\frac{\sin\left(\dfrac{n\omega_1\tau}{2}\right)}{\dfrac{n\omega_1\tau}{2}} =$$

$$\frac{2E\tau}{T_1}\mathrm{Sa}\left(\frac{n\omega_1\tau}{2}\right)$$

于是周期矩形信号的傅里叶级数可表示为

$$f(t) = \frac{E\tau}{T_1} + \frac{2E\tau}{T_1}\sum_{n=1}^{+\infty}\mathrm{Sa}\left(\frac{n\omega_1\tau}{2}\right)\cos(n\omega_1 t)$$

$$c_0 = a_0 = \frac{E\tau}{T_1}$$

$$c_n = a_n = \frac{2E\tau}{T_1}\mathrm{Sa}\left(\frac{n\omega_1\tau}{2}\right) \quad (n = 1, 2, 3, \cdots)$$

如果把 $f(t)$ 写成指数展开形式,那么由式(4.18)和式(4.19)得

$$F_0 = a_0 = \frac{E\tau}{T_1}$$

$$F_n = \frac{a_n}{2} = \frac{E\tau}{T_1}\mathrm{Sa}\left(\frac{n\omega_1\tau}{2}\right) \quad (n = \pm 1, \pm 2, \pm 3, \cdots)$$

$$f(t) = \frac{E\tau}{T_1}\sum_{n=-\infty}^{+\infty}\mathrm{Sa}\left(\frac{n\omega_1\tau}{2}\right)\mathrm{e}^{jn\omega_1 t} \quad (n = 0, \pm 1, \pm 2, \cdots)$$

从图 4.10 可以看出,周期矩形信号的频谱具有以下规律:

(1)频谱为实函数,各谐波分量等间隔分布,间隔为 $\omega_1 = \dfrac{2\pi}{T_1}$。

（2）频谱第一零点数值为 $B_\omega = \dfrac{2\pi}{\tau}$，后面各个旁瓣宽度相等，都等于 $\dfrac{2\pi}{\tau}$，相邻各瓣相位相反。

（3）主瓣内能量集中，这个部分各谐波分量之和与 $f(t)$ 数值上近似相等，旁瓣内谐波分量在近似计算中可以忽略。

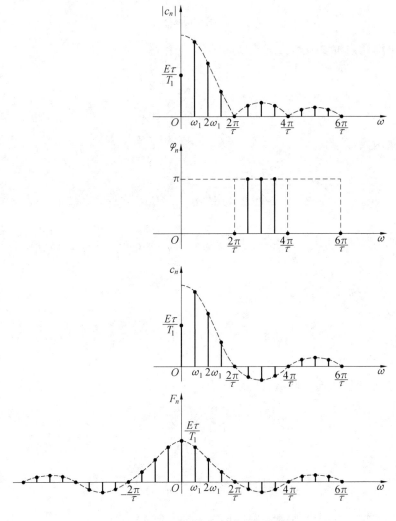

图 4.10　周期矩形信号的频谱

通常把 $0 \leqslant \omega \leqslant \dfrac{2\pi}{\tau}$ 这个频率范围称为矩形信号的频带宽度。

带宽为

$$B_\omega = \frac{2\pi}{\tau} \tag{4.28}$$

或写为

$$B_f = \frac{1}{\tau} \tag{4.29}$$

当周期矩形信号的周期或脉宽发生变化时，其频谱也会发生相应变化，可以由图 4.11 分析其中的规律。

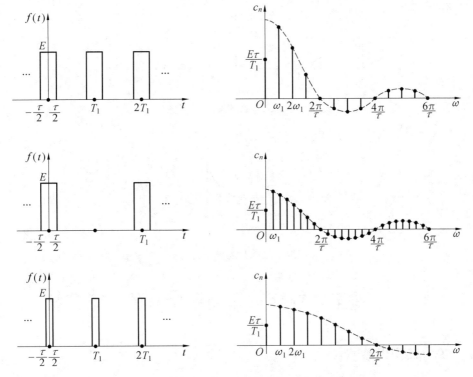

图 4.11　周期矩形信号频谱随周期和脉宽的变化

在其他参数不变的情况下,单独改变周期或脉宽,信号频谱变化规律可以用表 4.1 来总结说明。

表 4.1　周期矩形信号频谱随周期和脉宽的变化

周期矩形信号	幅值($\propto \frac{E\tau}{T_1}$)	谱线间隔($\omega_1 = \frac{2\pi}{T_1}$)	带宽($B_\omega = \frac{2\pi}{\tau}$)
周期 T_1 增加	减少	减少	不变
周期 T_1 减少	增加	增加	不变
脉宽 τ 增加	增加	不变	减少
脉宽 τ 减少	减少	不变	增加

【思考题】

1. 观察图 4.12 所示的函数波形,如果不使用傅里叶级数公式计算,想一想如何得到傅里叶展开系数 a_0 和 a_n 的数值?

2. 图 4.13 所示的信号只给出了 1/4 周期的波形,若该信号的三角形式傅里叶展开式中不含正弦谐波分量,且只有奇次谐波,试画出完整的一个周期:$0 \sim T$ 范围的波形图。

3. 矩形周期信号的哪部分频率分量信号更强?是低频段还是高频段?

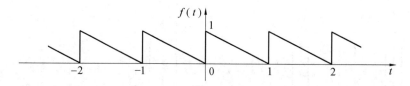

图 4.12　思考题 1 波形图

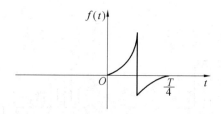

图 4.13　思考题 2 波形图

4.4　傅里叶变换与非周期信号的频谱分析

4.4.1　傅里叶变换

在讲傅里叶级数时,我们一直强调 $f(t)$ 必需是周期信号。对非周期信号而言,其傅里叶级数是不存在的。

图 4.14 表明,当信号的周期不断增大时,频谱间隔

$$\omega_1 = \frac{2\pi}{T_1}$$

会不断变小,谱线密度增加。当 $T_1 \rightarrow +\infty$ 时,离散的谱分布就变成了连续谱。另外,由于代表谱线强度的傅里叶系数

$$F(n\omega_1) = \frac{1}{T_1} \int_{-\frac{T_1}{2}}^{\frac{T_1}{2}} f(t) \mathrm{e}^{-\mathrm{j}n\omega_1 t} \mathrm{d}t$$

在 $T_1 \rightarrow +\infty$ 时会趋于 0,因此无法再用傅里叶级数这一数学工具分析非周期信号的频谱特性。为了得到非周期信号的频谱,需要引入一个新的数学方法:傅里叶变换。

当信号周期为无穷大时,虽然 $F(n\omega_1) = \frac{1}{T} \int_{-\frac{T_1}{2}}^{\frac{T_1}{2}} f(t) \mathrm{e}^{-\mathrm{j}n\omega_1 t} \mathrm{d}t$ 和 $\omega_1 = \frac{2\pi}{T_1}$ 都会趋于 0,但二者的比值 $\frac{F(n\omega_1)}{\omega_1}$ 一般为非零有限值,称为频谱密度。为了方便表示,引入一个新的函数来表示

$$F(\omega) = \lim_{T_1 \rightarrow +\infty} \frac{2\pi F(n\omega_1)}{\omega_1} = \lim_{T_1 \rightarrow +\infty} T_1 \cdot \frac{1}{T_1} \int_{-\frac{T_1}{2}}^{\frac{T_1}{2}} f(t) \mathrm{e}^{-\mathrm{j}n\omega_1 t} \mathrm{d}t =$$

$$\int_{-\infty}^{+\infty} f(t) \mathrm{e}^{-\mathrm{j}\omega t} \mathrm{d}t$$

此时 ω 不再只取 ω_1 的整数倍,而是可以连续的取值,这样周期信号的离散谱就转化成了非周期信号的连续谱。

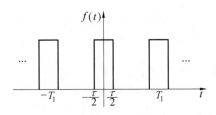

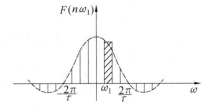

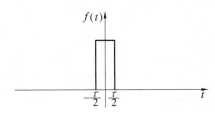

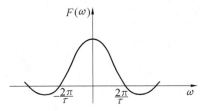

图 4.14　从离散谱到连续谱

如果把傅里叶级数公式

$$f(t) = \sum_{n=-\infty}^{+\infty} F(n\omega_1) \mathrm{e}^{\mathrm{j}n\omega_1 t}$$

改写一下,当谱线间隔 $\Delta\omega = \omega_1$ 变得无穷小时,上面的公式改写成:

$$f(t) = \sum_{n\omega_1 = -\infty}^{+\infty} \frac{F(n\omega_1)}{\omega_1} \mathrm{e}^{\mathrm{j}n\omega_1 t} \Delta\omega \underline{\underline{\Delta\omega \to 0, \omega = n\omega_1}} \frac{1}{2\pi} \int_{-\infty}^{+\infty} F(\omega) \mathrm{e}^{\mathrm{j}\omega t} \, \mathrm{d}\omega$$

这个式子可以由频谱函数 $F(\omega)$ 反过来得到 $f(t)$,我们把正反两种变换写成下面的公式,并用符号 $\mathscr{F}$ 和 $\mathscr{F}^{-1}$ 来表示正反变换。

傅里叶正变换:

$$F(\omega) = \mathscr{F}[f(t)] = \int_{-\infty}^{+\infty} f(t) \mathrm{e}^{-\mathrm{j}\omega t} \, \mathrm{d}t \tag{4.30}$$

傅里叶反变换:

$$\mathscr{F}^{-1}[F(\omega)] = \frac{1}{2\pi} \int_{-\infty}^{+\infty} F(\omega) \mathrm{e}^{\mathrm{j}\omega t} \, \mathrm{d}\omega \tag{4.31}$$

大多数情况下,$F(\omega)$ 是一个复数

$$F(\omega) = \mathrm{Re}[F(\omega)] + \mathrm{j}\mathrm{Im}[F(\omega)]$$

可以把它写为

$$F(\omega) = |F(\omega)| \mathrm{e}^{\mathrm{j}\varphi(\omega)} \tag{4.32}$$

其中幅度谱为

$$|F(\omega)| = \sqrt{\mathrm{Re}^2[F(\omega)] + \mathrm{Im}^2[F(\omega)]} \tag{4.33}$$

相位谱为

$$\varphi(\omega) = \arctan\left\{\frac{\mathrm{Im}[F(\omega)]}{\mathrm{Re}[F(\omega)]}\right\} \tag{4.34}$$

【例 4.6】　求单边指数衰减信号 $f(t) = \begin{cases} \mathrm{e}^{-at} & (t \geqslant 0) \\ 0 & (t < 0) \end{cases}$ 的傅里变换,并分析其幅频特性和相频特性,其中 $a > 0$。

解

$$F(\omega) = \int_{-\infty}^{+\infty} f(t)\mathrm{e}^{-\mathrm{j}\omega t}\,\mathrm{d}t = \int_{0}^{+\infty} \mathrm{e}^{-at}\mathrm{e}^{-\mathrm{j}\omega t}\,\mathrm{d}t =$$

$$\frac{-1}{a+\mathrm{j}\omega}\int_{0}^{+\infty}\mathrm{e}^{-(a+\mathrm{j}\omega)t}\,\mathrm{d}[-(a+\mathrm{j}\omega)t]=$$

$$-\frac{1}{a+\mathrm{j}\omega}\mathrm{e}^{-(a+\mathrm{j}\omega)t}\bigg|_{0}^{+\infty} = \frac{1}{a+\mathrm{j}\omega}\quad(a>0)$$

其幅度谱为

$$|F(\omega)| = \frac{1}{\sqrt{a^2+\omega^2}}$$

相位谱为

$$\varphi(\omega) = -\arctan\left(\frac{\omega}{a}\right)$$

图 4.15 显示了其频谱特性。

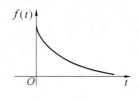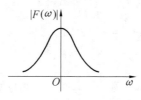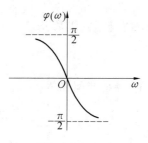

图 4.15　单边指数信号的波形和频谱

　　需要指出的是,正如并非所有连续周期信号都存在傅里叶级数一样,不是所有连续函数都存在傅里叶变换。只有满足一定的约束条件,傅里叶变换才存在。傅里叶变换存在的充分条件是:$f(t)$在无限空间满足绝对可积,即

$$\int_{-\infty}^{+\infty}|f(t)|\,\mathrm{d}t < +\infty \tag{4.35}$$

这个条件通常并不难满足。在后面的几节里我们会看到,某些特殊信号虽然不满足这一条件,其傅里叶变换也可能存在,比如阶跃信号、周期信号等。

4.4.2　典型非周期信号的频谱分析

　　前面已经列举了一个单边指数信号的例子,下面再计算其他几种常见非周期信号的傅里叶变换。

1. 双边指数信号

双边指数信号可以表示为

$$f(t) = \begin{cases} \mathrm{e}^{-at} & (t \geqslant 0) \\ \mathrm{e}^{at} & (t < 0) \end{cases}\quad(a>0)$$

$$F(\omega) = \int_{-\infty}^{+\infty} f(t)\mathrm{e}^{-\mathrm{j}\omega t}\,\mathrm{d}t = \int_{-\infty}^{0}\mathrm{e}^{at}\mathrm{e}^{-\mathrm{j}\omega t}\,\mathrm{d}t + \int_{0}^{+\infty}\mathrm{e}^{-at}\mathrm{e}^{-\mathrm{j}\omega t}\,\mathrm{d}t =$$

$$\frac{1}{a-\mathrm{j}\omega} + \frac{1}{a+\mathrm{j}\omega} = \frac{2a}{a^2+\omega^2}\quad(a>0)$$

于是

$$|F(\omega)| = \frac{2a}{a^2 + \omega^2} \quad (a > 0)$$

由于 $F(\omega)$ 是正的实函数，因此

$$\varphi(\omega) = 0$$

双边指数信号的波形和频谱如图 4.16 所示。

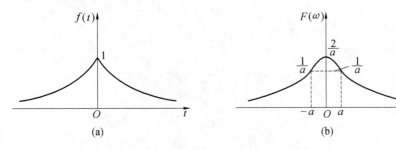

图 4.16　双边指数信号的波形和频谱

2. 矩形脉冲信号

矩形非周期信号的傅里叶变换是经常用到的一种形式，其表达式为

$$f(t) = E\left[u(t + \frac{\tau}{2}) - u(t - \frac{\tau}{2})\right] \tag{4.36}$$

式中　　E—— 脉冲强度；

　　　　τ—— 脉冲宽度。

矩形脉冲信号波形如图 4.17 所示。其傅里叶变换为

$$F(\omega) = \int_{-\infty}^{+\infty} f(t) e^{-j\omega t} \, dt$$

$$F(\omega) = \int_{-\tau/2}^{\tau/2} E e^{-j\omega t} \, dt = \frac{E}{-j\omega} e^{-j\omega t} \Big|_{-\frac{\tau}{2}}^{\frac{\tau}{2}} =$$

图 4.17　矩形脉冲信号波形

$$\frac{E\tau}{\omega \frac{\tau}{2}} \cdot \frac{e^{j\omega \frac{\tau}{2}} - e^{-j\omega \frac{\tau}{2}}}{2j} = E\tau \frac{\sin\left(\frac{\omega\tau}{2}\right)}{\frac{\omega\tau}{2}}$$

$$F(\omega) = E\tau \cdot \mathrm{Sa}\left(\frac{\omega\tau}{2}\right) \tag{4.37}$$

由于矩形信号傅里叶变换应用比较广泛，式 (4.37) 可以当公式使用。矩形脉冲信号的幅度谱和相位谱分别为

$$|F(\omega)| = E\tau \left| \mathrm{Sa}\left(\frac{\omega\tau}{2}\right) \right|$$

$$\varphi(\omega) = \begin{cases} 0 & \left(\frac{4n\pi}{\tau} < |\omega| < \frac{2(2n+1)\pi}{\tau}\right) \\ \pi & \left(\frac{2(2n+1)\pi}{\tau} < |\omega| < \frac{2(2n+2)\pi}{\tau}\right) \end{cases} \quad (n = 0, 1, 2, \cdots)$$

其频谱如图 4.18 所示。

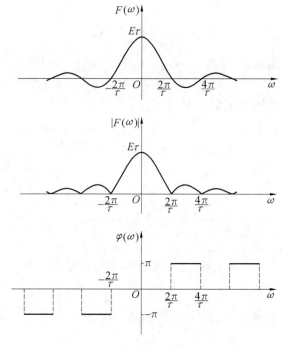

图 4.18 矩形脉冲信号的频谱

就实际意义而言,相位是 $\varphi(\omega)=\pi$ 或 $\varphi(\omega)=-\pi$ 具有相同的含义,因为相位差为 2π 正好一个周期,$F(\omega)$ 是实函数,相位是 π 或者 $-\pi$ 只是表明此处 $F(\omega)<0$。在下一节会看到,实函数的相位谱是奇对称的,当频谱是复数时一定如此。若频谱也恰好为实数时,在画图时通常延续这种关系,因此在左边取 $\varphi(\omega)=-\pi$。

3. 单位冲激信号

根据第 2 章中讲到的冲激信号的抽样特性,很容易得出

$$F(\omega)=\int_{-\infty}^{+\infty}\delta(t)\mathrm{e}^{-\mathrm{j}\omega t}\,\mathrm{d}t=1 \tag{4.38}$$

也就是说冲激信号的频谱包含了所有的频率分量且各频率强度相同,通常称这种频谱为均匀谱或白色谱,冲激信号的频谱是最丰富的,包含了从低频到高频的一切频率。单位冲激信号的波形及其频谱如图 4.19 所示。

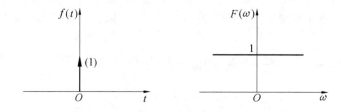

图 4.19 单位冲激信号的波形及其频谱

4. 冲激偶信号

$$\int_{-\infty}^{+\infty} f(t)\delta'(t)\,\mathrm{d}t = -f'(0)$$

$$\mathscr{F}\left[\delta'(t)\right] = \int_{-\infty}^{+\infty} \delta'(t)\mathrm{e}^{-\mathrm{j}\omega t}\,\mathrm{d}t = -\left[\mathrm{e}^{\mathrm{j}\omega t}\right]'\big|_{t=0} = -(-\mathrm{j}\omega) = \mathrm{j}\omega \tag{4.39}$$

5. 直流信号

设 $f(t) = E$,由于其不满足绝对可积条件,因此其傅里叶变换一般用间接的方法求得:

$$F(\omega) = \lim_{\tau \to +\infty} \int_{-\tau}^{\tau} E\mathrm{e}^{-\mathrm{j}\omega t}\,\mathrm{d}t = E \lim_{\tau \to +\infty} \left[\frac{\mathrm{e}^{-\mathrm{j}\omega t}}{-\mathrm{j}\omega}\right]_{-\tau}^{\tau} =$$

$$E \lim_{\tau \to +\infty} \frac{\mathrm{e}^{-\mathrm{j}\omega\tau} - \mathrm{e}^{\mathrm{j}\omega\tau}}{-\mathrm{j}\omega} = E \lim_{\tau \to +\infty} \frac{2\sin(\omega\tau)}{\omega} = 2\pi E \lim_{\tau \to +\infty} \frac{\tau}{\pi}\frac{\sin(\omega\tau)}{\omega\tau}$$

由于冲激函数可以定义为

$$\delta(\omega) = \lim_{\tau \to +\infty} \frac{\tau}{\pi}\mathrm{Sa}(\omega\tau)$$

因此上式可直接写成

$$F(\omega) = 2\pi E\delta(\omega) \tag{4.40}$$

图 4.20 表明直流信号全部能量都只集中在 $\omega = 0$(直流相当于频率为 0)处,直流信号 E 和正余弦信号[如 $\sin(\omega_0 t + \theta)$ 或 $\cos(\omega_0 t + \varphi)$],指数为纯虚数的 e 指数信号(如 $\mathrm{e}^{\mathrm{j}\omega_0 t}$)是频谱最为简单的信号,都只含有 $\omega = 0$ 或 $\omega = \omega_0$ 的单一频率分量。

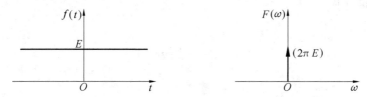

图 4.20 直流信号的波形及其频谱

6. 符号函数

符号函数定义为

$$\mathrm{sgn}(t) = \begin{cases} -1 & (t < 0) \\ 0 & (t = 0) \\ 1 & (t > 0) \end{cases}$$

这个函数显然也不满足绝对可积条件,符号函数 $\mathrm{Sgn}(t)$ 也可看作下述函数在 a 取极限趋近 0 时的一个特例:

$$f(t) = \begin{cases} -\mathrm{e}^{at} & (t < 0, a > 0) \\ \mathrm{e}^{-at} & (t > 0, a > 0) \end{cases} \quad (a > 0)$$

$$f(t) = \lim_{a \to 0} f_1(t) = \lim_{a \to 0}\left[\mathrm{sgn}(t)\mathrm{e}^{-a|t|}\right]$$

$$F_1(\omega) = \int_{-\infty}^{0} -\mathrm{e}^{at}\mathrm{e}^{-\mathrm{j}\omega t}\,\mathrm{d}t + \int_{0}^{+\infty} \mathrm{e}^{-at}\mathrm{e}^{-\mathrm{j}\omega t}\,\mathrm{d}t =$$

$$\frac{-1}{a - \mathrm{j}\omega} + \frac{1}{a + \mathrm{j}\omega} = \frac{-\mathrm{j}2\omega}{a^2 + \omega^2}$$

$$F(\omega) = \lim_{a \to 0} F_1(\omega) = \lim_{a \to 0} \frac{-2j\omega}{a^2 + \omega^2} = \frac{2}{j\omega}$$

$$\mid F(\omega) \mid = \frac{2}{\omega}$$

$$\varphi(\omega) = \begin{cases} -\dfrac{\pi}{2} & (\omega > 0) \\[2mm] +\dfrac{\pi}{2} & (\omega < 0) \end{cases}$$

符号函数的波形及其指数极限逼近如图 4.21 所示,其幅度谱和相位谱如图 4.22 所示。

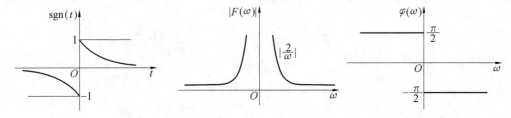

图 4.21　符号函数的波形及其指数极限逼近　　　　图 4.22　符号函数的幅度谱和相位谱

7. 阶跃函数

阶跃函数仍然不满足绝对可积条件,不过可以用直流信号和符号函数的傅里叶变换直接推出 $u(t)$ 的傅里叶变换。

由于

$$u(t) = \frac{1}{2} + \frac{1}{2}\mathrm{sgn}(t)$$

可得到

$$\mathscr{F}[u(t)] = (\frac{1}{2}) + \frac{1}{2}[\mathrm{sgn}(t)] = \pi\delta(\omega) + \frac{1}{j\omega} \tag{4.41}$$

阶跃信号的波形及其频谱如图 4.23 所示。

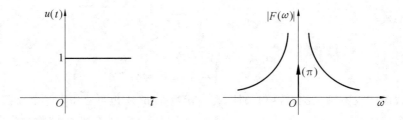

图 4.23　阶跃信号的波形及其频谱

8. 升余弦脉冲信号

图 4.24 所示的波形称为升余弦函数,其表达式为

$$f(t) = \frac{E}{2}\left[1 + \cos\left(\frac{\pi t}{\tau}\right)\right] \quad (0 \leqslant \mid t \mid \leqslant \tau)$$

$$F(\omega) = \int_{-\infty}^{+\infty} f(t)\mathrm{e}^{-j\omega t}\,\mathrm{d}t = \int_{-\tau}^{\tau} \frac{E}{2}\left[1 + \cos\left(\frac{\pi t}{\tau}\right)\right]\mathrm{e}^{-j\omega t}\,\mathrm{d}t =$$

$$\frac{E}{2}\int_{-\tau}^{\tau}\mathrm{e}^{-\mathrm{j}\omega t}\mathrm{d}t + \frac{E}{4}\int_{-\tau}^{\tau}\mathrm{e}^{\mathrm{j}\frac{\pi t}{\tau}}\mathrm{e}^{-\mathrm{j}\omega t}\mathrm{d}t + \frac{E}{4}\int_{-\tau}^{\tau}\mathrm{e}^{-\mathrm{j}\frac{\pi t}{\tau}}\mathrm{e}^{-\mathrm{j}\omega t}\mathrm{d}t =$$

$$E\tau\,\mathrm{Sa}(\omega\tau) + \frac{E\tau}{2}\mathrm{Sa}\left[\left(\omega - \frac{\pi}{\tau}\right)\tau\right] + \frac{E\tau}{2}\mathrm{Sa}\left[\left(\omega + \frac{\pi}{\tau}\right)\tau\right]$$

$$F(\omega) = \frac{E\sin(\omega\tau)}{\omega\left[1 - \left(\frac{\omega\tau}{\pi}\right)^2\right]} = \frac{E\tau\,\mathrm{Sa}(\omega\tau)}{1 - \left(\frac{\omega\tau}{\pi}\right)^2}$$

由图 4.25 可以看出，升余弦脉冲信号频谱能量比矩形脉冲更加集中在 $0 \sim \frac{2\pi}{\tau}$ 范围内的低频段。

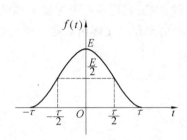

图 4.24　升余弦脉冲信号波形

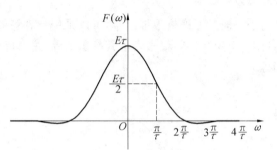

图 4.25　升余弦脉冲信号的频谱

4.4.3　频谱的带宽

1. 限带信号的带宽

这一类信号的频谱是有界的，指频谱本身有最大值 ω_m，所有频率分量都严格限制在 $\omega \leqslant \omega_\mathrm{m}$ 的范围内，通常把 ω_m 称为信号 $f(t)$ 的频带宽度，简称带宽，如图 4.26 所示。

事实上，绝大多数信号的频谱并不严格限定在 $\omega \leqslant \omega_\mathrm{m}$ 的范围内，在实际应用中如想得到限带信号，往往要加前置低通滤波器强制输入信号频谱限制在滤波器的截止频率以内。

对于非限带信号，严格讲其带宽是无穷大，但这里信号的频谱通常会很快收敛（冲激信号的"白色谱"除外），在某个频率范围以外强度很小接近于零，这样就可采用下面的方法估算其带宽。

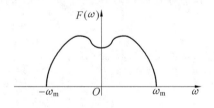

图 4.26　频谱有界信号

2. 矩形信号的带宽

与周期矩形信号类似，矩形脉冲信号也通常把其第一零点值称为矩形信号的带宽，如图 4.27 所示。

$$\begin{cases} B_\omega = \dfrac{2\pi}{\tau} \\[2mm] B_f = \dfrac{1}{\tau} \end{cases} \tag{4.42}$$

在 $\omega > B_\omega$ 的范围内只有很少的能量，因此可以近似认为矩形信号的频谱是限制在 $\omega \leqslant B_\omega$

范围内的。

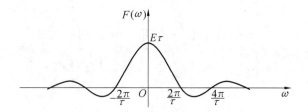

图 4.27　矩形信号的带宽

3. 等效带宽

对于一般的非严格限带信号,可以采用计算等效带宽的方法估计其频带宽度。如图 4.28 所示,用一个矩形等效框来表示其频谱范围,这个等效矩形的面积与实际函数曲线所覆盖的面积相等。

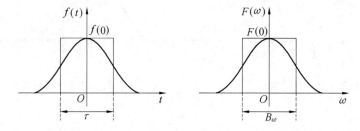

图 4.28　信号的等效带宽

如果 $f(t)$ 与 $F(\omega)$ 的中心最大值与纵轴重合,那么时间信号的等效面积为

$$\int_{-\infty}^{+\infty} f(t)\mathrm{d}t = f(0)\tau$$

频谱等效面积为

$$\int_{-\infty}^{+\infty} F(\omega)\mathrm{d}\omega = F(0)B_{\omega}$$

根据傅里叶变换公式,有

$$F(\omega) = \int_{-\infty}^{+\infty} f(t)\mathrm{e}^{-\mathrm{j}\omega t}\,\mathrm{d}t$$

$$\int_{-\infty}^{+\infty} f(t)\mathrm{d}t = F(0)$$

又根据反变换公式,有

$$f(0) = \frac{1}{2\pi}\int_{-\infty}^{+\infty} F(\omega)\mathrm{e}^{\mathrm{j}\omega t}\,\mathrm{d}\omega \mid_{t=0} = \frac{1}{2\pi}\int_{-\infty}^{+\infty} F(\omega)\mathrm{d}\omega = \frac{1}{2\pi}F(0)B_{\omega} = F(0)B_f$$

$$f(0)\cdot\tau = F(0)$$

$$F(0)\cdot B_f = f(0)$$

$$\begin{cases} B_f = \dfrac{f(0)}{F(0)} \\ B_{\omega} = \dfrac{2\pi f(0)}{F(0)} \end{cases} \tag{4.43}$$

当 $f(t)$ 为矩形信号时,我们看到式(4.43)与式(4.42)形式完全相同,说明这个求等效带

宽的方法对矩形信号和非矩形信号都适用。由于信号的频谱 $F(\omega)$ 左右平移不会改变其带宽，$f(t)$ 波形在时间上平移也不会改变 $F(\omega)$ 的带宽（下一节的傅里叶变换性质可以证明时间平移只改变频谱的相位），因此波形和频谱最大值并不在零点时也会有同样的结论，只需在计算中把 $f(0)$ 和 $F(0)$ 的数值都用波形和频谱最大值替代即可。常见信号的带宽见表 4.2。

表 4.2　常见信号的带宽

信号	频带宽度	信号	频带宽度
低速电报	$1.2 \sim 2.4\ \text{kHz}$	电视信号	$0 \sim 6\ \text{MHz}$
语言信号	$300\ \text{Hz} \sim 3.4\ \text{kHz}$	电视伴音	$30\ \text{Hz} \sim 10\ \text{kHz}$
音乐信号	$20\ \text{Hz} \sim 20\ \text{kHz}$	主动声呐	$2 \sim 40\ \text{kHz}$

【例 4.7】　已知信号 $f(t)$ 波形如图 4.29 所示，其频谱密度为 $F(\omega)$，不必求出 $F(\omega)$ 的表达式，试计算下列值：

(1) $F(\omega)\mid_{\omega=0}$；

(2) $\int_{-\infty}^{+\infty} F(\omega)\mathrm{d}\omega$；

(3) 该信号的等效带宽 B_f。

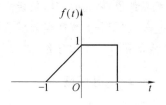

图 4.29　例题 4.7 波形

解

(1)
$$F(\omega) = \int_{-\infty}^{+\infty} f(t)\mathrm{e}^{-\mathrm{j}\omega t}\mathrm{d}t$$

所以
$$F(0) = F(\omega)\mid_{\omega=0} = \int_{-\infty}^{+\infty} f(t)\mathrm{d}t = 1.5$$

即 $f(t)$ 的面积。

(2)
$$f(t) = \frac{1}{2\pi}\int_{-\infty}^{+\infty} F(\omega)\mathrm{e}^{\mathrm{j}\omega t}\mathrm{d}\omega$$

$$f(0) = \frac{1}{2\pi}\int_{-\infty}^{+\infty} F(\omega)\mathrm{d}\omega$$

$$\int_{-\infty}^{+\infty} F(\omega)\mathrm{d}\omega = 2\pi f(0) = 2\pi$$

也是 $F(\omega)$ 的面积。

(3) $B_f = \dfrac{f(0)}{F(0)} = \dfrac{2}{3}$

【思考题】

1. 信号的奇偶对称可以简化傅里叶级数的计算，那么傅里叶变换是否也可以写出类似的简化计算公式？

2. 为什么说 $F(\omega)$ 是实函数时，相位 $\varphi(\omega) = \pm\pi$ 表明此处 $F(\omega) < 0$？

4.5　傅里叶变换的基本性质及应用

傅里叶变换具有唯一性，其性质揭示了信号的时域特性和频域特性之间确定的内在联系。讨论傅里叶变换的性质目的在于：

① 了解信号时域波形变化与频谱变化之间的规律。

② 利用性质求 $F(\omega)$。

③ 了解在通信系统领域中的应用。

④ 简化频谱分析与计算。

以下性质都设 $F(\omega)=[f(t)]$，在此前提下研究 $f(t)$ 变化后 $F(\omega)$ 的变化规律。

4.5.1 线性

$$\begin{cases} \mathscr{F}\big[f_i(t)\big]=F_i(\mathrm{j}\omega) & (i=1,2,\cdots,n) \\ \mathscr{F}\Big[\sum_{i=1}^{n}a_if_i(t)\Big]=\sum_{i=1}^{n}a_iF_i(\mathrm{j}\omega) & (a_i \text{ 为常数}) \end{cases} \tag{4.44}$$

简单地说，就是时域函数线性组合后的变换等于各自变换的线性组合。由于变换的本质是一种积分，被积分的线性组合函数如果各自积分存在，在数学上就可以先求各自积分后再线性组合，即和的积分等于积分和，常数可以提到积分号外，因此对傅里叶变换也可以这样计算。

4.5.2 对称性

若

$$F(\omega)=\mathscr{F}\big[f(t)\big]$$

则

$$\mathscr{F}\big[F(t)\big]=2\pi f(-\omega) \tag{4.45}$$

证明：

$$f(t)=\frac{1}{2\pi}\int_{-\infty}^{+\infty}F(\omega)\mathrm{e}^{\mathrm{j}\omega t}\,\mathrm{d}\omega$$

$$f(-t)=\frac{1}{2\pi}\int_{-\infty}^{+\infty}F(\omega)\mathrm{e}^{-\mathrm{j}\omega t}\,\mathrm{d}\omega$$

$$f(-\omega)=\frac{1}{2\pi}\int_{-\infty}^{+\infty}F(t)\mathrm{e}^{-\mathrm{j}\omega t}\,\mathrm{d}t$$

$$\mathscr{F}\big[F(t)\big]=2\pi f(-\omega)$$

上一节采用构造函数求极限的特殊方法求得直流信号的傅里叶变换，在这里采用对称性可以很容易根据冲激信号的变换求得直流信号的变换。

【例 4.8】 求直流信号的傅里叶变换 $\mathscr{F}(E)$。

解 $\mathscr{F}\big[E\delta(t)\big]=E$

$\mathscr{F}(E)=2\pi E\delta(-\omega)=2\pi E\delta(\omega)$

【例 4.9】 求函数 $\mathrm{Sa}(\omega_c t)$ 的傅里叶变换。

解 利用矩形脉冲信号的傅里叶变换，即

$$f(t)=E\Big[u\Big(t+\frac{\tau}{2}\Big)-u\Big(t-\frac{\tau}{2}\Big)\Big]\leftrightarrow F(\omega)=E\tau\,\mathrm{Sa}\Big(\frac{\omega\tau}{2}\Big)$$

令式中

$$\frac{\tau}{2}\to\omega_c,t\leftrightarrow\omega$$

得

$$f(\omega) = E[u(\omega + \omega_c) - u(\omega - \omega_c)] \leftrightarrow F(t) = \frac{1}{\pi}E\omega_c \mathrm{Sa}(\omega_c t) =$$

$$E\omega_c \mathrm{Sa}(\omega_c t)$$

因为是偶函数

$$f(\omega) = f(-\omega)$$

即
$$\mathscr{F}[\mathrm{Sa}(\omega_c t)] = \frac{\pi}{\omega_c}[u(\omega + \omega_c) - u(\omega - \omega_c)] \tag{4.46}$$

其波形及频谱如图 4.30 所示。

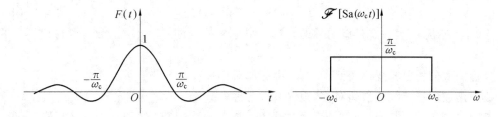

图 4.30　$\mathrm{Sa}(\omega_c t)$ 信号的波形及频谱

4.5.3　奇偶虚实性

无论 $f(t)$ 是实函数还是复函数，其傅里叶变换均满足如下关系：

$$\mathscr{F}[f^*(t)] = F^*(-\omega) \tag{4.47}$$

$$\mathscr{F}[f^*(-t)] = F^*(\omega) \tag{4.48}$$

我们把函数的频谱写成实部和虚部相加的形式：

$$F(\omega) = |F(\omega)|\,\mathrm{e}^{\mathrm{j}\varphi(\omega)} = R(\omega) + \mathrm{j}X(\omega)$$

1. $f(t)$ 是实函数

由傅里叶变换公式

$$F(\omega) = \mathscr{F}[f(t)] = \int_{-\infty}^{+\infty} f(t)\mathrm{e}^{-\mathrm{j}\omega t}\,\mathrm{d}t$$

再利用欧拉公式把 e 指数写成三角形式：

$$F(\omega) = \int_{-\infty}^{+\infty} f(t)\cos(\omega t)\mathrm{d}t - \mathrm{j}\int_{-\infty}^{+\infty} f(t)\sin(\omega t)\mathrm{d}t =$$

$$R(\omega) + \mathrm{j}X(\omega)$$

因此，$R(\omega) = R(-\omega)$，是偶函数；$X(\omega) = -X(-\omega)$，是奇函数，此时：

$$F^*(\omega) = F(-\omega) \tag{4.49}$$

由
$$|F(\omega)| = \sqrt{R^2(\omega) + X^2(\omega)}$$

$$\varphi(\omega) = \arctan\left(\frac{X(\omega)}{R(\omega)}\right)$$

可知，$|F(\omega)|$ 也一定是偶对称的，$\varphi(\omega)$ 则是奇对称的。对于实函数可以得出下面的结论：

① 实函数的傅里叶变换实部偶对称，虚部奇对称。

② 实函数的幅度谱偶对称，相位谱奇对称。

还可以得出两条推论：

① 实偶函数 $f(t)$ 的傅里叶变换 $F(\omega)$ 一定是实偶函数。

② 实奇函数 $f(t)$ 的傅里叶变换 $F(\omega)$ 一定是虚奇函数。

推论的证明不难,本节思考题要求读者自己来证明。

2. $f(t)$ 是虚函数

令 $f(t) = \mathrm{j}g(t)$,于是有

$$F(\omega) = \int_{-\infty}^{+\infty} g(t)\sin(\omega t)\mathrm{d}t + \mathrm{j}\int_{-\infty}^{+\infty} g(t)\cos(\omega t)\mathrm{d}t = R(\omega) + \mathrm{j}X(\omega)$$

由此可知,$R(\omega) = -R(-\omega)$,是奇函数;$X(\omega) = X(-\omega)$,是偶函数。此时:

$$F^{*}(\omega) = -F(-\omega) \tag{4.50}$$

可知,$|F(\omega)|$ 也一定是偶对称的,$\varphi(\omega)$ 则是奇对称的。对于虚函数可以得出下面的结论:

① 虚函数的傅里叶变换实部奇对称,虚部偶对称。

② 虚函数同样有幅度谱偶对称,相位谱奇对称。

【例 4.10】 函数 $f(t)$ 可写成偶函数 $f_{\mathrm{e}}(t)$ 与奇函数 $f_{\mathrm{o}}(t)$ 之和。若 $f(t)$ 是实函数,且 $\mathscr{F}[f(t)] = F(\mathrm{j}\omega)$,试证明 $\mathscr{F}[f_{\mathrm{e}}(t)] = \mathrm{Re}[F(\mathrm{j}\omega)]$;$\mathscr{F}[f_{\mathrm{o}}(t)] = \mathrm{j}\,\mathrm{Im}[F(\mathrm{j}\omega)]$。

证明 $\qquad \mathscr{F}[f(t)] = F(\omega) = A(\omega) + \mathrm{j}B(\omega)$

$$\mathscr{F}[f_{\mathrm{e}}(t)] = \mathscr{F}\left[\frac{f(t) + f(-t)}{2}\right] = \frac{1}{2}[F(\omega) + F(-\omega)] =$$

$$\frac{1}{2}[A(\omega) + \mathrm{j}B(\omega) + A(-\omega) + \mathrm{j}B(-\omega)] = \frac{1}{2}[A(\omega) + A(-\omega)] =$$

$$A(\omega) = \mathrm{Re}[F(\omega)]$$

同理:$\mathscr{F}[f_{\mathrm{o}}(t)] = \mathrm{j}\,\mathrm{Im}[F(\mathrm{j}\omega)]$

实函数和虚函数频谱的这些对称关系,不仅为分析频谱提供了一些便利,也有助于检验计算变换结果的正确性。

4.5.4　展缩性(尺度变换)

下面研究信号波形在时间上的伸展或压缩对其频谱变化的影响,如图 4.31 所示。

$$f(t) \leftrightarrow F(\omega)$$

那么

$$\mathscr{F}[f(at)] = \frac{1}{|a|}F\left(\frac{\omega}{a}\right) \quad (a \neq 0) \tag{4.51}$$

推论: $\qquad \mathscr{F}[f(-t)] = F(-\omega) \tag{4.52}$

这里 a 是一个不等于 0 的常数。如果 $|a| > 1$,那么信号在时间区间上被压缩,从式(4.51)可知此时信号频谱宽度会扩展;如果 $|a| < 1$,那么信号在时间区间扩展,信号频谱宽度就会被压缩。

此例说明:信号的持续时间与信号占有频带成反比,有时为加速信号的传递,要将信号持续时间压缩,则要以占有更宽的频带为代价。这个特性也可以从另一个角度来理解物理学中的多普勒现象,当波源相对接收者位移变小时,持续时间变短,接收到的频谱带宽增加,高频分量增多。如果是声波源,那听到的频率增高的声音会变的尖锐刺耳;如果声波源背离接收者运动时,接收到的信号高频分量减少,低频增加,听到的声音更加低沉。

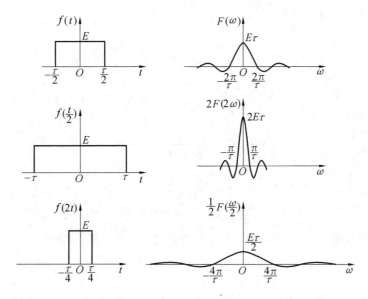

图 4.31　信号的展缩特性

4.5.5　时移性

若
$$\mathscr{F}\left[f(t)\right]=F(\omega)$$

则
$$\mathscr{F}\left[f(t-t_0)\right]=F(\omega)\mathrm{e}^{-\mathrm{j}\omega t_0} \tag{4.53}$$
$$\mathscr{F}\left[f(t+t_0)\right]=F(\omega)\mathrm{e}^{\mathrm{j}\omega t_0} \tag{4.54}$$

证明：

$$x=t-t_0$$
$$\mathscr{F}\left[f(x)\right]=\int_{-\infty}^{+\infty}f(x)\mathrm{e}^{-\mathrm{j}\omega(x+t_0)}\mathrm{d}x=$$
$$\mathrm{e}^{-\mathrm{j}\omega t_0}\int_{-\infty}^{+\infty}f(x)\mathrm{e}^{-\mathrm{j}\omega x}\mathrm{d}x=\mathrm{e}^{-\mathrm{j}\omega t_0}F(\omega)$$
$$\mathscr{F}\left[f(t-t_0)\right]=\mathrm{e}^{-\mathrm{j}\omega t_0}F(\omega)$$

同理,可得

$$\mathscr{F}\left[f(t+t_0)\right]=F(\omega)\mathrm{e}^{\mathrm{j}\omega t_0}$$

时移性质告诉我们:信号时间平移相当于其频谱相移,不会改变其幅度谱和带宽。

推论：
$$\mathscr{F}\left[f(at-t_0)\right]=\frac{1}{|a|}F\left(\frac{\omega}{a}\right)\mathrm{e}^{-\mathrm{j}\frac{\omega t_0}{a}}\quad(a\neq0) \tag{4.55}$$

式(4.55)请读者自己证明。

【例 4.11】　求图 4.32 所示三脉冲信号的频谱。

解　设矩形单脉冲信号为 $f_0(t)$,其傅里叶变换为 $F_0(\omega)$,根据矩形脉冲信号傅里叶变换公式,有

$$F_0(\omega)=E\tau\cdot\mathrm{Sa}\left(\frac{\omega\tau}{2}\right)$$
$$f(t)=f_0(t)+f_0(t+T)+f_0(t-T)$$

根据傅里叶变换的时移性可知

$$F(\omega) = F_0(\omega)(1 + \mathrm{e}^{\mathrm{j}\omega T} + \mathrm{e}^{-\mathrm{j}\omega T}) =$$

$$E\tau \cdot \mathrm{Sa}\left(\frac{\omega\tau}{2}\right)\left[1 + 2\cos(\omega T)\right]$$

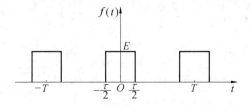

图 4.32　三脉冲信号波形

单脉冲信号频谱如图 4.33 所示,该信号的频谱表示如图 4.34 所示。

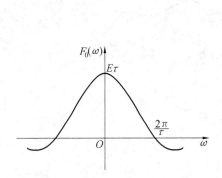

图 4.33　单脉冲信号频谱

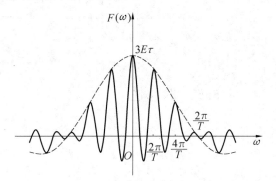

图 4.34　三脉冲信号的频谱

【例 4.12】　$f_1(t)$ 和 $f_2(t)$ 如图 4.35 所示,已知 $F[f_1(t)] = F_1(\omega)$,利用傅里叶变换的性质求 $f_1(t)$ 以 $t_0/2$ 为轴反褶后所得 $f_2(t)$ 的傅里叶变换。

解　由于

$$f_2(t) = f_1(-t + t_0)$$

利用傅里叶变换的性质有

$$F_2(\omega) = F_1(-\omega)\mathrm{e}^{-\mathrm{j}\omega \cdot t_0}$$

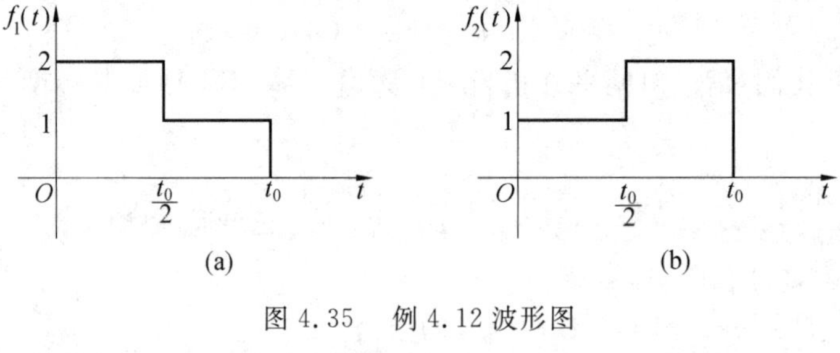

(a)　　　　　　　　　　　(b)

图 4.35　例 4.12 波形图

4.5.6　频移性

若

$$\mathscr{F}[f(t)] = F(\omega)$$

则

$$\mathscr{F}[f(t)\mathrm{e}^{\mathrm{j}\omega_0 t}] = F(\omega - \omega_0) \tag{4.56}$$

同理:

$$\mathscr{F}[f(t)\mathrm{e}^{-\mathrm{j}\omega_0 t}] = F(\omega + \omega_0) \tag{4.57}$$

证明：

$$\mathscr{F}\left[f(t)\mathrm{e}^{-\mathrm{j}\omega_0 t}\right]=\int_{-\infty}^{+\infty}f(t)\mathrm{e}^{-\mathrm{j}\omega_0 t}\mathrm{e}^{-\mathrm{j}\omega t}\mathrm{d}t=F(\omega+\omega_0)$$

同理　　　　　　　　　　$$\mathscr{F}\left[f(t)\mathrm{e}^{\mathrm{j}\omega_0 t}\right]=F[\omega-\omega_0]$$

【例 4.13】　证明调制定理（也称频移定理）。

若

$$F[f(t)]=F(\omega)$$

则

$$
\begin{cases}
\mathscr{F}\left[f(t)\cos(\omega_0 t)\right]=\dfrac{1}{2}\left[F(\omega-\omega_0)+F(\omega+\omega_0)\right] \\[3mm]
\mathscr{F}\left[f(t)\sin(\omega_0 t)\right]=\dfrac{1}{2\mathrm{j}}\left[F(\omega-\omega_0)-F(\omega+\omega_0)\right]
\end{cases}
\tag{4.58}
$$

证明　　根据欧拉公式：

$$\cos(\omega_0 t)=\frac{1}{2}(\mathrm{e}^{\mathrm{j}\omega_0 t}+\mathrm{e}^{-\mathrm{j}\omega_0 t})$$

$$\sin(\omega_0 t)=\frac{1}{2\mathrm{j}}(\mathrm{e}^{\mathrm{j}\omega_0 t}-\mathrm{e}^{-\mathrm{j}\omega_0 t})$$

再把这两个式子代入频移性质公式，即可得到调制定理。式（4.58）是一个很有用的公式，它给出了通信技术中经常用到的移频原理。一般 $f(t)$ 是一个低频信号（通常是限带的），$\cos(\omega_0 t)$ 或 $\sin(\omega_0 t)$ 是高频正弦载波信号，通过二者的相乘，就可以把 $F(\omega)$ 的频谱搬移到 ω_0 附近。在第 5 章会进一步用到这一原理实现调幅信号的调制和解调。

【例 4.14】　利用调制定理求三角函数的频谱。

解　　　　　　　　　　　　　$$F(1)=2\pi\delta(\omega)$$

$$\mathscr{F}(\cos(\omega_0 t))=\frac{1}{2}\mathscr{F}(\mathrm{e}^{\mathrm{j}\omega_0 t}+\mathrm{e}^{-\mathrm{j}\omega_0 t})=\pi\left[\delta(\omega-\omega_0)+\delta(\omega+\omega_0)\right]\tag{4.59}$$

同理：　　　　$$\mathscr{F}(\sin\omega_0 t)=\frac{\pi}{\mathrm{j}}\left[\delta(\omega-\omega_0)+\delta(\omega+\omega_0)\right]=$$

$$\mathrm{j}\pi\left[\delta(\omega+\omega_0)-\delta(\omega-\omega_0)\right]\tag{4.60}$$

【例 4.15】　利用频移性质求升余弦信号 $f(t)=\dfrac{E}{2}\left[1+\cos\left(\dfrac{\pi t}{\tau}\right)\right]$ $(0\leqslant|t|\leqslant\tau)$ 的频谱。

在上一节中我们利用傅里叶变换公式求出了升余弦信号的频谱，这里采用信号的频移性来重新求解。

解

$$f(t)=\left[\frac{E}{2}+\frac{E}{4}\mathrm{e}^{\mathrm{j}\frac{\pi t}{\tau}}+\frac{E}{4}\mathrm{e}^{-\mathrm{j}\frac{\pi t}{\tau}}\right]\left[u(t+\tau)-u(t-\tau)\right]$$

根据矩形脉冲信号傅里叶变换公式：

$$\mathscr{F}\{E\left[u(t+\tau)-u(t-\tau)\right]\}=2E\tau\mathrm{Sa}(\omega\tau)$$

再利用频移性，得

$$F(\omega)=E\tau\mathrm{Sa}(\omega\tau)+\frac{E\tau}{2}\mathrm{Sa}\left(\omega-\frac{\pi}{\tau}\right)+\frac{E\tau}{2}\mathrm{Sa}\left(\omega+\frac{\pi}{\tau}\right)$$

$$F(\omega)=\frac{E\sin(\omega\tau)}{\omega\left[1-\left(\dfrac{\omega\tau}{\pi}\right)^2\right]}=\frac{E\tau\mathrm{Sa}(\omega\tau)}{1-\left(\dfrac{\omega\tau}{\pi}\right)^2}$$

一般来说,用性质求解傅里叶变换要比直接代入公式积分要容易一些。

4.5.7 微、积分性

1. 微分性

(1) 时域微分

若
$$\mathscr{F}[f(t)]=F(\omega)$$

则
$$\mathscr{F}[f'(t)]=\mathrm{j}\omega F(\omega) \tag{4.61}$$

证明:

$$f(t)=\frac{1}{2\pi}\int_{-\infty}^{+\infty}F(\omega)\mathrm{e}^{\mathrm{j}\omega t}\mathrm{d}\omega$$

$$f'(t)=\frac{1}{2\pi}\int_{-\infty}^{+\infty}F(\omega)\mathrm{j}\omega\mathrm{e}^{\mathrm{j}\omega t}\mathrm{d}\omega$$

$$f'(t)\leftrightarrow F(\omega)\mathrm{j}\omega=\mathrm{j}\omega F(\omega)$$

推论:

$$\mathscr{F}[f^{(n)}(t)]=(\mathrm{j}\omega)^{(n)}F(\omega)$$

【例 4.16】 求三角形函数的频谱,如图 4.36 所示。

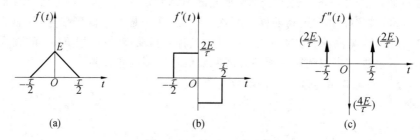

图 4.36 例 4.16 波形图

解 首先分析这个图形,图 4.36(a) 是我们要求的原函数 $f(t)$,图 4.36(b) 是它的一阶导数 $f'(t)$,(c) 图是它的二阶导数 $f''(t)$。由于冲激信号的傅里叶变换已知,利用微分性质就可以得到原函数的傅里叶变换。其频谱如图 4.37 所示。

$$\mathscr{F}[f''(t)]=\int_{-\infty}^{+\infty}\left[\frac{2E}{\tau}\delta\left(t+\frac{\tau}{2}\right)-\frac{4E}{\tau}\delta(t)+\frac{2E}{\tau}\delta\left(t-\frac{\tau}{2}\right)\right]\mathrm{e}^{-\mathrm{j}\omega t}\mathrm{d}t=$$

$$\frac{2E}{\tau}\mathrm{e}^{\mathrm{j}\omega\tau/2}-\frac{4E}{\tau}+\frac{2E}{\tau}\mathrm{e}^{-\mathrm{j}\omega\tau/2}=(\mathrm{j}\omega)^2F(\omega)=-\omega^2F(\omega)$$

$$F(\omega)=\frac{1}{-\omega^2}\left[\frac{2E}{\tau}\mathrm{e}^{\mathrm{j}\omega\tau/2}-\frac{4E}{\tau}+\frac{2E}{\tau}\mathrm{e}^{-\mathrm{j}\omega\tau/2}\right]=\frac{1}{-\omega}\frac{2E}{\tau}\left[\mathrm{e}^{-\mathrm{j}\omega\tau/2}-2+\mathrm{e}^{-\mathrm{j}\omega\tau/2}\right]=$$

$$\frac{-2E}{\tau\omega^2}\left[\mathrm{e}^{\mathrm{j}\omega\tau/4}-\mathrm{e}^{-\mathrm{j}\omega\tau/4}\right]^2=\frac{-2E}{\tau\omega^2}\left(2\mathrm{j}\sin\frac{\omega\tau}{4}\right)^2=$$

$$\frac{8E}{\tau\omega^2}\left(\sin\frac{\omega\tau}{4}\right)^2\frac{\left(\frac{\omega\tau}{4}\right)^2}{\left(\frac{\omega\tau}{4}\right)^2}=\frac{\tau E}{2}\mathrm{Sa}\left(\frac{\omega\tau}{4}\right)^2$$

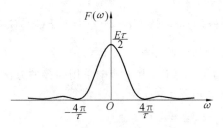

图 4.37　三角函数的频谱

（2）频域微分

$$\mathscr{F}\left[tf(t)\right]=j\,\frac{\mathrm{d}F(\omega)}{\mathrm{d}(\omega)}\tag{4.62}$$

【例 4.17】　若已知 $f(t)\leftrightarrow F(\omega)$ ，求 $F\left[(t-2)f\left(-\dfrac{t}{2}\right)\right]$ 的傅里叶变换。

解

$$\mathscr{F}\left[f\left(-\frac{t}{2}\right)\right]=2F(-2\omega)$$

$$\mathscr{F}\left[(t-2)f\left(-\frac{t}{2}\right)\right]=F\left[tf\left(-\frac{t}{2}\right)-2f\left(-\frac{t}{2}\right)\right]$$

$$\mathscr{F}\left[(t-2)f\left(-\frac{t}{2}\right)\right]=2jF'(-2\omega)-4F(-2\omega)$$

2. 积分性

（1）时域积分

若

$$\mathscr{F}\left[f(t)\right]=F(\omega)$$

则

$$\mathscr{F}\left[\int_{-\infty}^{t}f(\tau)\mathrm{d}\tau\right]=\frac{F(\omega)}{j\omega}+\pi F(0)\delta(\omega)\tag{4.63}$$

证明：

$$\int_{-\infty}^{+\infty}\left[\int_{-\infty}^{t}f(\tau)\mathrm{d}\tau\right]\mathrm{e}^{-j\omega t}\,\mathrm{d}t=\int_{-\infty}^{+\infty}\left[\int_{-\infty}^{+\infty}f(\tau)u(t-\tau)\mathrm{d}\tau\right]\mathrm{e}^{-j\omega t}\,\mathrm{d}t=$$

$$\int_{-\infty}^{+\infty}f(\tau)\left[\int_{-\infty}^{+\infty}u(t-\tau)\mathrm{e}^{-j\omega t}\,\mathrm{d}t\right]\mathrm{d}\tau=$$

$$\int_{-\infty}^{+\infty}f(\tau)\left[\pi\delta(\omega)+\frac{1}{j\omega}\right]\mathrm{e}^{-j\omega\tau}\,\mathrm{d}\tau=$$

$$\left(\pi\delta(\omega)+\frac{1}{j\omega}\right)\int_{-\infty}^{+\infty}f(\tau)\mathrm{e}^{-j\omega\tau}\,\mathrm{d}\tau=$$

$$\left[\pi\delta(\omega)+\frac{1}{j\omega}\right]\int_{-\infty}^{+\infty}f(\tau)\mathrm{e}^{-j\omega\tau}\,\mathrm{d}\tau=$$

$$\left[\pi\delta(\omega)+\frac{1}{j\omega}\right]F(\omega)=$$

$$\pi\delta(\omega)F(\omega)+\frac{1}{j\omega}F(\omega)=$$

$$\pi F(0)\delta(\omega)+\frac{F(\omega)}{j\omega}$$

$$\int_{-\infty}^{t} f(\tau)\mathrm{d}\tau \leftrightarrow F(\omega) \cdot \left[\pi\delta(\omega)+\frac{1}{\mathrm{j}\omega}\right]=\pi F(0)\delta(\omega)+\frac{F(\omega)}{\mathrm{j}\omega}$$

【例 4.18】 求阶跃信号的傅里叶变换。

由于阶跃信号不满足绝对可积条件,上一节中采用间接的方法求得其傅里叶变换,这里采用积分性质,计算将变得非常简单。

解

因为
$$u(t)=\int_{-\infty}^{t}\delta(t)\mathrm{d}t$$

且
$$\mathscr{F}\big[\delta(t)\big]=1$$

于是
$$\mathscr{F}\big[u(t)\big]=\frac{1}{\mathrm{j}\omega}+\pi\delta(\omega) \cdot 1=\frac{1}{\mathrm{j}\omega}+\pi\delta(\omega)$$

(2) 频域积分

$$\mathscr{F}^{-1}\Big[\int_{-\infty}^{\omega}F(\omega)\mathrm{d}\omega\Big]=\pi f(0)\delta(t)-\frac{f(t)}{\mathrm{j}t} \tag{4.64}$$

这个公式很少用,在此不做详细讨论。

4.5.8 卷积定理

1. 时域卷积定理

若
$$\mathscr{F}\big[f_1(t)\big]=F_1(\omega) \quad \mathscr{F}\big[f_2(t)\big]=F_2(\omega)$$

则
$$\mathscr{F}\big[f_1(t)*f_2(t)\big]=F_1(\omega)F_2(\omega) \tag{4.65}$$

证明:

$$f_1(t)*f_2(t)=\int_{-\infty}^{+\infty}f_1(\tau)f_2(t-\tau)\mathrm{d}\tau$$

$$\mathscr{F}\big[f_1(t)*f_2(t)\big]=\int_{-\infty}^{+\infty}\Big[\int_{-\infty}^{+\infty}f_1(\tau)f_2(t-\tau)\mathrm{d}\tau\Big]\mathrm{e}^{-\mathrm{j}\omega t}\mathrm{d}t=$$

$$\int_{-\infty}^{+\infty}f_1(\tau)\Big[\int_{-\infty}^{+\infty}f_2(t-\tau)\mathrm{e}^{-\mathrm{j}\omega t}\mathrm{d}t\Big]\mathrm{d}\tau=$$

$$\int_{-\infty}^{+\infty}f_1(\tau)F_2(\omega)\mathrm{e}^{-\mathrm{j}\omega\tau}\mathrm{d}\tau$$

$$\mathscr{F}\big[f_1(t)*f_2(t)\big]=F_1(\omega)F_2(\omega)$$

【例 4.19】 利用卷积定理,重新计算图 4.36(a) 所示信号的频谱。

分析:如图 4.38 所示,(a) 图可以看成两个(b) 图的卷积,即 $f(t)=f_0(t)*f_0(t)$。因矩形信号变换已知,因此可以用卷积定理求出 $f(t)$ 的傅里叶变换。

解

$$f(t)=f_0(t)*f_0(t)$$

$$\mathscr{F}\big[f_0(t)\big]=F_0(\omega)=\sqrt{\frac{2E}{\tau}} \cdot \frac{\tau}{2}\mathrm{Sa}\Big(\frac{\omega\tau}{4}\Big)$$

$$\mathscr{F}\big[f(t)\big]=F_0(\omega) \cdot F_0(\omega)=\frac{E\tau}{2}\mathrm{Sa}^2\Big(\frac{\omega\tau}{4}\Big)$$

结果与例 4.16 一致。

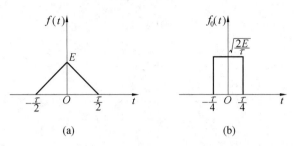

图 4.38　例 4.19 波形

2. 频域卷积定理

若 $\qquad \mathscr{F}[f_1(t)] = F_1(\omega), \quad F[f_2(t)] = F_1(\omega)$

则 $\qquad \mathscr{F}[f_1(t) \cdot f_2(t)] = \dfrac{1}{2\pi} F_1(\omega) * F_2(\omega) \qquad\qquad (4.66)$

【例 4.20】（1）求信号 $x(t) = \dfrac{2\sin(2t)}{t}\cos(1\,000t)$ 的傅里叶变换 $X(\omega)$；

（2）画出 $X(\omega)$ 的频谱图。

解　（1）设 $f(t) = \dfrac{2\sin(2t)}{t} = 4\mathrm{Sa}(2t)$，其傅里叶变换为

$$F(\omega) = 2\pi[u(\omega+2) - u(\omega-2)]$$

根据频域卷积定理得

$$X(\omega) = \dfrac{1}{2\pi} F(\omega) * \pi[\delta(\omega+1\,000) + \delta(\omega-1\,000)] =$$

$$\pi[u(\omega+2) - u(\omega-2)] * [\delta(\omega+1\,000) + \delta(\omega-1\,000)] =$$

$$\pi[u(\omega+1\,002) - u(\omega+998) + u(\omega-998) - u(\omega-1\,002)]$$

（2）频谱图如图 4.39 所示。

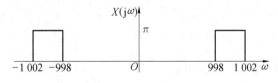

图 4.39　例 4.20 频谱

【例 4.21】　求信号 $f(t) = \mathrm{Sa}^2(\omega_c t)$ 的傅里叶变换。

解　由于 $\mathrm{Sa}(\omega_c t)$ 的傅里叶变换是矩形信号，利用频域卷积定理，本题相当于求两个相同矩形信号的卷积。其频谱如图 4.40 所示。

$$\mathscr{F}[\mathrm{Sa}(\omega_c t)] = \dfrac{\pi}{\omega_c}[u(\omega+\omega_c) - u(\omega-\omega_c)]$$

$$\mathscr{F}[\mathrm{Sa}^2(\omega_c t)] = \dfrac{1}{2\pi}\left\{\dfrac{\pi}{\omega_c}[u(\omega+\omega_c) - u(\omega-\omega_c)]\right\} * \left\{\dfrac{\pi}{\omega_c}[u(\omega+\omega_c) - u(\omega-\omega_c)]\right\} =$$

$$\dfrac{\pi}{2\omega_c^2}[(\omega+2\omega_c)u(\omega+2\omega_c) - 2\omega u(\omega) + (\omega-2\omega_c)u(\omega-2\omega_c)]$$

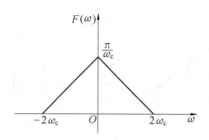

图 4.40　例 4.21 频谱

傅里叶变换的主要性质见表 4.3。

表 4.3　傅里叶变换的主要性质

序号	性质	时域 $f(t)$	频域 $F(\omega)$	备注
1	线性	$\sum_{i=1}^{n} a_i f_i(t)$	$\sum_{i=1}^{n} a_i F_i(\omega)$	a_i 为常数
2	对称性	$F(t)$	$2\pi \cdot f(-\omega)$	
3	展缩性	$f(at)$	$\dfrac{1}{\|a\|}F\left(\dfrac{\omega}{a}\right)$	a 为常数
4	时移	$f(t \pm t_0)$	$F(\omega)\mathrm{e}^{\pm \mathrm{j}\omega t_0}$	t_0 为常数
5	频移	$f(t)\mathrm{e}^{\pm \mathrm{j}\omega_0 t}$ $f(t)\cos(\omega_0 t)$ $f(t)\sin(\omega_0 t)$	$F(\omega \mp \omega_0)$ $\dfrac{1}{2}\left[F(\omega-\omega_0)+F(\omega+\omega_0)\right]$ $\dfrac{1}{2\mathrm{j}}\left[F(\omega-\omega_0)-F(\omega+\omega_0)\right]$	ω_0 为常数
6	时域微分	$f'(t)$	$\mathrm{j}\omega F(\omega)$	
7	频域微分	$tf(t)$	$\mathrm{j}F'(\omega)$	
8	时域积分	$\displaystyle\int_{-\infty}^{t} f(\tau)\mathrm{d}\tau$	$\dfrac{1}{\mathrm{j}\omega}F(\omega)+\pi F(0)\delta(\omega)$	
9	时域卷积	$f_1(t) * f_2(t)$	$F_1(\omega) \cdot F_2(\omega)$	
10	频域卷积	$f_1(t) \cdot f_2(t)$	$\dfrac{1}{2\pi}F_1(\omega) * F_2(\omega)$	

【思考题】

1. 证明 4.5.3 中给出的两条推论：

① 实偶函数 $f(t)$ 的傅里叶变换 $F(\omega)$ 一定是实偶函数。

② 实奇函数 $f(t)$ 的傅里叶变换 $F(\omega)$ 一定是虚奇函数。

2. 当我们听录音机的时候,如果播放录音带的速度比正常速度快一倍(即以录音时间的一半放完全部录音信号),听到的声音会有什么变化? 为什么?

3. 若 $f_1(t)$ 和 $f_2(t)$ 的频谱都是连续且频带有限宽,带宽(最高频率)分别为 ω_1 和

$\omega_2(\omega_1 < \omega_2)$，那么 $f_1(t) + f_2(t)$ 的带宽应该为 _____，$f_1(t) \cdot f_2(t)$ 的带宽应该为 _____，$f_1(t) * f_2(t)$ 的带宽应该为 _____，$f_1(at + b)(a、b$ 是常数，且 $a \neq 0)$ 的带宽应该为 _____。

4.6　周期信号的傅里叶变换与频谱分析

我们前面讨论的是周期信号的傅里叶级数和非周期信号的傅里叶变换，这里再讨论周期信号的傅里叶变换。和傅里叶级数一样，周期信号的傅里叶变换也是离散的频谱，这一点跟非周期信号有所不同。

4.6.1　正、余弦信号的傅里叶变换

在 4.5 节已经利用傅里叶变换性质求出了正弦和余弦信号的傅里叶变换（见式(4.59)、式(4.60)），这里不再重复前面的推导，只把这两个公式重新整理为

$$\mathscr{F}(\cos(\omega_0 t)) = \pi[\delta(\omega - \omega_0) + \delta(\omega + \omega_0)] \tag{4.67}$$

$$\mathscr{F}(\sin(\omega_0 t)) = j\pi[\delta(\omega + \omega_0) - \delta(\omega - \omega_0)] \tag{4.68}$$

正、余弦信号的频谱如图 4.41、4.42 所示。

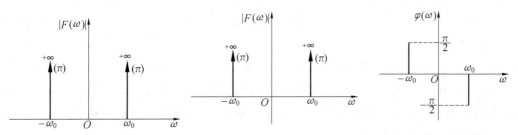

图 4.41　余弦信号的频谱　　　　图 4.42　正弦信号的幅度谱和相位谱

4.6.2　一般周期信号的傅里叶变换

信号周期为

$$T_1 = \frac{2\pi}{\omega_1}$$

由傅里叶级数的指数形式出发：

$$f(t) = \sum_{n=-\infty}^{+\infty} F(n\omega_1) e^{jn\omega_1 t}$$

其傅里叶变换（用定义）为

$$F(\omega) = \mathscr{F}[f(t)] = \mathscr{F}\Big[\sum_{-\infty}^{+\infty} F(n\omega_1) e^{jn\omega_1 t}\Big] = \sum_{-\infty}^{+\infty} F(n\omega_1) \mathscr{F}[e^{jn\omega_1 t}] =$$

$$\sum_{n=-\infty}^{+\infty} F(n\omega_1) \cdot 2\pi\delta(\omega - n\omega_1) =$$

$$2\pi \sum_{n=-\infty}^{+\infty} F(n\omega_1) \cdot \delta(\omega - n\omega_1)$$

这里 $F_n = F(n\omega_1)$ 即指数形式的傅里叶级数的系数。

除了利用 4.2 节中的式(4.11) 来求 F_n 外，如果一个周期的傅里叶变换容易求得，也可以

采用下面的方法来求 F_n,如图 4.43 所示。

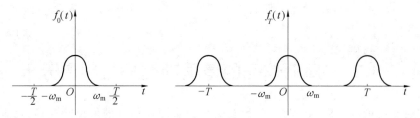

图 4.43　单个波形组成的周期信号

如 $f_0(t)$ 的傅里叶变换为 $F_0(\omega)$,那么

$$F_n = \frac{1}{T_1} \int_{t_0}^{t_0+T_1} f(t) e^{-jn\omega_1 t} dt$$

$$F_0(\omega) = \int_{-\frac{T}{2}}^{\frac{T}{2}} f_0(t) e^{-j\omega t} dt$$

$$\begin{cases} f(t) = \displaystyle\sum_{n=-\infty}^{+\infty} F(n\omega_1) e^{jn\omega_1 t} \\ F(n\omega_1) = \dfrac{1}{T_1} \displaystyle\int_{-\frac{T}{2}}^{\frac{T}{2}} f_T(t) e^{-jn\omega_1 t} dt \end{cases}$$

$$F_n = \frac{1}{T_1} \int_{t_0}^{t_0+T_1} f(t) e^{-jn\omega_1 t} dt = \frac{F_0(\omega)}{T_1} \bigg|_{\omega=n\omega_1} \tag{4.69}$$

$$F(\omega) = 2\pi \sum_{n=-\infty}^{+\infty} F_n \cdot \delta(\omega - n\omega_1) \quad (n = 0, \pm 1, \pm 2, \cdots) \tag{4.70}$$

式(4.69)代入式(4.70)就可以得到一般形式的周期信号的傅里叶变换。从这个公式可看到,周期信号的频谱是离散谱,所有谱线都位于基频 ω_1 的整数倍位置。对周期信号的傅里叶变换来说,要了解以下几点:

① 周期信号不满足绝对可积条件。

② 引入冲激信号后,冲激的积分是有意义的。

③ 在以上意义下,周期信号的傅里叶变换是存在的。

④ 周期信号的频谱是离散的,其频谱密度即傅里叶变换是一系列冲激。

【例 4.22】　求图 4.44(a)所示的周期单位冲激序列的频谱。

解　由傅里叶变换公式可知,单个单位冲激脉冲的傅里叶变换为

$$F_0(\omega) = 1$$

$$F_n = \frac{1}{T_1} \int_{t_0}^{t_0+T_1} f(t) e^{-jn\omega_1 t} dt = \frac{F_0(\omega)}{T_1} \bigg|_{\omega=n\omega_1} = \frac{1}{T_1}$$

$$F(\omega) = 2\pi \sum_{-\infty}^{+\infty} F_n \cdot \delta(\omega - n\omega_1) = \frac{2\pi}{T_1} \sum_{n=-\infty}^{+\infty} \delta(\omega - n\omega_1) =$$

$$\omega_1 \sum_{-\infty}^{+\infty} \delta(\omega - n\omega_1) \tag{4.71}$$

其频谱如图 4.44(b)所示。

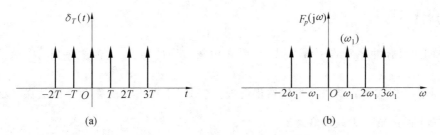

图 4.44　周期单位冲激序列的波形及其频谱

【例 4.23】　求图 4.45 所示的周期矩形脉冲序列的频谱。

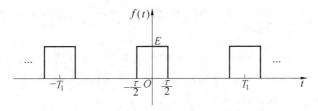

图 4.45　周期矩形脉冲序列的波形图

解　由傅里叶变换公式可知,单个矩形脉冲的傅里叶变换为

$$F_0(\omega) = E\tau \operatorname{Sa}\left(\frac{\omega\tau}{2}\right)$$

$$F_n = \frac{F_0(\omega)}{T_1}\bigg|_{\omega=n\omega_1} = \frac{E\tau}{T_1}\operatorname{Sa}\left(\frac{n\omega_1\tau}{2}\right)$$

$$F(\omega) = 2\pi \sum_{-\infty}^{+\infty} F_n \cdot \delta(\omega - n\omega_1) =$$

$$\frac{2\pi E\tau}{T_1} \sum_{n=-\infty}^{+\infty} \operatorname{Sa}\left(\frac{n\omega_1\tau}{2}\right)\delta(\omega - n\omega_1) =$$

$$E\tau\omega_1 \sum_{n=-\infty}^{+\infty} \operatorname{Sa}\left(\frac{n\omega_1\tau}{2}\right)\delta(\omega - n\omega_1) \qquad (4.72)$$

$$T_1 = \frac{2\pi}{\omega_1}$$

其频谱如图 4.46 所示。

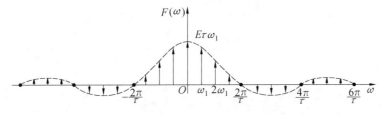

图 4.46　周期矩形脉冲序列的频谱

对比以前求得的周期矩形信号的傅里叶级数,傅里叶级数直接采用各频率分量的幅度值 F_n 来表示频谱;而这里用代表频谱密度的函数 $F(\omega)$ 来反映每个频率分量的强度大小。傅里叶级数中表示每个频率位置的点这里变成了冲激信号,频谱的位置和形状没有发生变化。对周期信号来说,傅里叶级数和傅里叶变换都可以用来进行频谱分析。

【思考题】

1. 周期矩形脉冲序列的频谱 $F(\omega)$ 可看作由频域周期为 ω_1 的冲激序列 $\sum\limits_{n=-\infty}^{+\infty}\delta(\omega-n\omega_1)$ 与 $E\tau\omega_1 \mathrm{Sa}\left(\dfrac{\tau}{2}t\right)$ 相乘后的结果。根据卷积定理,这相当于在时域的哪两个函数做什么运算? 试给出这两个函数的一组具体表达式。

2. 如果一个单脉冲信号的带宽为 f_m,将其重复延拓成周期信号后频谱带宽是否会增加? 为什么?

4.7 抽样定理及抽样信号的频谱分析

随着电子计算机的普及及数字电子技术的飞速发展,离散信号的应用日益广泛。离散信号通过对连续信号抽样(也称采样)产生,采样是从连续信号到离散信号的桥梁,也是对信号进行数字处理的第一个环节,如图 4.47 所示。

图 4.48 中的 $f(t)$ 是连续信号,$p(t)$ 是一个等间隔的抽样脉冲序列,二者通过乘积抽样,即 $f_s(t)=f(t) \cdot p(t)$,从而得到抽样后的信号 $f_s(t)$。把这个信号再送入 A/D,就可以得到数字信号。

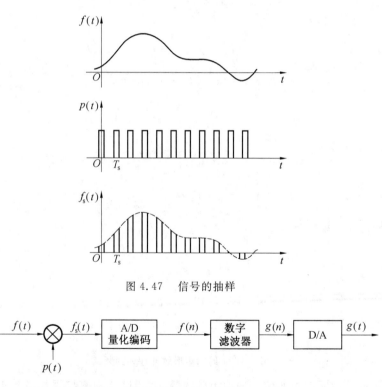

图 4.47　信号的抽样

$$f(t) \longrightarrow \bigotimes \xrightarrow{f_s(t)} \boxed{\substack{\text{A/D} \\ \text{量化编码}}} \xrightarrow{f(n)} \boxed{\substack{\text{数字} \\ \text{滤波器}}} \xrightarrow{g(n)} \boxed{\text{D/A}} \xrightarrow{g(t)}$$

$$p(t)$$

图 4.48　信号抽样及数字信号处理系统

那么抽样脉冲序列 $f(t)$ 是如何产生的呢? 简单来说,电信号采样是通过一个电子开关周期性的开闭实现的,如图 4.49 所示。

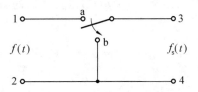

图 4.49　电子开关与信号的采样

解决了时间信号的抽样问题,我们还要分析和讨论下面问题:

(1) 抽样后信号 $f_s(t)$ 的频谱 $F_s(\omega)$ 与原信号 $f(t)$ 的频谱 $F(\omega)$ 存在着怎样的对应关系?

(2) 抽样间隔(或者抽样频率)选择多少才能保证抽样后的信号不失真?

(3) 如何从抽样后的信号 $f_s(t)$ 中无失真的恢复原信号 $f(t)$?

抽样定理(也称采样定理)就可以回答我们提出的第二个问题,下面通过分析第一个问题,来解决后面两个问题。

4.7.1　时域抽样

设信号时域与频域对应关系为:

原信号(带宽为 ω_m)

$$f(t) \leftrightarrow F(\omega) \quad (-\omega_m < \omega < \omega_m)$$

抽样脉冲序列(等间隔)

$$p(t) \leftrightarrow P(\omega)$$

抽样信号

$$f_s(t) \leftrightarrow F_s(\omega)$$

时域抽样

$$f_s(t) = f(t) \cdot p(t) \leftrightarrow F_s(\omega) = \frac{1}{2\pi} F(\omega) * P(\omega)$$

设 T_s 是抽样间隔(也称抽样周期),那么抽样频率 $\omega_s = \dfrac{2\pi}{T_s}$, $f_s = \dfrac{1}{T_s}$。

$$F_s(\omega) = \mathscr{F}[f(t) \cdot p(t)] = \frac{1}{2\pi} F(\omega) * P(\omega)$$

由于抽样脉冲序列是周期为 T_s 的周期信号,根据周期信号傅里叶变换公式,可知

$$p(t) \leftrightarrow P(\omega) = 2\pi \sum_{n=-\infty}^{+\infty} P_n \delta(\omega - n\omega_s) \tag{4.73}$$

其中

$$P_n = \frac{1}{T_s} \int_{t_0}^{t_0+T_s} p(t) e^{-jn\omega_s t} dt = \frac{P_0(\omega)}{T_s} \bigg|_{\omega = n\omega_s} \tag{4.74}$$

式中　$P_0(\omega)$——抽样序列中一个脉冲周期的傅里叶变换。

于是

$$F_s(\omega) = \frac{1}{2\pi} F(\omega) * P(\omega) = \sum_{n=-\infty}^{+\infty} P_n F(\omega - n\omega_s) \tag{4.75}$$

【例 4.24】　若抽样脉冲序列 $p(t) = \sum_{n=-\infty}^{+\infty} \delta(t - nT_s)$ 是周期为 T_s 的周期单位冲激序列,用

其对连续信号 $f(t)$ 进行抽样 $f_s(t) = f(t) \cdot p(t)$，求抽样后的频谱。

解 对于冲激抽样

$$P_n = \frac{1}{T_s} \int_{t_0}^{t_0+T_s} p(t) e^{-jn\omega_s t} dt = \frac{P_0(\omega)}{T_s} \bigg|_{\omega = n\omega_{s1}} = \frac{1}{T_s}$$

$$F_s(\omega) = \frac{1}{2\pi} F(\omega) * P(\omega) = \sum_{n=-\infty}^{+\infty} P_n F(\omega - n\omega_s) = \frac{1}{T_s} \sum_{n=-\infty}^{+\infty} F(\omega - n\omega_s) \qquad (4.76)$$

可以看出，冲激抽样后的频谱是以抽样前的频谱 $F(\omega)$ 为一个周期以 $\omega_s = \dfrac{2\pi}{T_s}$ 为频谱周期重复而成。信号的时间离散化，正是对应其频谱的周期化。对冲激抽样而言，频谱每个周期内频谱相同，没有强度衰减。这种抽样又称理想抽样，如图 4.50 所示。

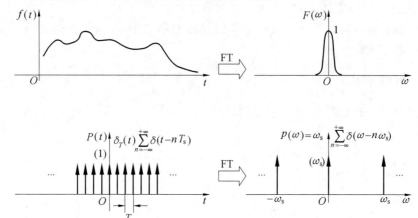

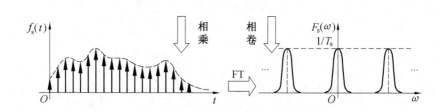

图 4.50　冲激抽样

事实上，理想抽样是不存在的，因为完全"标准"的冲激序列不可能得到。通常我们用矩形窄脉冲序列对连续信号进行抽样。

【例 4.25】 若抽样脉冲序列 $p(t)$ 是幅度为 E、脉宽为 τ、周期为 T_s 的周期矩形脉冲序列，用其对连续信号 $f(t)$ 进行抽样 $f_s(t) = f(t) \cdot p(t)$，求抽样后的频谱。

解 对矩形信号，根据式(4.72)可知：

$$P_n = \frac{E\tau}{T_s} \mathrm{Sa}\left(\frac{n\omega_s \tau}{2}\right)$$

$$P(\omega) = 2\pi \sum_{n=-\infty}^{+\infty} \frac{E\tau}{T_s} \mathrm{Sa}\left(\frac{n\omega_s \tau}{2}\right) \delta(\omega - n\omega_s)$$

$$F_s(\omega) = \frac{1}{2\pi} F(\omega) * P(\omega) =$$

$$\frac{E\tau}{T_s} \sum_{n=-\infty}^{+\infty} \mathrm{Sa}\left(\frac{n\omega_s\tau}{2}\right) F(\omega) * \delta(\omega - n\omega_s) =$$

$$\frac{E\tau}{T_s} \sum_{n=-\infty}^{+\infty} \mathrm{Sa}\left(\frac{n\omega_s\tau}{2}\right) F(\omega - n\omega_s) \tag{4.77}$$

在矩形脉冲抽样中,抽样前的频谱 $F(\omega)$ 与冲激抽样类似,但向高频延展的各个周期幅度被 $P_n = \frac{E\tau}{T_s} \mathrm{Sa}\left(\frac{n\omega_s\tau}{2}\right)$ 加权后逐级衰减,这种抽样顶部不是平坦的。矩形脉冲抽样通常也称自然抽样,如图 4.51 所示。

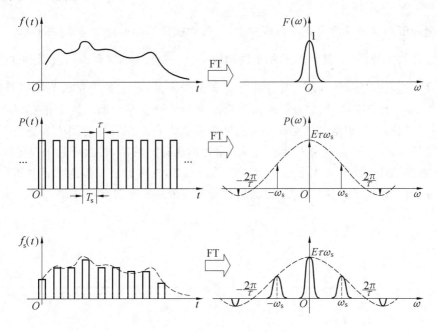

图 4.51　矩形脉冲抽样

从以上频谱分析可以看到,理想抽样得到的离散信号的频谱是周期的;而上一节中的分析已经知道,周期信号的频谱是离散的。这种时域和频域之间的离散性和周期性的对应关系可以用表 4.4 来说明。

表 4.4　信号时频域离散性和周期性的关系

时域特性	频域特性	参数对应关系
周期信号 (周期 T_1)	离散频谱 (谱线间隔 ω_1)	$\omega_1 = \dfrac{2\pi}{T_1}$
离散信号 (抽样间隔 T_s)	周期频谱 (重复周期为 ω_s)	$\omega_s = \dfrac{2\pi}{T_s}$

4.7.2　时域抽样定理

从前面的分析可知,如果增大抽样间隔,或者说减少抽样频率,频域周期会变小,当 $\omega_s =$

$\dfrac{2\pi}{T_s}=2\omega_m$ 时,各周期频谱刚好相邻。如果继续增大抽样间隔 T_s,那么各周期的频谱将发生混叠失真,此时已经无法从 $F_s(\omega)$ 中判断出原信号频谱 $F(\omega)$ 的形状。因此为使抽样后频谱不失真,抽样频率必须满足:$\omega_s\geqslant 2\omega_m$,或者说 $f_s\geqslant 2f_m$,此时抽样间隔 $T_s\leqslant\dfrac{1}{2f_m}=\dfrac{\pi}{\omega_m}$。我们把这一规律称为时域抽样定理,即:

一个频谱范围是 $-\omega_m<\omega<\omega_m$ 的频带受限信号 $f(t)$,可以被其等间隔抽样信号 $f_s(t)=f(t)\cdot p(t)$ 不失真的唯一表示的充要条件是:抽样频率满足 $f_s\geqslant 2f_m=\dfrac{\omega_m}{\pi}$,或者写成抽样间隔满足:$T_s\leqslant\dfrac{1}{2f_m}=\dfrac{\pi}{\omega_m}$。

通常把最低抽样频率称为奈奎斯特频率,把最大抽样间隔称为奈奎斯特间隔。

抽样定理告诉我们,只要 $f(t)$ 的每个周期内 $T_m=\dfrac{2\pi}{\omega_m}$ 至少抽样两次以上,就可以无失真的表示原信号。但实际上,大多数信号往往不是频带受限的,也就是说频谱范围不严格限定在 $-\omega_m<\omega<\omega_m$ 的范围内,比如我们前面讨论的矩形信号就是如此。对于带宽很广的信号,只有减少抽样间隔或者说增加抽样频率才会减少混叠失真。在实际应用中为避免混叠,减少信号的传输带宽,往往在信号输入端增加一个限带的前置滤波器,将大于某个设定带宽 ω_m 的频率滤掉,这样抽样频率只要大于 $2\omega_m$ 就可以了。当然,这种做法虽然避免了频谱混叠,但前置滤波忽略了信号 $f(t)$ 的高频分量,也会给信号本身带来一定的误差,如图 4.52 所示。

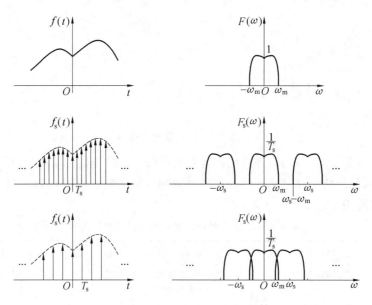

图 4.52　信号的抽样与频谱的混叠

【**例** 4.26】　求信号 $f(t)=\mathrm{Sa}(100t)+\mathrm{Sa}^2(60t)$ 的奈奎斯特频率及奈奎斯特间隔。

解　由于 $\mathrm{Sa}(\omega_c t)$ 的频谱带宽为 ω_c,如图 4.53 所示,因此 $\mathrm{Sa}(100t)$ 和 $\mathrm{Sa}(60t)$ 带宽分别为 100 和 60。又根据频域卷积定理,可得

$$\mathscr{F}\big[\mathrm{Sa}^2(60t)\big]=\frac{1}{2\pi}G_1(\omega)*G_1(\omega)$$

根据卷积特性可知 $\mathrm{Sa}^2(60t)$ 的带宽是 $\mathrm{Sa}(60t)$ 带宽的 2 倍,即 120。由于和的带宽取大值,这样 $f(t)$ 的最高频率一定是 $\omega_{\mathrm{m}}=120$,因此

奈奎斯特频率 $\qquad\qquad\qquad\qquad 2f_{\mathrm{m}}=\dfrac{\omega_{\mathrm{m}}}{\pi}=\dfrac{120}{\pi}$

奈奎斯特间隔 $\qquad\qquad\qquad\qquad \dfrac{1}{2f_{\mathrm{m}}}=\dfrac{\pi}{120}$

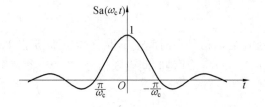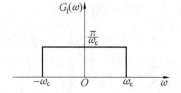

图 4.53　例 4.26 图

4.7.3　频域抽样

由于离散的频谱对应时域的周期信号,因而对频谱抽样相当于信号波形在时间上的周期延拓。这里我们只讨论频域的冲激抽样,如图 4.54 所示。

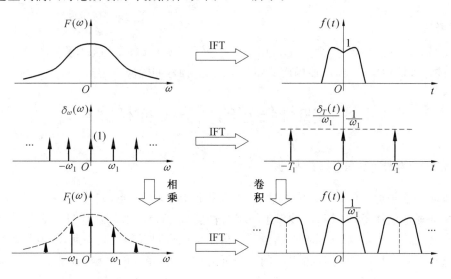

图 4.54　频域抽样

这里 $\delta_\omega(\omega)=\displaystyle\sum_{n=-\infty}^{+\infty}\delta(\omega-n\omega_1)$,$\omega_1=\dfrac{2\pi}{T_1}$,根据周期冲激序列的傅里叶变换可知

$$\mathscr{F}\Big[\sum_{n=-\infty}^{+\infty}\delta(t-nT_1)\Big]=\omega_1\sum_{n=-\infty}^{+\infty}\delta(\omega-n\omega_1)$$

$$\mathscr{F}^{-1}[\delta_\omega(\omega)]=\mathscr{F}^{-1}\Big[\sum_{n=-\infty}^{+\infty}\delta(\omega-n\omega_1)\Big]=\frac{1}{\omega_1}\sum_{n=-\infty}^{+\infty}\delta(t-nT_1)=\frac{1}{\omega_1}\delta_T(t)$$

由卷积定理可知：$F_1(\omega)=F(\omega)\cdot\delta_\omega(\omega)=f(t)*\dfrac{1}{\omega_1}\delta_T(t)$

于是
$$f_1(t) = f(t) * \frac{1}{\omega_1} \sum_{n=-\infty}^{+\infty} \delta(t - nT_1) = \frac{1}{\omega_1} \sum_{n=-\infty}^{+\infty} f(t - nT_1) \tag{4.78}$$

式(4.78)表明对 $f(t)$ 的频谱 $F(\omega)$ 等间隔 ω_1 进行抽样相当于在时域以 $T_1 = \dfrac{2\pi}{\omega_1}$ 为周期进行周期重复,其幅度被常数 $\dfrac{1}{\omega_1}$ 加权。

4.7.4　频域抽样定理

从图 4.54 中可以看到,为了使频域抽样后的信号在时间上不混叠,需要满足以下两点:

(1)被抽样的频谱 $F(\omega)$ 对应的时域波形 $f(t)$ 必须是时间受限信号,它的时间范围全部集中在 $|t| \leqslant t_m$ 的有限范围内。

(2)频谱抽样间隔 ω_1 要足够小,使得时域信号重复周期 $T_1 = \dfrac{2\pi}{\omega_1} \geqslant 2t_m$。

满足上面要求的条件称为频域抽样定理,即:

若信号 $f(t)$ 为时间受限信号,它的持续时间集中在 $-t_m \leqslant t \leqslant t_m$ 范围内,若在频域中以不大于 $\dfrac{1}{2t_m}$ 的频率间隔对 $f(t)$ 的频谱 $F(\omega)$ 进行抽样,则抽样后的频谱 $F_s(\omega)$ 可以唯一地表示原信号。

【思考题】

设信号 $x(t)$ 的最高频率为 $50\ \mathrm{Hz}$,那么信号 $y(t) = x(t)x(3t)$ 的最高频率为_____ Hz,对 $y(t)$ 进行时域抽样,为了使抽样后的频谱不混叠,抽样间隔应不超过_____ s。

4.8　抽样信号的恢复及抽样保持

4.8.1　抽样信号的恢复原理

傅里叶变换告诉我们,信号的时域波形与其频谱具有唯一的对应关系,因此只要信号的频谱复原成抽样前的样子,即 $F(\omega)$ 波形也一定会恢复成 $f(t)$。如果抽样过程满足抽样定理给出的条件,即 $\omega_s \geqslant 2\omega_m$,那么只要取出位于频谱坐标原点附近的低频周期,滤掉其他高频周期即可。这里需要采用一个截止频率 ω_c 的理想低通滤波器,用其网络函数(系统函数)与 $F_s(\omega)$ 频域相乘,就可以得到 $F(\omega)$。显然理想低通滤波器截止频率 ω_c 的取值范围应满足 $\omega_m \leqslant \omega_c \leqslant \omega_s - \omega_m$。

理想低通滤波器的频率特性如图 4.55 所示。

关于理想低通滤波器的频率特性我们会在第 5 章详细讨论。这里给出的频谱函数 $H(\omega)$ 相当于这一系统单位冲激响应 $h(t)$ 的傅里叶变换。当抽样信号 $f_s(t) = f(t) \cdot p(t)$ 通过这个滤波系统时,其输出的响应信号为

$$r(t) = f_s(t) * h(t)$$

根据卷积定理可知

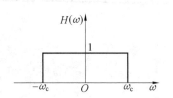

图 4.55　理想低通滤波器

$$R(\omega) = F_s(\omega) \cdot H(\omega) = F(\omega)$$

由此可知输出信号

$$r(t) = f(t)$$

这样就无失真地恢复了抽样前的连续信号。

下面以冲激抽样为例,分析从抽样信号 $f_s(t)$ 中恢复原信号 $f(t)$ 的原理。

$$f_s(t) = f(t)\delta_T(t) = \sum_{n=-\infty}^{+\infty} f(nT_s)\delta(t - nT_s)$$

$$F_s(\omega) = \frac{1}{2\pi} F(\omega) * P(\omega) = \frac{1}{T_s}\sum_{n=-\infty}^{+\infty} F(\omega - n\omega_s)$$

理想低通滤波器的系统函数为

$$H(\omega) = \begin{cases} T_s & (|\omega| < \omega_c) \\ 0 & (|\omega| > \omega_c) \end{cases}$$

理想低通滤波器的单位冲激响应为

$$h(t) = T_s \frac{\omega_c}{\pi} \mathrm{Sa}(\omega_c t)$$

根据卷积定理,可得

$$f(t) = f_s(t) * h(t) \left[\sum_{n=-\infty}^{+\infty} f(nT_s)\delta(t - nT_s)\right] * \left[T_s \frac{\omega_c}{\pi} \mathrm{Sa}(\omega_c t)\right]$$

$$f(t) = T_s \frac{\omega_c}{\pi}\sum_{n=-\infty}^{+\infty} f(nT_s)\mathrm{Sa}\left[\omega_c(t - nT_s)\right] \tag{4.79}$$

从图 4.56 可以看到,恢复后的信号 $f(t)$ 等价于在抽样点上等间隔排列的无穷多个 $\mathrm{Sa}(\omega_c t)$ 被抽样点的数值加权叠加而成。式(4.79)相当于对 $f(t)$ 作一个 $\mathrm{Sa}(\omega_c t)$ 的级数展开,

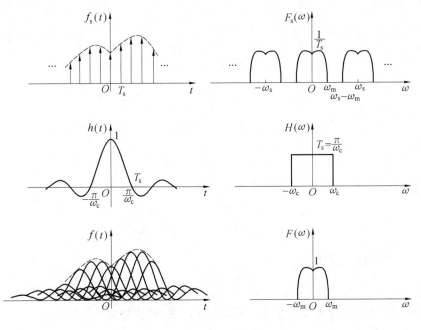

图 4.56　信号恢复原理

各抽样点数值 $f(nT_s)$ 乘常数 $\dfrac{T_s\omega_c}{\pi}=\dfrac{2\omega_c}{\omega_s}$ 就是展开系数。如果刚好满足抽样定理的临界情况，即 $\omega_s=2\omega_m$ 时，理想低通滤波器的截止频率就只能选择 $\omega_c=\omega_m$，此时 $\dfrac{2\omega_c}{\omega_s}=1$，展开系数就正好等于抽样点值。

当 $\omega_s>2\omega_m$ 时，理想低通滤波器截止频率 ω_c 的取值范围应满足 $\omega_m<\omega_c<\omega_s-\omega_m$。

【例 4.27】 有两个信号：$f_1(t)=\mathrm{Sa}(100\pi t)$，$f_2(t)=\mathrm{Sa}(200\pi t)$，且 $f(t)=f_1(t)f_2(t)$。

（1）求 $f(t)$ 的频谱 $F(\omega)$。

（2）若 $p(t)$ 为理想冲激抽样序列：$p(t)=\sum\limits_{n=-\infty}^{+\infty}\delta(t-nT)$，利用该序列对信号 $f(t)$ 进行抽样，$f_S(t)=f(t)p(t)$。为了从 $f_S(t)$ 无失真恢复 $f(t)$，求最大抽样间隔 $T_{\max}$。

解　（1）令 $\omega_c=100\pi$，则

$$F_1(\omega)=\mathscr{F}\big[\mathrm{Sa}(\omega_c t)\big]=\frac{\pi}{\omega_c}\big[u(\omega+\omega_c)-u(\omega-\omega_c)\big]$$

$$F_2(\omega)=\mathscr{F}\big[\mathrm{Sa}(2\omega_c t)\big]=\frac{\pi}{2\omega_c}\big[u(\omega+2\omega_c)-u(\omega-2\omega_c)\big]$$

根据频域卷积定理

$$F(\omega)=F_1(\omega)*F_2(\omega)/2\pi=$$

$$\frac{1}{2\pi}\cdot\frac{\pi}{\omega_c}\cdot\frac{\pi}{2\omega_c}\cdot\big[u(\omega+\omega_c)-u(\omega-\omega_c)\big]*\big[u(\omega+2\omega_c)-u(\omega-2\omega_c)\big]=$$

$$\frac{\pi}{4\omega_c^2}\cdot\big[(\omega+3\omega_c)u(\omega+3\omega_c)-(\omega+\omega_c)u(\omega+\omega_c)-(\omega-\omega_c)u(\omega-\omega_c)+$$

$$(\omega-3\omega_c)u(\omega-3\omega_c)\big]$$

如图 4.57 所示。

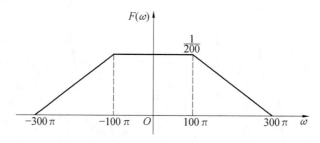

图 4.57　例 4.27 图

（2）根据抽样定理，计算最大抽样间隔

$$f_m=\omega_m/2\pi=3\omega_c/2\pi=150\ \mathrm{Hz}$$

$$T_{\max}=T_s=1/2f_m=1/300\ \mathrm{s}=0.003\ 3\ \mathrm{s}$$

4.8.2　抽样保持与恢复

上面的讨论是基于理想抽样得到的，由于很难得到"理想"的冲激抽样，实际应用上会有一定偏差。在数字通信技术中，最常见的解决方式是采用"抽样保持"电路。

1. 零阶抽样保持

　　为得到抽样保持波形，可采用如图 4.58 所示的电路，MOS晶体管开关 M_1 和 M_2 在窄脉冲到来时导通，通过对电容 C 充电保存抽样值直到下一个脉冲到来，这样不断重复进行得到 $f_{s0}(t)$，用这种方法得到的抽样信号的方法称为零阶抽样保持。

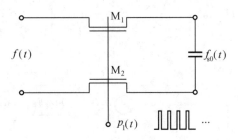

图 4.58　抽样保持电路

　　采用这种方法得到的频谱与理想的冲激抽样会有所不同。从图 4.59 可以看出 $f_{s0}(t)$ 的频谱与 $f(t)$ 冲激抽样是有一些差别的。

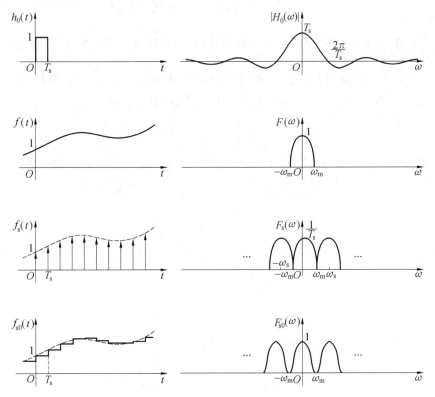

图 4.59　抽样保持电路

2. 零阶抽样保持的恢复

　　为了分析 $f_{s0}(t)$ 的频谱，可以设计如图 4.60 所示的系统，这个系统的单位冲激响应为

$$h_0(t) = \int_{-\infty}^{t} \left[\delta(t) - \delta(t - T_s) \right] \mathrm{d}t = u(t) - u(t - T_s)$$

$$H_0(\omega) = T_s \mathrm{Sa}\left(\frac{T_s \omega}{2}\right) \mathrm{e}^{-\mathrm{j}\omega \frac{T_s}{2}}$$

因此
$$f_{s0}(t) = f_s(t) * h_0(t)$$

$$F_{s0}(\omega) = F_s(\omega) H_0(\omega) = \left[\frac{1}{T_s} \sum_{n=-\infty}^{+\infty} F(\omega - n\omega_s) \right] \cdot \left[T_s \mathrm{Sa}\left(\frac{\omega T_s}{2}\right) \mathrm{e}^{-\mathrm{j}\omega \frac{T_s}{2}} \right] =$$

$$\sum_{n=-\infty}^{+\infty} F(\omega - n\omega_s) \mathrm{Sa}\left(\frac{\omega T_s}{2}\right) \mathrm{e}^{-\mathrm{j}\omega \frac{T_s}{2}}$$

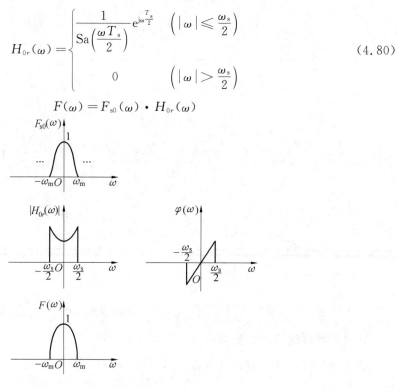

图 4.60 单位冲激响应为 $h_0(t)$ 的系统模型

可以看出,信号经过零阶抽样保持得到的频谱,与理想抽样的区别是幅度被 $\mathrm{Sa}\left(\dfrac{\omega T_s}{2}\right)$ 加权,并产生了 $\mathrm{e}^{-\mathrm{j}\omega \frac{T_s}{2}}$ 的延时(频谱相移相当于时域平移)。 这样为了恢复 $F(\omega)$ 的频谱(图 4.61),需要在接收端加入一个具有补偿特性的低通滤波器,即

$$H_{0r}(\omega) = \begin{cases} \dfrac{1}{\mathrm{Sa}\left(\dfrac{\omega T_s}{2}\right)} \mathrm{e}^{\mathrm{j}\omega \frac{T_s}{2}} & \left(|\omega| \leqslant \dfrac{\omega_s}{2} \right) \\[4mm] 0 & \left(|\omega| > \dfrac{\omega_s}{2} \right) \end{cases} \tag{4.80}$$

$$F(\omega) = F_{s0}(\omega) \cdot H_{0r}(\omega)$$

图 4.61 零阶抽样保持的恢复

3. 一阶抽样保持

如果在抽样过程中把"梯状"抽样改成折线连接,这样的抽样保持方法称为一阶抽样保持,这里不再做详细推导,只给出结果,如图 4.62 所示。

抽样后的频谱为

$$F_{s1}(\omega) = \sum_{n=-\infty}^{+\infty} F(\omega - n\omega_s) \, \mathrm{Sa}^2 \left(\frac{\omega T_s}{2} \right)$$

恢复时要加入具有如下补偿特性的低通滤波器:

$$H_{1r}(\omega) = \begin{cases} \dfrac{1}{\mathrm{Sa}^2 \left(\dfrac{\omega T_s}{2} \right)} & \left(|\omega| \leqslant \dfrac{\omega_s}{2} \right) \\ \\ 0 & \left(|\omega| > \dfrac{\omega_s}{2} \right) \end{cases} \tag{4.81}$$

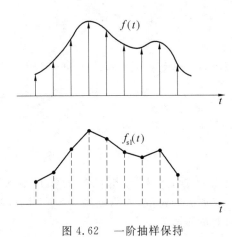

图 4.62　一阶抽样保持

【思考题】

1. 语音信号的最高频率范围是 3.4 kHz,其奈奎斯特频率与奈奎斯特间隔是多少? 对其采用 8 kHz 的频率进行理想抽样,转化为数字音频信号存储,在播放时要求无失真还原抽样前的信号,采用的理想低通滤波器截止频率范围是多少?

2. 如果抽样频率低于抽样定理要求 $\omega_s < 2\omega_m$,在信号恢复时选择截止频率 $\omega_c = \omega_m$ 的理想低通滤波器,那么恢复后的信号在低频还是高频段有明显失真?

3. 如信号恢复时选择的不是低频周期,而是其他的频率周期,得到的恢复信号与原信号在时间函数上会有什么差异?

4.9* 　能量谱与功率谱

1. 帕斯瓦尔方程

在前面介绍了能量信号和功率信号,以及相关系数和相关定理等概念。

对能量信号,其自相关函数为

$$R(\tau) = \int_{-\infty}^{+\infty} f(t) f^*(t - \tau) \mathrm{d}t \tag{4.82}$$

$$R(0) = \int_{-\infty}^{+\infty} f(t) f^*(t) \mathrm{d}t = \int_{-\infty}^{+\infty} |f(t)|^2 \mathrm{d}t \qquad (4.83)$$

若 $f(t)$ 是实函数,那么

$$R(0) = \int_{-\infty}^{+\infty} f^2(t) \mathrm{d}t$$

由相关定理可知

$$\mathscr{F}[R(\tau)] = |F(\omega)|^2 \qquad (4.84)$$

$$R(\tau) = \frac{1}{2\pi} \int_{-\infty}^{+\infty} |F(\omega)|^2 \mathrm{e}^{\mathrm{j}\omega\tau} \mathrm{d}\omega \qquad (4.85)$$

$$R(0) = \int_{-\infty}^{+\infty} |f(t)|^2 \mathrm{d}t = \frac{1}{2\pi} \int_{-\infty}^{+\infty} |F(\omega)|^2 \mathrm{d}\omega = \int_{-\infty}^{+\infty} |F_1(f)|^2 \mathrm{d}f \qquad (4.86)$$

式(4.86)表明,信号的时域能量与对应的频域能量是守恒的,又称该式为帕斯瓦尔方程。

【例 4.28】 求信号 $f(t) = 2 \cdot \dfrac{\sin t}{t}$ 的能量 W。

解 利用帕斯瓦尔方程

$$\mathrm{Sa}(t) \leftrightarrow \pi[u(\omega+1) - u(\omega-1)]$$

$$W = \int_{-\infty}^{+\infty} |f(t)|^2 \mathrm{d}t = \frac{1}{2\pi} \int_{-\infty}^{+\infty} |F(\omega)|^2 \mathrm{d}\omega =$$

$$\frac{1}{2\pi} \int_{-1}^{1} 4 \cdot \pi^2 = 4\pi \quad (\mathrm{J})$$

2. 能量谱

借助傅里叶级数或傅里叶变换,可以分析信号的幅度和相位随频率的变化规律。$|F(\omega)|^2$ 反映了信号能量的频率分布情况,称为能量谱密度函数,简称能量谱。

通常把能量信号 $f(t)$ 的能量谱写为

$$\varepsilon(\omega) = |F(\omega)|^2 \qquad (4.87)$$

3. 功率谱

对于功率信号 $f(t)$,截取片段 $|t| \leqslant \dfrac{T}{2}$ 部分得截断函数 $f_T(t)$,令 $F_T(\omega) = [f_T(t)]$,于是平均功率为

$$P = \lim_{T \to +\infty} \frac{1}{T} \int_{-\frac{T}{2}}^{\frac{T}{2}} |f(t)|^2 \mathrm{d}t = \frac{1}{2\pi} \int_{-\infty}^{+\infty} \lim_{T \to +\infty} \frac{|F_T(\omega)|^2}{T} \mathrm{d}\omega$$

若 $\lim\limits_{T \to +\infty} \dfrac{|F_T(\omega)|^2}{T}$ 是非零有限值,那么定义它为功率谱密度函数,简称功率谱,可表示为

$$p(\omega) = \lim_{T \to +\infty} \frac{|F_T(\omega)|^2}{T} \qquad (4.88)$$

于是平均功率可以写为

$$P = \lim_{T \to +\infty} \frac{1}{T} \int_{-\frac{T}{2}}^{\frac{T}{2}} |f(t)|^2 \mathrm{d}t = \frac{1}{2\pi} \int_{-\infty}^{+\infty} p(\omega) \mathrm{d}\omega \qquad (4.89)$$

功率谱可以反映信号功率随频率变化情况。

功率信号的自相关函数定义为

$$R(\tau) = \lim_{T \to +\infty} \frac{1}{T} \int_{-\frac{T}{2}}^{\frac{T}{2}} f(t) f^*(t-\tau) \mathrm{d}t \qquad (4.90)$$

由式(4.86)和式(4.89)可知

$$R(\tau) = \frac{1}{2\pi} \int_{-\infty}^{+\infty} \lim_{T \to \infty} \frac{|F(\omega)|^2}{T} e^{j\omega\tau} d\omega$$

$$R(\tau) = \frac{1}{2\pi} \int_{-\infty}^{+\infty} p(\omega) e^{j\omega\tau} d\omega = F^{-1}[p(\omega)]$$

$$p(\omega) = F[R(\tau)] \tag{4.91}$$

可见功率信号的功率谱是其自相关函数的傅里叶变换,这一规律称为维纳 — 欣钦定理。

【思考题】

能量信号的能量谱或者功率信号的功率谱的峰值位置与其傅里叶变换幅度谱的峰值位置是否一定相同?

习　　题

4.1　求题 4.1 图所示信号的傅里叶级数展开(写出三角形式和指数形式)。

4.2　试将题 4.2 图所示的方波信号 $f(t)$ 展开为三角形式的傅里叶级数($T=4$)。

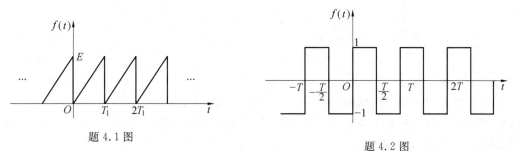

题 4.1 图

题 4.2 图

4.3　已知周期信号的频谱如题 4.3 图所示,F_n 是指数形式的傅里叶系数,写出其对应的周期信号 $f(t)$。

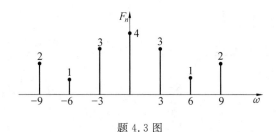

题 4.3 图

4.4　求题 4.4 图所示奇谐函数的傅里叶级数展开式并画出频谱图。

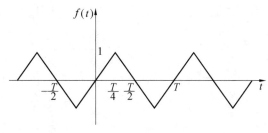

题 4.4 图

4.5　LC谐振电路具有选择频率的作用,当输入正弦信号频率与LC电路的谐振频率一致时,将产生较强的输出响应,而当输入信号频率适当偏离时,输出响应相对值很弱,几乎为零(相当于窄带通滤波器)。利用这一原理可从非正弦周期信号中选择所需的正弦频率成分。如题4.5(a)图所示RLC并联电路和电流源$i_1(t)$都是理想模型。根据电路知识可知,该电路的谐振频率为$f_0 = \dfrac{1}{2\pi\sqrt{LC}} = 100\ \text{kHz}$,$R = 100\ \text{k}\Omega$,谐振电路品质因数$Q$足够高(可滤除邻近频率成分)。$i_1(t)$为周期矩形波,幅度为$1\ \text{mA}$。

(1) 当$i_1(t)$的参数(τ, T)为下列情况时,试画出输出电压$v_2(t)$的波形,并注明幅度值。

(a)$\tau = 5\ \mu\text{s}, T = 10\ \mu\text{s}$;

(b)$\tau = 10\ \mu\text{s}, T = 20\ \mu\text{s}$;

(c)$\tau = 15\ \mu\text{s}, T = 30\ \mu\text{s}$。

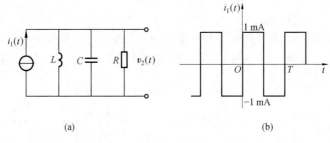

题 4.5 图

(2) 若信号波形和电路结构仍如题4.5图所示,波形参数为$\tau = 5\ \mu\text{s}, T = 10\ \mu\text{s}$;适当设计电路参数,能否分别从矩形波中选出下列频率分量的正弦信号:50 kHz,100 kHz,150 kHz,200 kHz,300 kHz,400 kHz?

4.6　求题4.6图所示梯形脉冲的傅里叶变换。

4.7　求题4.7图所示 Sa 函数的傅里叶变换并画幅度谱和相位谱。

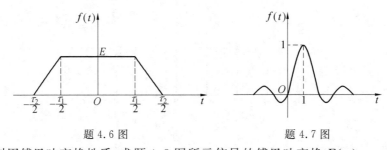

题 4.6 图　　　　　　　题 4.7 图

4.8　利用傅里叶变换性质,求题4.8图所示信号的傅里叶变换$F(\omega)$。

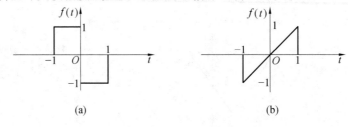

题 4.8 图

4.9　已知信号 $f(t)$ 的频谱 $F(\omega)$ 如题 4.9 图所示,求 $f(t)$。

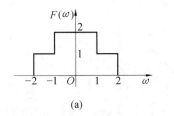

(a)

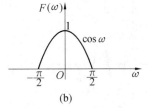

(b)

题 4.9 图

4.10　已知 $F(\omega)=4\mathrm{Sa}(\omega)\cos(2\omega)$,求其反变换 $f(t)$ 并画出波形图。

4.11　题 4.11 图所示信号 $f(t)$ 的傅里叶变换为 $\mathscr{F}\left[f(t)\right]=F(\omega)=\left|F(\omega)\right|\mathrm{e}^{\mathrm{j}\varphi(\omega)}$,利用傅里叶变换的性质(不作积分运算),求:

(1) $\varphi(\omega)$;

(2) $F(0)$;

(3) $\displaystyle\int_{-\infty}^{+\infty}F(\omega)\mathrm{d}\omega$;

(4) 等效带宽 B_f;

(5) 画出 $\mathscr{F}^{-1}\{\mathrm{Re}[F(\omega)]\}$ 图形。

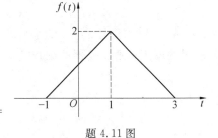

题 4.11 图

4.12　已知 $x(t)$ 的傅里叶变换为 $X(\omega)$,且 $X(0)=1/\pi$。求 $y(t)=\displaystyle\int_{-\infty}^{t-2}x(\tau)\mathrm{d}\tau$ 的傅里叶变换。

4.13　求以下信号傅里叶变换。

(1) $f(6-2t)$;(2) $f(t)\cos^2(t)$;(3) $(t-1)f(2t)$;(4) $t\dfrac{\mathrm{d}f(t)}{\mathrm{d}t}$。

4.14　设 $f(t)$ 的傅里叶变换为 $F(\omega)$,求 $\dfrac{\mathrm{d}}{\mathrm{d}t}f(at+b)$ 的傅里叶变换及 $f(0)$、$F(0)$。

4.15　求题 4.15 图所示双 Sa 信号 $f(t)=\dfrac{\omega_c}{\pi}\{\mathrm{Sa}(\omega_c t)-\mathrm{Sa}\left[\omega_c(t-2\tau)\right]\}$ 的傅里叶变换,若取 $\tau=\dfrac{\pi}{\omega_c}$,画出其幅度谱。

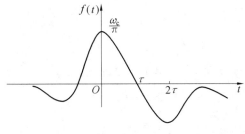

题 4.15 图

4.16　已知矩形调制信号 $f(t)=G(t)\cos(\omega_0 t)$ 如题 4.16 图所示,其中 $G(t)$ 是幅度为 E,宽度为 τ 的矩形脉冲,求该信号的频谱 $F(\omega)$。

4.17　求题 4.17 图所示周期信号的傅里叶变换。

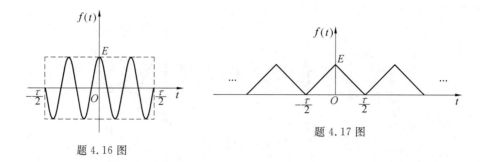

题 4.16 图

题 4.17 图

4.18　已知 $x(t)$ 是一个最高频率为 3 kHz 的带限连续时间信号,$y(t)$ 是最高频率为 2 kHz 的带限连续时间信号。试确定对下列信号理想抽样时,允许的最低抽样频率。

(1) $f(t) = x(2t)$;　　　(2) $f(t) = x(t) + y(t)$;

(3) $f(t) = x(t) y(t)$;　　(4) $f(t) = x(t) * y(t)$。

4.19　已知信号 $x_1(t)$ 的最高频率为 500 Hz,$x_2(t)$ 的最高频率为 1 500 Hz,如果用来恢复信号的理想低通滤波器的截止频率为 2 500 Hz,试确定抽样时所允许的最大抽样间隔。

(1) $f_1(t) = x_1(t) * x_2(t)$;

(2) $f_2(t) = x_1(t) \cdot x_2(t)$;

(3) $f_3(t) = x_1(2t) + x_2(t/3)$。

4.20　若电视信号占有的频带为 0 ~ 6 MHz,电视台每秒发送 25 幅图像,每幅图像又分 625 条水平扫描线。问每条扫描线至少要每秒采样多少个点?

4.21　某通信信号 $f(t)$ 频谱如题 4.21 图所示,试分别画出以角频率 $\omega_s = \omega_0$、$\omega_s = 2\omega_0$、$\omega_s = 3\omega_0$ 抽样后信号的频谱。

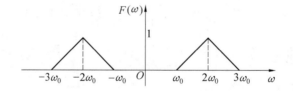

题 4.21 图

4.22　系统如题 4.22 图所示。$f_1(t) = \mathrm{Sa}(1\,000\pi t)$,$f_2(t) = \mathrm{Sa}(2\,000\pi t)$,$p(t) = \sum_{n=-\infty}^{+\infty} \delta(t - nT)$,$f(t) = f_1(t) f_2(t)$,$f_s(t) = f(t) p(t)$。

(1) 为从 $f_s(t)$ 无失真恢复 $f(t)$,求最大抽样间隔 $T_{\max}$;

(2) 当 $T = T_{\max}$ 时,画出 $f_s(t)$ 的幅度谱 $|F_s(\omega)|$。

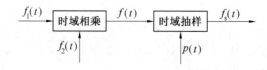

题 4.22 图

4.23　周期矩形信号经过间隔为 T_s 的冲激脉冲序列抽样后的波形 $f_s(t)$ 如题 4.23 图所

示。矩形脉冲宽度为 τ，幅度为 E，信号周期为 T_1，求 $f_s(t)$ 的频谱 $F_s(\omega)$。

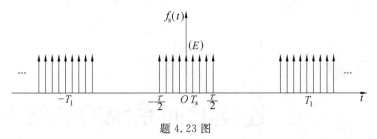

题 4.23 图

4.24　利用帕斯瓦尔方程计算信号 $\mathrm{Sa}(\omega_c t)$ 的能量 $W = \displaystyle\int_{-\infty}^{+\infty} \mathrm{Sa}^2(\omega_c t)\mathrm{d}t$。

4.25　求信号 $f(t) = 2\cos(857t) \cdot \dfrac{\sin(50t)}{\pi t}$ 的带宽 B_ω、奈奎斯特间隔 T_s。

第 5 章

连续时间系统的频域分析

学习了信号的频域分析,可以进一步把这种分析方法应用于线性系统当中。系统是信号的载体,本章通过分析系统频谱函数的特性,以及信号通过系统前后的频谱变化规律,研究 LTI 系统对信号的作用。

本章可以分成两大部分,前一部分主要研究 LTI 系统的基本频域特性及其对信号的作用和影响;后一部分主要研究信号作用于通信系统时对系统的要求及信号的变化规律。

5.1 LTI 系统的系统函数

5.1.1 系统函数

系统的零状态响应可以表示为输入的激励信号与系统单位冲激响应的卷积: $r_{zs}(t) = e(t) * h(t)$。对 LTI 系统,由于系统激励和全响应之间满足线性关系,因而其零输入响应 $r_{zi}(t) = 0$,于是系统的响应 $r(t) = r_{zs}(t)$。这样激励信号、系统单位冲激响应和系统响应之间的关系(图 5.1)可写为

$$r(t) = e(t) * h(t) \tag{5.1}$$

根据卷积定理,式(5.1)的频域形式为

$$R(\omega) = E(\omega) \cdot H(\omega) \tag{5.2}$$

这个公式经常被写成另一种形式:

$$R(j\omega) = E(j\omega) \cdot H(j\omega) \tag{5.3}$$

这种写法的好处是可以把傅里叶变换的表示形式直接与第 6 章的拉普拉斯变换的形式联系起来,把拉普拉斯变换中的复频率变量 s 直接用 $j\omega$ 替代,就得到傅里叶变换的形式,即系统拉普拉斯变换中的系统函数(网络函数): $H(s) \rightarrow H(j\omega)$。把 $H(j\omega)$ 称为系统函数(或网络函数、系统的频率响应)。本书中两者表示方法含义相同,只是写法不同。本章开始,更多地采用后一种写法。

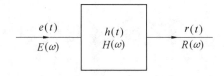

图 5.1 系统激励和响应的时域和频域对应关系

系统函数相当于系统单位冲激响应的傅里叶变换:

$$H(j\omega) = \mathscr{F}[h(t)] \tag{5.4}$$

无论时域中的单位冲激响应还是频域中的系统函数,都代表了系统本身的物理特性,与输入信号的形式无关。对一个给定的 LTI 系统,比如一个具体电路,可以唯一的写出其系统函数 $H(j\omega)$。如果已知输出和输入信号的频谱,也可以间接确定该系统的系统函数:

$$H(j\omega) = \frac{R(j\omega)}{E(j\omega)} \tag{5.5}$$

如果把系统函数写成

$$H(j\omega) = |H(j\omega)| \, e^{j\varphi(\omega)} \tag{5.6}$$

则称 $|H(j\omega)|$ 为系统的幅频特性, $\varphi(\omega)$ 为系统的相频特性。如果 $h(t)$ 是实函数,根据傅里叶变换性质可知, $|H(j\omega)|$ 是偶对称的, $\varphi(\omega)$ 是奇对称的。

5.1.2　利用系统函数求 LTI 系统的响应

对 LTI 系统来说,已知系统的特性 $h(t)$ 和激励信号 $e(t)$,响应要通过卷积来求解;而频域求解只需要二者在频域相乘,分析起来更加简单方便。如没有特别指出,本章所提及的系统都是 LTI 系统。利用式(5.3),即可以求出 LTI 系统的频率响应 $R(j\omega)$。

【例 5.1】　已知某 LTI 系统的单位冲激响应 $h(t) = 2e^{-t}u(t)$,激励信号 $e(t) = u(t) - u(t-1)$,求系统函数 $H(j\omega)$ 及响应信号的频谱。

解　根据单边指数信号及矩形信号的傅里叶变换,可得

$$H(j\omega) = \mathscr{F}[h(t)] = \frac{2}{j\omega + 1}$$

$$E(j\omega) = \mathscr{F}[e(t)] = \mathrm{Sa}\left(\frac{\omega}{2}\right) e^{-j\frac{\omega}{2}}$$

$$R(j\omega) = E(j\omega) \cdot H(j\omega) = \frac{2}{j\omega + 1} \mathrm{Sa}\left(\frac{\omega}{2}\right) e^{-j\frac{\omega}{2}}$$

【例 5.2】　已知一阶 RC 低通滤波系统如图 5.2 所示,利用傅里叶分析法求输出电压频谱及波形。

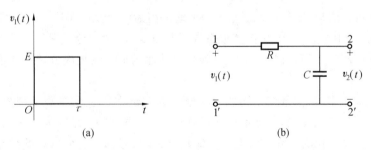

(a)　　　　　　　　　　　(b)

图 5.2　一阶 RC 低通滤波系统

解　由于电路中的电流 $i(t) = i_R(t) = i_C(t) = C\dfrac{\mathrm{d}v_2(t)}{\mathrm{d}t}$,于是可列出电路方程:

$$v_1(t) = RC\frac{\mathrm{d}v_2(t)}{\mathrm{d}t} + v_2(t) \tag{5.7}$$

对式(5.7)两边同时做傅里叶变换,得

$$V_1(j\omega) = RCj\omega V_2(j\omega) + V_2(j\omega)$$

$$H(j\omega) = \frac{V_2(j\omega)}{V_1(j\omega)} = \frac{\dfrac{1}{RC}}{j\omega + \dfrac{1}{RC}} \tag{5.8}$$

根据矩形信号傅里叶变换及时域平移性质,得

$$V_1(j\omega) = F[v_1(t)] = E\tau \mathrm{Sa}\left(\frac{\omega\tau}{2}\right) e^{-j\frac{\omega\tau}{2}}$$

$$V_2(j\omega) = V_1(j\omega) \cdot H(j\omega) \underset{\Leftarrow \alpha = 1/RC}{=\!=\!=} \frac{\alpha E\tau}{\alpha + j\omega} \mathrm{Sa}\left(\frac{\omega\tau}{2}\right) e^{-j\frac{\omega\tau}{2}} =$$

$$|V_2(j\omega)| e^{j\varphi_2(\omega)}$$

其幅频特性为

$$|V_2(j\omega)| = \frac{2\alpha E \left| \sin\left(\dfrac{\omega\tau}{2}\right) \right|}{\omega\sqrt{\alpha^2 + \omega^2}}$$

$$V_2(j\omega) = \frac{\alpha}{\alpha + j\omega} \cdot \frac{2E\sin(\omega\tau/2)}{\omega} e^{-j\frac{\omega\tau}{2}} =$$

$$\frac{\alpha}{\alpha + j\omega} \cdot \frac{E}{j\omega} (e^{+j\frac{\omega\tau}{2}} - e^{-j\frac{\omega\tau}{2}}) e^{-j\frac{\omega\tau}{2}} =$$

$$\frac{\alpha}{\alpha + j\omega} \cdot \frac{E}{j\omega} (1 - e^{-j\omega\tau}) =$$

$$E\left(\frac{1}{j\omega} - \frac{1}{\alpha + j\omega}\right)(1 - e^{-j\omega\tau}) =$$

$$\frac{E}{j\omega}(1 - e^{-j\omega\tau}) - \frac{E}{\alpha + j\omega}(1 - e^{-j\omega\tau})$$

所以

$$v_2(t) = E[u(t) - u(t-\tau)] - E[e^{-\alpha t}u(t) - e^{-\alpha(t-\tau)}u(t-\tau)] =$$

$$E(1 - e^{-\alpha t})u(t) - E[1 - e^{-\alpha(t-\tau)}]u(t-\tau) \tag{5.9}$$

矩形脉冲信号通过 RC 低通网络前后波形及频谱变化如图 5.3 所示。

从图中可以看出,矩形脉冲通过 RC 低通网络后波形发生了失真,频率特性也被电路的系统函数限制,其中 $V_1(j\omega)$ 低频部分被系统限制较少,高频部分受到了严重抑制。因此这个电路被称为低通滤波网络,就是因为该系统可以使激励信号低频成分基本通过,高频部分大多被过滤掉了。

在第 4 章中知道,信号变化剧烈的部分含高频分量多,变化平缓的部分含低频分量多。矩形脉冲的上下沿变化陡峭,被低通网络过滤后变得趋于平滑,是因为高频成分被滤掉了很多。中间平缓部分基本没有变化,是因为这部分主要是信号的直流分量和低频部分。

由于 $\alpha = \dfrac{1}{RC}$,减少 RC 乘积,α 增大,从图 5.3(d)可知,此时低通滤波系统带宽增加,允许更多的频率分量通过,对信号的高频抑制作用就会减弱,此时输出信号 $v_2(t)$ 波形的上升和下降时间会缩短。由于 $v_2(t)$ 的前后沿延迟时间与 RC 有关,所以又把 $\tau = RC$ 称为 RC 低通网络的时间常数。

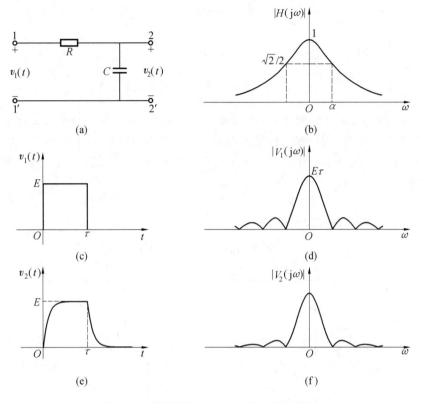

图 5.3　矩形脉冲通过 RC 低通滤波系统

5.1.3　周期信号的频率响应

根据第 4 章的周期信号的傅里叶变换公式(4.69)和式(4.70)，如果输入周期信号 $e(t)$ 中的一个周期的傅里叶变换为 $E_0(\omega)$，该周期信号的指数形式傅里叶级数系数可写为

$$F_n = \frac{1}{T_1} \int_{t_0}^{t_0+T_1} f(t) \mathrm{e}^{-\mathrm{j}n\omega_1 t} \mathrm{d}t = \frac{E_0(\mathrm{j}\omega)}{T_1} \bigg|_{\omega = n\omega_1}$$

激励周期信号的频谱为 $E(\mathrm{j}\omega) = 2\pi \sum_{-\infty}^{+\infty} F_n \cdot \delta(\omega - n\omega_1) \quad (n = 0, \pm 1, \pm 2, \cdots)$

其中

$$\omega_1 = \frac{2\pi}{T_1}$$

如果系统函数为 $H(\mathrm{j}\omega)$，激励信号 $e(t)$ 通过该 LTI 系统的响应为 $r(t)$，那么响应的频率特性与周期激励信号的频率特性之间的关系可写为

$$R(\mathrm{j}\omega) = E(\mathrm{j}\omega) \cdot H(\mathrm{j}\omega)$$

再利用傅里叶反变换 $\mathscr{F}^{-1}[R(\mathrm{j}\omega)]$，即可求出系统的响应为 $r(t)$。

【例 5.3】　把例 5.2 中的激励信号换成图 5.3 所示的矩形周期信号，分析输出信号的波形及频谱。

$$H(\mathrm{j}\omega) = \frac{V_2(\mathrm{j}\omega)}{V_1(\mathrm{j}\omega)} = \frac{\dfrac{1}{RC}}{\mathrm{j}\omega + \dfrac{1}{RC}} = \frac{\alpha}{\alpha + \mathrm{j}\omega}$$

$$F_n = \frac{E_0(j\omega)}{T_1}\bigg|_{\omega = n\omega_1} = \frac{E}{j\omega T_1}(1 - e^{-j\omega\tau})\big|_{\omega = n\omega_1} = \frac{E}{j2\pi n}(1 - e^{-jn\omega_1\tau})$$

$$V_1(j\omega) = 2\pi \sum_{n=-\infty}^{+\infty} F_n \cdot \delta(\omega - n\omega_1) = E \sum_{n=-\infty}^{+\infty} \left(\frac{1 - e^{jn\omega_1 t}}{jn}\right)\delta(\omega - n\omega_1)$$

$$V_2(j\omega) = V_1(j\omega) \cdot H(j\omega) = \frac{\alpha E}{\alpha + j\omega} \sum_{n=-\infty}^{+\infty} \left(\frac{1 - e^{jn\omega_1 \tau}}{jn}\right) \cdot \delta(\omega - n\omega_1)$$

对 $V_2(j\omega)$ 做反变换得到的波形其实就是式(5.9)以 T 为周期的波形重复延拓。波形和频谱的变化如图 5.4 所示,周期激励信号经过滤波后得到的仍然是周期信号,每个周期的变化规律相同,与单个脉冲的波形变化类似。由于周期信号的频谱是离散的,从频域上看激励与响应都是离散谱。

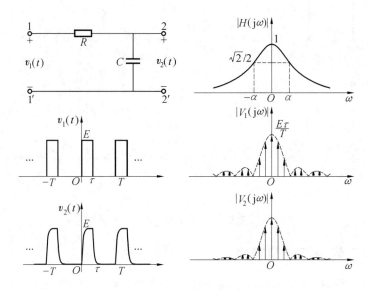

图 5.4   周期矩形脉冲通过 RC 低通滤波系统

【思考题】

对周期信号来说,通过任意一个系统后的波形是否一定是与原信号周期相同的周期信号?

5.2   正弦信号的稳态响应

正弦(包括余弦)信号是一类特殊的周期信号,这类信号属于单一频率的信号,其稳态响应可以用更简洁的方法求解。

设激励信号 $e(t) = \sin(\omega_0 t)$,通过一个网络函数为 $H(j\omega) = |H(j\omega)|e^{j\varphi(\omega)}$ 的系统,求解其稳态响应。

对正弦信号,其傅里叶变换为

$$E(j\omega) = j\pi[\delta(\omega + \omega_0) - \delta(\omega - \omega_0)]$$

$$R(j\omega) = E(j\omega) \cdot H(j\omega) = j\pi[\delta(\omega + \omega_0) - \delta(\omega - \omega_0)] \cdot |H(j\omega)|e^{j\varphi(\omega)} =$$
$$j\pi[|H(-j\omega_0)|e^{j\varphi(-\omega_0)}\delta(\omega + \omega_0) - |H(j\omega_0)|e^{j\varphi(\omega_0)}\delta(\omega - \omega_0)]$$

对于实际系统来说，其单位冲激响应 $h(t)$ 应该为实函数，根据傅里叶变换性质，可知 $|H(j\omega)|$ 是偶函数，$\varphi(\omega)$ 是奇函数，于是上式可写为

$$R(j\omega) = |H(j\omega_0)| j\pi[\delta(\omega + \omega_0)e^{-j\varphi(\omega_0)} - \delta(\omega - \omega_0)e^{-j\varphi(\omega_0)}]$$

根据傅里叶变换的频移性质

$$\mathscr{F}(e^{-j\omega_0 t}) = 2\pi\delta(\omega + \omega_0)$$

$$\mathscr{F}(e^{j\omega_0 t}) = 2\pi\delta(\omega - \omega_0)$$

可得

$$r(t) = \mathscr{F}^{-1}[R(j\omega)] = j|H(j\omega_0)| \frac{e^{-j[\omega_0 t + \varphi(\omega_0)]} - e^{j[\omega_0 t + \varphi(\omega_0)]}}{2} =$$

$$|H(j\omega_0)| \frac{e^{j[\omega_0 t + \varphi(\omega_0)]} - e^{-j[\omega_0 t + \varphi(\omega_0)]}}{2j} =$$

$$|H(j\omega_0)| \sin[\omega_0 t + \varphi(\omega_0)]$$

如果激励信号是正弦形式 $e(t) = A\sin(\omega_0 t + \varphi_0)$，那么其稳态响应可写为

$$r(t) = |H(j\omega_0)| A\sin[\omega_0 t + \varphi_0 + \varphi(\omega_0)] \tag{5.10}$$

如果激励是余弦形式 $e(t) = A\cos(\omega_0 t + \varphi_0)$，那么其稳态响应可写为

$$r(t) = |H(j\omega_0)| A\cos[\omega_0 t + \varphi_0 + \varphi(\omega_0)] \tag{5.11}$$

这说明，正（余）弦信号通过系统后的稳态响应是与原信号频率相同的正（余）弦信号，响应的幅值是原来的幅值与系统幅频函数在 ω_0 点值相乘，响应的相位是原来的相位与系统相频函数在 ω_0 点值相加。

需要指出的是，用这种方法求出的正弦信号响应只能是稳态响应，不会得到响应中的瞬态成分。对于稳定的 LTI 系统，由于系统本身无储能，没有边界约束状态，那么正弦激励信号的输出不存在瞬态响应，此时求得的 $r(t)$ 实际也是系统的完全响应。对于有边界条件限制的系统，或者激励是 $\sin t \cdot u(t)$ 这一类单边正弦信号（也相当于有边界约束），那么用上述方法求得的只能是稳态响应而不是完全响应。

【例 5.4】　已知某连续时间 LTI 系统的频率响应如图 5.5 所示，且已知输入激励信号 $x(t) = 1 + 2\sin t + 3\sin(2t) + 4\sin(3t) (-\infty < t < +\infty)$，求该系统的稳态响应 $y(t)$。

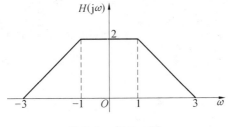

图 5.5　例 5.4 图

解　输入激励信号：

$$x(t) = 1 + 2\sin t + 3\sin(2t) + 4\sin(3t) \quad (-\infty < t < +\infty)$$

由于 $H(j\omega) = |H(j\omega)|$ 是正实数，因此 $\varphi(\omega) = 0$

且

$$H(0) = 2, H(1) = 2, H(2) = 1, H(3) = 0$$

稳态响应 $y(t) = H(0)1 + H(1)2\sin t + H(2)3\sin(2t) + H(3)4\sin(3t) =$
$$2 + 4\sin t + 3\sin(2t)$$

【例 5.5】 若系统函数 $H(j\omega) = \dfrac{1}{j\omega + 1}$，激励信号为 $e(t) = \sin t + \sin(3t)(-\infty < t < +\infty)$，试求响应 $r(t)$。

分析：本题可以有两种解法，一是利用公式 $R(j\omega) = E(j\omega) \cdot H(j\omega)$ 求出输出频谱再利用傅里叶反变换得到 $r(t)$，我们先来按这种解法求输出响应信号。

解 解法（一）

$$E(j\omega) = \mathscr{F}\big[e(t)\big] = \mathscr{F}\big[\sin t + \sin(3t)\big] = j\pi\big[\delta(\omega + 1) - \delta(\omega - 1) + \delta(\omega + 3) - \delta(\omega - 3)\big]$$

$$R(j\omega) = H(j\omega) \cdot E(j\omega) = \frac{j\pi}{j\omega + 1}\big[\delta(\omega + 1) - \delta(\omega - 1) + \delta(\omega + 3) - \delta(\omega - 3)\big] \underline{r(t)\ 傅里叶反变换}$$

$$\frac{1}{2\pi}\int_{-\infty}^{+\infty} R(j\omega)\mathrm{e}^{j\omega t}\,\mathrm{d}\omega$$

因为
$$\int_{-\infty}^{+\infty} \delta(t - t_0)f(t)\,\mathrm{d}t = f(t_0)$$

所以
$$r(t) = \frac{j}{2}\left(\frac{\mathrm{e}^{-jt}}{1 - j} - \frac{\mathrm{e}^{jt}}{1 + j} + \frac{\mathrm{e}^{-3jt}}{1 - 3j} - \frac{\mathrm{e}^{3jt}}{1 + 3j}\right) =$$
$$\frac{j}{2}\left(\frac{\mathrm{e}^{-jt} + j\mathrm{e}^{-jt} - \mathrm{e}^{jt} + j\mathrm{e}^{jt}}{2} + \frac{\mathrm{e}^{-3jt} + 3j\mathrm{e}^{-3jt} - \mathrm{e}^{3jt} + 3j\mathrm{e}^{3jt}}{10}\right) =$$
$$\frac{1}{2}\left(\frac{\mathrm{e}^{jt} - \mathrm{e}^{-jt}}{2j} - \frac{\mathrm{e}^{jt} + \mathrm{e}^{-jt}}{2}\right) + \frac{1}{10}\left(\frac{\mathrm{e}^{3jt} - \mathrm{e}^{-3jt}}{2j} - 3 \cdot \frac{\mathrm{e}^{3jt} + \mathrm{e}^{-3jt}}{2}\right) =$$
$$\frac{1}{2}(\sin t - \cos t) + \frac{1}{10}\big[\sin(3t) - 3\cos(3t)\big]$$

令上式的第一部分 $\dfrac{1}{2}(\sin t - \cos t) = \dfrac{1}{\sqrt{2}}\sin(t - 45°)$，上式的第二部分 $\dfrac{1}{10}\big[\sin(3t) - 3\cos(3t)\big] = A\sin(3t - \varphi) = A\big[\sin(3t)\cos\varphi - \cos(3t)\sin\varphi\big]$，可求得

$$A = \frac{1}{10}\sqrt{1^2 + 3^2} = \frac{1}{\sqrt{10}},\ \tan\varphi = 3 \Rightarrow \varphi \approx 72°$$

所以
$$r(t) = \frac{1}{\sqrt{2}}\sin(t - 45°) + \frac{1}{\sqrt{10}}\sin(3t - 72°)$$

本例中激励为正弦信号，$-\infty < t < +\infty$ 取值说明求的任何时刻的解都是稳态响应，因此可采用正弦稳态响应求解方法。

解法（二）
$$H(j\omega) = \frac{1}{j\omega + 1} = \frac{1 - j\omega}{1 + \omega^2} = |H(j\omega)|\mathrm{e}^{j\varphi(\omega)}$$

$$|H(j\omega)| = \frac{1}{\sqrt{1 + \omega^2}} \qquad \varphi(\omega) = -\arctan(\omega)$$

当 $\omega = 1$ 时，$|H(j\omega)| = \dfrac{1}{\sqrt{2}}$　$\varphi(\omega) = -\arctan(1) = -45°$

当 $\omega = 3$ 时，$|H(j\omega)| = \dfrac{1}{\sqrt{10}}$　$\varphi(\omega) = -\arctan(3) \approx -72°$

因为
$$e(t) = \sin t + \sin(3t)$$

所以正弦稳态响应

$$r(t) = \frac{1}{\sqrt{2}}\sin(t - 45°) + \frac{1}{\sqrt{10}}\sin(3t - 72°)$$

两者结果一致,但这种方法求解过程显然更简洁方便。

【例 5.6】　求 LTI 系统在激励信号 $x(t) = \cos(2t - 36°)(-\infty < t < +\infty)$ 作用下的响应 $y(t)$。已知系统微分方程为

$$y''(t) + 3y'(t) + 2y(t) = x(t)$$

解　由于信号在 $-\infty$ 时刻即已接入,对该 LTI 系统来说,不存在边界条件及零输入响应,所以系统的全响应其实就是其稳态响应。

由方程做傅里叶变换可知

$$(j\omega)^2 Y(j\omega) + 3(j\omega)Y(j\omega) + 2Y(j\omega) = X(j\omega)$$

$$H(j\omega) = \frac{Y(j\omega)}{X(j\omega)} = \frac{1}{(j\omega)^2 + 3j\omega + 2}$$

$$|H(j\omega)| = \frac{1}{\sqrt{(2 - \omega^2)^2 + (3\omega)^2}}$$

$$\varphi(\omega) = -\arctan\left(\frac{3\omega}{2 - \omega^2}\right)$$

本题中,$\omega_0 = 2$,$|H(j2)| = \dfrac{1}{\sqrt{(2 - 2^2)^2 + (3 \times 2)^2}} = \dfrac{1}{2\sqrt{10}}$

$$\varphi(2) = -\arctan\left(\frac{3 \times 2}{2 - 2^2}\right) = \arctan(3) \approx 72°$$

于是

$$y(t) = \frac{1}{2\sqrt{10}}\cos(2t + 36°)$$

【思考题】

1. 如果已知正弦信号 $e(t)$ 及通过 LTI 系统的稳态相应 $r(t)$,能否确定该系统的系统函数?

2. 对于正弦和余弦混合叠加信号,可否用本节的方法求其稳态响应?

5.3　无失真传输系统

当激励信号通过系统时,响应的波形可能会发生变化。如果响应波形与激励波形不一致,就称信号发生了失真,此时系统是一个失真系统。如果输出波形与输入信号波形除了强度和发生时间上可以不同,其他方面完全相同,此系统就称为无失真传输系统。

在实际应用中,很多时候要避免信号在传送过程中产生失真,这就要求传输系统应该是无失真的,比如录音及回放系统、功率放大系统等;也有些时候,系统的作用就是要使信号发生改变,如滤波系统、图像边缘提取系统等。下面分析无失真传输需要满足的时域和频域条件。

5.3.1　无失真传输系统的时域条件

从信号无失真传输的定义可知,信号仅发生强度增益或衰减,以及时间上延时或超前,但波形未发生变化时,输出信号就不失真。此时系统激励和响应的关系可以写为

$$r(t) = Ke(t - t_0) \quad (K > 0) \tag{5.12}$$

式(5.12)即是信号无失真传输的时域条件。

在图5.6中,$r(t) = 2e(t - 1)$,波形本身并没有失真,但强度变大,时间上也延迟。信号传输过程中是否失真,只取决于传输系统,与信号本身波形并没有关系,因此式(5.12)可以用另一种只与系统相关的形式来表示。根据式(5.12),对于无失真的LTI系统,其单位冲激响应可以写为

$$h(t) = K\delta(t - t_0) \quad (K > 0) \tag{5.13}$$

对LTI系统来说,式(5.13)与式(5.12)是等价的。对图5.6的系统,我们可以判断出其单位冲激响应 $h(t) = 2\delta(t - 1)$。

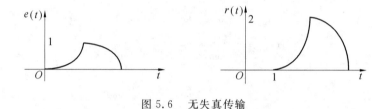

图5.6　无失真传输

5.3.2　无失真传输系统的频域条件

对式(5.12)做傅里叶变换,可知

$$R(\mathrm{j}\omega) = KE(\mathrm{j}\omega)\mathrm{e}^{-\mathrm{j}\omega t_0} \tag{5.14}$$

输出信号的频谱如果仅发生强度改变或产生正比于 ω 的相移,那么即是无失真传输。

对LTI系统,将式(5.13)做傅里叶变换,或由式(5.14),都可推出

$$H(\mathrm{j}\omega) = K\mathrm{e}^{-\mathrm{j}\omega t_0} \tag{5.15}$$

式(5.14)或式(5.15)又称无失真传输系统的频域条件,对LTI系统来说,二者等价。实际上,时域和频域这四个条件对LTI系统来说都是等价的。另外还要指出的是,t_0 可以是任意常数,K 必须是大于零的常数。如果 $K = 0$,那么输出将为零,显然波形失真;如果 $K < 0$,信号发生幅值反转,也是失真的波形。

将式(5.15)改写成

$$H(\mathrm{j}\omega) = |H(\mathrm{j}\omega)|\mathrm{e}^{-\mathrm{j}\varphi(\omega)}$$

可得

$$\begin{cases} |H(\mathrm{j}\omega)| = K & (K > 0,常数) \\ \varphi(\omega) = -\omega t_0 & (t_0 \text{ 为任意常数}) \end{cases} \tag{5.16}$$

由此可见,无失真传输系统的幅频特性是一个大于零的常数,相频特性是一条通过原点的直线,即 $\tau = \dfrac{\mathrm{d}\varphi(\omega)}{\mathrm{d}\omega} = -t_0$,称 $\tau = \dfrac{\mathrm{d}\varphi(\omega)}{\mathrm{d}\omega}$ 为群时延,无失真系统群时延一定是常数,如图5.7所示。通常采用式(5.16)判断系统是否失真。

对于失真的系统,可能存在线性失真,也可能有非线性失真(响应信号中产生了激励信号中不存在的新的频率分量,或丢失了原本存在的频率分量);可能是幅度失真(各频率分量幅值发生相对变化),也可能存在相位失真(各谐波分量产生不正比于其频率的相移),或者几种情

况都存在。

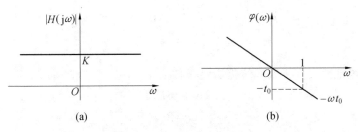

图 5.7 无失真传输系统的幅频特性和相频特性

【例 5.7】 已知 LTI 系统的频率响应：

$$H(j\omega) = \frac{1 - j\omega}{1 + j\omega}$$

判断该系统是否是无失真传输系统。

解

$$H(j\omega) = \frac{1 - j\omega}{1 + j\omega} = \frac{(1 - j\omega)^2}{1 + \omega^2} = \frac{1 - \omega^2 - 2j\omega}{1 + \omega^2} = |H(j\omega)| e^{j\varphi(\omega)}$$

$$|H(j\omega)| = \frac{\sqrt{1 + 2\omega^2 + \omega^4}}{1 + \omega^2} = \frac{1 + \omega^2}{1 + \omega^2} = 1$$

由于 $\qquad [\,|H_1(j\omega)|\, e^{j\varphi_1(\omega)}]^2 = |H_1(j\omega)|^2 e^{j2\varphi_1(\omega)}$

$H(j\omega) = \dfrac{(1 - j\omega)^2}{1 + \omega^2}$ 的相位一定是 $H_1(j\omega) = \dfrac{1 - j\omega}{\sqrt{1 + \omega^2}}$ 的 2 倍，而 $H_1(j\omega)$ 的相位是

$$\varphi_1(\omega) = -\arctan(\omega)$$

所以 $\qquad \varphi(\omega) = 2\varphi_1(\omega) = -2\arctan(\omega)$

该系统的幅频特性是常数，这类系统称为全通系统。但该系统的相频特性 $\varphi(\omega) = -2\arctan(\omega)$ 不是 ω 的线性函数，或者说群时延不是常数，产生了相位失真，因而该系统不是无失真传输系统。

【例 5.8】 已知输入 LTI 系统的激励信号 $e(t) = E_1 \sin(\omega_1 t) + 3E_1 \sin(2\omega_1 t)$，输出的响应信号为 $r(t) = 2E_1 \sin(\omega_1 t - \varphi_1) + E_2 \sin(2\omega_1 t - \varphi_2)$，若该系统是无失真传输系统，需要满足什么条件？

解

$$r(t) = 2E_1 \sin(\omega_1 t - \varphi_1) + E_2 \sin(2\omega_1 t - \varphi_2) =$$

$$2E_1 \sin\left[\omega_1\left(t - \frac{\varphi_1}{\omega_1}\right)\right] + E_2 \sin\left[2\omega_1\left(t - \frac{\varphi_2}{2\omega_1}\right)\right]$$

信号包含两个频率分量，如果信号输出不失真，两个谐波幅度增益系数应该相同，相移应与频率成正比。

对幅度的要求，使得

$$\frac{2E_1}{E_1} = \frac{E_2}{3E_1} \Rightarrow E_2 = 6E_1$$

两个谐波频率分别是 ω_1 和 ω_2，相移分别为 φ_1 和 φ_2。对相位要求

$$\frac{\varphi_1}{\omega_1} = \frac{\varphi_2}{2\omega_1} = -t_0$$

此时

$$\varphi(\omega) = -\omega t_0, \quad \mathrm{d}\varphi(j\omega) = -t_0\,\mathrm{d}\omega$$

即

$$\frac{\varphi_1}{\varphi_2} = \frac{\omega_1}{2\omega_1} = \frac{1}{2} \Rightarrow \varphi_2 = 2\varphi_1$$

因此,该系统是无失真传输系统需满足条件

$$\begin{cases} E_2 = 6E_1 \\ \varphi_2 = 2\varphi_1 \end{cases}$$

【思考题】

1. 各举一例,说明什么是线性失真、非线性失真、幅度失真、相位失真。

2. 以下几种系统是否是无失真传输系统?

(1) 单位延时器;(2) 倒相器;(3) 微分器;(4) 低通滤波器。

5.4 理想低通滤波器及其应用

在抽样信号的恢复中,我们引入了理想低通滤波器。在本节中,我们系统地分析理想低通滤波器的频率响应特性,并给出其冲激响应、阶跃响应、矩形信号响应。

5.4.1 理想低通滤波器的频率特性 $H(j\omega)$

图 5.8 给出了理想低通滤波器的幅频特性及相频特性。滤波器的几个基本概念如下:

(1) 通带:输入信号能够通过的频率范围。图 5.8(a) 中 $|\omega| < \omega_c$ 的频带范围就是低通滤波器的通带。

(2) 阻带:输入信号被抑制(过滤掉)的频率范围。图 5.8(a) 中 $|\omega| > \omega_c$ 的频带范围就是低通滤波器的阻带。

(3) 截止频率:通带结束或阻带开始的频率。图 5.8(a) 中 $\omega = \omega_c$ 就是低通滤波器的截止频率。对于理想低通滤波器来说,截止频率是通带和阻带之间的分界点。对于非理想滤波器,通带和阻带之间会有一个过渡带,其中通带和过渡带的分界点称为通带截止频率,过渡带和阻带之间的分界点称为阻带截止频率。

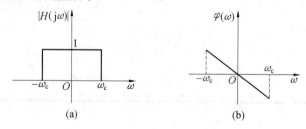

图 5.8 理想低通滤波器的频率特性

由图 5.8 可写出理想低通滤波器的幅频特性和相频特性表达式为

$$|H(j\omega)| = \begin{cases} 1 & (|\omega| < \omega_c) \\ 0 & (|\omega| > \omega_c) \end{cases} \tag{5.17}$$

$$\varphi(\omega) = -\omega t_0 \tag{5.18}$$

可见,理想低通滤波器在通带内的幅频特性是常数,在阻带内是零;相频特性是一条通过原点的直线。由此可知，理想低通滤波器在通带内频率是不失真的，也就是说输入信号在通带内的谐波分量可以全部无失真通过；在阻带内由于 $H(\mathrm{j}\omega)=0$，因此高于截止频率的谐波分量全被过滤掉。所以就整体而言，理想低通滤波器不是无失真传输系统。

式(5.17)和式(5.18)可以写在一起，得到理想低通滤波器的系统函数：

$$H(\mathrm{j}\omega)=\mid H(\mathrm{j}\omega)\mid \mathrm{e}^{\mathrm{j}\varphi(\omega)}=\begin{cases}\mathrm{e}^{-\mathrm{j}\omega t_0} & (\mid \omega\mid<\omega_{\mathrm{c}})\\ 0 & (\mid \omega\mid>\omega_{\mathrm{c}})\end{cases} \tag{5.19}$$

【例 5.9】　某系统组成如图 5.9 所示，已知 $x(t)=\displaystyle\sum_{n=-\infty}^{+\infty}\mathrm{e}^{\mathrm{j}2nt}(n=0,\pm1,\pm2,\pm3,\cdots)$，$s(t)=\cos t$，低通滤波器：$H(\mathrm{j}\omega)=\begin{cases}0.5 & (\mid \omega\mid\leqslant4)\\ 0 & (\mid \omega\mid>4)\end{cases}$。

(1) 求出 A 点的频谱 $G(\mathrm{j}\omega)$ 并绘图；(2) 求输出信号的频谱 $Y(\mathrm{j}\omega)$ 并绘图；

(3) 求输出信号 $y(t)$。

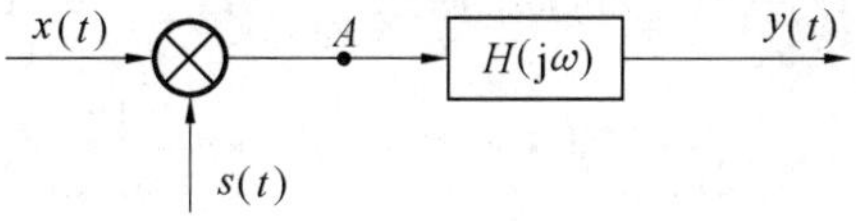

$$x(t)\longrightarrow\otimes\xrightarrow{\ A\ }\boxed{H(\mathrm{j}\omega)}\xrightarrow{\ y(t)\ }$$

$$\uparrow s(t)$$

图 5.9　例 5.9 图

解　由 $s(t)=\cos t$，得

$$S(\mathrm{j}\omega)=\pi[\delta(\omega+1)+\delta(\omega-1)]$$

由 $x(t)=\displaystyle\sum_{n=-\infty}^{+\infty}\mathrm{e}^{\mathrm{j}2nt}(n=0,\pm1,\pm2,\pm3,\cdots)$，且 $\mathscr{F}[\mathrm{e}^{\mathrm{j}2nt}]=2\pi\delta(\omega-2n)$，得

$$X(\mathrm{j}\omega)=2\pi\sum_{n=-\infty}^{+\infty}\delta(\omega-2n)\quad(n=0,\pm1,\pm2,\pm3,\cdots)$$

$$H(\mathrm{j}\omega)=\frac{1}{2}[u(\omega+4)-u(\omega-4)]$$

(1) A 点的频谱 $G(\mathrm{j}\omega)$ 如图 5.10 所示。

$$G(\mathrm{j}\omega)=\frac{1}{2\pi}X(\mathrm{j}\omega)*S(\mathrm{j}\omega)=\sum_{n=-\infty}^{+\infty}\delta(\omega-2n)*\pi[\delta(\omega+1)+\delta(\omega-1)]=$$

$$\pi\sum_{n=-\infty}^{+\infty}[\delta(\omega-2n+1)+\delta(\omega-2n-1)]=$$

$$\pi[\delta(\omega+1)+\delta(\omega-1)+\delta(\omega-1)+\delta(\omega-3)+\delta(\omega+3)+\delta(\omega+1)+$$

$$\delta(\omega-3)+\delta(\omega-5)+\delta(\omega+5)+\delta(\omega+3)+\cdots]=$$

$$2\pi[\delta(\omega+1)+\delta(\omega-1)+\delta(\omega-3)+\delta(\omega+3)+\delta(\omega-5)+\delta(\omega+5)+\cdots]$$

(2) 输出信号的频谱 $Y(\mathrm{j}\omega)$，如图 5.11 所示。

经过 $H(\mathrm{j}\omega)=\dfrac{1}{2}[u(\omega+4)-u(\omega-4)]$ 低通滤波后，幅度衰减为原来一半，频谱限制在 $-4<\omega<4$，其余部分被滤掉。

于是　　　　$Y(\mathrm{j}\omega)=\pi[\delta(\omega+1)+\delta(\omega-1)+\delta(\omega-3)+\delta(\omega+3)]$

(3) 求输出信号 $y(t)$。

对 $Y(\mathrm{j}\omega)$ 做傅里叶逆变换，得

$$y(t) = \cos t + \cos(3t)$$

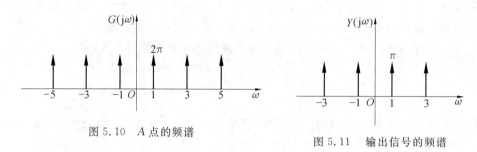

图 5.10　A 点的频谱

图 5.11　输出信号的频谱

5.4.2　理想低通滤波器的单位冲激响应 $h(t)$

对式(5.19)做傅里叶反变换,即可得到理想低通滤波器的单位冲激响应:

$$h(t) = \mathscr{F}^{-1}\big[H(\mathrm{j}\omega)\big] = \frac{1}{2\pi}\int_{-\infty}^{+\infty} H(\mathrm{j}\omega)\,\mathrm{e}^{\mathrm{j}\omega t}\,\mathrm{d}\omega =$$

$$\frac{1}{2\pi}\int_{-\omega_c}^{\omega_c} 1 \cdot \mathrm{e}^{-\mathrm{j}\omega t_0}\,\mathrm{e}^{\mathrm{j}\omega t}\,\mathrm{d}\omega = \frac{1}{2\pi}\int_{-\omega_c}^{\omega_c} 1 \cdot \mathrm{e}^{\mathrm{j}\omega(t-t_0)}\,\mathrm{d}\omega =$$

$$\frac{1}{2\pi} \cdot \frac{1}{\mathrm{j}(t-t_0)}\,\mathrm{e}^{\mathrm{j}\omega(t-t_0)}\bigg|_{-\omega_c}^{\omega_c} =$$

$$\frac{1}{\pi} \cdot \frac{1}{(t-t_0)} \cdot \frac{1}{2\mathrm{j}}\big[\mathrm{e}^{\mathrm{j}\omega_c(t-t_0)} - \mathrm{e}^{-\mathrm{j}\omega_c(t-t_0)}\big] =$$

$$\frac{\omega_c}{\pi} \cdot \frac{\sin \omega_c(t-t_0)}{\omega_0(t-t_0)}$$

$$h(t) = \frac{\omega_c}{\pi} \cdot \mathrm{Sa}\big[\omega_c(t-t_0)\big] \tag{5.20}$$

$h(t)$ 还有更简便的求解方法,这个问题留给课堂思考题 3,请读者自己证明。

由图 5.12 可以看出,当 $t < 0$ 时,$h(t) \neq 0$。也就是说响应中有一部分超前于该系统的零时刻激励 $\delta(t)$,这说明理想低通滤波系统并不是因果系统,这在实际应用中是无法实现的。在下一节我们将进一步讨论系统的物理可实现性问题。另外,从图中还可以看到信号在时间上发生了展宽,这是由于理想低通滤波器限制了信号的频带。

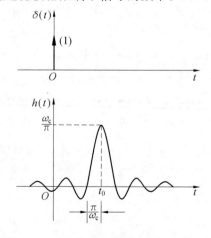

图 5.12　理想低通滤波器的单位冲激响应

5.4.3　理想低通滤波器的单位阶跃响应 $s(t)$

阶跃响应和冲激响应都可以反映系统本身的特性。下面来推导理想低通滤波器的阶跃响应。

$$e(t) = u(t) \leftrightarrow \pi\delta(\omega) + \frac{1}{j\omega}$$

$$h(t) \leftrightarrow H(j\omega) = \begin{cases} 1 \cdot e^{-j\omega t_0} & (\,|\omega| < \omega_c) \\ 0 & (\,|\omega| > \omega_c) \end{cases}$$

$$R(\omega) = \left[\pi\delta(\omega) + \frac{1}{j\omega}\right] \cdot e^{-j\omega t_0}$$

$$r(t) = \mathscr{F}^{-1}\left[R(\omega)\right] = \frac{1}{2\pi}\int_{-\omega_c}^{\omega_c}\left[\pi\delta(\omega) + \frac{1}{j\omega}\right]e^{-j\omega t_0}\,e^{j\omega t}\,d\omega =$$

$$\frac{1}{2\pi}\int_{-\omega_c}^{\omega_c}\pi\delta(\omega) \cdot e^{j\omega(t-t_0)}\,d\omega + \frac{1}{2\pi}\int_{-\omega_c}^{\omega_c}\frac{e^{j\omega(t-t_0)}}{j\omega}\,d\omega =$$

$$\frac{1}{2} + \frac{2}{2\pi}\int_0^{\omega_c}\frac{\sin\left[\omega(t-t_0)\right]}{\omega}\,d\omega \xrightarrow{\text{令 } x = \omega(t-t_0)}$$

$$\frac{1}{2} + \frac{1}{\pi}\int_0^{\omega_c(t-t_0)}\frac{\sin x}{x}\,dx$$

函数 $Sa(x) = \dfrac{\sin x}{x}$ 的积分用符号 $Si(y)$ 表示，这个积分比较常用，其数值可以在有关参考书上查"正弦函数积分表"得到。

$$Si(y) = \int_0^y \frac{\sin x}{x}\,dx \tag{5.21}$$

这样理想低通滤波器的阶跃响应(图 5.13)可以写成

$$r(t) = \frac{1}{2} + \frac{1}{\pi}Si\left[\omega_c(t-t_0)\right] \tag{5.22}$$

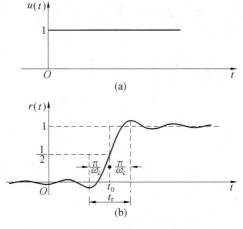

图 5.13　理想低通滤波器的单位阶跃响应

阶跃响应最大值在 $t_0 + \dfrac{\pi}{\omega_c}$ 处，此时 $r_{\max}(t) = \dfrac{1}{2} + \dfrac{1}{\pi}Si(\pi) \approx 1.089\,5$；最小值在 $t_0 - \dfrac{\pi}{\omega_c}$ 处，

此时 $r_{\min}(t) = \dfrac{1}{2} - \dfrac{1}{\pi}Si(\pi) \approx -0.089\,5$。阶跃信号的幅度范围是 $0 \sim 1$，其响应范围上下均外

延了约 8.95% ，这种现象称为吉伯斯现象；对具有不连续跳变点的波形，所取谐波分量（级数项）增多，虽然可以减少近似方均误差，但在跳变点处的外延峰值却不会改变，大约是原来跳变差值的 9% 。

由此可见，输出波形在阶跃跳变点出现了时间过渡，从最小值到最大值所需要的时间称为阶跃响应的上升时间：

$$t_r = \frac{2\pi}{\omega_c} = \frac{1}{B_f} \tag{5.23}$$

其中

$$B_f = \frac{\omega_c}{2\pi} \tag{5.24}$$

B_f 是理想低通滤波器的截止频率，也是其带宽。

总结其阶跃响应的波形，可以得出以下结论：

（1）理想低通滤波器阶跃响应跳变位置在时间上滞后 t_0（与低通相移有关，如果相移为 0，则不会出现滞后）。

（2）理想低通滤波器阶跃响应最大值和最小值的位置在 $t_0 \pm \dfrac{\pi}{\omega_c}$ 处。

（3）阶跃响应上下都出现了纹波，上下峰值出现在靠近跳变点处，外延峰值大约为跳变值的 9%。

（4）理想低通滤波器阶跃响应从最小值到最大值的上升时间 $t_r = \dfrac{2\pi}{\omega_c} = \dfrac{1}{B_f}$ 与其截止频率（带宽）成反比。

5.4.4　理想低通滤波器对矩形脉冲信号的响应

对图 5.14(a) 所示的信号，其波形为

$$e_1(t) = u(t) - u(t - \tau)$$

根据式(5.22)，其响应为

$$r_1(t) = \frac{1}{\pi}\{\mathrm{Si}[\omega_c(t - t_0)] - \mathrm{Si}[\omega_c(t - t_0 - \tau)]\} \tag{5.25}$$

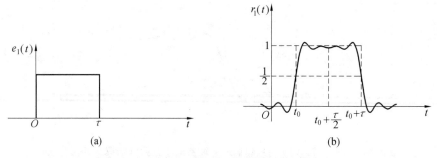

图 5.14　理想低通滤波器对矩形脉冲信号的响应

如图 5.14(b) 所示，矩形脉冲的上升或下降时间也可以用 $t_r = \dfrac{2\pi}{\omega_c} = \dfrac{1}{B_f}$ 来求得，增加低通滤波器的带宽，可以减少上升时间，但由于吉伯斯现象的存在，峰值纹波无法减小，因为这是由理

想低通滤波器的频率特性本身决定的,这种频率特性相当于对激励信号频谱施加"矩形窗"。如果想改善这种纹波大小,只能改变系统的窗口形状,不再使用矩形窗函数。

【思考题】

1. 为什么说理想低通滤波器不是无失真传输系统? 它对信号产生的失真属于幅度失真还是相位失真?

2. 判断理想低通滤波器是否是线性系统? 是否是时不变系统? 是否是因果系统?

3. 理想低通滤波器相当于一个幅值为 1、脉宽为 $2\omega_c$ 的偶对称矩形脉冲频谱,于频域施加 $\varphi(\omega) = -\omega t_0$ 相移得到。利用傅里叶变换性质,证明其单位冲激响应:

$$h(t) = \frac{\omega_c}{\pi} \cdot \mathrm{Sa}[\omega_c(t - t_0)]$$

5.5　系统物理可实现条件

5.5.1　系统物理可实现时域条件

从 5.4 节知道,理想低通滤波器是非因果系统,这类系统在实际应用中是无法实现的,因为任意 t_0 时刻的激励产生的响应不可能比 t_0 超前,也就是说实际物理系统不能没有原因就先出现结果,物理可实现系统必须是因果系统。

对于 LTI 系统,它是因果系统的充要条件是 $t < 0$ 时,$h(t) = 0$,这个条件也可以用来判断 LTI 系统是否是物理可实现的。

【例 5.10】 某 LTI 系统的系统函数为 $H(\mathrm{j}\omega) = K\cos(3\omega)$,如图 5.15 所示。判断该系统是否是物理可实现的?

解
$$H(\mathrm{j}\omega) = 10\cos(3\omega) = 10 \times \frac{\mathrm{e}^{\mathrm{j}3\omega} + \mathrm{e}^{-\mathrm{j}3\omega}}{2}$$

$$h(t) = \mathscr{F}^{-1}[H(\mathrm{j}\omega)] = 5[\delta(t+3) + \delta(t-3)]$$

在本例中 $t < 0$ 时 $h(t)$ 不为零,此系统是非因果系统,因此是物理不可实现的。

【例 5.11】 证明图 5.16 所示的 RC 低通网络是物理可实现系统。

证明 由例 5.2 可知该系统的系统函数为

$$H(\mathrm{j}\omega) = \frac{V_2(\mathrm{j}\omega)}{V_1(\mathrm{j}\omega)} = \frac{\dfrac{1}{RC}}{\mathrm{j}\omega + \dfrac{1}{RC}}$$

根据单边指数信号的傅里叶变换公式,有

$$h(t) = \mathscr{F}^{-1}[H(\mathrm{j}\omega)] = \frac{1}{RC}\mathrm{e}^{-\frac{1}{RC}t} \cdot u(t)$$

显然 $t < 0$ 时,$h(t) = 0$,该系统可以实现。事实上,可以由实际电路组成的系统都是物理可实现的。

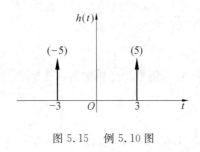

图 5.15　例 5.10 图

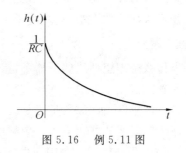

图 5.16　例 5.11 图

5.5.2* 　系统物理可实现频域条件

1. 幅频特性条件

(1) 能量有限条件

$$\int_{-\infty}^{+\infty} | H(\mathrm{j}\omega) |^2 \mathrm{d}\omega < +\infty \tag{5.26}$$

(2) 佩利－维纳准则

$$\int_{-\infty}^{+\infty} \frac{|\ln| H(\mathrm{j}\omega) ||}{1+\omega^2} \mathrm{d}\omega < 0 \tag{5.27}$$

实际上,这两个条件都是物理可实现的必要条件而不是充分条件。由佩利－维纳准则还可以推出下面的结论:

(3) 频带非零限制

$| H(\mathrm{j}\omega) | \neq 0$,该式表明在一段连续有限长频带内幅频特性不能连续为 0,但允许有限个不连续的频率点上幅度为 0。

(4) 幅频特性不能跳变

幅频特性不能衰减或增长过快,不允许有幅度跳变点。

从(3)或(4)中也可以得出理想低通滤波器实际上不可实现的结论。

2. 相频特性要求

物理可实现系统必须满足因果性,即使幅频特性满足要求,也不一定保证它是物理可实现的。因为系统相位移动相当于其单位冲激响应的时间平移,如果是沿时间轴向左平移,平移后的单位冲激响应很可能无法保证 $t < 0$ 时,$h(t) = 0$。

【思考题】

1. 为什么说佩利－维纳准则限制系统的幅频特性不能在一段频带内连续取零值?

2. 举例说明一个幅频特性满足佩利－维纳准则的系统,不一定是物理可实现的。

5.6 带通滤波系统

5.6.1 理想带通滤波系统

这里所说的带通滤波系统是个广义的概念,凡是能够对信号的某个频率范围进行处理的系统,都称为带通滤波系统,或者称为滤波器。

如果系统的通带始终是常数,阻带始终是零,通带和阻带之间没有过渡带(直接跳变),且通带内相移与频率成正比,那么这样的滤波系统称为理想滤波器,5.4 节提到的低通滤波器就是一个例子。根据通带和阻带频率范围的不同,可以把理想滤波系统分成下面几种形式。

1. 理想低通滤波器

$$|H(j\omega)| = \begin{cases} 1 & (|\omega| < \omega_c) \\ 0 & (|\omega| > \omega_c) \end{cases}$$

$$\varphi(\omega) = -\omega t_0$$

这种滤波器特点是通低频阻高频,如图 5.17 所示。

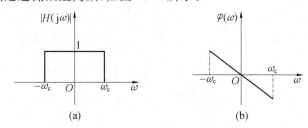

图 5.17 理想低通滤波器

2. 理想高通滤波器

$$|H(j\omega)| = \begin{cases} 1 & (|\omega| > \omega_c) \\ 0 & (|\omega| < \omega_c) \end{cases}$$

$$\varphi(\omega) = -\omega t_0$$

这种滤波器特点是通高频阻低频,如图 5.18 所示。

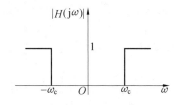

图 5.18 理想高通滤波器

3. 理想带通滤波器

$$|H(j\omega)| = \begin{cases} 1 & (\omega_1 < |\omega| < \omega_2) \\ 0 & (\omega \text{ 为其他值}) \end{cases}$$

$$\varphi(\omega) = \begin{cases} -(\omega + \omega_0)t_0 \\ -(\omega - \omega_0)t_0 \end{cases}$$

这种滤波器特点是在某一段频带范围内的信号通过,在这段频率范围外的频率分量被过滤掉。这种滤波器的相频特性通常用图 5.19 的形式来表示。

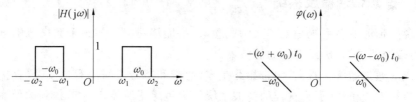

图 5.19　理想带通滤波器

4. 理想带阻滤波器

$$| H(j\omega) | = \begin{cases} 0 & (\omega_1 < | \omega | < \omega_2) \\ 1 & (\omega \text{ 为其他值}) \end{cases}$$

$$\varphi(\omega) = -\omega t_0$$

这种滤波器特点是在某一段频率范围内的信号被过滤掉,在这段频率范围外的频率分量可以通过,如图 5.20 所示。

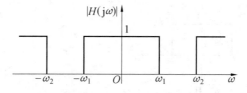

图 5.20　理想带阻滤波器

除了以上几种形式外,还有一种被称为全通滤波的系统,如图 5.21 所示,它的幅频特性在任意频率范围内都是常数,但一般会有无失真的相移。

$$| H(j\omega) | = 1$$

$$\varphi(\omega) = -\omega t_0$$

或者写成

$$H(j\omega) = e^{-j\omega t_0}$$

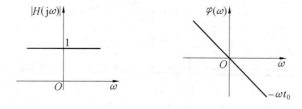

图 5.21　全通滤波器

【例 5.12】　一个理想带通滤波器的幅频特性与相频特性如图 5.22 所示。求出它的单位冲激响应,并说明此滤波器是否是物理可实现的?

解　(1) 设 $H(j\omega) = H_1[j(\omega - \omega_0)] + H_1[j(\omega + \omega_0)]$

$$H_1(\omega) = [u(\omega + \omega_c) - u(\omega - \omega_c)] \cdot e^{-j\omega t_0}$$

其中，$H_1(j\omega)$ 为理想低通滤波器，如图 5.17 所示。

$$h_1(t) = \mathscr{F}^{-1}[H_1(j\omega)] = \frac{\omega_c}{\pi} Sa[\omega_c(t - t_0)]$$

$$h(t) = \mathscr{F}^{-1}[H(j\omega)] = h_1(t)e^{j\omega_0 t} + h_1(t)e^{-j\omega_0 t} =$$

$$h_1(t)[e^{j\omega_0 t} + e^{-j\omega_0 t}] = \frac{2\omega_c}{\pi} Sa[\omega_c(t - t_0)] \cdot \cos(\omega_0 t)$$

(2)$t < 0$ 时 $h(t) \neq 0$，非因果系统，物理不可实现。

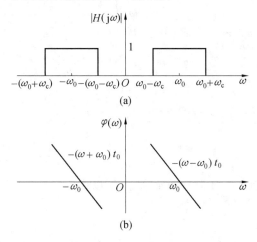

图 5.22　例 5.12 图

5.6.2　物理可实现带通滤波系统

1. 物理可实现带通滤波器的频率特性

理想滤波器是物理不可实现的，实际滤波器会与这些理想模型有所不同，物理可实现的滤波器幅频特性如图 5.23 所示。实际滤波器常有如下的设计指标：

（1）通带波纹（通带允许的最大衰减）

$$\delta_1 = 20\lg \frac{|H(0)|}{|H(\omega_p)|} = -20\lg\alpha_p \text{(dB)} \tag{5.28}$$

（2）阻带波纹／阻带噪声（阻带应达到的最小衰减）

$$\delta_s = 20\lg \frac{|H(0)|}{|H(\omega_s)|} = -20\lg\alpha_s \text{(dB)} \tag{5.29}$$

（3）过渡带宽（$\Delta\omega$）

$$\Delta\omega = \omega_s - \omega_p \tag{5.30}$$

2. 物理可实现带通滤波器举例

滤波器的数学模型可写为

$$H(s) = \frac{A(s)}{B(s)} = \frac{a_m s^m + a_{m-1} s^{m-1} + \cdots + a_0}{b_n s^n + b_{n-1} s^{n-1} + \cdots + b_0} \quad (s = j\omega)$$

$$\tag{5.31}$$

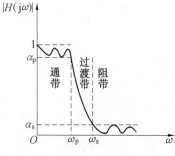

图 5.23　实际低通滤波器

滤波器的特性取决于系数 a 和 b 的取值,其中分母多项式的次数通常称为该滤波器的阶数。一般来说,增加滤波器的阶数,滤波器的阻带可以得到更高的抑制,阻带衰减越好,但这样往往会增大滤波器的过渡带宽,也会增加滤波器的复杂性和设计成本。下面简单介绍两种常见的典型滤波系统。

（1）巴特沃斯滤波器。

这种滤波器常被称为通带内最平坦的滤波器,其低通滤波系统频率特性如下：

$$|H(j\omega)|^2 = \frac{1}{1 + \left(\dfrac{\omega}{\omega_0}\right)^{2n}} = H(j\omega)H(-j\omega) \tag{5.32}$$

$$\omega = 0 \quad |H(j0)| = 1$$

$$\omega = \omega_0 \quad |H(j\omega_0)| = \frac{1}{\sqrt{2}}$$

$$\omega = +\infty \quad |H(j\infty)| = 0$$

$$|H(j\omega)|^2 = \left[1 + \left(\frac{\omega}{\omega_0}\right)^{2n}\right]^{-1/2} =$$

$$1 - \frac{1}{2}\left(\frac{\omega}{\omega_0}\right)^{2n} + \frac{3}{8}\left(\frac{\omega}{\omega_0}\right)^{4n} - \frac{5}{16}\left(\frac{\omega}{\omega_0}\right)^{6n} + \frac{35}{128}\left(\frac{\omega}{\omega_0}\right)^{8n} - \cdots$$

在 $\omega = 0$ 点,它的前 $2n-1$ 阶导数都为零,所以说在 $\omega = 0$ 点附近一段范围内最平,这里 n 代表滤波器的阶数。

（2）切比雪夫滤波器。

① 切比雪夫 I 型低通滤波器。这种滤波器具有通带等波纹,阻带是单调的特点,如图5.24 所示。

$$|H(j\Omega)| = \frac{1}{\sqrt{1 + \varepsilon^2 T_n^2\left(\dfrac{\omega}{\omega_0}\right)}} \tag{5.33}$$

其中

$$T_n(x) = \begin{cases} \cos(n(\arccos x)) & (|x| \leqslant 1) \\ \mathrm{ch}(n\mathrm{arch}\ x) & (|x| > 1) \end{cases}$$

ε 是小于1的正数,又称"波纹系数",这个数越大,通带波纹也就越大;n 是滤波器的阶数。

② 切比雪夫 II 型低通滤波器。这种滤波器具有通带单调,阻带是等波纹的特点,如图 5.25 所示。

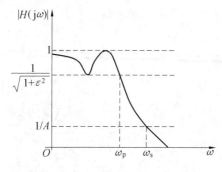

图 5.24　切比雪夫 I 型低通滤波器

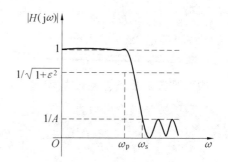

图 5.25　切比雪夫 II 型低通滤波器

巴特沃斯滤波器和切比雪夫滤波器也有高通、带通、带阻等类型,这里不再详述。

【思考题】

下面几种情况相当于哪一种滤波器?

(1) 一个全通滤波器减去一个低通滤波器。

(2) 一个截止频率较高的低通滤波器减去一个截止频率较低的低通滤波器。

(3) 一个截止频率较低的低通滤波器加上一个截止频率较高的高通滤波器。

5.7　通信系统的幅度调制与解调

在电子信息技术的几个相关课程中都有讲解"调制与解调"的相关内容:

《信号与系统》——　应用傅里叶变换的性质说明搬移信号频谱的原理;

《通信原理》——　研究不同的调制方式对系统性能的影响;

《通信电子电路》(或《高频电子技术》)——　调制 / 解调电路的分析。

5.7.1　调制的目的和意义

1. 什么是信号调制

在通信技术中,通常把频率较低的通信信号加载到频率较高的信号上进行发送和传输,这个过程就称为信号的调制。

其中频率较低的通信信号通常又称为低频"调制信号";频率较高的信号载体通常又称为高频"载波信号"(也称载频信号)。

2. 为什么要进行信号调制

(1) 远距离无线电信号发送的需要。

无线电信号是通过电磁波辐射来发送的。根据电磁波理论,能够有效辐射电磁波的天线尺寸与信号波长有关,波长越长,需要的天线尺寸就越大。

【例 5.13】　语音信号的频率范围一般是 300 Hz～3.4 kHz,设天线尺寸至少应达到辐射波长的十分之一,估算辐射未调制的语音信号需要多大的天线?

解　设无线电波的传送速度为光速,其由波长公式

$$\lambda = \frac{c}{f} \tag{5.34}$$

可以算出语音信号的最大波长是

$$\lambda_{\max} = \frac{c}{f_{\min}} = \frac{3 \times 10^8}{300} = 10^6 \text{ m} = 1\,000 \text{ km}$$

于是天线长度应达到的尺寸为

$$L \geqslant \frac{\lambda_{\max}}{10} = 100 \text{ km}$$

从例 5.13 可以看到,造出这样直接传送语音信号的天线是不可能的,虽然实际上语音信号不一定能达到低频极限,但即使取 $f=1$ kHz,也可以计算出 $L \geqslant 30$ km,这个尺寸还是太大了。只有把无线电信号的载波频率提高,才可以设计出实际可行的天线。

(2) 多路通信技术的需要。

实际上,在通信技术中往往需要同时发送多路信号。比如广播信号或电视信号,各个电台的节目如果直接发送,它们的频率范围会重叠,造成相互的干扰,无法正常接收。利用信号的调制技术可以把不同电台的信号调制到不同的载波频率上,这样由于各自的频段不同,就不会发生相互干扰,从而实现通信信号的"多路复用"。

不同的通信系统的具体调制方式有很大区别,如 GSM 网络和 CDMA 网络的手机信号就完全不同,但都需要通过信号调制技术把多路信号区分开。

(3) 极低频信号放大的需要。

信号在传送过程中会发生衰减和失真,在中继站或接收端通常需要对信号进行放大处理,对于频率很低(如 1 Hz 以下)的信号,直接放大往往比较困难,而针对较高频率的信号增益相对简单。调制技术会使信号的载体有较高的频率,可以解决极低频信号不易获得无失真增益的弊端。

综上所述,调制技术已成为今天通信技术的一个基本环节,下面分析幅度调制(简称"调幅")的基本原理。

5.7.2　信号的调制

知道了调制的目的,接下来讨论怎样进行信号调制。通常用于信号调制的高频载波信号有两种形式:(1) 正弦波载波信号;(2) 脉冲序列或数字载波信号。

在这里只讨论正弦波载波,如图 5.26 所示。

调制后的信号为

$$f(t) = g(t)\cos(\omega_0 t)$$

载波信号为 $\cos(\omega_0 t)$,其傅里叶变换为

$$\mathscr{F}[\cos(\omega_0 t)] = \pi[\delta(\omega + \omega_0) + \delta(\omega - \omega_0)]$$

设调制信号为 $g(t)$,其频谱 $G(\omega)$ 带宽为 ω_m,根据频域卷积定理,可知调制后的信号的频谱为

$$F(\omega) = \frac{1}{2\pi} G(\omega) * \pi[\delta(\omega + \omega_0) + \delta(\omega - \omega_0)] =$$

$$\frac{1}{2}[G(\omega + \omega_0) + G(\omega - \omega_0)] \qquad (5.35)$$

如图 5.27 所示,图(a)是低频调制信号的频谱,图(b)是高频载波信号的频谱,图(c)是已调制后信号的频谱。可以看出,调制后的信号相当于原信号频谱平移到载波频率位置上,这样就把低频信号搬移到 ω_0 附近的高频位置,这种方法通常称为"频谱搬移"技术,在通信信号中经常采用。一般来说,$\omega_0 \gg \omega_m$,搬移后的频谱虽然中心频率位置变了,但信号的带宽不变。在通信系统

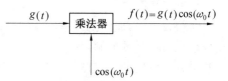

图 5.26　正弦波载波调幅技术

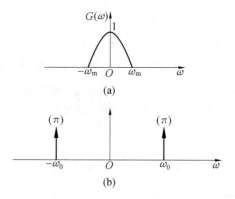

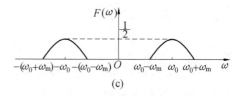

图 5.27　信号调制频谱分析

的发送端进行信号调制后,经发送和接收,必需再经过解调才可以恢复原来的信号。

这种方法是调幅技术的一种,又称为抑制载波的振幅调制,简称 AM－SC。

5.7.3 信号的解调

1. 什么是解调

从已调制信号 $f(t)$ 中恢复原始信号 $g(t)$ 的过程,称为解调。

2. 同步解调原理

对于用前面的方法进行的幅度调制,原理比较简单的一种解调方法是同步解调,即在接收端对已调制信号 $f(t)$ 再乘以一个与原来载波信号同频同相的信号 $\cos(\omega_0 t)$,这个信号又称为本地载波信号,如图 5.28、5.29 所示。

经过本地载波后的信号为

$$g_0(t) = f(t)\cos(\omega_0 t) = g(t)\cos^2(\omega_0 t) =$$

$$g(t) \cdot \frac{1 + \cos(2\omega_0 t)}{2} = \frac{1}{2}g(t) + \frac{1}{2}g(t)\cos(2\omega_0 t)$$

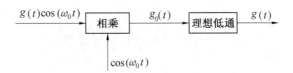

图 5.28 同步解调原理图

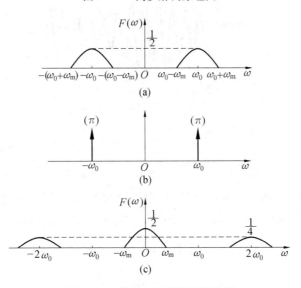

图 5.29 信号本地载波频谱分析

解调后的信号有两部分,一个是中心频率在 $2\omega_0$ 处的高频信号,一个是还原后的原始信号,可以采一个低通滤波器,滤掉高频成分,使信号复原,如图 5.30 所示。这里低通滤波器截止频率的取值范围应为 $\omega_m < \omega_c < 2\omega_0 - \omega_m$。

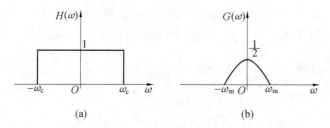

图 5.30 信号经过低通滤波还原原始信号的频谱

3. 不使用本地载波的调幅信号(AM) 的解调原理

AM－SC 信号解调的优点是发送端相对简单,缺点是接收端成本较高,因为接收机需要产生与发射端相同频率和相位的本地载波信号。为了在民用设备中节约接收机的成本,可采用在发射信号中叠加一定强度的载波信号 $A\cos(\omega_0 t)$,此时发送端产生的信号合成为 $[A + g(t)]\cos(\omega_0 t)$,并且使 $A + g(t) > 0$,这样调制后的信号包络线即是 $A + g(t)$,如图 5.31 所示。

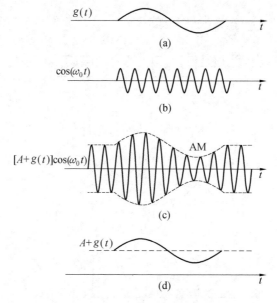

图 5.31 AM－SC、AM 信号及其解调波形

为了取出图 5.31(d) 所示的包络曲线,一般采用如图 5.32 所示的包络检波器。这种方法节约了接收端成本,特别适用于如收音机之类的民用多个接收端系统。

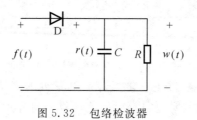

图 5.32 包络检波器

5.7.4　单边带调制（SSB）与解调

1. 单边带调制

在图 5.26 中采用的信号调制方法利用了频谱左右两个边的频带，我们称为双边带调制。由于实际应用中信号一般为实信号，其幅度谱都是偶对称的，双边带调制会存在重复信息，占用了过多的带宽资源。为节约带宽，可以采用单边带调制方法，传送信号时可以节约一半的带宽，如图 5.33 所示。

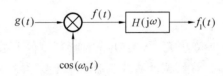

图 5.33　单边带调制的原理

图 5.34 中图（a）是调制信号的频谱，图（b）是双边带调制的频谱，图（c）是上边带调制的频谱，图（d）是下边带调制的频谱。

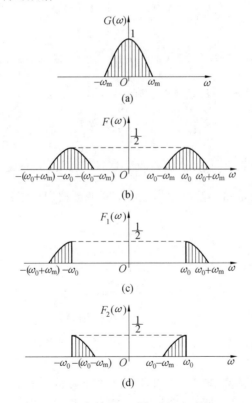

图 5.34　单边带调制的频谱

我们以上边带调制为例，说明一下具体方法：

在图 5.34 中，$H(j\omega)$ 是一个理想带通滤波器，取上边带的理想带通滤波器如图 5.35 所示。其中 B_ω 是滤波器的带宽，其取值范围与调制信号的带宽以及多路通信中相邻频段的带宽间隔有关。如果只传送一路信号，也可以采用高通滤波器提取上边带，用低通滤波器提取下边带。

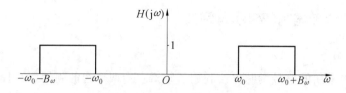

图 5.35　取上边带的理想带通滤波器

由于理想带通滤波器在应用中存在设计上的困难,实际应用中常采用希尔伯特变换器来实现信号的单边带调制,这里不再详述。

2.单边带解调

单边带信号解调的方法与双边带信号类似,对前面提到的上边带信号和下边带信号,都可采用同步解调的方法,区别只是在解调低通滤波器的截止频率取值范围略有不同。

【例 5.14】　采用图 5.33 及 5.35 中的方法得到的上边带信号如图 5.34(c) 所示,证明:采用同步解调的方法即可恢复原始信号。

证明　在信号接收端把已调制信号与本地载波信号相乘,得

$$f(t) = f_1(t) \cdot \cos(\omega_0 t)$$

频谱为

$$F_1(\omega) = \frac{1}{2}\big[G(\omega + \omega_0) + G(\omega - \omega_0)\big] \cdot \big[u(-\omega - \omega_0) + u(\omega - \omega_0)\big]$$

$$F(\omega) = \frac{1}{2\pi}F_1(\omega) * \pi\big[\delta(\omega + \omega_0) + \delta(\omega - \omega_0)\big] =$$

$$\frac{1}{4}\big[G(\omega + 2\omega_0) + G(\omega)\big] \cdot \big[u(-\omega - 2\omega_0) + u(\omega)\big] +$$

$$\frac{1}{4}\big[G(\omega) + G(\omega - 2\omega_0)\big] \cdot \big[u(-\omega) + u(\omega - 2\omega_0)\big]$$

再利用截止频率 ω_c 满足 $\omega_m < \omega_c < 2\omega_0$ 的低通滤波器即可还原 $G(\omega)$,如图 5.36 所示。

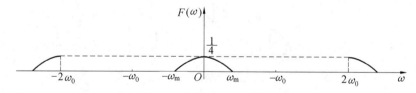

图 5.36　单边带解调频谱图

5.7.5　其他调制技术

除了幅度调制外,还有调频(FM)、调相(PM)、脉冲编码调制(PCM)等多种调制技术,其原理和调制解调电路可以参考《通信原理》及《高频电子技术》(即《通信电子电路》)等相关教材。

【思考题】

1.在同步解调中若本地载波信号为 $\cos(10^4 \pi t)$,原始调制信号的带宽为 1 kHz,那么解调端采用的理想低通滤波器截止频率 f_c 的取值范围应该是多少? 如果理想低通滤波器的截止

频率 $f_c = 6\text{ kHz}$，它能够无失真解调的信号的最大带宽是多少？

2. 在多路通信的单边带调制中，图 5.35 为什么不能直接采用高通滤波器？如果载波信号频率为 ω_0，调制信号带宽为 ω_m，多路通信中相邻调制信号的载波频率间隔为 $\Delta\omega$，那么理想带通滤波器的带宽 B_0 取值范围应该是多少？

5.8　多路通信复用技术简介

在实际通信系统中，传输信道的频带往往会比单个信号的有效频带宽得多，见表 5.1。为了有效利用信道带宽资源，通常在同一信道中传送多个信号，称为多路复用。

表 5.1　通信信号频带分配

名称	频带范围	典型应用
甚低频（VLF）	$3 \sim 30$ kHz	长波通信、导航、声纳
低频（LF）	$30 \sim 300$ kHz	全向无线电信标
中频（MF）	$300 \sim 3\,000$ kHz	海上无线电、定向、广播
高频（HF）	$3 \sim 30$ MHz	电报、电话、传真、船－岸通信
甚高频（VHF）	$30 \sim 300$ MHz	VHF 电视频道 FM 广播、公安、出租车对讲机
特高频（UHF）	$0.3 \sim 3$ GHz	UHF 电视、无线电探空仪监视雷达、卫星通信
超高频（SHF）	$3 \sim 30$ GHz	微波通信、气象雷达、移动通信
极高频（EHF）	$30 \sim 300$ GHz	铁路通信、雷达着落系统

多路复用的方法有很多，在各种通信系统中，常用的基本复用方式有以下几种：
① 频分复用（FDM）；
② 时分复用（TDM）；
③ 码分复用（码分多址）（CDMA）；
④ 波分复用（WDM）。

5.8.1　频分复用(FDM)

频分复用是把各路信号搬移到不同的载波频率上，每路信号占有自己的频段，互不重叠，在接收端利用多个带通滤波器将各路信号分离后再进行解调。

图 5.37(a) 是频分复用发送端，多路信号调制后叠加发送到传输信道，图 5.37(b) 是频分复用的接收端，用带通滤波器取出每一路信号再与各自的本地载波信号相乘解调，由低通滤波器取出各路信号。

频分复用解决了多路信号传输问题，但这种通信方式需要各路信号采用不同的载波频率，各自滤波系统的通带范围也有所不同，这种方法容易因为各种器件的非线性失真产生不同信号之间的多倍频串扰，对通信电路的线性指标要求很高。

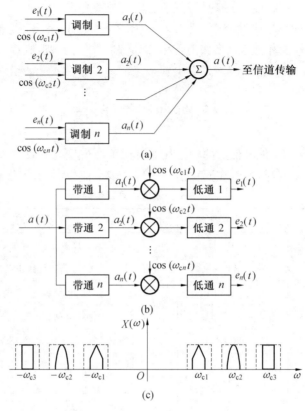

(a)

(b)

(c)

图 5.37 频分复用原理

5.8.2* 时分复用(TDM)

时分复用系统是利用各路抽样信号之间占用不同的时间间隔,但频谱允许在同一范围。对于频带受限信号,如果其带宽为 f_m,根据抽样定理,它可以由间隔不超过 $1/2f_m$ 的时间间隔抽样值唯一的表示。但抽样脉冲之间的时间空隙是未被占用的,可以利用这段"闲置"的时间段传送第二路、第三路 … 信号,从而实现信号的多路复用,如图 5.38 所示。

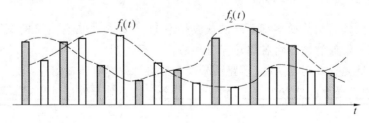

图 5.38 两路信号的时分复用

频分复用保留了信号频谱的个性,而时分复用保留了信号波形的个性。在实际应用中,时分复用通常传送脉冲编码调制(PCM)信号。

采用脉冲序列对连续信号进行抽样产生的信号称为脉冲幅度调制(PAM)信号,这一过程的实质是把连续信号转换为脉冲序列,而每个脉冲的幅度与各抽样点信号的幅度成正比。在数字通信系统中,除了传送 PAM 信号之外,PCM 信号的应用也十分广泛。在 PCM 通信系统中,需要把抽样后的 PAM 信号进行量化和编码。

量化就是把序列各点抽样值用一组数字来表示,一般采用舍入的方法把幅度连续的信号每个点表示成有限精度的数字。

编码就是利用一组脉冲序列来表示各抽样点的数字幅值,一般需要把幅值数字转换成二进制等效数字表示,见表 5.2。

表 5.2　脉冲编码原理示意图

数字(抽样值)	二进制等效数字	脉冲编码波形
0	0000	
1	0001	
2	0010	
3	0011	
4	0100	
5	0101	
6	0110	
7	0111	
8	1000	
9	1001	
10	1010	
11	1011	
12	1100	
13	1101	
14	1110	
15	1111	

在远距离通信中,信号强度会不断衰减,因而需要多个中继器对信号进行接收、放大和转发。PAM 信号在放大转发过程中噪声会逐级积累,使信号发生严重失真甚至无法读取,而 PCM 信号由于数字通信本身的特点,只需要判别脉冲的有无,噪声只要不超过一定的阈值,就不会被传送到下一级,从而实现了多中继过程中噪声不会累加。

PCM 信号的这些优点也可以在时分复用中得以体现。在时分复用中,产生与恢复各路信号的电路结构相同,并且以数字电路为主,比频分复用系统的电路更容易实现超大规模集成,电路类型统一,设计、调试简单。时分复用容易控制各路信号之间的干扰(串话),合理设计脉码波形可使频带得到充分利用并且防止码间串扰。

5.8.3* 码分多址通信(CDMA)

码分:利用一组正交码序列来区分各路信号。

码分复用:利用自相关函数抑制互相关函数的特性来选取正交信号码组中的所需信号,因此也称为正交复用。

在码分多址通信中,各路信号占有的频带和时间都可以重叠。

图 5.39 是两路信号正交复用的一个例子,两路信号分别由相互正交的载波信号 $\cos(\omega_0 t)$ 和 $\sin(\omega_0 t)$ 调制后叠加,再发送到接收端。

$$f_1(t) = [g_1(t)\cos(\omega_0 t) + g_2(t)\sin(\omega_0 t)]\cos(\omega_0 t) =$$

$$\frac{1}{2}g_1(t)[1 + \cos(2\omega_0 t)] + \frac{1}{2}g_2(t)\sin(2\omega_0 t) \tag{5.36}$$

$$f_2(t) = [g_1(t)\cos(\omega_0 t) + g_2(t)\sin(\omega_0 t)]\sin(\omega_0 t) =$$

$$\frac{1}{2}g_1(t)\sin(2\omega_0 t)+\frac{1}{2}g_2(t)\left[1-\cos(2\omega_0 t)\right] \tag{5.37}$$

接收端利用本地载波信号进行同步解调,通过相乘和低通滤波,滤除 $2\omega_0$ 附近的高频信号,即可还原两路原始信号 $g_1(t)$ 和 $g_2(t)$。

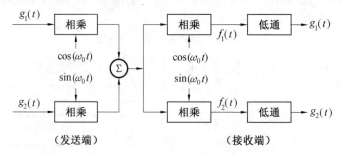

图 5.39　两路信号正交复用原理

码分复用具有抗干扰性好、复用容量灵活、保密性好、接收设备易于简化等优点。这些优势使得码分多址通信技术应用也很广泛,如彩色电视机传输系统的色差信号合成与分离,以及移动通信中的 CDMA 网络通信技术等。

习　题

5.1　系统的结构如题 5.1 图所示,这是一种零阶保持器,它广泛应用在采样控制系统中。

(1)求出该系统的系统函数 $H(\mathrm{j}\omega)$;

(2)若输入 $x(t)=\delta(t)+2\delta(t-\tau)+3\delta(t-2\tau)$,求输出 $y(t)$。

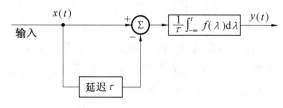

题 5.1 图

5.2　已知某连续时间 LTI 系统输入激励 $x(t)=\mathrm{e}^{-t}u(t)$,响应 $y(t)=\mathrm{e}^{-t}u(t)+\mathrm{e}^{-2t}u(t)$,求该系统的系统函数 $H(\mathrm{j}\omega)$ 及其单位冲激响应 $h(t)$。

5.3　设系统频率特性为 $H(\mathrm{j}\omega)$,如题 5.3 图所示,求该系统的单位冲激响应和单位阶跃响应。

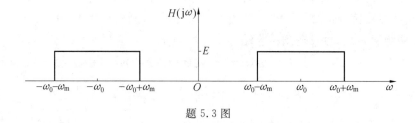

题 5.3 图

5.4 已知一个稳定的 LTI 系统的微分方程为：$y''(t) + 3y'(t) + 2y(t) = 2x'(t) + 3x(t)$，系统激励信号 $x(t) = e^{-3t}u(t)$，采用傅里叶变换分析法求系统的零状态响应 $y_{zs}(t)$。

5.5 已知 LTI 系统的系统函数 $H(j\omega)$ 的幅频特性与相频特性如题 5.5 图所示，激励信号 $x(t) = \cos(5t) \cdot \dfrac{\sin(3t)}{t}$，求系统响应 $y(t)$。

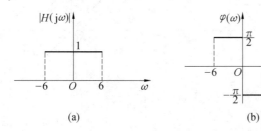

(a)   (b)

题 5.5 图

5.6 已知一个连续时间 LTI 系统的频率响应如题 5.6 图所示，输入的激励信号 $x(t) = 2 + 3\cos t + 6\cos(2t) + 5\cos(4t)(-\infty < t < +\infty)$，求该系统的稳态响应 $y(t)$。

5.7 题 5.7 图所示的电路输入信号 $v_1(t) = 10\cos(4t)u(t)$，系统运行一段时间后，求其输出电压 $v_2(t)$ 的稳态响应。

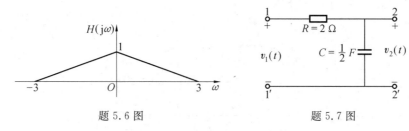

题 5.6 图   题 5.7 图

5.8 系统电路如题 5.8 图所示，写出电压转移函数 $H(j\omega) = \dfrac{V_2(j\omega)}{V_1(j\omega)}$，为得到无失真传输系统，元件参数 R_1, R_2, C_1, C_2 应满足什么关系？

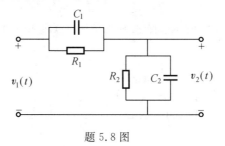

题 5.8 图

5.9 已知理想 $90°$ 移相器的系统函数 $H(j\omega) = \begin{cases} e^{j\frac{\pi}{2}} & (\omega < 0) \\ e^{-j\frac{\pi}{2}} & (\omega > 0) \end{cases}$，这个系统的激励信号 $x(t) = \cos(\omega_0 t)(-\infty < t < +\infty)$，求系统的响应 $y(t)$，并判断该系统是否是无失真传输系统？

5.10 证明：理想低通滤波器是 LTI 系统。

5.11 一个理想低通滤波器的系统函数如式(5.19),幅度响应与相移响应特性如题 5.11 图所示。证明此滤波器对于 $\dfrac{\pi}{\omega_c}\delta(t)$ 和 $\dfrac{\sin(\omega_c t)}{\omega_c t}$ 的响应是一样的。

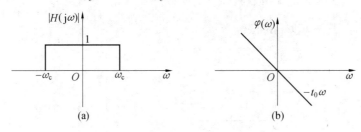

题 5.11 图

5.12 已知理想低通滤波器的系统函数 $H(j\omega)=\begin{cases}e^{-j\omega} & (\mid\omega\mid<\omega_c)\\ 0 & (\mid\omega\mid>\omega_c)\end{cases}$,若系统输入信号为 $x(t)=e^{-at}u(t)$,如何选择截止频率,能够使该系统的输出信号 $y(t)$ 的能量为输入信号能量的一半?

5.13 求题 5.13 图所示系统的系统函数 $H(j\omega)$ 和单位冲激响应 $h(t)$,并证明该系统是物理可实现的因果系统,其中 $R=\sqrt{\dfrac{L}{C}}$。

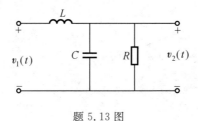

题 5.13 图

5.14 如果某系统的幅频特性 $\mid H(j\omega)\mid=e^{-\omega^2}$,利用佩利—维纳准则证明该系统不是物理可实现的。

5.15 已知输入信号 $f(t)$ 的傅里叶变换 $F(j\omega)$、系统 $H_1(j\omega)$ 和 $H_2(j\omega)$,如题 5.15(a) 图所示,系统组成如题 5.15(b) 图所示。依次画出信号 $x_1(t)$、$x_2(t)$、$x_3(t)$、$y(t)$ 的频谱 $X_1(j\omega)$、$X_2(j\omega)$、$X_3(j\omega)$、$Y(j\omega)$。

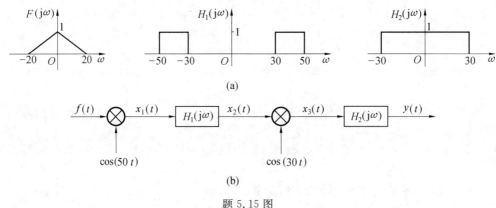

题 5.15 图

5.16　已知输入信号 $f(t)$ 的傅里叶变换 $F(j\omega)$、系统 $H_1(j\omega)$ 和 $H_2(j\omega)$ 及系统组成如题 5.16 图所示。依次绘出信号 $x_1(t)$、$x_2(t)$、$x_3(t)$、$x_4(t)$ 的频谱 $X_1(j\omega)$、$X_2(j\omega)$、$X_3(j\omega)$、$X_4(j\omega)$。

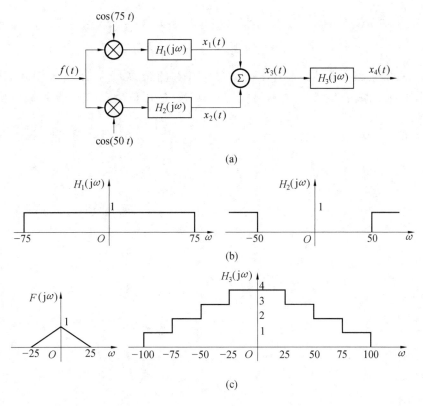

题 5.16 图

5.17　如题 5.17(a) 图所示的调幅系统中，已知调制信号 $x(t)$ 的波形如题 5.17(b) 图所示，载波信号为 $\cos(100t)(-\infty < t < +\infty)$，直流信号 $A=2$。求调制后的响应信号 $y(t)$ 及其频谱 $Y(j\omega)$。

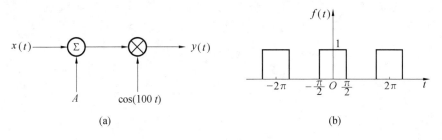

题 5.17 图

5.18　某二次调幅系统如题 5.18 图所示。已知调制信号 $x(t)$ 所占频带为 $0.3 \sim 3.4\ \text{kHz}$，第一载波信号频率 $f_1 = 100\ \text{kHz}$，第二载波信号频率 $f_2 = 10\ \text{MHz}$，如果使带通滤波器的输出信号 $s_2(t)$ 只保留上边带频谱，试问两个带通滤波器的有效频带范围各应为多少？

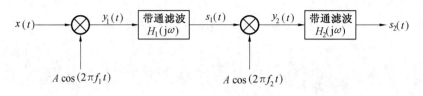

题 5.18 图

5.19　已知三路带限信号 $f_1(t)$、$f_2(t)$、$f_3(t)$ 的最高频率分别为 100 Hz、200 Hz、400 Hz。若对此三路信号进行脉冲幅度调制形成时分复用信号,试计算脉冲载波信号的最大周期。

第 6 章

连续时间系统的 s 域分析

6.1 引 言

19 世纪末,英国工程师赫维赛德(O. Heaviside,1850—1925 年)发明了运算法(算子法),用来解决电路计算中的一些问题。后来,人们在法国数学家拉普拉斯(P. S. Laplac,1749—1825 年)的著作中为海维赛德运算法找到了可靠的数学依据,重新给予严密的数学定义,并取名为拉普拉斯变换(Laplace Transform)方法。从此拉普拉斯变换方法在电学、力学等许多科学领域中取得了广泛应用,尤其是在电路理论的研究中。在相当长的时间内,电路理论和工程方面的问题,几乎都使用拉普拉斯变换方法。图 6.1 为法国数学家拉普拉斯。

近年来,离散系统、非线性系统、时变系统的研究和应用日益广泛,拉普拉斯变换法在这方面已不适用,它将被一些新的方法所取代。然而作为研究连续、线性、非时变系统的强有力工具,拉普拉斯变换至今仍然起着非常重要的作用。

从数学角度来看,拉普拉斯变换方法是求解常系数线性微分方程的工具,它的优点表现在以下几方面:

(1)使求解步骤得到简化,同时可以给出微分方程的特解和齐次解,而且初始条件自动地包含在变换式里。

(2)拉普拉斯变换将"微分"与"积分"运算转换为"乘法"和"除法"运算,即把微积分方程变为代数方程。

图 6.1 法国数学家
拉普拉斯

(3)某些不满足狄里赫利条件的函数,不能进行傅里叶变换,但是可以进行拉普拉斯变换。

(4)拉普拉斯变换可以把时域中两函数的卷积运算转换为变换域中两函数的乘法运算,这种关系就是重要的卷积定理。

本章着重研究拉普拉斯变换的定义及收敛域,常用函数的拉普拉斯变换,拉普拉斯反变换的方法以及拉普拉斯变换的基本性质,为后续章节中系统分析打好基础。

6.2 从傅里叶变换到拉普拉斯变换

6.2.1 拉普拉斯变换

由第 4 章可知,在用频域法分析系统时,通常需要求出信号 $f(t)$ 的傅里叶变换,即信号

$f(t)$ 的频谱为

$$F(\mathrm{j}\omega) = \int_{-\infty}^{+\infty} f(t)\,\mathrm{e}^{-\mathrm{j}\omega t}\,\mathrm{d}t \tag{6.1}$$

然而有不少信号函数不能直接由上式求得其傅里叶变换。这是由于当 t 趋于无穷大时,$f(t)$ 的幅度不衰减,因而积分不收敛。例如,单位阶跃函数 $u(t)$,其傅里叶变换存在,但式(6.11)表示的积分不收敛。此外,随 t 增幅的指数函数 $\mathrm{e}^{\alpha}u(t)(\alpha > 0)$ 的傅里叶变换也不存在。

为了使更多的信号函数存在对应的变换,并简化变换形式及运算过程,引入一个衰减因子 $\mathrm{e}^{-\sigma t}$(其中 σ 为任意常数)将其与 $f(t)$ 相乘,于是 $\mathrm{e}^{-\sigma t}f(t)$ 的积分得以收敛,绝对可积的条件就容易满足。据此写出 $\mathrm{e}^{-\sigma t}f(t)$ 的傅里叶变换为

$$\mathscr{F}\left[\mathrm{e}^{-\sigma t}f(t)\right] = \int_{-\infty}^{+\infty} \mathrm{e}^{-\sigma t}f(t)\,\mathrm{e}^{-\mathrm{j}\omega t}\,\mathrm{d}t = \int_{-\infty}^{+\infty} f(t)\,\mathrm{e}^{-(\sigma+\mathrm{j}\omega)t}\,\mathrm{d}t \tag{6.2}$$

式(6.2)积分结果是 $(\sigma + \mathrm{j}\omega)$ 的函数,令其为 $F(\sigma + \mathrm{j}\omega)$,则

$$F(\sigma + \mathrm{j}\omega) = \int_{-\infty}^{+\infty} f(t)\,\mathrm{e}^{-(\sigma+\mathrm{j}\omega)t}\,\mathrm{d}t \tag{6.3}$$

相应的傅里叶反变换为

$$\mathrm{e}^{-\sigma t}f(t) = \frac{1}{2\pi}\int_{-\infty}^{+\infty} F(\sigma + \mathrm{j}\omega)\,\mathrm{e}^{\mathrm{j}\omega t}\,\mathrm{d}\omega$$

等式两端乘以 $\mathrm{e}^{\sigma t}$,可得

$$f(t) = \frac{1}{2\pi}\int_{-\infty}^{+\infty} F(\sigma + \mathrm{j}\omega)\,\mathrm{e}^{\mathrm{j}(\sigma+\omega)t}\,\mathrm{d}\omega \tag{6.4}$$

将式(6.3)与式(6.4)中的 $\sigma + \mathrm{j}\omega$ 作变量替换,令 $s = \sigma + \mathrm{j}\omega$,则式(6.3)可写为

$$F(s) = \int_{-\infty}^{+\infty} f(t)\,\mathrm{e}^{-st}\,\mathrm{d}t \tag{6.5}$$

由于 σ 为常数,因此 $\mathrm{d}\omega = \dfrac{\mathrm{d}s}{\mathrm{j}}$,故

$$f(t) = \frac{1}{2\pi}\int_{-\infty}^{+\infty} F(\sigma + \mathrm{j}\omega)\,\mathrm{e}^{\mathrm{j}(\sigma+\omega)t}\,\mathrm{d}\omega$$

式(6.4)可写为

$$f(t) = \frac{1}{2\pi\mathrm{j}}\int_{\sigma-\mathrm{j}\infty}^{\sigma+\mathrm{j}\infty} F(s)\,\mathrm{e}^{st}\,\mathrm{d}s \tag{6.6}$$

式(6.5)与式(6.6)通常称为双边拉普拉斯变换的一个变换对(Bilateral, or Two-sided Laplace Transform Pair)。式(6.5)表示正变换,式中 $F(s)$ 称为 $f(t)$ 的双边拉普拉斯变换,或称像函数;式(6.6)表示拉普拉斯反变换,式中 $f(t)$ 是 $F(s)$ 的拉普拉斯逆变换(Invers Laplace Transform),或称原函数,常用记号 $\mathscr{L}[f(t)]$ 表示 $f(t)$ 取双边拉普拉斯变换,记为 $F(s)$,以 $\mathscr{L}^{-1}[F(s)]$ 表示取双边拉普拉斯反变换。于是,双边拉普拉斯变换定义式(6.5)与式(6.6)可改写为

$$F(s) = \mathscr{L}[f(t)] = \int_{-\infty}^{+\infty} f(t)\,\mathrm{e}^{-st}\,\mathrm{d}t \tag{6.7}$$

及

$$\mathscr{L}^{-1}[F(s)] = f(t) = \frac{1}{2\pi\mathrm{j}}\int_{\sigma-\mathrm{j}\infty}^{\sigma+\mathrm{j}\infty} F(s)\,\mathrm{e}^{st}\,\mathrm{d}s \tag{6.8}$$

实际信号 $f(t)$ 都有其起始时刻,若假设其起始时刻为时间坐标的原点$(t=0)$,于是 $t < 0$

时，$f(t)=0$。因此式(6.5)与式(6.6)可写为

$$F(s)=\int_{0^-}^{+\infty}f(t)\mathrm{e}^{-st}\,\mathrm{d}t \tag{6.9}$$

$$f(t)=\begin{cases}\dfrac{1}{2\pi\mathrm{j}}\displaystyle\int_{\sigma-\mathrm{j}\infty}^{\sigma+\mathrm{j}\infty}F(s)\mathrm{e}^{st}\,\mathrm{d}s & (t>0)\\[2mm]0 & (t<0)\end{cases} \tag{6.10}$$

式(6.9)和式(6.10)称为单边拉普拉斯变换的一个变换对(Uniliteral, or Single-sided Laplace Transform Pair)。式(6.9)中积分下限取 0^- 是考虑 $f(t)$ 可能包含冲激函数等奇异函数，但为了简便，常把下限写为 0，只有必要时才把它写为 0^-。式(6.10)中为了表达方便也常常只写 $t>0$ 的部分。常以记号 $\mathscr{L}[f(t)]$ 表示对 $f(t)$ 取单边拉普拉斯变换，记为 $F(s)$，以 $\mathscr{L}^{-1}[F(s)]$ 表示对 $F(s)$ 取单边拉普拉斯反变换，于是

$$F(s)=\mathscr{L}[f(t)]=\int_{0^-}^{+\infty}f(t)\mathrm{e}^{-st}\,\mathrm{d}t \tag{6.11}$$

$$f(t)=\mathscr{L}^{-1}[F(s)]=\frac{1}{2\pi\mathrm{j}}\int_{\sigma-\mathrm{j}\infty}^{\sigma+\mathrm{j}\infty}F(s)\mathrm{e}^{st}\,\mathrm{d}s \quad(t>0) \tag{6.12}$$

以上两式就是目前应用比较广泛的单边拉普拉斯变换的表达式。单边拉普拉斯变换对于分析具有初始条件的线性常系数微分方程描述的因果系统具有重要意义。本书主要讨论单边拉普拉斯变换，对双边拉普拉斯变换在讨论时将特别注明。对于因果信号，由于 $t<0$ 时 $f(t)=0$，故其双边拉普拉斯变换与单边拉普拉斯变换是相同的。

拉普拉斯变换与傅里叶变换的主要差别在于：傅里叶变换将时域函数 $f(t)$ 变换为频域函数 $F(\omega)$，或作相反变换，时域变量和频域变量都是实数；而拉普拉斯变换将时域函数 $f(t)$ 变换为复频域函数 $F(s)$，或作相反变换，此时的时域变量 t 是实数，而变量 s 却是复数。与 ω 相对应，变量 s 可称为"复频率"，概括地说，傅里叶变换建立了时域和频域间的联系，而拉普拉斯变换则建立了时域和复频域（s 域）间的联系。

在上述讨论中，我们将 $\mathrm{e}^{-\sigma t}$ 衰减因子引入傅里叶变换，从而推得拉普拉斯变换。从数学方法来说，将函数 $f(t)$ 乘以衰减因子 $\mathrm{e}^{-\sigma t}$ 使之变为收敛函数，满足绝对可积条件；从物理意义上分析，将频率 ω 变换为复频率 s，只能表示振荡的重复频率，而 s 不仅能给出重复频率，还可以表达振荡幅度的增长或衰减速率。

6.2.2 拉普拉斯变换的收敛域

为了说明拉普拉斯变换的收敛域，考虑下面的例子。

【例 6.1】 试求信号 $f(t)=\mathrm{e}^{-\alpha t}u(t)$ 的拉普拉斯变换。

解 利用式(6.7)可得其拉普拉斯变换为

$$F(s)=\int_{-\infty}^{+\infty}\mathrm{e}^{-\alpha t}u(t)\mathrm{e}^{-st}\,\mathrm{d}t=\int_{0}^{+\infty}\mathrm{e}^{-\alpha t}\mathrm{e}^{-st}\,\mathrm{d}t=\int_{0}^{+\infty}\mathrm{e}^{-(\alpha+s)t}\,\mathrm{d}t=$$

$$-\left.\frac{\mathrm{e}^{-(\alpha+s)t}}{\alpha+s}\right|_{0}^{+\infty}$$

上述积分只有当 $\{\mathrm{Re}[s+\alpha]\}>0$，即 $\mathrm{Re}(s)>-\alpha$ 时收敛，于是

$$\mathscr{L}[\mathrm{e}^{-\alpha t}u(t)]=F(s)=\frac{1}{s+\alpha},\ \mathrm{Re}[s]>-\alpha$$

在例 6.1 中，拉普拉斯变换仅对 $\mathrm{Re}(s)>-\alpha$ 的 s 收敛，如果 α 为正，那么 $F(s)$ 就能在 $\sigma=0$

处求值，即

$$F(0 + j\omega) = \frac{1}{j\omega + \alpha}$$

上式表示 $\sigma = 0$ 时的拉普拉斯变换，等于傅里叶变换，如果 α 为负，拉普拉斯变换仍存在，但傅里叶变换不存在。为了与例 6.1 相比较，现考虑第二个例子。

【例 6.2】 试求信号 $f(t) = -e^{-\alpha t} u(-t)$ 的双边拉普拉斯变换。

解 利用式(6.7)，其双边拉普拉斯变换可求得为

$$\mathscr{L}[f(t)] = F(s) = -\int_{-\infty}^{+\infty} e^{-\alpha t} e^{-st} u(-t) \, \mathrm{d}t = -\int_{-\infty}^{0} e^{-(s+\alpha)t} \, \mathrm{d}t = \left| \frac{e^{-(s+\alpha)t}}{s+\alpha} \right|_{-\infty}^{0}$$

上述积分只有当 $\{\mathrm{Re}[s+\alpha]\} < 0$，即 $\mathrm{Re}(s) < -\alpha$ 时收敛，故

$$\mathscr{L}[-e^{-\alpha t} u(-t)] = F(s) = \frac{1}{s+\alpha}, \mathrm{Re}[s] < -\alpha$$

在例 6.1 与例 6.2 中，所求得的拉普拉斯变换是一样的，但它们的拉普拉斯变换能成立的 s 域却是不相同的。这说明，在给出一个信号的拉普拉斯变换时，除了给出拉普拉斯变换的表达式外，还应给出该表示式能够成立的变量 s 值的范围。一般把使积分式(6.5)或式(6.9)收敛的 s 值范围称为拉普拉斯变换的收敛域(Region of Convergence，ROC)。也就是说，ROC 是由这样一些 $s = \sigma + j\omega$ 组成的，对这些 s 来说 $e^{-\sigma t} f(t)$ 的傅里叶变换收敛。

从前面的讨论已经看到，拉普拉斯变换的全部特性不仅要求 $F(s)$ 的代数表达式，而且还应该伴随着收敛域的说明。这一点在例 6.1 和例 6.2 中体现得最为明显：两个很不相同的信号能够有完全相同的 $F(s)$ 代数表达式，因此它们的拉普拉斯变换只有靠收敛域才能区分。

这一节将说明对各种信号在 ROC 上的某些具体限制。将会看到，理解了这些限制往往使我们仅仅从 $F(s)$ 的代数表达式和 $f(t)$ 在时域中某些一般特征就能明确地给出或构成收效域 ROC。

性质 1：$F(s)$ 的 ROC 在 s 平面内由平行于 $j\omega$ 轴的带状区域所组成。

这一性质来自于这样一个事实：$F(s)$ 的 ROC 是由这样一些 $s = \sigma + j\omega$ 所组成，在那里 $f(t)e^{-\sigma t}$ 的傅里叶变换收敛，也就是说，$f(t)$ 的拉普拉斯变换的 ROC 是由这样一些 s 值组成的，对于这些 s 值，$f(t)e^{-\sigma t}$ 是绝对可积的，即

$$\int_{-\infty}^{+\infty} |f(t)| e^{-\sigma t} \, \mathrm{d}t < +\infty \tag{6.13}$$

因为这个条件只与 σ，即 s 的实部有关，所以就得到性质 1。

性质 2：对有理拉普拉斯变换来说，ROC 内不包括任何极点。

这个性质，在到目前为止所研究的例子中都能很容易地看出。因为，在一个极点处，$F(s)$ 为无限大，式(6.5)的积分显然在极点处不收敛，所以 ROC 内不能包括属于极点的 s 值。

性质 3：如果 $f(t)$ 是时限信号，并且是绝对可积的，那么 ROC 就是整个 s 平面。

这个性质可以这样直观地考虑，一个时限信号 $f(t)$ 具有这个性质，它在某一有限区间之外都是零，因此时限信号 $f(t)$ 乘以一个衰减的指数函数 $e^{-\sigma t}$，或乘以一个增长的指数函数。因为，$f(t)$ 为非零的区间是有限长的，所以指数加权永远不会无界，$f(t)$ 的可积性不会由于这个指数加权而破坏。

性质 3 的证明如下：假设 $f(t)$ 是绝对可积的，所以有

$$\int_{T_1}^{T_2} |f(t)| \, \mathrm{d}t < +\infty$$

对于在 ROC 内的 $s = \sigma + j\omega$，就要求 $f(t) e^{-\sigma t}$ 是绝对可积的，即

$$\int_{T_1}^{T_2} |f(t)| e^{-\sigma t} dt < +\infty$$

上式表明当 $\sigma = 0$ 时的 s 是在 ROC 内。对于 $\sigma > 0$，$e^{-\sigma t}$ 在 $f(t)$ 为非零的区间内最大值是 $e^{-\sigma T_1}$，因此可以写成

$$\int_{T_1}^{T_2} |f(t)| e^{-\sigma t} dt < e^{-\sigma T_1} \int_{T_1}^{T_2} |f(t)| dt$$

因为上式的右边是有界的，所以左边也是有界的，因此对于 $\sigma > 0$ 的 s 平面必须也在 ROC 内。依类似的证明方法，若 $\sigma < 0$，那么

$$\int_{T_1}^{T_2} |f(t)| e^{-\sigma t} dt < e^{-\sigma T_2} \int_{T_1}^{T_2} |f(t)| dt$$

$f(t) e^{-\sigma t}$ 也是绝对可积的。因此，ROC 包括整个 s 平面。

在 $f(t)$ 为非零的区间上保证指数型权函数是有界的很重要。以上的讨论主要依据是：$f(t)$ 是时限信号。

图 6.2(a) 所表示的为例 6.1 的收敛域，变量 s 是一个复数，在图 6.2 上表示的是一复平面，一般称为 s 平面，水平轴 $\mathrm{Re}[s]$ 轴，也称 σ 轴。垂直轴是 $\mathrm{Im}[s]$ 轴，也称 $j\omega$ 轴。$\sigma = -\alpha$ 称为收敛坐标。通过 $\sigma = -\alpha$ 的垂直线是收敛域的边界称为收敛轴。例 6.1 的收敛域为 $\sigma > -\alpha$，在图 6.2(a) 中用阴影部分表示。例 6.2 的收敛域为 $\sigma < -\alpha$，如图 6.2(b) 中的阴影部分（图 6.2 中 $\alpha < 0$）。

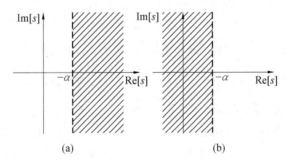

图 6.2　拉普拉斯变换的收敛域

【例 6.3】　试求信号 $f(t) = -e^{-2t} u(-t) + e^{-3t} u(t)$ 的双边拉普拉斯变换。

解　可以求得 $f(t)$ 的双边拉普拉斯变换为

$$F(s) = \int_{-\infty}^{+\infty} [-e^{-2t} u(-t) + e^{-3t} u(t)] e^{-st} dt =$$

$$-\int_{-\infty}^{0} e^{-2t} u(-t) e^{-st} dt + \int_{0}^{+\infty} e^{-3t} u(t) e^{-st} dt =$$

$$\frac{1}{s+2} + \frac{1}{s+3} = \frac{2s+5}{(s+2)(s+3)}$$

为了确定它的收敛域，我们看到 $F(s)$ 中的第一项为 $-e^{-2t} u(-t)$ 的拉普拉斯变换，其 ROC 为 $\mathrm{Re}[s] < -2$；而 $F(s)$ 中的第二项为 $e^{-3t} u(t)$ 的拉普拉斯变换，其收敛域为 $\mathrm{Re}[s] > -3$，把这两项合在一起为 $F(s)$ 收敛域，即为 $\mathrm{Re}[s] < -2$ 和 $\mathrm{Re}[s] > -3$ 的公共部分，故 $F(s)$ 的 ROC 为 $-3 < \mathrm{Re}[s] < -2$。

从以上 3 个例子可以看出，其拉普拉斯变换都是复变量 s 的两个多项式之比，即

$$F(s) = \frac{N(s)}{D(s)} \tag{6.14}$$

式中 $N(s)$ 和 $D(s)$ —— 分子多项式和分母项式。

当 $F(s)$ 具有式(6.14)表示的形式时,就称为有理函数。

对于有理拉普拉斯变换,因为在分子多项式 $N(s)=0$ 的根上有 $F(s)=0$,故称 $N(s)=0$ 的根为 $F(s)=0$ 的零点,同时在分母多项式 $D(s)=0$ 的根处,$F(s)=0$ 为无穷大,故称 $D(s)=0$ 的根为 $F(s)=0$ 的极点。在 s 平面内标出 $F(s)=0$ 的零、极点位置及收敛域是表示拉普拉斯变换的一种方便而形象的方式。图 6.3 表示例 6.3 的零、极点图和收敛域。图中用 × 表示 $F(s)=0$ 的极点,用。表示 $F(s)=0$ 的零点,画斜线的阴影部分为收敛域。例 6.3 的 $F(s)$ 的极点在 $s=-2$ 和 $s=-3$ 处,其零点在 $s=2.5$,其 ROC 为 $-3 < \mathrm{Re}[s] < -2$,如图 6.3 所示为一带状区域。

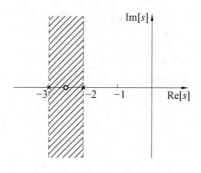

图 6.3   例 6.3 的零、极点与 ROC 图

由例 6.1 及例 6.2 可以看到收敛域的重要性,两个不同的信号 $e^{-at}u(t)$ 和 $-e^{-at}u(-t)$ 能够有相同的双边拉普拉斯变换表示式 $F(s)=\dfrac{1}{s+a}$,它们的拉普拉斯变换只有靠收敛域才能区别。由以上三个例子可以得到收敛域的如下性质:

(1)双边拉普拉斯变换 $F(s)$ 的收敛域在 s 平面上平行于 $j\omega$ 轴,且收敛轴位于 $j\omega$ 轴的右侧(例 6.1,见图 6.2(a))、左侧(例 6.2,见图 6.2(b))或两个收敛轴中间的带状区域(例 6.3,见图 6.3);

(2)对有理拉普拉斯变换来说,收敛域内不包括任何极点;

(3)如果 $f(t)$ 是一个因果信号,$\mathrm{Re}[s]=\sigma_0$ 这条收敛轴位于收敛域的边界,则 $F(s)$ 收敛域位于这个收敛轴的右侧,即 $\mathrm{Re}[s] > \sigma_0$(例 6.1,见图 6.2(a));

(4)如果 $f(t)$ 是一个非因果信号,$\mathrm{Re}[s]=\sigma_0$ 这条收敛轴位于收敛域的边界,则 $F(s)$ 收敛域位于这个收敛轴的左侧,即 $\mathrm{Re}[s] < \sigma_0$(例 6.2,见图 6.2(b));

(5)如果 $f(t)$ 由因果信号部分和非因果信号部分组成,这可称为双边信号,此时收敛轴 $\sigma=\sigma_1$ 与 $\sigma=\sigma_2$ 位于收敛域的边界,且 $\sigma_2 > \sigma_1$,则双边拉普拉斯变换 $F(s)$ 收敛域是收敛轴 $\sigma=\sigma_1$ 和 $\sigma=\sigma_2$ 之间的一条带状区域,即 $\sigma_1 < \mathrm{Re}[s] < \sigma_2$(例 6.3,见图 6.3);

(6)对于有限持续时间的信号 $f(t)$,若至少存在一个 s 值,使其拉普拉斯变换收敛,则 $F(s)$ 的收敛域是整个 s 平面。

例如,对于一些比指数函数增幅得更快的函数,如 $e^{t^2}u(t)$ 或 $te^{t^2}u(t)$ 不能找到它们的收敛坐标,因而不能进行拉普拉斯变换,但若把这种函数限定在有限时间范围内,如

$$f(t) = \begin{cases} \mathrm{e}^{t^2} & (0 \leqslant t) \\ 0 & (\text{其他}) \end{cases}$$

则其拉普拉斯变换存在。

对于单边拉普拉斯变换,由于其只能适用于因果信号,故其收敛域位于收敛轴的右边,其形式比较简单。

6.2.3　三个基本函数的拉普拉斯变换

1. 指数函数

对于指数函数 $f(t) = \mathrm{e}^{s_0 t} u(t)$,$s_0$ 为复常数,由拉普拉斯变换定义

$$F(s) = \mathscr{L}[\mathrm{e}^{s_0 t} u(t)] = \int_{-\infty}^{+\infty} \mathrm{e}^{s_0 t} u(t) \mathrm{e}^{-st} \mathrm{d}t = \int_{0}^{+\infty} \mathrm{e}^{-(s-s_0)t} \mathrm{d}t = \frac{1}{s - s_0}$$

即

$$\mathrm{e}^{s_0 t} u(t) \Leftrightarrow \frac{1}{s - s_0}, \mathrm{Re}[s] > \mathrm{Re}[s_0] \qquad (6.15)$$

令 $s_0 = \pm\alpha$ 为实数,则

$$\mathrm{e}^{\pm\alpha t} u(t) \Leftrightarrow \frac{1}{s \mp \alpha}, \mathrm{Re}[s] > \pm\alpha \qquad (6.16)$$

令 $s_0 = \pm\mathrm{j}\beta$ 为虚数,则

$$\mathrm{e}^{\pm\mathrm{j}\beta t} u(t) \Leftrightarrow \frac{1}{s \mp \mathrm{j}\beta}, \mathrm{Re}[s] > 0 \qquad (6.17)$$

2. 单位阶跃函数

对于单位阶跃函数 $f(t) = u(t)$,由拉普拉斯变换定义

$$F(s) = \mathscr{L}[u(t)] = \int_{-\infty}^{+\infty} u(t) \mathrm{e}^{-st} \mathrm{d}t = \int_{0}^{+\infty} \mathrm{e}^{-st} \mathrm{d}t = \frac{1}{s}$$

则

$$u(t) \Leftrightarrow \frac{1}{s}, \mathrm{Re}[s] > 0 \qquad (6.18)$$

3. 冲激函数

对于冲激函数 $f(t) = \delta(t)$,由拉普拉斯变换定义

$$F(s) = \mathscr{L}[\delta(t)] = \int_{0}^{+\infty} \delta(t) \mathrm{e}^{-st} \mathrm{d}t = 1$$

则

$$\delta(t) \Leftrightarrow 1, \mathrm{Re}[s] > -\infty \qquad (6.19)$$

【思考题】

1. 拉普拉斯变换与傅里叶变换有何异同点? 为什么说拉普拉斯变换是傅里叶变换的推广?

2. 为什么要讨论拉普拉斯变换的收敛域?

3. 试分析时限信号、单边信号、双边信号的拉普拉斯变换收敛域。

4. 在什么情况下双边拉普拉斯变换与单边拉普拉斯变换一样。

6.3 拉普拉斯变换的性质及其应用

同傅里叶变换一样,拉普拉斯变换也有许多重要性质,掌握这些性质有助于系统分析,可方便地求解一些复杂的拉普拉斯变换和拉普拉斯反变换。以下将对拉普拉斯变换性质做出简单的证明,指出这些性质的含义,并举例说明它们的应用。本节主要讨论单边拉普拉斯变换。

6.3.1 线性性质

若 $f_1(t) \Leftrightarrow F_1(s)$, $f_2(t) \Leftrightarrow F_2(s)$,则

$$[af_1(t) + bf_2(t)] \Leftrightarrow [aF_1(s) + bF_2(s)] \tag{6.20}$$

式中 a,b 为常数。

由拉普拉斯变换的定义式很容易证明线性性质。显然,拉普拉斯变换是一种线性运算,该性质反映了拉普拉斯变换的齐次性和叠加性。

【例 6.4】 试求下列信号的拉普拉斯变换。

$(1) f(t) = \sin(\omega_0 t) u(t)$;$(2) f(t) = \cos(\omega_0 t) u(t)$;$(3) f(t) = (1 - e^{-2t}) u(t)$。

解 (1) 利用线性性质

$$F(s) = \mathscr{L}[\sin(\omega_0 t) u(t)] = \mathscr{L}\left[\frac{1}{2j}(e^{j\omega_0 t} - e^{-j\omega_0 t} u(t))\right] =$$

$$\frac{1}{2j}\left(\frac{1}{s - j\omega_0} - \frac{1}{s + j\omega_0}\right) = \frac{\omega_0}{s^2 + \omega_0^2}$$

即

$$\sin(\omega_0 t) u(t) \Leftrightarrow \frac{\omega_0}{s^2 + \omega_0^2}, \mathrm{Re}[s] > 0$$

(2) 利用线性性质

$$F(s) = \mathscr{L}[\cos(\omega_0 t) u(t)] = \mathscr{L}\left[\frac{1}{2}(e^{j\omega_0 t} + e^{-j\omega_0 t}) u(t)\right] =$$

$$\frac{1}{2}\left(\frac{1}{s - j\omega_0} + \frac{1}{s + j\omega_0}\right) = \frac{s}{s^2 + \omega_0^2}$$

即

$$\cos(\omega_0 t) u(t) \Leftrightarrow \frac{s}{s^2 + \omega_0^2}, \mathrm{Re}[s] > 0$$

(3) 原式可变为 $f(t) = u(t) - e^{-2t} u(t)$,由线性性质知

$$F(s) = \frac{1}{s} - \frac{1}{s + 2} = \frac{1}{s(s + 2)} \quad \mathrm{Re}(s) > 0$$

6.3.2 时移性质

若 $f(t) u(t) \Leftrightarrow F(s)$,则 $f(t - t_0) u(t - t_0)$ 的拉普拉斯变换为

$$f(t - t_0) u(t - t_0) \Leftrightarrow e^{-st_0} F(s) \tag{6.21}$$

证明

$$\mathscr{L}[f(t - t_0) u(t - t_0)] = \int_0^{+\infty} f(t - t_0) u(t - t_0) e^{-st} \mathrm{d}t = \int_{t_0}^{+\infty} f(t - t_0) e^{-st} \mathrm{d}t$$

设 $\tau = t - t_0$，上式可表示为

$$f(t-t_0)u(t-t_0) \Leftrightarrow \int_0^{+\infty} f(\tau) e^{-s(\tau+t_0)} d\tau = e^{-st_0} \int_{t_0}^{+\infty} f(\tau) e^{-s\tau} d\tau = e^{-st_0} F(s)$$

式中 $t_0 > 0$，反映因果信号右移 t_0 的拉普拉斯变换，等于原信号的拉普拉斯变换乘以 e^{st_0}。式中规定 $t_0 > 0$ 是必要的，因为讨论单边拉普拉斯变换，研究信号在 $t > 0$ 时的情况，如 $t_0 > 0$ 信号有可能左移越过原点进入 $t < 0$ 区域。因此要注意的是，延时信号指的是 $f(t-t_0)u(t-t_0)$，而非 $f(t-t_0)u(t)$，对于后者，不能应用时移性质。

【例 6.5】　试求如图 6.4 所示信号的拉普拉斯变换。

（1）如图 6.4(a) 所示矩形波（门函数）；（2）如图 6.4(b) 所示两个正弦半波。

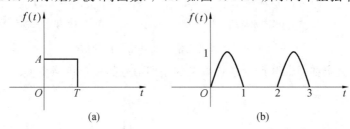

图 6.4　例 6.5 的波形

解　（1）已知　　　　　　　　$f(t) = A[u(t) - u(t-T)]$

由时移性质知

$$u(t-T) \Leftrightarrow \frac{1}{s} e^{-sT}$$

所以

$$F(s) = \frac{A}{s} - \frac{A}{s} e^{-sT} = \frac{A}{s}(1 - e^{-sT})$$

（2）$f(t)$ 可看成由两个半波 $f_1(t)$、$f_2(t)$ 组成

$$f(t) = f_1(t) + f_2(t)$$

其中

$$f_1(t) = \sin(\pi t)u(t) + \sin[\pi(t-1)]u(t-1)$$

拉普拉斯变换为

$$F_1(s) = \frac{\pi}{s^2 + \pi^2} + \frac{\pi}{s^2 + \pi^2} e^{-s} = \frac{\pi}{s^2 + \pi^2}(1 + e^{-s})$$

因为 $f_2(t) = f_1(t-2)$，由时移性质知

$$F_2(s) = F_1(s) e^{-2s}$$

根据线性性质，有

$$F(s) = F_1(s) + F_2(s) = F_1(s)(1 + e^{-2s}) = \frac{\pi}{s^2 + \pi^2}(1 + e^{-s})(1 + e^{-2s})$$

【例 6.6】　如图 6.5 所示任意因果的周期信号 $f(t)$，$t > 0$，利用时移性质求其拉普拉斯变换。

解　设 $f_1(t)$ 表示周期函数在第一周期信号，则周期函数可表示为

$$f(t) = f_1(t) + f_1(t-T) + f_1(t-2T) + \cdots$$

若 $f_1(t) \Leftrightarrow F(s)$，由时移性质知

$$F(s) = F_1(s) + F_1(s)\mathrm{e}^{-sT} + F_1(s)\mathrm{e}^{-2sT} + \cdots =$$
$$F_1(s)\left[1 + \mathrm{e}^{-sT} + \mathrm{e}^{-2sT} + \cdots\right] =$$
$$\frac{F_1(s)}{1 - \mathrm{e}^{-sT}}$$

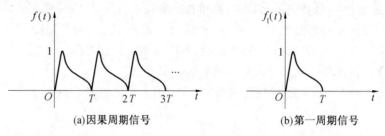

图 6.5　因果周期信号及其第一周期信号

【例 6.7】　试求如图 6.6 所示任意因果的周期信号的拉普拉斯变换。

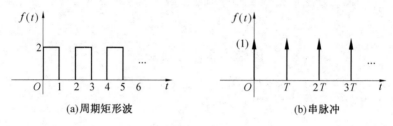

图 6.6　例 6.7 的因果周期信号

解　(1) 第一周期信号 $f_1(t) = 2[u(t) - u(t-1)]$,振幅 $A = 2$,周期 $T = 2$,由例 6.5(1) 可知

$$F_1(s) = \frac{A}{s}(1 - \mathrm{e}^{-s}) = \frac{2}{s}(1 - \mathrm{e}^{-s})$$

由例 6.6 的解可得

$$F(s) = \frac{F_1(s)}{1 - \mathrm{e}^{-sT}} = \frac{\dfrac{2(1 - \mathrm{e}^{-s})}{s}}{(1 - \mathrm{e}^{-2s})} = \frac{2}{s} \cdot \frac{1 - \mathrm{e}^{-s}}{(1 - \mathrm{e}^{-s})(1 + \mathrm{e}^{-s})} = \frac{2}{s(1 + \mathrm{e}^{-s})}$$

(2) 第一周期信号 $f_1(t) = \delta(t)$,$F_1(s) = 1$,由时移性质知

$$F(s) = \frac{F_1(s)}{1 - \mathrm{e}^{-sT}} = \frac{1}{1 - \mathrm{e}^{-sT}}$$

6.3.3　频移性质

若 $f(t) \Leftrightarrow F(s)$,则 $f(t)\mathrm{e}^{\pm s_0 t}$ 的拉普拉斯变换为

$$f(t)\mathrm{e}^{\pm s_0 t} \Leftrightarrow F(s \mp s_0) \tag{6.22}$$

证明

$$\mathcal{L}\left[f(t)\mathrm{e}^{\pm s_0 t}\right] = \int_{-\infty}^{+\infty} f(t)\mathrm{e}^{\pm s_0 t}\mathrm{e}^{-st}\,\mathrm{d}t = \int_{-\infty}^{+\infty} f(t)\mathrm{e}^{-(s \mp s_0)t}\,\mathrm{d}t = F(s \mp s_0)$$

该性质表明,时间信号与 $\mathrm{e}^{\pm s_0 t}$ 相乘,等于原信号的拉普拉斯变换在 s 域里平移了 $\mp s_0$。

【例 6.8】　试求 $\mathrm{e}^{\alpha t}\cos(\beta t)\,u(t)$,$\mathrm{e}^{\alpha t}\sin(\beta t)\,u(t)$ 的拉普拉斯变换。

解　因为

$$\mathscr{L}[\cos(\beta t) \cdot u(t)] = \frac{s}{s^2 + \beta^2}$$

应用频移性质有

$$\mathscr{L}[e^{\alpha t} \cos(\beta t) \cdot u(t)] = \frac{s - \alpha}{(s - \alpha)^2 + \beta^2}$$

同理有

$$\mathscr{L}[e^{\alpha t} \sin(\beta t) \cdot u(t)] = \frac{\beta}{(s - \alpha)^2 + \beta^2}$$

6.3.4　尺度变换性质(展缩性质)

若 $f(t) \Leftrightarrow F(s)$，则 $f(at)$ 的拉普拉斯变换为

$$f(at) \Leftrightarrow \frac{1}{a} F\left(\frac{s}{a}\right) \tag{6.23}$$

证明

$$\mathscr{L}[f(at)] = \int_0^{+\infty} f(at) e^{-st} \mathrm{d}t$$

设 $\tau = at, \mathrm{d}\tau = a\mathrm{d}t$，当 $a > 0$ 时，上式可表示为

$$\frac{1}{a} \int_0^{+\infty} f(\tau) e^{-\left(\frac{s}{a}\right)\tau} \mathrm{d}\tau = \frac{1}{a} F\left(\frac{s}{a}\right)$$

【例 6.9】　已知 $f(t)u(t) \Leftrightarrow F(s)$，求 $f(at - b)u(at - b)$ 的拉普拉斯变换，其中 $a > 0, b > 0$。

解　由尺度变换性质可知

$$f(at) \Leftrightarrow \frac{1}{a} F\left(\frac{s}{a}\right)$$

由时移性质得

$$\mathscr{L}\left\{ f\left[a\left(t - \frac{b}{a}\right)\right] u\left[a\left(t - \frac{b}{a}\right)\right] \right\} = \frac{1}{a} F\left(\frac{s}{a}\right) e^{-\frac{bs}{a}}$$

6.3.5　时域微分性质

若 $f(t) \Leftrightarrow F(s)$，则有

$$\frac{\mathrm{d}f(t)}{\mathrm{d}t} \Leftrightarrow sF(s) - f(0_-) \tag{6.24}$$

证明

$$\mathscr{L}\left[\frac{\mathrm{d}f(t)}{\mathrm{d}t}\right] = \int_0^{+\infty} \frac{\mathrm{d}f(t)}{\mathrm{d}t} e^{-st} \mathrm{d}t$$

应用分部积分 $u = e^{-st}, \mathrm{d}v = [\mathrm{d}f(t)/\mathrm{d}t]\mathrm{d}t$，则上式得

$$f(t)e^{-st} \Big|_0^{+\infty} + s \int_{0_-}^{+\infty} f(t)e^{-st} \mathrm{d}t$$

如果 s 的实部 σ 取得足够大，当 $t \to +\infty$ 时，$e^{-st} f(t) \to 0$，得

$$\mathscr{L}\left[\frac{\mathrm{d}f(t)}{\mathrm{d}t}\right] = sF(s) - f(0^-)$$

反复利用式(6.24)可推广到二阶或多阶导数

$$f''(t) \Leftrightarrow s[sF(s) - f(0^-)] - f'(0^-) = s^2 F(s) - sf(0^-) - f'(0^-) \tag{6.25}$$

同理,可推得信号 $f^{(n)}(t)$ 的拉普拉斯变换的一般公式为

$$f^{(n)}(t) \Leftrightarrow s^n F(s) - s^{n-1} f(0^-) - s^{n-2} f'(0^-) - \cdots - f^{(n-1)}(0^-) =$$

$$s^n F(s) - \sum_{i=0}^{n-1} s^{n-1-i} f^{(i)}(0^-) \qquad (6.26)$$

在分析系统和电路问题时,该性质非常有用。由于能自动引入初始状态值,可通过系统微分方程应用拉普拉斯变换求其全响应。

【例 6.10】 (1) 设 $f(t) = \begin{cases} 1 & (t < 0) \\ \mathrm{e}^{-2t} & (t > 0) \end{cases}$,(2) 设 $f(t) = \begin{cases} 2 & (t < 0) \\ \mathrm{e}^{-2t} & (t > 0) \end{cases}$,试求 $f'(t)$ 的拉普拉斯变换。

解 (1) 此信号在 $t = 0$ 处连续,$f(0^-) = f(0^+) = 1$,如果直接对信号求导后再求拉普拉斯变换,则

$$f'(t) = -2\mathrm{e}^{-2t} u(t)$$

所以

$$f'(t) \Leftrightarrow -\frac{2}{s+2}$$

还可以用时域微分性质求拉普拉斯变换。由于单边拉普拉斯变换只考虑 $f(t)$ 在 0^- 到 $+\infty$ 时间的函数值,$f(t)$ 的拉普拉斯变换表达式与 $\mathrm{e}^{-2t} u(t)$ 的拉普拉斯变换相同。

$$F(s) = \frac{1}{s+2}$$

应用时域微分性质,有

$$f'(t) \Leftrightarrow sF(s) - f(0^-) = \frac{s}{s+2} - 1 = -\frac{2}{s+2}$$

(2) 此信号在 $t = 0$ 处不连续,$f(0^-) = 2$,$f(0^+) = 1$,在 $t = 0$ 处有冲激,如果直接对信号求导后拉普拉斯变换,则

$$f'(t) = \delta(t) - 2\mathrm{e}^{-2t} u(t)$$

则

$$f'(t) \Leftrightarrow 1 - \frac{2}{s+2} = -\frac{s+4}{s+2}$$

应用时域微分性质,有

$$f'(t) \Leftrightarrow sF(s) - f(0^-) = \frac{s}{s+2} - 2 = -\frac{s+4}{s+2}$$

可见两种方法结果相同。要引起注意的是:在用时域微分性质求解时,由于 $f(t)$ 不是因果信号 $f(0^-) \neq 0$,要考虑其 $f(0^-)$ 值,否则会出现错误结果。

6.3.6 时域积分性质

若 $f(t) \Leftrightarrow F(s)$,则有

$$\int_0^t f(\tau)\,\mathrm{d}\tau \Leftrightarrow \frac{F(s)}{s} \qquad (6.27)$$

$$\int_{-\infty}^t f(\tau)\,\mathrm{d}\tau \Leftrightarrow \frac{F(s)}{s} + \frac{\displaystyle\int_{-\infty}^0 f(\tau)\,\mathrm{d}\tau}{s} \qquad (6.28)$$

证明:根据拉普拉斯变换定义,有

$$\mathscr{L}\left[\int_0^t f(\tau)\,\mathrm{d}\tau\right]=\int_0^{+\infty}\left[\int_0^t f(\tau)\,\mathrm{d}\tau\right]\mathrm{e}^{-st}\,\mathrm{d}t$$

利用分部积分得

$$\mathscr{L}\left[\int_0^t f(\tau)\,\mathrm{d}\tau\right]=\left[\frac{-\mathrm{e}^{-st}}{s}\int_0^t f(\tau)\,\mathrm{d}\tau\right]_0^{+\infty}+\frac{1}{s}\int_0^{+\infty}f(t)\mathrm{e}^{-st}\,\mathrm{d}t$$

上式中

$$\left[\frac{-\mathrm{e}^{-st}}{s}\int_0^t f(\tau)\,\mathrm{d}\tau\right]_0^{+\infty}=0$$

所以,若信号积分从 0 开始,则

$$\int_0^t f(\tau)\,\mathrm{d}\tau\Leftrightarrow\frac{F(s)}{s}$$

若信号积分从 $-\infty$ 开始,则

$$\int_{-\infty}^t f(\tau)\,\mathrm{d}\tau\Leftrightarrow\frac{F(s)}{s}+\frac{\int_{-\infty}^0 f(\tau)\,\mathrm{d}\tau}{s}$$

利用上面得出的结论,有

$$\int_{-\infty}^t f(\tau)\,\mathrm{d}\tau\Leftrightarrow\frac{\int_{-\infty}^0 f(\tau)\,\mathrm{d}\tau}{s}+\frac{F(s)}{s}$$

若 $f(t)$ 为因果信号,有

$$\int_{-\infty}^0 f(\tau)\,\mathrm{d}\tau=0$$

则时域积分性质将简化为

$$\int_{-\infty}^t f(\tau)\,\mathrm{d}\tau\Leftrightarrow\frac{F(s)}{s}\tag{6.29}$$

【例 6.11】　求图 6.7(a) 所示信号 $f(t)$ 的拉普拉斯变换。

解　如果用拉普拉斯变换定义求比较麻烦,不妨用时域积分性质求。先对 $f(t)$ 求导得信号波形如图 6.7(b) 所示,即 $f'(t)=u(t+1)$,由于是求单边拉普拉斯变换,所以

$$u(t+1)\Leftrightarrow\frac{1}{s}\quad(\text{与 }u(t)\text{ 二者单边变换相同})$$

利用时域积分性质,由于面积

$$\int_{-\infty}^0 f'(t)\,\mathrm{d}t=1$$

有

$$f(t)=\int_{-\infty}^t f(\tau)\,\mathrm{d}\tau\Leftrightarrow\frac{1}{s^2}+\frac{1}{s}=\frac{s+1}{s^2}$$

注意:如果信号是因果信号,对信号求导后,利用时域积分性质时表达式的第二项将没有。比如上例的信号若时移一个单位得到的是一个单位斜坡信号 $tu(t)$,用时域积分性质可方便求得(令上式中的第二项为零)

$$tu(t)\Leftrightarrow s^{-2}$$

如果重复用这个性质可得

$$t^n u(t) \Leftrightarrow \frac{n!}{s^{n+1}}$$

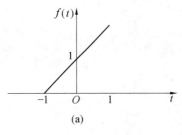
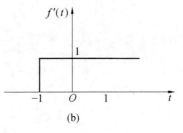

图 6.7　例 6.11 的信号 $f(t)$ 及 $f'(t)$ 波形

6.3.7　复频域微分性质

若 $f(t) \Leftrightarrow F(s)$,则有

$$(-1)^n t^n f(t) \Leftrightarrow \frac{\mathrm{d}^n F(s)}{\mathrm{d} s^n} \tag{6.30}$$

如果 $n=1$,则

$$-tf(t) \Leftrightarrow \frac{\mathrm{d} F(s)}{\mathrm{d} s} \tag{6.31}$$

证明　根据拉普拉斯变换定义,有

$$F(s) = \int_0^{+\infty} f(t) \mathrm{e}^{-st} \mathrm{d}t$$

上式两边对 s 求导,得

$$\frac{\mathrm{d} F(s)}{\mathrm{d} s} = \int_0^{+\infty} f(t)(-t) \mathrm{e}^{-st} \mathrm{d}t$$

即

$$-tf(t) \Leftrightarrow \frac{\mathrm{d} F(s)}{\mathrm{d} s}$$

反复利用上式,可推得

$$(-1)^n t^n f(t) \Leftrightarrow \frac{\mathrm{d}^n F(s)}{\mathrm{d} s^n}$$

如单位斜坡函数 $f(t) = tu(t)$,因为

$$u(t) \Leftrightarrow \frac{1}{s}$$

也可应用复频域微分性质,有

$$tu(t) \Leftrightarrow -\left(\frac{1}{s}\right)' = \frac{1}{s^2}$$

$$t^2 u(t) \Leftrightarrow \left(-\frac{1}{s^2}\right)' = \frac{2}{s^3}$$

【**例 6.12**】　试求信号 $f(t) = te^{-(t-2)} u(t-1)$ 的拉普拉斯变换。

解　因为

$$u(t-1) \Leftrightarrow \frac{1}{s} \mathrm{e}^{-s}$$

应用复频域微分性质,有

$$tu(t-1) \Leftrightarrow \frac{1+s}{s^2}\mathrm{e}^{-s}$$

应用频移性质,有

$$\mathrm{e}^2\mathrm{e}^{-t}tu(t-1) \Leftrightarrow \frac{2+s}{(s+1)^2}\mathrm{e}^{-s+1}$$

【例 6.13】 试求如图 6.8 所示锯齿波信号的拉普拉斯变换。

解   因为锯齿波可表示为

$$f(t) = \frac{A}{T}t\left[u(t) - u(t-T)\right]$$

且

$$u(t) - u(t-T) \Leftrightarrow \frac{1}{s}(1-\mathrm{e}^{-sT})$$

用复频域微分性质,有

$$\frac{\mathrm{d}}{\mathrm{d}s}\left[\frac{1}{s}(1-\mathrm{e}^{-sT})\right] = -\frac{1}{s^2}(1-\mathrm{e}^{-sT}) + \frac{1}{s}T\mathrm{e}^{-sT}$$

所以

$$F(s) = \frac{A}{Ts^2}(1-\mathrm{e}^{-sT}) - \frac{A}{s}\mathrm{e}^{-sT}$$

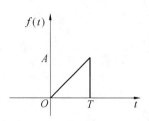

图 6.8   锯齿波

6.3.8   复频域积分性质

若 $f(t) \Leftrightarrow F(s)$,则有

$$\frac{f(t)}{t} \Leftrightarrow \int_0^{+\infty} F(s)\mathrm{d}s \qquad (6.32)$$

证明   根据拉普拉斯变换定义,有

$$F(s) = \int_0^{+\infty} f(t)\mathrm{e}^{-st}\mathrm{d}t$$

上式两边对 s 取积分,得

$$\int_s^{+\infty} F(s)\mathrm{d}s = \int_0^{+\infty} f(t)\left[\int_s^{+\infty} \mathrm{e}^{-st}\mathrm{d}s\right]\mathrm{d}t =$$

$$\int_0^{+\infty} f(t)\left(-\frac{1}{t}\mathrm{e}^{-st}\right)\Big|_s^{+\infty}\mathrm{d}t = \int_{-\infty}^{+\infty} \frac{f(t)}{t}\mathrm{e}^{-st}\mathrm{d}t$$

即

$$\frac{f(t)}{t} \Leftrightarrow \int_0^{+\infty} F(s)\mathrm{d}s$$

【例 6.14】 试求 $f(t) = \dfrac{\mathrm{e}^{-4t} - \mathrm{e}^{-t}}{t}u(t)$ 的拉普拉斯变换。

解   因为

$$(\mathrm{e}^{-4t} - \mathrm{e}^{-t})u(t) \Leftrightarrow \frac{1}{s+4} - \frac{1}{s+1}$$

根据复频域积分性质,有

$$\frac{\mathrm{e}^{-4t} - \mathrm{e}^{-t}}{t}u(t) \Leftrightarrow \int_s^{+\infty}\left(\frac{1}{s+4} - \frac{1}{s+1}\right)\mathrm{d}t$$

即
$$F(s) = \frac{s+1}{s+4}$$

6.3.9 时域卷积性质

若 $f_1(t) \Leftrightarrow F_1(s), f_2(t) \Leftrightarrow F_2(s)$,则
$$f_1(t) * f_2(t) \Leftrightarrow F_1(s)F_2(s) \tag{6.33}$$

该性质表明两信号在时域里的卷积的拉普拉斯变换等于两个信号的拉普拉斯变换的乘积。

证明　由卷积定义
$$f_1(t) * f_2(t) = \int_0^t f_1(\tau) f_2(t-\tau)\, d\tau$$

有
$$\mathcal{L}[f_1(t) * f_2(t)] = \int_0^{+\infty} \left[\int_0^t f_1(\tau) f_2(t-\tau)\, d\tau \right] e^{-st}\, dt$$

对于有始信号 $f_2(t-\tau)$,当 $t-\tau < 0$ 即 $\tau > t$ 时为 0,因此积分可改写为
$$\mathcal{L}[f_1(t) * f_2(t)] = \int_0^{+\infty} \left[\int_0^{+\infty} f_1(\tau) f_2(t-\tau) u(t-\tau)\, d\tau \right] e^{-st}\, dt$$

变换积分次序,有
$$\mathcal{L}[f_1(t) * f_2(t)] = \int_0^{+\infty} f_1(\tau) \left[\int_0^{+\infty} f_2(t-\tau) u(t-\tau) e^{-st}\, dt \right] d\tau$$

根据拉普拉斯变换时移性质,有
$$\mathcal{L}[f_1(t) * f_2(t)] = \int_0^{+\infty} f_1(\tau) F_2(s) e^{-s\tau}\, d\tau = F_1(s)F_2(s)$$

【例 6.15】　已知一个三角脉冲信号 $f(t)$ 如图 6.9 所示,求其拉普拉斯变换。

解　由卷积的知识很容易看出该三角脉冲可分解成两卷积信号
$$f(t) = [u(t) - u(t-1)] * [u(t) - u(t-1)]$$

令
$$f_1(t) = f_2(t) = u(t) - u(t-1)$$

由于
$$F_1(s) = F_2(s) = \frac{1 - e^{-s}}{s}$$

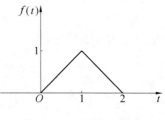

图 6.9　三角脉冲函数

利用时域卷积性质,有
$$F(s) = F_1(s)F_2(s) = \left(\frac{1 - e^{-s}}{s} \right)^2 = \frac{1 - 2e^{-s} + e^{-2s}}{s^2}$$

6.3.10 复频域卷积性质

若 $f_1(t) \Leftrightarrow F_1(s), f_2(t) \Leftrightarrow F_2(s)$,则它们的乘积 $f_1(t)f_2(t)$ 的拉普拉斯变换为
$$f_1(t)f_2(t) \Leftrightarrow \frac{1}{2\pi j} F_1(s) * F_2(s) \tag{6.34}$$

证明方法类似于时域卷积性质,读者可以自行证明。

6.3.11　初值定理

若 $f(t) \Leftrightarrow F(s)$，且 $\lim\limits_{s \to +\infty} sF(s)$ 存在，则 $f(t)$ 的初值为

$$\lim_{t \to 0^+} f(t) = f(0^+) = \lim_{s \to +\infty} sF(s) \tag{6.35}$$

证明　利用时域微分性质

$$sF(s) - f(0^-) = \mathscr{L}\left[\frac{\mathrm{d}f(t)}{\mathrm{d}t}\right] = \int_0^{+\infty} \frac{\mathrm{d}f(t)}{\mathrm{d}t} e^{-st} \mathrm{d}t =$$

$$\int_0^{0^+} \frac{\mathrm{d}f(t)}{\mathrm{d}t} \mathrm{d}t + \int_{0^+}^{+\infty} \frac{\mathrm{d}f(t)}{\mathrm{d}t} e^{-st} \mathrm{d}t =$$

$$f(0^+) - f(0^-) + \int_{0^+}^{+\infty} \frac{\mathrm{d}f(t)}{\mathrm{d}t} e^{-st} \mathrm{d}t$$

对于 e^{-st}，有 $e^{-st}\big|_{t=0} = e^{-st}\big|_{t=0^-} = e^{-st}\big|_{t=0^+} = 1$，于是上式可写为

$$sF(s) = f(0^+) + \int_{0^+}^{+\infty} \frac{\mathrm{d}f(t)}{\mathrm{d}t} e^{-st} \mathrm{d}t$$

对上式两边取极限 $s \to +\infty$，得

$$\lim_{s \to +\infty} sF(s) = f(0^+)$$

　　利用初值定理可直接通过时间函数的拉普拉斯变换 $F(s)$ 求原函数 $f(t)$ 的初值，即如果已知函数的拉普拉斯变换 $F(s)$，而不知原函数时，可不需要求其反拉普拉斯变换就能求其初值。但要记住的是初值指的是在 $t = 0^+$ 的值，而不是 $t = 0^-$ 的值。$t = 0^-$ 时的值不能通过初值定理得到（除非信号在 $t = 0$ 连续）。

　　初值定理的应用条件是：$F(s)$ 必须是真分式。当 $F(s)$ 不是真分式时，则说明 $f(t)$ 在 $t = 0$ 处包含了冲击及其导数。一般不能直接用初值定理求其初值，而必须先用长除法将其分解成一个 s 的多项式与一个真分式 $F_1(s)$ 之和。对于 s 的多项式，其反变换是冲激函数及其各阶导数，在 $t = 0^+$ 处全为 0，因此它们不影响 $f(0^+)$ 的求解，可利用初值定理从 $F_1(s)$ 中求其初值，即

$$f(0^+) = \lim_{t \to 0^+} f(t) = \lim_{s \to +\infty} sF_1(s)$$

【例 6.16】　求下列信号的初值。

$(1) F(s) = \dfrac{-5s^2 + 2}{s^3 + s^2 + 3s + 2}$；$(2) F(s) = \dfrac{s + 2}{s + 1}$。

解　（1）$F(s)$ 为真分式，可直接利用定理求

$$f(0^+) = \lim_{t \to 0^+} f(t) = \lim_{s \to +\infty} sF(s) = \lim_{s \to +\infty} s \times \frac{-5s^2 + 2}{s^3 + s^2 + 3s + 2} = -5$$

（2）$F(s)$ 不是真分式，必须将其分解为

$$F(s) = \frac{s + 2}{s + 1} = 1 + \frac{1}{s + 1} = 1 + F_1(s)$$

则初始值为

$$f(0^+) = \lim_{t \to 0^+} f(t) = \lim_{s \to +\infty} sF_1(s) = \lim_{s \to +\infty} s \times \frac{1}{s + 1} = 1$$

6.3.12　终值定理

若 $f(t) \Leftrightarrow F(s)$，且 $\lim\limits_{s \to +\infty} sF(s)$ 存在，则 $f(t)$ 的终值为

$$f(+\infty) = \lim_{t \to +\infty} f(t) = \lim_{s \to 0} sF(s) \tag{6.36}$$

证明　利用时域微分性质

$$\frac{\mathrm{d}f(t)}{\mathrm{d}t} \Leftrightarrow sF(s) - f(0^-) = \int_0^{+\infty} \frac{\mathrm{d}f(t)}{\mathrm{d}t} \mathrm{e}^{-st} \mathrm{d}t$$

上式两边取极限 $s \to 0$，对于 e^{-st} 有 $\mathrm{e}^{-st}\big|_{t=0} = 1$，上式写成

$$\lim_{s \to 0} \left[sF(s) - f(0^-) \right] = \lim_{s \to 0} \int_0^{+\infty} \frac{\mathrm{d}f(t)}{\mathrm{d}t} \mathrm{e}^{-st} \mathrm{d}t$$

即

$$\lim_{s \to 0} \left[sF(s) - f(0^-) \right] = f(t)\big|_0^{+\infty}$$

则

$$\lim_{s \to 0} sF(s) = f(+\infty)$$

利用该定理可直接通过时间函数的拉普拉斯变换 $F(s)$ 求原函数 $f(t)$ 的终值，而不必求 $F(s)$ 的反变换。然而在应用该定理时要注意，有些函数当 $t \to +\infty$ 时 $f(+\infty)$ 并不存在，但 $\lim\limits_{s \to 0} sF(s)$ 极限存在。例如，$F(s) = \dfrac{1}{s^2+1}$，$\lim\limits_{s \to 0} sF(s) = \lim\limits_{s \to 0} s \times \dfrac{1}{s^2+1} = 0$，但其原函数 $f(t) = \sin t$ 在 $t \to +\infty$ 时无极限。此时若用终值定理将会出现错误结论。

终值定理的应用条件是：$f(t)$ 必须存在终值。如果从 s 域来判断，有如下条件：

(1) $F(s)$ 的极点必须位于 s 平面的左半平面；

(2) $F(s)$ 在 $s=0$ 处若有极点，也只能有一阶极点。

用以下例题进一步说明终值定理的应用条件。

【例 6.17】　求下列各像函数的原函数的终值。

(1) $F(s) = \dfrac{2s+1}{s^3+3s^2+2s}$；(2) $F(s) = \dfrac{1-\mathrm{e}^{-2s}}{s(s^2+4)}$；

(3) $F(s) = \dfrac{s^3+s^2+2s+1}{s^3+6s^2+11s+6} = \dfrac{s^3+s^2+2s+1}{(s+1)(s+2)(s+3)}$。

解　(1) $F(s)$ 的极点为 0，在左半平面 $s=0$ 处有一阶极点，因此

$$f(+\infty) = \lim_{t \to +\infty} f(t) = \lim_{s \to 0} s \times \frac{2s+1}{s^3+3s^2+2s} = \frac{1}{2}$$

(2) 由于 $F(s)$ 在 s 平面的 $j\omega$ 轴上有一对共轭极点，故 $f(t)$ 不存在终值。

(3) $F(s)$ 的极点为 $-1, -2, -3$ 都在 s 平面左半平面，因此

$$f(+\infty) = \lim_{t \to +\infty} f(t) = \lim_{s \to 0} sF(s) = 0$$

为方便读者学习，表 6.1 归纳了拉普拉斯变换的性质，将常用信号的拉普拉斯变换对列于表 6.2。

表 6.1　拉普拉斯变换性质

性质	拉普拉斯变换对的公式
线性	$\left[af_1(t)+bf_2(t)\right]\Leftrightarrow\left[aF_1(s)+bF_2(s)\right]$
时移	$f(t-t_0)u(t-t_0)\Leftrightarrow\mathrm{e}^{-st_0}F(s)$
频移	$f(t)\mathrm{e}^{\pm s_0 t}\Leftrightarrow F(s\mp s_0)$
尺度变换	$f(at)\Leftrightarrow\dfrac{1}{a}F\left(\dfrac{s}{a}\right)\ (a\neq 0)$
时域微分	$\dfrac{\mathrm{d}f(t)}{\mathrm{d}t}\Leftrightarrow sF(s)-f(0^-)$ $f^{(n)}(t)\Leftrightarrow s^n F(s)-\displaystyle\sum_{i=0}^{n-1}s^{n-1-i}f^{(i)}(0^-)$
时域积分	$\displaystyle\int_0^t f(\tau)\,\mathrm{d}\tau\Leftrightarrow\dfrac{F(s)}{s}$
复频域微分	$(-t)^n f(t)\Leftrightarrow\dfrac{\mathrm{d}^n F(s)}{\mathrm{d}s^n}$
复频域积分	$\dfrac{f(t)}{t}\Leftrightarrow\displaystyle\int_0^{+\infty}F(s)\mathrm{d}s$
时域卷积	$f_1(t)*f_2(t)\Leftrightarrow F_1(s)F_2(s)$
复频域卷积	$f_1(t)f_2(t)\Leftrightarrow\dfrac{1}{2\pi\mathrm{j}}F_1(s)*F_2(s)$
初值定理	$\displaystyle\lim_{t\to 0^+}f(t)=f(0^+)=\lim_{s\to+\infty}sF(s)$
终值定理	$f(+\infty)=\displaystyle\lim_{t\to+\infty}f(t)=\lim_{s\to 0}sF(s)$

表 6.2　常用信号的拉普拉斯变换对

序号	拉普拉斯变换对	计算方法
1	$\delta(t)\Leftrightarrow 1$	根据定义计算
2	$u(t)\Leftrightarrow\dfrac{1}{s}$	根据定义计算
3	$tu(t)\Leftrightarrow\dfrac{1}{s^2}$	频域微分性质
4	$t^n u(t)\Leftrightarrow\dfrac{n!}{s^{n+1}}$	频域微分性质
5	$\mathrm{e}^{\pm s_0 t}u(t)\Leftrightarrow\dfrac{1}{s\mp s_0}$	频移性质
6	$\delta'(t)\Leftrightarrow s$	时域微分性质

续表 6.2

序号	拉普拉斯变换对	计算方法
6	$te^{-\alpha t}u(t) \Leftrightarrow \dfrac{1}{(s+\alpha)^2}$	频移性质和频域微分性质
7	$\sin(\omega_0 t)u(t) \Leftrightarrow \dfrac{\omega_0}{s^2+\omega_0^2}$	线性性质
8	$\cos(\omega_0 t)u(t) \Leftrightarrow \dfrac{s}{s^2+\omega_0^2}$	线性性质
9	$e^{-\alpha t}\sin(\beta t)u(t) \Leftrightarrow \dfrac{\beta}{(s+\alpha)^2+\beta^2}$	线性性质和频移性质
10	$e^{-\alpha t}\cos(\beta t)u(t) \Leftrightarrow \dfrac{s+\alpha}{(s+\alpha)^2+\beta^2}$	线性性质和频移性质
11	$f_T(t) \Leftrightarrow \dfrac{F_1(s)}{1-e^{-sT}}$（$f_1(t) \Leftrightarrow F_1(s)$ 为第一周期）	线性性质

【思考题】

1. 初值定理、中值定理的应用条件是什么？

2. 分析拉普拉斯变换复频域性质与傅里叶变换频域性质的区别。

3. 时域微分性质中，$f(0^-)$ 是什么时刻？什么条件下 $f(0^-)$ 与 $f(0^+)$ 相等？

6.4 拉普拉斯逆变换

应用拉普拉斯变换求解系统在激励作用下所产生的响应，通常需要进行两次变换。一次是对包括输入信号在内的各个信号进行拉普拉斯正变换得到其像函数，另一次是将响应信号的像函数进行拉普拉斯逆变换求出响应信号的原函数。关于信号的拉普拉斯正变换，可以利用前几节介绍的定义和性质进行运算，以下讨论拉普拉斯逆变换问题。这时会立即想到直接用式（6.6）和式（6.8）进行计算，然而，仔细观察拉普拉斯逆变换公式会发现，要求得信号 $f(t)$ 须在 s 平面上进行复变函数积分。显然，这种计算是困难的。因此，在系统的复频域分析法中，求拉普拉斯逆变换常运用有理函数的部分分式展开法和复变函数的围线积分法，即留数法。因部分分式展开法可以直接避开复变函数积分的一系列理论，所以，有理函数的部分分式展开法是求拉普拉斯逆变换的重要方法。

6.4.1 部分分式展开法

在系统分析中，常见的像函数 $F(s)$ 大都是 s 的有理函数，它的一般表达式为

$$F(s) = \frac{N(s)}{D(s)} = \frac{b_m s^m + b_{m-1}s^{m-1} + \cdots + b_1 s + b_0}{a_n s^n + a_{n-1}s^{n-1} + \cdots + a_1 s + a_0} \tag{6.37}$$

式中，$a_0, a_1, \cdots, a_n, b_0, b_1, b_m$ 为实常数。当 $n > m$，且均为正整数时，称 $F(s)$ 为 s 的有理真分式（Rational Proper Fraction）。由代数学可知，有理真分式可展开成部分分式之和。所以，当 $F(s)$ 为有理真分式时，可将 $F(s)$ 分解为若干个简单分式（Partial Fraction）或称部分分式之和，然后求出各分式的拉普拉斯逆变换，即可得到 $F(s)$ 的拉普拉斯逆变换 $f(t)$。

当 $m \geqslant n$ 时，可将 $F(s)$ 分解为 s 的正幂次有理多项式 $P(s)$ 与有理真分式之和，即

$$F(s) = P(s) + \frac{R(s)}{D(s)}$$

式中，$R(s)$ 的幂次小于 $D(s)$ 的幂次。

例如

$$F(s) = \frac{5s^3 - 3s^2 - 6s + 3}{s^2 - 3s + 3}$$

应用长除法可得

$$F(s) = 5s + 12 + \frac{5s - 33}{s^2 - 3s + 3}$$

在上式中 $P(s) = 5s + 12$ 的拉普拉斯逆变换为
$$\mathcal{L}^{-1}[P(s)] = \mathcal{L}^{-1}[5s + 12] = 5\delta'(t) + 12\delta(t)$$

可见，求 $P(s)$ 的拉普拉斯逆变换比较简单，其结果是冲激函数及其各阶导数。所以下面着重讨论 $F(s)$ 为有理真分式时，应用部分分式展开法求拉普拉斯逆变换的问题。

设 $F(s)$ 为有理真分式，其一般形式如式(6.37)所示。为了便于分析，将 $F(s)$ 的分母多项式因子化，即将 $D(s)$ 写为
$$D(s) = a_n(s - p_1)(s - p_2)\cdots(s - p_k)\cdots(s - p_n)$$

式中，$p_1, p_2, \cdots, p_k, \cdots, p_n$ 为 $D(s) = 0$ 的根，即当 s 等于任一根值时，有 $D(s) = 0$，$F(s)$ 等于无穷大，故又把 $p_1, p_2, \cdots, p_n$ 称为 $F(s)$ 的"极点"。由于 $D(s)$ 多项式的系数 $a_k|_{k=1,2,\cdots,n}$ 为实常数，因此，$D(s) = 0$ 的根一定是实数根或成对出现的共轭复数根。按照极点的不同特点部分分式展开法可归纳为如下三种情况。

1. $D(s) = 0$ 具有不相等的单阶实根

$D(s) = 0$ 具有不相等的单阶实根，即 $p_1 \neq p_2 \neq \cdots \neq p_k \neq \cdots \neq p_n$，所以 $F(s)$ 可写为
$$F(s) = \frac{N(s)}{(s - p_1)(s - p_2)\cdots(s - p_k)\cdots(s - p_n)}$$

根据代数学中有理真分式展开理论，上式可展开为 n 个简单的部分分式之和，即
$$F(s) = \frac{A_1}{s - p_1} + \frac{A_2}{s - p_2} + \cdots + \frac{A_k}{s - p_k} + \cdots + \frac{A_n}{s - p_n}$$

式中，$A_1, A_2, \cdots, A_k, \cdots, A_n$ 均为待定系数。

为了确定待定系数 A_k，可在上式的两边同乘以因子 $(s - p_k)$，并令 $s = p_k$，即有
$$(s - p_k)F(s)\big|_{s=p_k} = \left[(s - p_k)\frac{A_1}{s - p_1} + \cdots + A_k + \cdots + (s - p_k)\frac{A_n}{s - p_n}\right]\Bigg|_{s=p_k}$$

显然上式等号右端就仅剩下 A_k 一项，所以得
$$A_k = [(s - p_k)F(s)]\big|_{s=p_k, k=1,2,\cdots,n} \tag{6.38}$$

当确定各个分式的系数 A_k 之后，就可以对每个分式逐项求拉普拉斯逆变换(查拉普拉斯变换表可得)。不难看出，每个分式对应的逆变换都是指数型信号，即
$$f(t) = \mathcal{L}^{-1}[F(s)] = \mathcal{L}^{-1}\left[\sum_{k=1}^{n}\frac{A_k}{s - p_k}\right] = \sum_{k=1}^{n}A_k e^{-p_k t}u(t) \tag{6.39}$$

【例 6.18】　求 $F(s) = \dfrac{s + 4}{s^3 + 3s^2 + 2s}$ 的原信号。

解　将 $F(s)$ 的分母进行因式分解，即
$$D(s) = s^3 + 3s^2 + 2s = s(s + 1)(s + 2)$$

这时 $F(s)$ 的部分分式可写为

$$F(s) = \frac{s+4}{s^3 + 3s^2 + 2s} = \frac{A_1}{s} + \frac{A_2}{s+1} + \frac{A_3}{s+2}$$

求待定系数 A_1, A_2, A_3，则

$$A_1 = sF(s)\big|_{s=0} = \frac{s+4}{(s+1)(s+2)}\bigg|_{s=0} = \frac{4}{1 \times 2} = 2$$

$$A_2 = (s+1)F(s)\big|_{s=-1} = \frac{s+4}{s(s+2)}\bigg|_{s=-1} = \frac{-1+4}{-1 \times 1} = -3$$

$$A_3 = (s+2)F(s)\big|_{s=-2} = \frac{s+4}{s(s+1)}\bigg|_{s=-2} = \frac{-2+4}{-2 \times -1} = 1$$

求原函数 $f(t)$，即

$$f(t) = \mathscr{L}^{-1}\big[F(s)\big] = \mathscr{L}^{-1}\left[\frac{2}{s} - \frac{3}{s+1} + \frac{1}{s+2}\right] =$$
$$2u(t) - 3e^{-t}u(t) + e^{-2t}u(t) =$$
$$(2 - 3e^{-t} + e^{-2t})u(t)$$

【例 6.19】 求 $F(s) = \dfrac{3s^3 - 2s^2 - 7s + 1}{s^2 + 3s + 2}$ 的拉普拉斯逆变换。

解 将 $F(s)$ 分解为真有理分式与 $P(s)$ 多项式之和

$$F(s) = \frac{3s^3 - 2s^2 - 7s + 1}{s^2 + 3s + 2} = 3s - 11 + \frac{20s + 23}{s^2 + 3s + 2}$$

将真分式进行部分分式展开

$$\frac{20s + 23}{s^2 + 3s + 2} = \frac{A_1}{s+1} + \frac{A_2}{s+2}$$

求待定系数 A_1, A_2，则

$$A_1 = (s+1)\frac{20s + 23}{s^2 + 3s + 2}\bigg|_{s=-1} = \frac{20s + 23}{s+2}\bigg|_{s=-1} = 3$$

$$A_2 = (s+2)\frac{20s + 23}{s^2 + 3s + 2}\bigg|_{s=-2} = \frac{20s + 23}{s+1}\bigg|_{s=-2} = 17$$

求原函数 $f(t)$，即

$$f(t) = \mathscr{L}^{-1}\big[F(s)\big] = \mathscr{L}^{-1}\left[3s - 11 + \frac{20s + 23}{s^2 + 3s + 2}\right] =$$
$$3\delta'(t) - 11\delta(t) + (3e^{-t} + 17e^{-2t})u(t)$$

【例 6.20】 求 $F(s) = \dfrac{s+4}{2s^2 + 5s + 3}e^{-2s}$ 的拉普拉斯逆变换。

解 因 $F(s)$ 为无理分式，不能直接应用部分分式展开法。为此可将式中的时延因子 e^{-2t} 放在后面考虑，先令

$$F_1(s) = \frac{s+4}{2s^2 + 5s + 3} = \frac{A_1}{s+1} + \frac{A_2}{s+1.5}$$

$$A_1 = (s+1)F_1(s)\big|_{s=-1} = (s+1)\frac{s+4}{2(s+1)(s+1.5)}\bigg|_{s=-1} = 3$$

$$A_2 = (s+1.5)F_1(s)\big|_{s=-1.5} = (s+1.5)\frac{s+4}{2(s+1)(s+1.5)}\bigg|_{s=-1.5} = 2.5$$

$$F(s) = \frac{3e^{-2s}}{s+1} + \frac{2.5e^{-2s}}{s+1.5}$$

根据拉普拉斯变换的延时性质可得

$$f(t) = \mathscr{L}^{-1}[F(s)] = [3e^{-(t-2)} - 2.5e^{-1.5(t-2)}]u(t-2)$$

2. $D(s) = 0$ 含有一阶共轭复根

因 $F(s)$ 为实系数有理分式,所以当 $F(s)$ 有复数极点时,必定成共轭对形式出现。也就是说,每有一个复极点 $p_1 = -\alpha + j\omega_0$,一定会有另一个共扼复极点 $p_2 = -\alpha - j\omega_0$ 与之对应。这两个共轭极点相乘之积是 s 的实系数二次多项式,即

$$(s + \alpha + j\omega_0)(s + \alpha - j\omega_0) = (s + \alpha)^2 + \omega_0^2 = (s + \alpha)^2 + \beta = s^2 + bs + d$$

这就是复极点为什么必须成共扼对出现的理由。

当 $F(s)$ 具有一阶共轭极点时,其一般形式为

$$F(s) = \frac{N(s)}{[s - (-\alpha - j\omega_0)][s - (-\alpha + j\omega_0)](s - p_3)\cdots(s - p_n)}$$

对于这类 $F(s)$,其部分分式有以下几种形式。其中诸系数 $A_1, A_2, \cdots, A_n$ 的求法和计算的繁简程度也不相同。

(1) 将共扼极点分别按单阶极点处理,这时部分分式的形式为

$$F(s) = \frac{A_1}{s - (-\alpha - j\omega_0)} + \frac{A_2}{s - (-\alpha + j\omega_0)} + \frac{A_3}{s - p_3} + \cdots + \frac{A_n}{s - p_n}$$

式中的待定系数 A_k,仍按公式(6.38)求得,即

$$A_k = [(s - p_k)F(s)]\big|_{s = p_k, k = 1, 2, \cdots, n}$$

不过这时式中的 A_1 与 A_2 为共扼关系,即 $A_2 = A_1^*$。这种关系表明,只要计算出 A_1 或 A_2 一个系数即可。

(2) 将一对共扼极点作为一个整体对待,这时部分分式的形式为

$$F(s) = \frac{A_1 s + A_2}{s^2 + bs + d} + \frac{A_3}{s - p_3} + \cdots + \frac{A_n}{s - p_n}$$

式中 $A_3, \cdots, A_n$ 的求解同(1)。将求得的 $A_2, \cdots, A_n$ 值代入部分分式,再进行通分,然后比较对应项系数,最后解系数方程求出 A_1 与 A_2。

(3) 用配方法求 $F(s)$ 共扼极点部分分式系数。该法首先将分母 $D(s)$ 中的 s 的二次项因子写成完全平方形式,即 $(s + \alpha)^2 + \beta^2$,再将 $(s + \alpha)^2$ 视为一体(这相当于设 $(s + \alpha)^2 = W$ 变成单极点情况)处理。这时,原部分分式中的系数通常不再是常数,而是 s 的一次多项式。然后通过加减常量的方法调整分子使其与分母互补,从而可方便地求出其对应的常数。

【**例 6.21**】　求 $F(s) = \dfrac{2s^2 + 2s + 5}{s(s^2 + 2s + 5)}$ 的拉普拉斯逆变换。

解　$D(s) = 0$ 的根为 $s_1 = -1 + j2, s_2 = -1 - j2, s_2 = 0$。

方法一　将共轭极点作为一个整体对待,并将 $F(s)$ 展开为

$$F(s) = \frac{2s^2 + 2s + 5}{s(s^2 + 2s + 5)} = \frac{A_3}{s} + \frac{A_1 s + A_2}{s^2 + 2s + 5}$$

式中

$$A_3 = sF(s)\big|_{s=0} = \frac{2s^2 + 2s + 5}{s^2 + 2s + 5}\bigg|_{s=0} = 1$$

将 $A_3 = 1$ 代入部分分式并通分得

$$2s^2 + 2s + 5 = A_3(s^2 + 2s + 5) + A_1 s^2 + A_2 s =$$
$$(A_1 + 1)s^2 + (A_2 + 2)s + 5$$

等式两边对应项系数相等,即

$$\begin{cases} A_1 + 1 = 2 \\ A_2 + 2 = 2 \end{cases}$$

联立解此方程组得 $A_1 = 1, A_2 = 0$，于是

$$F(s) = \frac{1}{s} + \frac{s}{s^2 + 2s + 5} = \frac{1}{s} + \frac{(s+1) - 1}{(s+1)^2 + 4} =$$

$$\frac{1}{s} + \frac{(s+1)}{(s+1)^2 + 2^2} - \frac{1}{2} \frac{2}{(s+1)^2 + 2^2}$$

$$f(t) = \mathscr{L}^{-1}[F(s)] = u(t) + e^{-t}\cos(2t)u(t) - \frac{1}{2}e^{-t}\sin(2t)u(t) =$$

$$\left[1 + \frac{\sqrt{5}}{2}e^{-t}\cos(2t + 26.5°)\right]u(t)$$

方法二　用配方法求 $F(s)$ 共轭极点部分分式系数，设

$$F(s) = \frac{2s^2 + 2s + 5}{s(s^2 + 2s + 5)} = \frac{2s^2 + 2s + 5}{s[(s+1)^2 + 2^2]} = \frac{A_1}{s} + \frac{A_2}{(s+1)^2 + 2^2}$$

$$A_1 = sF(s)\big|_{s=0} = 1$$

$$A_2 = [(s+1)^2 + 2^2]F(s)\big|_{(s+1)^2 = -4} = \frac{2s^2 + 2s + 5}{s}\bigg|_{(s+1)^2 = -4} =$$

$$\frac{s^2 + 4 + (s+1)^2}{s}\bigg|_{(s+1)^2 = -4} = s$$

所以

$$F(s) = \frac{1}{s} + \frac{s}{s^2 + 2s + 5} = \frac{1}{s} + \frac{s+1}{(s+1)^2 + 4} - \frac{1}{(s+1)^2 + 4}$$

则

$$f(t) = \mathscr{L}^{-1}[F(s)] = u(t) + e^{-t}\cos(2t)u(t) - \frac{1}{2}e^{-t}\sin(2t)u(t) =$$

$$\left[1 + \frac{\sqrt{5}}{2}e^{-t}\cos(2t + 26.5°)\right]u(t)$$

【例 6.22】　求 $F(s) = \dfrac{s+1}{s(s^2 + 2s + 5)}$ 的拉普拉斯逆变换。

解　用配方法求，设

$$F(s) = \frac{s+1}{s(s^2 + 2s + 5)} = \frac{A_1}{s} + \frac{A_2}{(s+1)^2 + 2^2}$$

式中

$$A_1 = sF(s)\big|_{s=0} = \frac{1}{5}$$

$$A_2 = [(s+1)^2 + 2^2]F(s)\big|_{(s+1)^2 = -4} = \frac{s+1}{s}\bigg|_{(s+1)^2 = -4} =$$

$$\frac{(s+1)[(s+1)+1]}{[(s+1)-1][(s+1)+1]}\bigg|_{(s+1)^2 = -4} = \frac{3-s}{5}$$

所以

$$F(s) = \frac{\frac{1}{5}}{s} + \frac{\frac{3}{5} - \frac{s}{5}}{(s+1)^2 + 2^2} = \frac{1}{5}\frac{1}{s} + \frac{1}{5}\left[\frac{4}{(s+1)^2 + 2^2} - \frac{s+1}{(s+1)^2 + 2^2}\right] =$$

$$\frac{0.2}{s} + 0.4\frac{2}{(s+1)^2 + 2^2} - 0.2\frac{s+1}{(s+1)^2 + 2^2}$$

即

$$f(t) = \mathscr{L}^{-1}[F(s)] = [0.2 + 0.4e^{-t}\sin(2t) - 0.2e^{-t}\cos(2t)]u(t)$$

3. $D(s)=0$ 具有 k 阶实重根

设 $D(s)=0$ 在 $s=p_1$ 处有 k 阶实重根，即

$$F(s)=\frac{N(s)}{D(s)}=\frac{N(s)}{(s-p_1)^k(s-p_{k+1})(s-p_{k+2})\cdots(s-p_n)}$$

这时 $F(s)$ 的部分分式展开式为

$$F(s)=\frac{A_k}{(s-p_1)^k}+\frac{A_{k-1}}{(s-p_1)^{k-1}}+\cdots+\frac{A_1}{s-p_1}+\frac{A_{k+1}}{s-p_{k+1}}+\frac{A_{k+2}}{s-p_{k+2}}+\cdots+\frac{A_n}{s-p_n}$$

式中 $p_{k+1},p_{k+2},\cdots,p_n$ 为单阶实极点；部分分式系数可用前边导出的公式计算；而与重极点对应的部分分式系数求解方法如下：

将上式等号两边同乘以 $(s-p_1)^k$，得

$$(s-p_1)^kF(s)=A_k+A_{k-1}(s-p_1)+A_{k-2}(s-p_1)^2+\cdots+A_1(s-p_1)^{k-1}+$$

$$\frac{A_{k+1}}{s-p_{k+1}}(s-p_1)^k+\frac{A_{k+2}}{s-p_{k+2}}(s-p_1)^k+\cdots+\frac{A_n}{s-p_n}(s-p_1)^k$$

令 $s=p_1$，这时等式右端除 A_k 项外，其余皆为零，于是得

$$A_k=\left[(s-p_k)^kF(s)\right]\big|_{s=p_1} \tag{6.40}$$

求解 $A_{k-1},A_{k-2},\cdots,A_2,A_1$ 外诸系数，不能再采用类似于求 A_k 的方法。这时应先用因式 $(s-p_1)^k$ 乘以展开式两边，然后将展开式两边同时对 s 求一次导数，即有

$$\frac{\mathrm{d}}{\mathrm{d}s}\left[(s-p_1)^kF(s)\right]=\frac{\mathrm{d}}{\mathrm{d}s}\left[A_k+A_{k-1}(s-p_1)+A_{k-2}(s-p_1)^2+\cdots+A_1(s-p_1)^{k-1}+\right.$$

$$\left.\frac{A_{k+1}}{s-p_{k+1}}(s-p_1)^k+\frac{A_{k+2}}{s-p_{k+2}}(s-p_1)^k+\cdots+\frac{A_n}{s-p_n}(s-p_1)^k\right]=$$

$$A_{k-1}+A_{k-2}2(s-p_1)+\cdots+A_1(k-1)(s-p_1)^{k-2}+$$

$$\frac{A_{k+1}}{s-p_{k+1}}k(s-p_1)^{k-1}+\cdots+\frac{A_n}{s-p_n}k(s-p_1)^{k-1}$$

再令 $s=s_1$，这时等式右端除 A_{k-1} 一项外，其余皆为零，于是可得

$$A_{k-1}=\frac{\mathrm{d}}{\mathrm{d}s}\left[(s-p_k)^kF(s)\right]\big|_{s=p_1} \tag{6.41}$$

同理，若对展开式两边求两次导数，并令 $s=s_1$，又可得

$$A_{k-2}=\frac{1}{2!}\frac{\mathrm{d}^2}{\mathrm{d}s^2}\left[(s-p_k)^kF(s)\right]\big|_{s=p_1} \tag{6.42}$$

依此类推可得

$$A_1=\frac{1}{(k-1)!}\frac{\mathrm{d}^{(k-1)}}{\mathrm{d}s^{(k-1)}}\left[(s-p_k)^kF(s)\right]\big|_{s=p_1} \tag{6.43}$$

确定了各分式中的系数之后，即可根据各分式的拉普拉斯逆变换和线性性质求出已知像函数对应的原函数为

$$f(t)=\mathscr{L}^{-1}[F(s)]=$$

$$\mathscr{L}^{-1}\left[A_k+A_{k-1}(s-p_1)+A_{k-2}(s-p_1)^2+\cdots+A_1(s-p_1)^{k-1}+\right.$$

$$\left.\frac{A_{k+1}}{s-p_{k+1}}(s-p_1)^k+\frac{A_{k+2}}{s-p_{k+2}}(s-p_1)^k+\cdots+\frac{A_n}{s-p_n}(s-p_1)^k\right]=$$

$$\left\{\mathrm{e}^{p_1t}\left[A_kt^{k-1}\frac{1}{(k-1)!}+\cdots+A_2t+A_1\right]+\right.$$

$$\left.A_{k+1}\mathrm{e}^{p_{k+1}t}+A_{k+2}\mathrm{e}^{p_{k+2}t}+\cdots+A_n\mathrm{e}^{p_nt}\right\}u(t) \tag{6.44}$$

【例 6.23】 求 $F(s)=\dfrac{s+2}{(s+1)^2s(s+3)}$ 的拉普拉斯逆变换。

解 因分母多项式即 $D(s)=s(s+3)(s+1)^2=0$ 有四个根,即一个二阶重根 $s_1=-1$ 和两个单根 $s_3=0,s_4=-3$,故其部分分式可展开为

$$F(s)=\frac{s+2}{s(s+3)(s+1)^2}=\frac{A_2}{(s+1)^2}+\frac{A_1}{s+1}+\frac{A_3}{s}+\frac{A_4}{s+3}$$

式中系数分别为

$$A_1=\frac{\mathrm{d}}{\mathrm{d}s}\big[(s+1)^2F(s)\big]\Big|_{s=s_1}=\frac{\mathrm{d}}{\mathrm{d}s}\frac{s+2}{s(s+3)}\Big|_{s=-1}=\left[\frac{s(s+3)-(s-2)(2s+3)}{s^2(s+3)^2}\right]\Big|_{s=-1}=-\frac{3}{4}$$

$$A_2=(s+1)^2F(s)\big|_{s=s_1}=\frac{s+2}{s(s+3)}\Big|_{s=-1}=-\frac{1}{2}$$

$$A_3=sF(s)\big|_{s=s_3}=\frac{s+2}{(s+1)^2(s+3)}\Big|_{s=0}=\frac{2}{3}$$

$$A_4=(s+3)F(s)\big|_{s=s_4}=\frac{s+2}{(s+1)^2s}\Big|_{s=-3}=\frac{1}{12}$$

所以有

$$F(s)=\frac{-\dfrac{1}{2}}{(s+1)^2}+\frac{-\dfrac{3}{4}}{s+1}+\frac{\dfrac{2}{3}}{s}+\frac{\dfrac{1}{12}}{s+3}$$

取拉普拉斯逆变换得

$$f(t)=\mathscr{L}^{-1}\big[F(s)\big]=\left(\frac{2}{3}+\frac{1}{12}\mathrm{e}^{-3t}-\frac{3}{4}\mathrm{e}^{-t}-\frac{1}{2}t\mathrm{e}^{-t}\right)u(t)$$

【例 6.24】 求 $F(s)=\dfrac{1}{3s^2(s^2+4)}$ 的拉普拉斯逆变换。

解 因分母多项式即 $D(s)=3s^2(s^2+4)=0$ 有四个根,即二重零根和共扼复数根,如用上述计算方法会很麻烦。若先令 $q=s^2$,则

$$F(s)=\frac{1}{3s^2(s^2+4)}=\frac{1}{3q(q+4)}=\frac{1}{3}\left(\frac{A_1}{q}+\frac{A_2}{q+4}\right)$$

式中

$$A_1=3q\times\frac{1}{3q(q+4)}\Big|_{s=0}=\frac{1}{4}$$

$$A_2=3(q+4)\times\frac{1}{3q(q+4)}\Big|_{s=-4}=-\frac{1}{4}$$

所以有

$$F(s)=\frac{1}{3}\left(\frac{\dfrac{1}{4}}{s^2}+\frac{-\dfrac{1}{4}}{s^2+4}\right)=\frac{1}{12}\left(\frac{1}{s^2}-\frac{1}{s^2+4}\right)$$

故

$$f(t)=\mathscr{L}^{-1}\big[F(s)\big]=\frac{1}{2}\left[t-\frac{1}{12}\sin(2t)\right]u(t)$$

将较为常用的拉普拉斯变换对的对应函数列于表 6.3,以便于更好的理解拉普拉斯变换的像函数 $F(s)$ 和原函数 $f(t)$ 之间的关系以及不同信号的具体波形。

表 6.3　$F(s)$ 和 $f(t)$ 之间的对应关系

$F(s)$	s 平面的极点	时域中的波形	$f(t)$
$\dfrac{1}{s}$			$u(t)$
$\dfrac{1}{s^2}$			$tu(t)$
$\dfrac{1}{s^3}$			$\dfrac{t^2}{2}u(t)$
$\dfrac{1}{s+\alpha}$			$\mathrm{e}^{-\alpha t}u(t)$
$\dfrac{1}{(s+\alpha)^2}$			$t\mathrm{e}^{-\alpha t}u(t)$
$\dfrac{\omega}{s^2+\omega^2}$			$\sin(\omega t)\,u(t)$
$\dfrac{s}{s^2+\omega^2}$			$\cos(\omega t)\,u(t)$
$\dfrac{\omega}{(s+\alpha)^2+\omega^2}$			$\mathrm{e}^{-\alpha t}\sin(\omega t)\,u(t)$

续表 6.3

$F(s)$	s 平面的极点	时域中的波形	$f(t)$
$\dfrac{s+\alpha}{(s+\alpha)^2+\omega^2}$			$\mathrm{e}^{-\alpha t}\cos(\omega t)u(t)$
$\dfrac{2s\omega}{(s^2+\omega^2)^2}$			$t\sin(\omega t)u(t)$

6.4.2 围线积分法（留数法）

按照复变函数中的留数定理,在 s 平面沿一不通过被积函数极点的封闭曲线 C 进行的围线积分等于此围线 C 中被积函数各极点的留数之和,即

$$\frac{1}{2\pi\mathrm{j}}\oint_C F(s)\mathrm{e}^{st}\mathrm{d}s=\sum_{i=1}^{n}\mathrm{Res}\left[F(s)\mathrm{e}^{st}\right]_{s=p_i} \tag{6.45}$$

式中 $p_i(i=1,2,\cdots,n)$——拉普拉斯变换 $F(s)$ 的极点。

利用留数定理式(6.45)求拉普拉斯反变换时,可从积分限 $\sigma-\mathrm{j}\infty$ 至 $\sigma+\mathrm{j}\infty$ 补充一条积分路线以构成一条积分围线 C,所补充的积分路线为一半径无穷大的圆弧,如图 6.10 所示。

利用式(6.45)计算拉普拉斯反变换

$$f(t)=\frac{1}{2\pi\mathrm{j}}\int_{\sigma-\mathrm{j}\infty}^{\sigma+\mathrm{j}\infty}F(s)\mathrm{e}^{st}\mathrm{d}s$$

的条件是沿补充路线(图 6.10 中的弧 $\widehat{ABC}$)函数的积分值为零,即

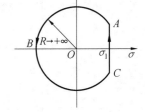

$$\int_{\widehat{ABC}}F(s)\mathrm{e}^{st}\mathrm{d}s=0 \tag{6.46}$$

图 6.10 $F(s)$ 的围线积分路线

根据复变函数论中的约当辅助定理,当满足下述两个条件时,式(6.46)成立:

(1) 当 $|s|\to+\infty$ 时,$|F(s)|$ 对于 s 一致地趋近于零。

(2) 因子 e^{st} 的指数的实部小于 $\sigma_1 t$,即 $\mathrm{Res}[st]=\sigma t<\sigma_1 t$,其中 σ_1 为一固定常数。

对于第一个条件,除少数情况,如单位冲激信号的拉普拉斯变换 $F(s)=1$ 以外,一般都能满足。至于第二个条件,当 $t>0$ 时,$\mathrm{Res}[st]$ 应小于 σ_1,即积分应沿左半圆弧进行,如图 6.10 所示;而当 $t<0$ 时,则应沿右半圆弧进行,如图 6.11 所示。

由单边拉普拉斯变换定义式可知,当 $t<0$ 时,$f(t)=0$,因此应当选择图 6.11 的积分围线,即

$$f(t)=\frac{1}{2\pi\mathrm{j}}\int_{\sigma-\mathrm{j}\infty}^{\sigma+\mathrm{j}\infty}F(s)\mathrm{e}^{st}\mathrm{d}s=\frac{1}{2\pi\mathrm{j}}\int_{\widehat{ABC}}F(s)\mathrm{e}^{st}\mathrm{d}s=$$

$$\sum_{i=1}^{n}\mathrm{Res}\left[F(s)\mathrm{e}^{st}\right]_{s=p_i} \tag{6.47}$$

由式(6.47)可知,求反变换的运算转换为求被积两数各极点上的留数,若为一阶极点,则留数为

$$\mathrm{Res}\left[F(s)\mathrm{e}^{st}\right]_{s=p_i,i=1,2,3,\cdots,n}=\left[(s-p_i)F(s)\mathrm{e}^{st}\right]_{s=p_i,i=1,2,3,\cdots,n} \tag{6.48}$$

若 p_i 为 k 阶极点,则

$$\mathrm{Res}\left[F(s)\mathrm{e}^{st}\right]_{s=p_i,i=1,2,3,\cdots,n}=\frac{1}{(k-1)!}\left[\frac{\mathrm{d}^{k-1}}{\mathrm{d}s^{k-1}}(s-p_i)^k F(s)\mathrm{e}^{st}\right]_{s=p_i,i=1,2,3,\cdots,n} \tag{6.49}$$

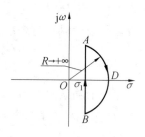

图 6.11　$s<0$ 时积分路线

将式(6.48)与式(6.38)比较,可以看出,当拉普拉斯变换为有理分式时,一阶极点的留数比部分分式的系数只多一个因子 $\mathrm{e}^{p_i t}$,部分分式经反变换后的结果与留数法相同。对于高阶极点,由于式(6.49)中含有因子 e^{st},在取其导数时,所得不止一项,也与部分分式展开法的结果相同。留数法不单能处理有理函数,也能处理无理函数,因此其适用范围比部分分式广。应当指出,在应用留数法作反变换时,由于冲激函数及其导数不符合约当引理,因此需先将 $F(s)$ 分解为 s 的多项式与真分式之和,s 多项式得到反变换为冲激函数及其各阶导数,而真分式可利用留数法求其反变换。

【例 6.25】　用留数法求函数 $F(s)=\dfrac{s+2}{(s+1)^2 s(s+3)}$ 的拉普拉斯逆变换。

解　因分母多项式即 $D(s)=s(s+3)(s+1)^2=0$ 有四个根,即一个二阶重根 $s_1=-1$ 和两个单根 $s_3=0,s_4=-3$。利用式(6.48)及式(6.49)可求得各极点上的留数为

$$\mathrm{Res}\left[F(s)\mathrm{e}^{st}\right]_{s=-1}=\frac{1}{(2-1)!}\left[\frac{\mathrm{d}}{\mathrm{d}s}(s+1)^2\frac{s+2}{(s+1)^2 s(s+3)}\mathrm{e}^{st}\right]_{s=-1}=$$

$$\frac{\mathrm{d}}{\mathrm{d}s}\left[\frac{s+2}{s(s+3)}\mathrm{e}^{st}\right]_{s=-1}=-\frac{1}{2}t\mathrm{e}^{-t}-\frac{3}{4}\mathrm{e}^{-t}$$

$$\mathrm{Res}\left[F(s)\mathrm{e}^{st}\right]_{s=0}=\left[\frac{s+2}{(s+1)^2(s+3)}\mathrm{e}^{st}\right]_{s=0}=\frac{2}{3}$$

$$\mathrm{Res}\left[F(s)\mathrm{e}^{st}\right]_{s=-3}=\left[\frac{s+2}{(s+1)^2 s}\mathrm{e}^{st}\right]_{s=-3}=\frac{1}{12}\mathrm{e}^{-3t}$$

因此,反变换为

$$f(t)=\sum_{i=1}^3\mathrm{Res}\left[F(s)\mathrm{e}^{st}\right]_{s=p_i}=\left(\frac{2}{3}+\frac{1}{12}\mathrm{e}^{-3t}-\frac{3}{4}\mathrm{e}^{-t}-\frac{1}{2}\mathrm{e}^{-t}\right)u(t)$$

【思考题】

1.如果 $F(s)$ 是假分式,如何利用部分分式展开法求拉普拉斯逆变换?

2.若 $F(s)$ 有一对共轭复极点,那么,拉普拉斯逆变换中应该出现什么形式的项?

3.什么情况下 $F(s)$ 的逆变换中出现冲激和冲激的导数项?

6.5　微分方程的拉普拉斯变换解法

拉普拉斯变换是分析线性时不变连续系统的有力工具,它可以将描系统的时域微积分方程变换为复频域的代数方程,便于运算和求解。在这个变换过程中,由于它可以将系统的初始状态自然地包含在复频域的代数方程中,所以既可以分别求得零输入响应(Zero Input

Response)和零状态(Zero State Response)响应,也可求得系统的全响应。

用拉普拉斯变换法分析常系数线性微分方程时,其特点是:

(1)通过拉普拉斯变换可将时域中的微分方程变换为复频域中的代数方程,使求解简化。

(2)系统的起始状态(条件)可以自动地包含到像函数中,从而可求得方程的完全解。

拉普拉斯变换在系统分析中的重要应用之一是求解由线性常系数微分方程描述的因果 LTI 连续系统在输入为因果信号时的响应,尤其当微分方程带有非零初始条件时,用拉普拉斯变换求解更为方便。

设因果线性时间连续系统的微分方程为

$$y^{(n)}(t) + a_{n-1}y^{(n-1)}(t) + \cdots + a_1 y'(t) + a_0 y(t) =$$
$$b_m f^{(m)}(t) + b_{m-1} f^{(m-1)}(t) + \cdots + b_1 f'(t) + b_0 f(t) \tag{6.50}$$

设系统的初始状态为 $y(0^-), y'(0^-), \cdots, y^{(n-1)}(0^-)$,且 $f(t)$ 为因果信号。根据时域微分定理,$y(t)$ 及其导数的拉普拉斯变换为(设 $y(t) \Leftrightarrow Y(s)$)。

$$\mathscr{L}[y^{(n)}(t)] = s^{(n)} Y(s) - \sum_{i=0}^{n-1} s^{n-1-i} y^{(i)}(0^-) \tag{6.51}$$

而 $f(t)$ 为因果信号,故 $f^{(j)}(0^-), j = 1, 2, \cdots, m$。从而 $f(t)$ 及其各阶导数的拉普拉斯变换为(假设 $f(t) \Leftrightarrow F(s)$)

$$\mathscr{L}[f^{(j)}(t)] = s^j F(s) \tag{6.52}$$

对式(6.50)两边进行拉普拉斯变换并将式(6.51)、式(6.52)代入,得

$$\sum_{i=0}^{n} a_i \left[s^i Y(s) - \sum_{k=0}^{k-1} s^{i-1-k} y^{(k)}(0^-) \right] = \sum_{j=0}^{m} b_j s^j F(s), a_n = 1$$

即

$$\left(\sum_{i=0}^{n} a_i s^i \right) Y(s) - \sum_{i=0}^{n} a_i \sum_{k=0}^{k-1} s^{i-1-k} y^{(k)}(0^-) = \left(\sum_{j=0}^{m} b_j s^j \right) F(s) \tag{6.53}$$

由上式可解得

$$Y(s) = \frac{M(s)}{D(s)} + \frac{N(s)}{D(s)} F(s) \tag{6.54}$$

其中 $D(s) = \sum_{i=0}^{n} a_i s^i$ 仅与式(6.50)左边 $y(t)$ 及其各阶导数的系数 a_i 有关;$N(s) = \sum_{j=0}^{m} b_j s^j$ 仅与式(6.50)及其各阶导数的系数 b_j 有关;$M(s) = \sum_{i=0}^{n} a_i \left[\sum_{l=0}^{l-1} s^{i-1-l} y^{(l)}(0^-) \right]$ 也是 s 的多项式,且其系数仅与 a_i 及响应的各初始状态 $y^{(k)}(0^-) = 0$ 有关而与激励无关。

由式(6.54)可以看出,其第一项仅与初始状态及系统方程有关而与输入信号无关,因此它是系统的零输入响应 $y_{zi}(t)$ 的像函数,将之记为 $Y_{zi}(s)$;第二项仅与输入信号及系统方程有关而与初始状态无关,因而是零状态响应 $y_{zs}(t)$ 的像函数,将之记为 $Y_{zs}(s)$。于是式(6.54)可写成

$$Y(s) = \frac{M(s)}{D(s)} + \frac{N(s)}{D(s)} F(s) = Y_{zi}(s) + Y_{zs}(s) \tag{6.55}$$

取式(6.55)的拉普拉斯逆变换,得系统的全响应为

$$y(t) = y_{zi}(t) + y_{zs}(t) \tag{6.56}$$

【例 6.26】 设微分方程为

$$y''(t) + 3y'(t) + 2y(t) = e^{-3t}u(t)$$

已知 $y(0^-) = 1, y'(0^-) = 2$，试求 $y(t)$。

解　对微分方程取拉普拉斯变换，并代入起始状态，则得

$$s^2Y(s) - sy(0^-) - y'(0^-) + 3sY(s) - 3y(0^-) + 2Y(s) = \frac{1}{s+3}$$

$$(s^2 + 3s + 2)Y(s) = \frac{1}{s+3} + s + 5 = \frac{s^2 + 8s + 16}{s+3}$$

解得

$$Y(s) = \frac{s^2 + 8s + 16}{(s+1)(s+2)(s+3)}$$

方法一　利用部分分式展开法，将 $Y(s)$ 展开得

$$Y(s) = \frac{A_1}{s+1} + \frac{A_2}{s+2} + \frac{A_3}{s+3}$$

解得

$$A_1 = \left[(s+1)Y(s)\right]\big|_{s=-1} = \left[(s+1)\frac{s^2 + 8s + 16}{(s+1)(s+2)(s+3)}\right]\bigg|_{s=-1} = 4.5$$

$$A_2 = \left[(s+2)Y(s)\right]\big|_{s=-2} = \left[(s+2)\frac{s^2 + 8s + 16}{(s+1)(s+2)(s+3)}\right]\bigg|_{s=-2} = -4$$

$$A_3 = \left[(s+3)Y(s)\right]\big|_{s=-3} = \left[(s+3)\frac{s^2 + 8s + 16}{(s+1)(s+2)(s+3)}\right]\bigg|_{s=-3} = 0.5$$

故有

$$Y(s) = \frac{4.5}{s+1} - \frac{4}{s+2} + \frac{0.5}{s+3}$$

取反变换，得

$$y(t) = (4.5e^{-t} - 4e^{-2t} + 0.5e^{-3t})u(t)$$

方法二　利用围线积分法。因分母多项式即 $D(s) = (s+1)(s+2)(s+3) = 0$ 有三个根，$s_1 = -1, s_2 = -2, s_3 = -3$。求各极点上的留数为

$$\text{Res}\left[Y(s)e^{st}\right]_{s=-1} = \left[(s+1)\frac{s^2 + 8s + 16}{(s+1)(s+2)(s+3)}e^{st}\right]_{s=-1} = 4.5e^{-t}$$

$$\text{Res}\left[Y(s)e^{st}\right]_{s=-2} = \left[(s+2)\frac{s^2 + 8s + 16}{(s+1)(s+2)(s+3)}e^{st}\right]_{s=-2} = -4e^{-2t}$$

$$\text{Res}\left[Y(s)e^{st}\right]_{s=-3} = \left[(s+3)\frac{s^2 + 8s + 16}{(s+1)(s+2)(s+3)}e^{st}\right]_{s=-1} = 0.5e^{-3t}$$

因此

$$y(t) = \sum_{i=1}^{3} \text{Res}\left[Y(s)e^{st}\right]_{s=p_i} = (4.5e^{-t} - 4e^{-2t} + 0.5e^{-3t})u(t)$$

【例 6.27】　某系统由微分方程 $y''(t) + 5y'(t) + 6y(t) = f(t)$ 描述，初始条件为 $y(0^-) = 2, y'(0^-) = -12$，输入信号 $f(t) = u(t)$，求系统的响应 $y(t)$。

解　设 $f(t) \Leftrightarrow F(s), y(t) \Leftrightarrow Y(s)$，则 $F(s) = s^{-1}$。

对微分方程取拉普拉斯变换，并代入起始状态，则得利用时域微分定理和线性特性，取微分方程两边的拉普拉斯变换，得

$$s^2Y(s) - sy(0^-) - y'(0^-) + 5sY(s) - 5y(0^-) + 6Y(s) = F(s)$$

将 $F(s)$ 和初始条件代入上式并合并,可得

$$Y(s) = \frac{2s^2 - 2s + 1}{s(s^2 + 5s + 6)} = \frac{2s^2 - 2s + 1}{s(s+2)(s+3)}$$

方法一　部分分式展开法。将 $Y(s)$ 作为部分分式展开可得

$$Y(s) = \frac{A_1}{s} + \frac{A_2}{s+2} + \frac{A_3}{s+3}$$

解得

$$A_1 = \left[sY(s) \right]\big|_{s=0} = \left[s \frac{2s^2 - 2s + 1}{s(s+2)(s+3)} \right]\bigg|_{s=0} = \frac{1}{6}$$

$$A_2 = \left[(s+2)Y(s) \right]\big|_{s=-2} = \left[(s+2) \frac{2s^2 - 2s + 1}{s(s+2)(s+3)} \right]\bigg|_{s=-2} = -\frac{13}{2}$$

$$A_3 = \left[(s+3)Y(s) \right]\big|_{s=-3} = \left[(s+3) \frac{2s^2 - 2s + 1}{s(s+2)(s+3)} \right]\bigg|_{s=-3} = \frac{25}{3}$$

所以

$$Y(s) = \frac{1}{6}\frac{1}{s} - \frac{13}{2}\frac{1}{s+2} + \frac{25}{3}\frac{1}{s+3}$$

从而

$$y(t) = \left(\frac{1}{6} - \frac{13}{2}e^{-2t} + \frac{25}{3}e^{-3t} \right)u(t)$$

方法二　利用留数积分法。计算各极点上的留数为

$$\mathrm{Res}\left[Y(s)e^{st} \right]_{s=0} = \left[s \frac{2s^2 - 2s + 1}{s(s^2 + 5s + 6)}e^{st} \right]_{s=0} = \frac{1}{6}e^{-t}$$

$$\mathrm{Res}\left[Y(s)e^{st} \right]_{s=-2} = \left[(s+2) \frac{2s^2 - 2s + 1}{s(s^2 + 5s + 6)}e^{st} \right]_{s=-2} = -\frac{13}{2}e^{-2t}$$

$$\mathrm{Res}\left[Y(s)e^{st} \right]_{s=-3} = \left[(s+3) \frac{2s^2 - 2s + 1}{s(s^2 + 5s + 6)}e^{st} \right]_{s=-3} = \frac{25}{3}e^{-3t}$$

因此

$$y(t) = \left(\frac{1}{6} - \frac{13}{2}e^{-2t} + \frac{25}{3}e^{-3t} \right)u(t)$$

【**例** 6.28】　设有二阶线性时不变系统方程

$$y''(t) + 3y'(t) + 2y(t) = f'(t) + 4f(t)$$

系统初始状态 $y(0^-) = 0, y'(0^-) = 2$,输入 $f(t) = u(t)$,试求零输入响应、零状态响应和全响应。

解　对方程两边取拉普拉斯变换,得

$$s^2 Y(s) - sy(0^-) - y'(0^-) + 3\left[sY(s) - y(0^-) \right] + 2Y(s) = (s+4)F(s)$$

代入初始状态和 $F(s)$,整理可得

$$Y(s) = \frac{s+4}{s^2 + 3s + 2}F(s) + \frac{(s+3)y(0^-) + y'(0^-)}{s^2 + 3s + 2}$$

$$Y(s) = \underbrace{\frac{s+4}{s(s^2 + 3s + 2)}}_{Y_{zs}(s)} + \underbrace{\frac{2}{s^2 + 3s + 2}}_{Y_{zi}(s)}$$

对上式两项分别取反变换,得

$$y_{zs}(t) = (2 - 3e^{-t} + e^{-2t})u(t)$$

$$y_{zi}(t) = (2e^{-t} - 2e^{-2t}) \quad (t \geqslant 0)$$

全响应为

$$y(t) = y_{zi}(t) + y_{zs}(t) = 2 - e^{-t} - e^{-2t} \quad (t \geqslant 0)$$

由例 6.28 可知,在 s 域中求零输入响应、零状态响应可以用代数的方法简单求解。若只求全响应,可不必分出 $Y_{zi}(s)$ 和 $Y_{zs}(s)$,通过 $Y(s)$ 反变换求得 $y(t)$。

【例 6.29】 如图 6.12 所示电路,处于稳态,开关于 $t=0$ 时由 1 端转向 2 端。$R=10\ \Omega$,$L=1\ H$,$C=0.004\ F$,求换路后的电流 $i(t)$。

解 因换路前电路已达稳态,故可得

$$i(0^-) = 0$$

$$u_C(0^-) = 2\ V$$

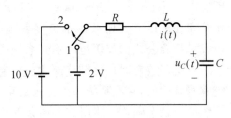

图 6.12 例 6.29 用图

换路后($t > 0$)电路的微分方程为

$$Ri(t) + L\frac{di(t)}{dt} + u_C(0^-) + \frac{1}{C}\int_{0^-}^{t} i(\tau)\,d\tau = 10$$

对上式各项取拉普拉斯变换,记 $i(t) \Leftrightarrow I(s)$,得

$$RI(s) + L[sI(s) - i(0^-)] + \frac{u_C(0^-)}{s} + \frac{I(s)}{sC} = \frac{10}{s}$$

解出 $I(s)$ 为

$$I(s) = \frac{\dfrac{10}{s} + Li(0^-) - \dfrac{u_C(0^-)}{s}}{R + sL + \dfrac{1}{sC}}$$

代入已知数据,可得

$$I(s) = \frac{\dfrac{10}{s} - \dfrac{2}{s}}{10 + s + \dfrac{250}{s}} = \frac{8}{s^2 + 10s + 250} = \frac{8}{15}\frac{15}{(s+5)^2 + 15^2}$$

上式的反变换为

$$i(t) = \frac{8}{15}e^{-5t}\sin(15t) \quad (t \geqslant 0)$$

由本例可见,用拉普拉斯变换法求解电路,电路的起始状态自动地包含在 s 域的代数方程中,从而一次确定电路的全响应,比时域法简便。

如将电流响应的像函数表达式分开两项列写,即

$$I(s) = \frac{\dfrac{10}{s}}{R + sL + \dfrac{1}{sC}} + \frac{Li(0^-) - \dfrac{u_C(0^-)}{s}}{R + sL + \dfrac{1}{sC}}$$

上式右边第一项与激励信号有关,对应为零状态响应;第二项取决于起始状态,对应为零输入响应。

【思考题】

1. 在复频域分析中,如何快速地求出零状态响应和零输入响应?

2. 如何区分系统全响应中零状态响应与零输入响应?

3. 试分析为什么用拉普拉斯变换求解电路微分方程时,已考虑了初始条件?

6.6 系统模型的 s 域分析与模拟

6.6.1 系统函数

在复频域分析中,系统函数(System Function)起着十分重要的作用。在系统零状态条件下,利用系统函数可以求解系统的自由响应(Free Response)、强迫响应(Forced Response)、暂态响应(Transient Response)和稳态响应(Steady-state Response)。利用系统函数的零、极点分布还可以方便地求得系统频率响应特性(Frequency Response Characteristic)。稳态性研究和梅森公式的应用也离不开系统函数,所以,系统函数是一个非常重要的概念。

系统函数有时也称转移函数或传递函数。系统函数是描述线性非时变单输入、单输出系统本身特性的,它在系统理论中占有重要地位。对于任意输入信号,借助于系统函数可以求解系统的零状态响应。当所有初始条件均为零时,线性非时变系统的系统函数定义为系统输出信号的拉普拉斯变换与系统输入信号的拉普拉斯变换之比。设输出信号为 $y_{zs}(t)$,输入信号为 $f(t)$。则系统函数可以表示为

$$H(s) = \frac{零状态响应的拉普拉斯变换}{激励信号的拉普拉斯变换} = \frac{Y_{zs}(s)}{F(s)} \tag{6.57}$$

该式对于任意信号均成立。这里需要注意以下几点:

(1)系统函数是系统本身的特性,与具体的输入信号无关。

(2)系统函数是在所有初始状态均为零的情况下得出的。

(3)线性非时变系统的系统函数是 s 的有理函数。

(4)设 $s = j\omega$,可以由 $H(s)$ 得到系统的频率响应 $H(j\omega)$,则 $H(j\omega)$ 为幅频响应函数,其相角表示相频响应函数。

系统函数 $H(s)$ 还包含了以下两层含义:

(1)系统函数与冲激响应。在连续系统的时域分析时,零状态响应是冲激响应(Impulse Response)与输入信号的卷积,即

$$y_{zs}(t) = h(t) * f(t) \tag{6.58}$$

根据拉普拉斯变换的时域卷积定理,式(6.58)可表示为

$$Y_{zs}(s) = H(s)F(s) \tag{6.59}$$

式中,如果 $f(t) = \delta(t)$,则 $F(s) = 1$,显然 $H(s)$ 为系统单位冲激响应的拉普拉斯变换,即有

$$H(s) = \mathcal{L}[h(t)] \tag{6.60}$$

这些表明在时域中,冲激响应 $h(t)$ 表征了系统的特性;在复频域中,系统函数 $H(s)$ 表征了系统的特性。

(2)系统函数与复指数信号。当输入信号为 $f(t) = e^{st}$ 时,系统的零状态响应为

$$y_{zs}(t) = h(t) * f(t) = h(t) * e^{st} =$$

$$\int_{-\infty}^{+\infty} h(\tau) e^{s(t-\tau)} d\tau = e^{st} \int_{-\infty}^{+\infty} h(\tau) e^{s\tau} d\tau$$

即有

$$y_{zs}(t) = H(s) * f(t) \tag{6.61}$$

式中，e^{st} 称为系统的本征信号(Intrinsic Signals)。

可见，系统函数 $H(s)$ 可视为系统对复指数信号的加权系数，它与输入无关，反映系统本身特性。利用式(6.61)，还可以求出某些强迫响应。

从以上两点可知，冲激响应 $h(t)$ 是系统在时域的描述，而系统函数 $H(s)$ 则是系统在复频域的描述。

6.6.2　系统的方框图表示与模拟

用方框图表示一个系统，可以直观地反映其输入与输出间的传递关系。对一个较复杂的系统，通常可由许多子系统互联组成，每个子系统可以用相应的方框表示。子系统的连接有级联、并联和反馈连接三种基本形式，如图 6.13 所示。

(1) 当系统由两个子系统级联构成时，则系统函数 $H(s)$ 等于两个子系统函数 $H_1(s)$ 与 $H_2(s)$ 的乘积，即

$$H(s) = \frac{Y(s)}{F(s)} = \frac{X(s)H_2(s)}{F(s)} = \frac{F(s)H_1(s)H_2(s)}{F(s)} = H_1(s)H_2(s) \tag{6.62}$$

上述结果可推广到任意数目子系统的级联。

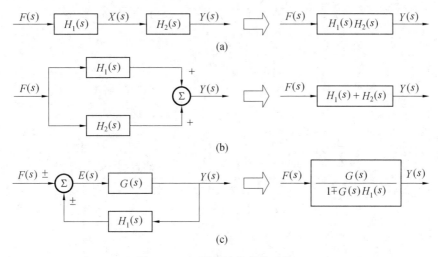

图 6.13　互联系统的系统函数

(2) 当系统由两个子系统并联时，如图 6.13(b) 所示，则有

$$Y(s) = F(s)H_1(s) + F(s)H_2(s) = F(s)[H_1(s) + H_2(s)]$$

故

$$H(s) = \frac{Y(s)}{F(s)} = H_1(s) + H_2(s) \tag{6.63}$$

此结果也可以推广到任意数目的子系统的并联。

(3) 当两个子系统反馈连接时，如图 6.13(c) 所示，则子系统 $G(s)$ 的输出通过子系统 $H_1(s)$ 反馈到输入端，$H_1(s)$ 的输出称为反馈信号。"+"代表正反馈，即输入信号与反馈信号相加，"-"代表负反馈，即输入信号与反馈信号相减。没有反馈递路的系统称为开环系统，具有反馈递路的系统称为闭环系统。

对于反馈系统，因为

$$Y(s) = E(s)G(s) = [F(s) \pm H_1(s)Y(s)]G(s) = $$
$$G(s)F(s) \pm H_1(s)Y(s)G(s)$$

即有

$$H(s) = \frac{Y(s)}{F(s)} = \frac{G(s)}{1 \pm G(s)H_1(s)} \tag{6.64}$$

式(6.64)在分析反馈系统时非常重要，应当牢牢记住。

　　为了研究实际系统的特性，有时需要在实验室对研究的目标进行模拟(Simulation)。模拟是指用一些基本的运算单元相互连接构成一个系统，使之与所讨论的实际系统具有相同的数学模型。于是可以在实验室里测试或在计算机上观察系统的各种参数变化对系统响应的影响程度，这种模拟研究的方法对系统的设计具有重大指导意义。

　　连续线性时不变系统的模拟通常由三种功能单元组成，即加法器、系数（标量）乘法器和积分器，它们的符号与功能如图 6.14 所示。

　　为了讨论简单，仅以二阶系统为例讨论系统模拟的方法。

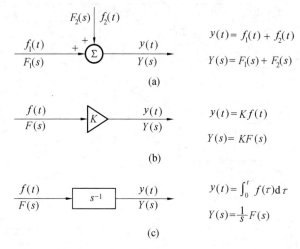

图 6.14　系统的基本模拟单元

　　设

$$H(s) = \frac{Y(s)}{F(s)} = \frac{b_2 + b_1 s^{-1} + b_0 s^{-2}}{1 + a_1 s^{-1} + a_2 s^{-2}}$$

即

$$Y(s) = (b_2 + b_1 s^{-1} + b_0 s^{-2})\frac{F(s)}{1 + a_1 s^{-1} + a_2 s^{-2}}$$

令

$$X(s) = \frac{F(s)}{1 + a_1 s^{-1} + a_2 s^{-2}}$$

则有

$$X(s) = F(s) - a_1 s^{-1} X(s) + a_2 s^{-2} X(s)$$
$$Y(s) = (b_2 + b_1 s^{-1} + b_0 s^{-2}) X(s)$$

　　由以上表达式可得该系统的 s 域模拟框图，如图 6.15 所示。

　　图 6.15 的规律是：$H(s)$ 的分子多项式对应图中的前向支路（指向输出），分母多项式对应

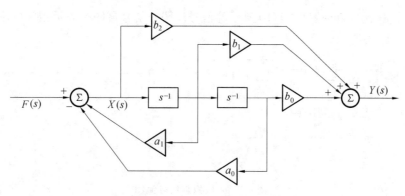

图 6.15　二阶系统模拟示例

图中的反馈支路,这种规律可推广到高阶系统。

【例 6.30】　已知某系统的微分方程为

$$y''(t) + \frac{k}{m}y'(t) + \frac{b}{m}y(t) = b_0 f(t) + b_1 f(t)$$

试画出模拟该系统的框图。

解　由已知可得系统函数为

$$H(s) = \frac{b_0 + b_1 s}{s^2 + \dfrac{k}{m}s + \dfrac{b}{m}} = \frac{b_1 s^{-1} + b_0 s^{-2}}{1 + \dfrac{k}{m}s^{-1} + \dfrac{b}{m}s^{-2}}$$

由上式可得该系统的模拟框图如图 6.16 所示。

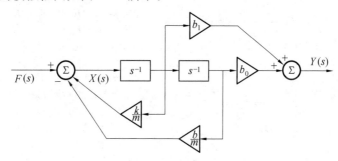

图 6.16　例 6.30 系统模拟框图

连续系统的模拟图也可以用信号流图(Signal Flow Diagram)的形式表示。例如,设有系统方程

$$y''(t) + a_1 y'(t) + a_0 y(t) = f(t)$$

取上式的拉普拉斯变换(不考虑起始状态),得

$$s^2 Y(s) + a_1 s Y(s) + a_0 Y(s) = F(s)$$

从而得系统函数

$$H(s) = \frac{Y(s)}{F(s)} = \frac{1}{s^2 + a_1 s + a_2} = \frac{s^{-2}}{1 + a_1 s^{-1} + a_2 s^{-2}}$$

由上式可得图 6.17(a)所示的 s 域模拟图。

若将该图中的积分单元和乘法器单元用标箭头的有向线段代替,各传递系数标在线段旁,线段的两个端点为节点,表示原模拟图的输入和输出点,表示输入 $F(s)$ 和输出 $Y(s)$ 的线段规定系数为1,这样就可得到图6.17(b)所示的信号流图。信号流图是表示系统传输方向和各传递系数的简单形式。

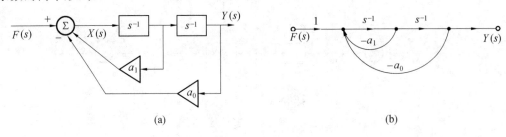

(a)   (b)

图 6.17   模拟与信号流图

6.6.3* 连续系统的信号流图表示

线性连续系统的信号流图是由点和有向线段组成的线图,用来表示系统的输入输出关系,是系统框图表示的一种简化形式。在信号流图中,用点表示信号,用有向线段表示信号的传输方向和传输关系。信号流图中信号的表示及其传输的具体规则如图6.18所示。图中,写在有向线段旁边的函数 $H(s)(i=1,2,\cdots,6)$ 称为传输函数。

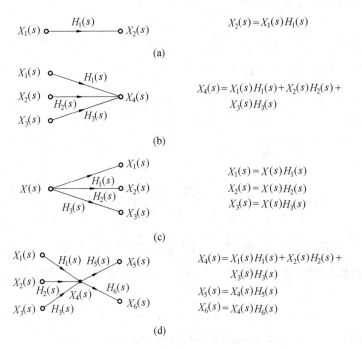

图 6.18   信号流图规则

关于信号流图,还有如下常用术语:

(1) 节点:信号流图中表示信号的点称节点。

(2) 支路:连接两个节点的有向线段称为支路。写在支路旁边的函数称为支路的增益或传输函数。

(3) 源点与汇点:仅有输出支路的节点称为源点,如图6.18(c)中的节点 $X(s)$;仅有输入支路的节点称为汇点,如图6.18(b)中的节点 $X_4(s)$。

（4）通路：从一节点出发沿支路传输方向，连续经过支路和节点到达另一节点之间的路径称通路。

（5）开路：一条通路与它经过的任一节点只相遇一次，该通路称开路。

（6）环（回路）：如果通路的起点和终点为同一节点，并且与经过的其余节点只相遇一次，则该通路称为环或回路。

1. 连续系统的信号流图表示

线性连续系统的方框图表示与信号流图表示有一定的对应关系，根据这种对应关系可以由方框图得到信号流图表示，具体的对应关系如图 6.19 所示。

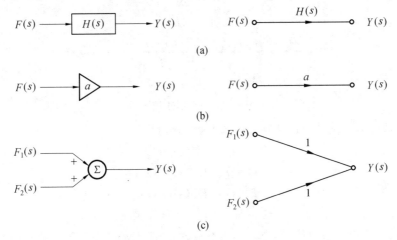

图 6.19　信号流图与方框图关系

2. 梅森公式

用信号流图不仅可以直观简明地表示系统的输入输出关系，而且可以利用梅森公式（Mason's Rule）由信号流图方便地求出系统传输函数 $H(s)$。

梅森公式为

$$H(s) = \frac{\sum_{i=1}^{m} P_i \Delta_i}{\Delta} \tag{6.65}$$

式中，Δ 称为信号流图的特征行列式，表示为

$$\Delta = 1 - \sum_{j} L_j + \sum_{m,n} L_m L_n - \sum_{p,q,r} L_p L_q L_r + \cdots \tag{6.66}$$

式（6.66）中各项的含意是：

$\sum_{j} L_j$ 表示信号流图中所有环传输函数之和。L_j 是第 j 个环的环传输函数，L_j 等于构成第 j 个环的各支路传输函数的乘积。

$\sum_{m,n} L_m L_n$ 表示信号流图中所有两个不接触环的环传输函数乘积之和，若两个环没有公共节点或支路，则称这两个环不接触。

$\sum_{p,q,r} L_p L_q L_r$ 表示所有三个不接触环的环传输函数乘积之和。

式（6.66）中分子各项的含意是：

m 表示从输入节点(源点)$F(s)$ 到输出节点(汇点)$Y(s)$ 之间开路的总数。

P_i 表示从节点 $F(s)$ 到节点 $Y(s)$ 之间第 i 条开路的传输函数,P_i 等于第 i 条开路上所有支路传输函数的乘积。

Δ_i 称为第 i 条开路特征行列式的余因子,它是与第 i 条开路不接触的子流图的特征行列式。换言之,Δ_i 是原信号流图除去第 i 条开路后,即除去开路上所有节点和支路后剩余信号流图的特征行列式。

【例 6.31】　已知连续系统的信号流图如图 6.20 所示,求系统函数 $H(s)$。

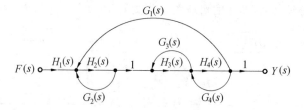

图 6.20　例 6.31 用图

解　系统信号流图共有四个环,环传输函数分别为

$$L_1(s) = H_2(s)G_2(s)$$
$$L_2(s) = H_3(s)G_3(s)$$
$$L_3(s) = H_4(s)G_4(s)$$
$$L_4(s) = H_2(s)H_3(s)H_4(s)G_1(s)$$

有两对两两不相接触的环:环 1 和环 2 不接触,环 1 和环 3 不接触。两对两两互不接触的环的传输函数乘积分别为

$$L_1(s)L_2(s) = H_2(s)G_2(s)H_3(s)G_3(s)$$
$$L_1(s)L_3(s) = H_2(s)G_2(s)H_4(s)G_4(s)$$

系统信号流图中从 $F(s)$ 到 $Y(s)$ 只有一条开路,开路传输函数 P 和对应的剩余流图特征行列式分别为

$$P_1 = H_1(s)H_2(s)H_3(s)H_4(s)$$
$$\Delta_1 = 1$$

根据式(6.66),得到系统信号流图的特征行列式为

$\Delta = 1 - (L_1 + L_2 + L_3 + L_4) + (L_1L_2 + L_1L_3) =$

$\quad 1 - [H_2(s)G_2(s) + H_3(s)G_3(s) + H_4(s)G_4(s) + H_2(s)H_3(s)H_4(s)G_1(s)] +$

$\quad [H_2(s)G_2(s)H_3(s)G_3(s) + H_2(s)G_2(s)H_4(s)G_4(s)]$

由式(6.65),得到系统函数为

$$H(s) = \frac{P_1\Delta_1}{\Delta} = \frac{H_1(s)H_2(s)H_3(s)H_4(s)}{\Delta}$$

6.6.4* 连续系统的 s 域模拟

在已知系统数学模型的情况下,用一些基本单元(基本运算器)组成该系统称为系统的模拟。系统模拟是严格数学意义上的模拟,即要求模拟系统的数学模型与已知的系统数学模型相同,因此,系统模拟不同于实际中的系统仿真。在实际设计并组成系统之前,可以先利用系

统模拟进行理论分析与计算,理论分析与计算的结果可以作为指导实际设计组成系统的基础。

线性连续系统的数学模型通常是微分方程,但系统微分方程与系统函数之间有确定的对应关系,因此,下面只讨论根据系统函数 $H(s)$ 模拟系统的方法。由于 $H(s)$ 可以根据系统信号流图和梅森公式得到,所以,$H(s)$ 与信号流图和梅森公式有确定的对应关系。根据这种关系可以由 $H(s)$ 得到系统的信号流图,进一步可根据信号流图与方框图的对应关系得到用基本运算器组成的系统。根据 $H(s)$ 得到的系统信号流图通常有直接形式、级联形式(串联形式)和并联形式。

1. 直接形式

以二阶系统为例,设二阶线性连续系统的系统函数为

$$H(s) = \frac{b_2 s^2 + b_1 s + b_0}{s^2 + a_1 s + a_0} \tag{6.67}$$

给 $H(s)$ 的分子分母乘以 s^{-2},得

$$H(s) = \frac{b_2 + b_1 s^{-1} + b_0 s^{-2}}{1 - (-a_1 s^{-1} - a_0 s^{-2})} \tag{6.68}$$

式(6.68)的分母可看做信号流图的特征行列式,括号内的两项可看做两个互相接触的环的传输函数之和。式(6.68)分子中的三项可看做从输入节点到输出节点的三条开路的传输函数之和。因此,由 $H(s)$ 描述的系统可用包含两个相互接触的环和三条开路的信号流图来模拟。根据式(6.68)和梅森公式,可以得到图 6.21 中图(a)、(b)所示两种形式的信号流图。图(c)是图(a)所示信号流图对应的方框图表示,图(d)是图(b)所示信号流图对应的方框图表示。图(a)所示信号流图称为直接形式 I,图(b)所示信号流图称为直接形式 II。

2. 级联(串联)形式

如果线性连续系统由 n 个子系统级联组成,如图 6.22 所示,则系统函数 $H(s)$ 为

$$H(s) = H_1(s) H_2(s) \cdots H_n(s) \tag{6.69}$$

这种情况下,可先用直接形式信号流图模拟各子系统,然后把各子系统信号流图级联,就得到系统级联形式信号流图。通常子系统采用一阶和二阶系统,分别称为一阶节和二阶节。

【例 6.32】　已知线性连续系统的系统函数为

$$H(s) = \frac{s^2 + 2s}{s^3 + 8s^2 + 19s + 12}$$

求系统级联形式信号流图。

解　用一阶节和二阶节的级联模拟系统。$H(s)$ 又可以表示为

$$H(s) = \frac{s}{s+1} \frac{s+2}{(s+3)(s+4)} = H_1(s) H_2(s)$$

式中,$H_1(s)$ 和 $H_2(s)$ 分别表示一阶和二阶子系统。它们的表示式为

$$H_1(s) = \frac{s}{s+1} = \frac{1}{1+s^{-1}}$$

$$H_2(s) = \frac{s+2}{(s+3)(s+4)} = \frac{s+2}{s^2+7s+12} = \frac{s^{-1} + 2s^{-2}}{1 - (-7s^{-1} - 12s^{-2})}$$

对 $H_1(s)$ 和 $H_2(s)$ 分别用直接形式 I 模拟,如图 6.23(a)所示。把 $H_1(s)$ 和 $H_2(s)$ 的信号流图级联,得到系统级联形式信号流图如图 6.23 (b)所示。

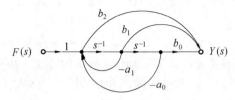

(a)直接形式 I

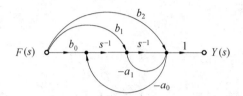

(b)直接形式 II

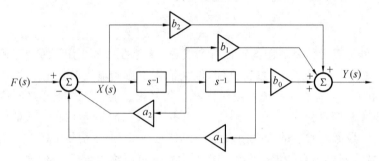

(c)直接形式 I 的方框图

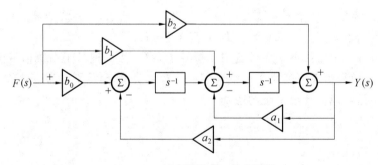

(d)直接形式 II 的方框图

图 6.21 二阶系统直接形式信号流图

图 6.22 连续系统的级联(串联)形式

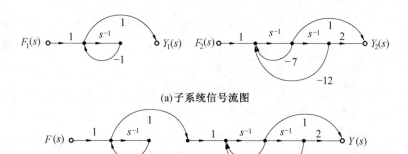

(a)子系统信号流图

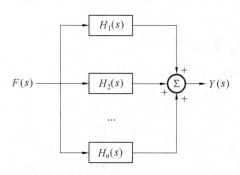

(b)系统的级联形式信号流图

图 6.23　例 6.32 用图

3. 并联形式

若系统由 n 个子系统并联组成,如图 6.24 所示,则系统函数 $H(s)$ 为

$$H(s) = H_1(s) + H_2(s) + \cdots + H_n(s) \tag{6.70}$$

图 6.24　模拟系统的并联形式

这种情况下,先把每个子系统用直接形式信号流图模拟,然后把它们并联起来,就得到系统并联形式的信号流图。

【例 6.33】　已知线性连续系统的系统函数为

$$H(s) = \frac{2s + 8}{s^3 + 6s^2 + 11s + 6}$$

求系统级联形式信号流图。

解　用一阶节和二阶节的级联模拟系统。$H(s)$ 又可以表示为

$$H(s) = \frac{2s + 8}{(s+1)\left[(s+2)(s+3)\right]} = \frac{3}{s+1} + \frac{-3s - 10}{s^2 + 5s + 6} = H_1(s) + H_2(s)$$

式中,$H_1(s)$ 和 $H_2(s)$ 分别表示一阶和二阶子系统。它们的表示式为

$$H_1(s) = \frac{3}{s+1} = \frac{3s^{-1}}{1 - (-s^{-1})}$$

$$H_2(s) = \frac{-3s - 10}{s^2 + 5s + 6} = \frac{-3s^{-1} - 10s^{-2}}{1 - (-5s^{-1} - 6s^{-2})}$$

分别对 $H_1(s)$ 和 $H_2(s)$ 用直接形式 I 模拟,然后把两个子系统并联,就得到系统并联形式信号流图如图 6.25 所示。

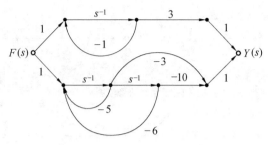

图 6.25　例 6.33 用图

【思考题】

1. 一个系统是否只有一个系统函数?

2. 由 $H(s)$ 画系统的时域模拟图时有什么规律性?

3. 分析 $D(s)$ 的系数中,如果存在复系数,极点会如何分布?

6.7　系统函数的零、极点与系统特性关系

6.7.1　系统函数的零、极点分布

描述线性非时变系统的微分方程是线性常系数微分方程,可表示为

$$a_n \frac{\mathrm{d}^n y(t)}{\mathrm{d}t^n} + a_{n-1} \frac{\mathrm{d}^{n-1} y(t)}{\mathrm{d}t^{n-1}} + \cdots + a_0 y(t) =$$

$$b_m \frac{\mathrm{d}^m y(t)}{\mathrm{d}t^m} + b_{m-1} \frac{\mathrm{d}^{m-1} y(t)}{\mathrm{d}t^{m-1}} + \cdots + b_0 y(t) \tag{6.71}$$

式中,$a_0, a_1, \cdots, a_n, b_0, b_1, b_m$ 均为实数。所以,线性非时变系统的系统函数一般是一个实系数的 s 的有理分式,即如式(6.37)所示。

将 $N(s) = 0$ 的根 $z_1, z_2, \cdots, z_m$ 称为 $H(s)$ 的零点。将 $D(s) = 0$ 的根 $p_1, p_2, \cdots, p_n$ 称为 $H(s)$ 的极点。由于分子多项式 $N(s)$ 和分母多项式 $D(s)$ 均为实系数,这表明它们的根为实数或者共轭复数。式(6.37)可以表示为

$$H(s) = H_0 \frac{(s - z_1)(s - z_2) \cdots (s - z_m)}{(s - p_1)(s - p_2) \cdots (s - p_n)} = H_0 \frac{\prod_{i=1}^{m} (s - z_i)}{\prod_{l=1}^{n} (s - p_l)} \tag{6.72}$$

式中,H_0 为实系数。

将 $H(s)$ 的零点和极点画于 s 平面上,用"。"表示零点(Zero),用"×"表示极点(Pole),这就是系统函数 $H(s)$ 的零、极点分布图(Zero Pole Distribution)。

【例 6.34】　已知系统函数为

$$F(s) = \frac{s + 1}{(s + 1)^2 + 4}$$

求系统的冲激响应 $h(t)$,并画出零、极点分布图。

解　根据系统函数与冲激响应的关系

$$h(t) \Leftrightarrow H(s)$$

已知

$$\cos(2t)\,u(t) \Longleftrightarrow \frac{s}{s^2+4}$$

应用频移性质,有

$$e^{-t}\cos(2t)\,u(t) \Longleftrightarrow \frac{s+1}{(s+1)^2+4}$$

系统冲激响应为

$$h(t) = e^{-t}\cos(2t)\,u(t)$$

$H(s)$ 的零、极点分布图如图 6.26 所示。

【例 6.35】 已知系统函数 $H(s)$ 的零、极点分布图如图 6.27 所示。$h(0^+)=1$,若激励为 $f(t)=u(t)$,求零状态响应 $y_{zs}(t)$。

解　根据图 6.27 和式(6.72)可知系统函数为

$$H(s) = H_0 \frac{(s+j2)(s-j2)}{s(s+j4)(s-j4)} = H_0 \frac{s^2+4}{s(s^2+16)}$$

又因为

$$h(0^+) = \lim_{t\to 0} h(t) = \lim_{s\to\infty} sH(s) = 1$$

可得

即

$$H_0 = 1$$

$$H(s) = \frac{s^2+4}{s(s^2+16)}$$

所以

$$Y_{zs}(s) = H(s)F(s) = \frac{s^2+4}{s^2(s^2+16)} = \frac{1}{4s^2} + \frac{3}{4}\frac{4}{s^2+16}$$

零状态响应为

$$y_{zs}(t) = \left[\frac{1}{4}t + \frac{3}{4}\sin(4t) \right] u(t)$$

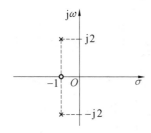

图 6.26　例 6.34 中 $H(s)$ 的零、极点分布图

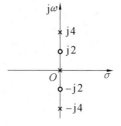

图 6.27　例 6.35 用图

6.7.2　$H(s)$ 的零、极点分布与时域特性的关系

由于复频域内的系统函数 $H(s)$ 对应着时域内系统的冲激响应 $h(t)$,故极点在 s 平面上的位置确定了冲激响应 $h(t)$ 变化模式。设 $H(s)$ 仅有 n 个单极点,则可展开为

$$H(s) = \sum_{i=1}^{n} \frac{K_i}{s-p_i}$$

其拉普拉斯逆变换为

$$h(t) = \sum_{i=1}^{n} K_i e^{p_i t} u(t)$$

可见，$H(s)$ 的每一个极点 p_i，都对应着 $h(t)$ 中的一个指数响应模式。例如，若 $H(s)$ 的部分分式展开具有如下形式

$$H(s) = \frac{1}{s} + \frac{1}{s+\alpha} + \frac{\omega_0}{s^2+\omega_0^2} + \frac{\omega_0}{(s+\alpha)^2+\omega_0^2}$$

则对应的冲激响应为

$$h(t) = u(t) + e^{-\alpha t}u(t) + \sin(\omega_0 t)u(t) + e^{-\alpha t}\sin(\omega_0 t)u(t)$$

归纳起来，$H(s)$ 的极点位置与冲激响应模式间的对应关系可分述如下：

(1) 极点 $p=0$。位于 s 平面的原点，其对应的 $h(t)$ 为阶跃函数。

(2) 极点 $p=-\alpha$。当 $\alpha>0$ 时，极点位于 s 平面的负实轴上，对应的 $h(t)$ 为衰减指数函数；当 $\alpha<0$ 时，极点位于 s 平面的正实轴上，对应的 $h(t)$ 为增长指数函数。

(3) 共轭极点 $p_{1,2}=-\alpha\pm j\omega$。当 $\alpha>0$ 时，共轭极点位于 s 平面的左半平面，对应的 $h(t)$ 为衰减指数振荡；当 $\alpha<0$ 时，极点位于 s 平面的右半平面，对应的 $h(t)$ 为增幅振荡；当 $\alpha=0$ 时，对应的 $h(t)$ 为等幅振荡。

(4) $H(s)$ 的零点位置只影响冲激响应的幅度和相位，而对冲激响应的变化模式没有影响。

为说明这一点，设

$$H(s) = \frac{s+3}{(s+3)^2+2^2}$$

其零点 $z_i=-3$，极点 $p_{1,2}=-3\pm j2$，对应的冲激响应为

$$h(t) = e^{-3t}\cos(2t)u(t)$$

若 $H(s)$ 变为

$$H(s) = \frac{s+1}{(s+3)^2+2^2}$$

其极点不变，零点变为 $z_i=-1$，则

$$H(s) = \frac{s+3-2}{(s+3)^2+2^2} = \frac{s+3}{(s+3)^2+2^2} - \frac{2}{(s+3)^2+2^2}$$

其逆变换为

$$h(t) = [e^{-3t}\cos(2t) - e^{-3t}\sin(2t)]u(t) = $$
$$\sqrt{2}e^{-3t}\cos(2t+45°)u(t)$$

可见零点位置不会改变 $h(t)$ 的变化模式，只会影响其幅度和相位。

【例 6.36】 设有系统函数

$$H(s) = \frac{s+2}{s^2+4s+5}$$

求零、极点，并求阶跃响应和冲激响应。

解 该系统函数可表示为

$$H(s) = \frac{s+2}{(s+3-j1)(s+3+j1)}$$

则零点 $z_i = -2$，极点 $p_{1,2} = -3 \pm j$。

系统的冲激响应为

$$h(t) = \mathcal{L}[H(s)] = e^{-2t}\cos(t)u(t)$$

阶跃响应为

$$s(t) = \mathcal{L}[S(s)] = \mathcal{L}\left[\frac{1}{s}H(s)\right] = \frac{2}{5} + e^{-2t}\sin t + \frac{2}{\sqrt{5}}\cos(t + 63.5°)u(t)$$

6.7.3* $\quad H(s)$ 的零、极点分布与频域特性的关系

系统的频域特性与 $H(s)$ 的零、极点也有密切关系，这里以图 6.28 所示的电路来说明。

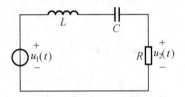

图 6.28　RLC 串联电路

设电路的零状态响应为 u_2，根据电路知识可知在 s 域中可求得系统函数（电压转移函数）为

$$H(s) = \frac{U_2(s)}{U_1(s)} = \frac{R}{R + sL + \dfrac{1}{sC}} \tag{6.73}$$

如果输入为正弦电压 $u_1(t) = \sqrt{2}U_1\sin(\omega t)$，则正弦稳态响应 $u_2(t)$ 必为同频率的正弦电压，因而可以用相量法求出频率特性，即

$$H(\omega) = \frac{\dot{U}_2}{\dot{U}_1} = \frac{R}{R + j\omega L + \dfrac{1}{j\omega C}} = \frac{\dfrac{R}{L}(j\omega)}{(j\omega)^2 + \dfrac{R}{L}(j\omega) + \dfrac{1}{LC}} \tag{6.74}$$

这里，$H(\omega)$ 反映了系统在正弦稳态下电压转移函数的变化规律。

比较式(6.73)和式(6.74)，系统的频率特性 $H(\omega)$ 与 $H(s)$ 的形式完全一致，只要把 $H(s)$ 中的 s 用 $j\omega$ 代换即可，也就是

$$H(\omega) = H(s)\big|_{s=j\omega} \tag{6.75}$$

一般情况下，只要 $H(s)$ 在 s 平面的右半平面没有极点，即 $H(s)$ 的收敛域包括 $j\omega$ 轴，则系统的频率特性就可以由式(6.75)确定，因此，由 $H(s)$ 的零、极点也可以确定系统频域特性。

对于式(6.72)的系统函数，将 s 换为 $j\omega$，则有频率特性

$$H(\omega) = H_0 \frac{\prod\limits_{i=1}^{m}(j\omega - z_i)}{\prod\limits_{l=1}^{n}(j\omega - p_l)} \tag{6.76}$$

其幅频特性为

$$|H(\omega)| = H_0 \frac{\prod_{i=1}^{m} |(j\omega - z_i)|}{\prod_{l=1}^{n} |(j\omega - p_l)|}$$

相频特性为

$$\varphi(\omega) = \sum_{i=1}^{m} \arg(j\omega - z_i) - \sum_{l=1}^{n} \arg(j\omega - p_l)$$

为了更直观地看出零、极点对系统频率特性的影响,可以通过在 s 平面上作图的方法定性绘出频率特性。观察式(6.76),其分母的任一因子$(j\omega - p_l)$,可以用从极点 p_l 引向虚轴上动点 $j\omega$ 的矢量M_l 表示;分子中任一因子$(j\omega - z_i)$ 可以用从零点 z_i 引向虚轴上动点 $j\omega$ 的矢量 N_i 表示,如图 6.29 所示。矢量长度分别为 M_l 和 N_i,矢量与实轴 σ 的夹角分别为 β_l 和 α_i,于是有

$$|H(\omega)| = H_0 \frac{N_1 N_2 \cdots N_m}{M_1 M_2 \cdots M_n}$$

$$\varphi(\omega) = \alpha_1 + \alpha_2 + \cdots + \alpha_m - (\beta_1 + \beta_2 + \cdots + \beta_n)$$

当角频率 ω 从零起渐渐增大并最后趋于无限大时,对应动点 $j\omega$ 自原点沿虚轴向上移动直到无限远。在此过程中各个矢量的长度和夹角也随之改变,因而可用图解的方法定性地画出 $|H(\omega)|$ 和 $\varphi(\omega)$ 随 ω 变化的曲线。

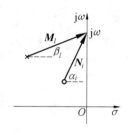

【例 6.37】 试利用零、极点的概念确定图 6.30(a) 所示低通网络的频率特性。

解 由图 6.30(a) 可得电压传递函数(系统函数)

图 6.29 零、极点矢量图

$$H(s) = \frac{U_C(s)}{U_s(s)} = \frac{\dfrac{1}{sC}}{R + \dfrac{1}{sC}} = \frac{\dfrac{1}{RC}}{s + \dfrac{1}{RC}}$$

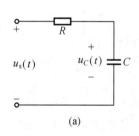

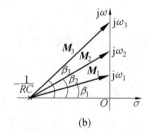

图 6.30 例 6.37 用图

$H(s)$ 的极点 p_1 为

$$p_1 = -\frac{1}{RC}$$

位于 s 平面的左半平面,因而令 $s = j\omega$ 代入上式,则得频率特性为

$$H(\omega) = \frac{\dfrac{1}{RC}}{j\omega + \dfrac{1}{RC}}$$

故幅频特性和相频特性分别为

$$|H(\omega)| = \frac{\dfrac{1}{RC}}{\sqrt{\omega^2 + \left(\dfrac{1}{RC}\right)^2}}$$

$$\varphi(\omega) = -\arctan\omega RC$$

观察图 6.30(b) 可知,从极点 p_1 发出的矢量长度 M_1、M_2 和 M_3,随着 $j\omega$ 从零延着虚轴不断增大为 $j\omega_1$、$j\omega_2$ 和 $j\omega_3$ 而单调增大,故幅值 $|H(\omega)|$ 从 1 单调下降到零;同时,随着 $j\omega_1$、$j\omega_2$ 和 $j\omega_3$ 不断增大,相角 β_1、β_2 和 β_3 也在不断加大,最终达到90°。因而 $\varphi(\omega)$ 的变化范围为 $0° \sim 90°$。

总的幅频、相频特性如图 6.31 所示。

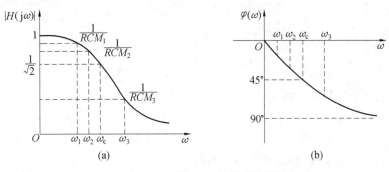

图 6.31　例 6.37 的频率特性图

【思考题】

1. $H(s)$ 的极点与 $h(t)$ 有什么对应关系?

2. 极点越靠近虚轴,系统的性质有何变化?

3. $H(s)$ 的零、极点分布对系统的时域特性有什么影响?

4. $H(s)$ 的零、极点图与频率特性有什么对应关系?

5. 如何用零、极点确定某指定频率的幅值与相位?

6.8　系统的稳定性

6.8.1　系统稳定的概念

直观地看,当一个系统受到某种干扰信号作用时,其所引起的系统响应在干扰消失后会最终消失,即系统仍能回到干扰作用前的原状态,则系统就是稳定的。稳定性是系统本身的特性,与输入信号无关。但任何系统要能正常工作,都必须以系统稳定为先决条件,所以判定系统的稳定与否是十分重要的。

由于冲激函数 $\delta(t)$ 是在瞬时作用又立即消失的信号,若把它视作"干扰",则冲激响应的变化模式完全可以说明系统的稳定性。这是因为冲激响应及其对应的系统函数 $H(s)$ 都反映系统本身的属性。由系统函数 $H(s)$ 的极点位置与 $h(t)$ 对应关系可知,若系统函数 $H(s)$ 的所有极点位于 s 的左半平面,则对应的 $h(t)$ 将随时间 t 逐渐衰减,当 $t \rightarrow +\infty$ 时,$h(t)$ 消失,这样的系统称为稳定系统。若 $H(s)$ 仅有 $s=0$ 的一阶极点,则对应的 $h(t)$ 是一阶跃函数,随 t 的增长,响应恒定,而当 $H(s)$ 仅有虚轴上的一阶共扼极点时,其响应 $h(t)$ 将为等幅振荡,以上两种情况对应的系统称为临界(边界)稳定。若 $H(s)$ 有极点位于 s 的右半平面,或者在原点和虚轴上有二阶或二阶以上的重极点时,对应的 $h(t)$ 为单调增长或增幅振荡,这类系统称为不稳定系统。

可以证明,对一般 LTI 系统,稳定的充要条件是冲激响应 $h(t)$ 绝对可积,即

$$\int_{-\infty}^{+\infty} |h(t)| \, \mathrm{d}t < +\infty \qquad (6.77)$$

下面结合一些实际例子对系统的稳定、临界稳定和不稳定情况做些比较和说明。

假设某一系统的系统函数为

$$H(s) = \frac{K}{s^2 + (3-K)s + 1}$$

当 $K = 1$ 时,有

$$H(s) = \frac{1}{(s+1)^2}$$

其极点 $s = -1$ 在 s 平面的负实轴上,对应的冲激响应为

$$h(t) = te^{-t}u(t)$$

显然,$h(t)$ 满足式(6.77),系统稳定。

当 $K = 3$ 时,系统为临界稳定,读者可以自行证明。

当 $K = 4$ 时,有

$$H(s) = \frac{4}{s^2 - s + 1}$$

其极点为

$$s_{1,2} = \frac{1}{2} \pm \mathrm{j}\frac{\sqrt{3}}{2}$$

它们位于 s 平面的右半平面,其对应的冲激响应为

$$h(t) = 4e^{\frac{t}{2}}\cos\left(\frac{\sqrt{3}}{2}t - 60°\right)$$

显然,$h(t)$ 为增幅正弦振荡,不满足式(6.77),故系统是不稳定的。

对于图 6.32 所示的单电容电路,其系统函数为

$$H(s) = \frac{U(s)}{I(s)} = \frac{1}{sC}$$

它有 $s = 0$ 的单极点,冲激响应为阶跃函数,即

$$h(t) = \frac{1}{C}u(t)$$

它不满足式(6.77),但 $h(t)$ 不为无限增长,属于临界稳定。

对于图 6.33 所示的 LC 网络,其系统函数为

$$H(s) = \frac{I(s)}{U(s)} = \frac{\dfrac{1}{L}s}{s^2 + \dfrac{1}{LC}}$$

它有一对共轭极点位于 $\mathrm{j}\omega$ 轴上,对应的冲激响应为

$$h(t) = \frac{1}{L} \cos\left(\frac{1}{\sqrt{LC}}t\right) u(t)$$

$h(t)$ 也不满足式(6.77),但为等幅振荡,也属于临界稳定系统。

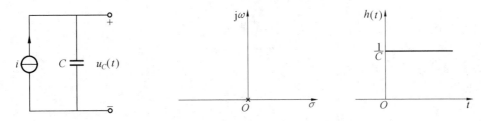

图 6.32　单电容电路零、极点分布图及冲激响应

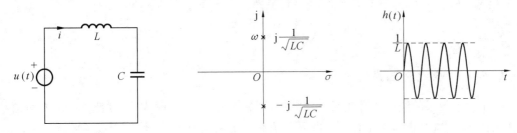

图 6.33　LC 网络零、极点分布图及冲激响应

综上所述,由 $H(s)$ 的极点分布可以给出系统稳定性的如下结论:

(1) 稳定:若 $H(s)$ 的全部极点位于 s 的左半平面,则系统是稳定的。

(2) 临界稳定:若 $H(s)$ 在虚轴上有 $p=0$ 的单极点或一对共轭极点,其余极点全在左半平面,则系统是临界稳定的。

(3) 不稳定:$H(s)$ 只要有一个极点位于 s 的右半平面,或在虚轴上有二阶或二阶以上的多重极点,则系统是不稳定的。

6.8.2　稳定性判据

实际上,为了判断系统的稳定性,对三阶以上的系统要求出 $H(s)$ 的极点并非易事。可以证明,为了判断一个系统稳定与否,并非一定要确切求得每一极点的值,而只需要判定所有极点是否全部落在 s 的左半平面。罗斯－霍尔维茨判据提供了一种简便的代数方法实现上述判定,这里仅给出几个便于应用的结论,详细内容读者可以参考相关文献。

(1) $H(s)$ 的所有极点位于 s 左半平面,即系统稳定的必要条件是 $H(s)$ 的分母多项式

$$D(s) = a_n s^n + a_{n-1} s^{n-1} + \cdots + a_1 s + a_0$$

的全部系数非零且均为正实数或均为负实数。

(2) 对于一阶或二阶系统,上述第一条准则是稳定的充分必要条件。

(3) 对于三阶系统,$D(s) = a_3 s^3 + a_2 s^2 + a_1 s + a_0$,系统稳定的充分必要条件是 $D(s)$ 的各项系数全为同号,且

$$a_1 a_2 > a_0 a_3$$

(4) 对于四阶系统,$D(s) = a_4 s^4 + a_3 s^3 + a_2 s^2 + a_1 s + a_0$,系统稳定的充分必要条件是 $D(s)$ 的各项系数全为正,且

$$a_2 a_3 - a_1 a_4 > 0, 且 \ a_1 a_2 a_3 - a_1^2 a_4 - a_0 a_3^2 > 0$$

例如,设

$$H(s) = \frac{3s + 2}{s^3 + 2s^2 + 3s + 4}$$

分母 $D(s)$ 中 $a_0 = 4, a_1 = 3, a_2 = 2, a_3 = 1$,故满足

$$a_1 a_2 > a_0 a_3$$

因而系统稳定。

如果设

$$H(s) = \frac{2s + 1}{s^3 + 2s^2 + 3s + 10}$$

分母 $D(s)$ 中 $a_0 = 10, a_1 = 3, a_2 = 2, a_3 = 1$,显然

$$a_1 a_2 < a_0 a_3$$

故系统不稳定。

6.8.3 系统的因果性

对于一个因果的线性非时变系统,其单位冲激响应在 $t < 0$ 时为零,因此是一个右边信号,这样根据 6.2.2 的讨论,可见有一个因果系统的系统函数的 ROC 是某个右半平面。

应该强调的是,相反的结论未必是成立的。一个是位于最右边极点的右边的 ROC 并不保证系统是因果的,它只是保证单位冲激响应是右边的。然而,如果 $H(s)$ 是有理的,那么只需确定它的 ROC 是否是右半平面的,就能确定该系统是否是因果的,从而对一个具有有理系统函数的系统来说,系统的因果性就等效于 ROC 位于最右边极点的右边的右半平面。

有一系统,其单位冲激响应为

$$h(t) = \mathrm{e}^{-t} u(t)$$

因为 $t < 0, h(t) < 0$,所以该系统是因果的。同时它的系统函数为

$$H(s) = \frac{1}{s + 1} \quad \mathrm{Re}(s) > -1$$

在这种情况下,系统函数是有理的,并且 ROC 是在最右边极点的右边,这就与具有有理系统函数的因果性等效于 ROC 位于最右边极点的右边的结论相一致。

另有一系统,其单位冲激响应为

$$h(t) = \mathrm{e}^{-|t|}$$

因为 $t < 0, h(t) \neq 0$,所以该系统是非因果的。同时它的系统函数为

$$H(s) = \frac{-2}{s^2 - 1} \quad -1 < \mathrm{Re}(s) < +1$$

因此,$H(s)$ 是有理的,但 ROC 不在最右边极点的右边,这与系统的非因果性是一致的。

考虑下面系统函数:

$$H(s) = \frac{\mathrm{e}^s}{s + 1} \quad \mathrm{Re}(s) > -1$$

对于该系统,其 ROC 是位于最右边极点的右边,因此单位冲激响应必须是右边的。为了确定它的单位冲激响应

$$\mathrm{e}^{-t} u(t) \leftrightarrow \frac{1}{s + 1} \quad \mathrm{Re}(s) > -1$$

根据 6.2.2 节的时移性质,在系统函数中的因子 e^s 可以认为是上式中时间函数的移位,那么

$$e^{-(t+1)}u(t+1) \leftrightarrow \frac{e^s}{s+1} \quad \mathrm{Re}(s) > -1$$

所以系统的单位冲激响应是

$$h(t) = e^{-(t+1)}u(t+1)$$

它在 $-1 < t < 0$ 不等于零,所以系统不是因果的。这个例子可以作为一个提示:因果性确实意味着 ROC 是位于最右边极点的右边,但是相反的结论一般是不成立的,除非系统函数是有理的。

可以用完全相类似的方式来处理有关反因果性的概念。如果系统的单位冲激响应在 $t > 0, h(t) = 0$,就说该系统是反因果的。因为在这种情况下,$h(t)$ 是左边信号,由 6.2 节知道,系统函数 $H(s)$ 的 ROC 就必须是某个左半平面。同样,一般来说其相反的结论是不成立的,也就是说,如果 $H(s)$ 的 ROC 是某个左半平面,那么我们所知道的只是 $h(t)$ 是左边的;然而,如果 $H(s)$ 是有理的,那么 ROC 位于最左边极点的左边就等效于系统是反因果的。

【思考题】

1.如何理解临界稳定?

2.一个振荡器产生正弦信号是否属于临界稳定?

3.系统判定稳定与否的原理是什么?

4.分析当系统处于不稳定时,极点的分布情况。

习　　题

6.1　求下列函数的单边拉普拉斯变换,并注明收敛域。

(1)$1 - e^{-t}$;　　　　　　　　(2)$1 - 2e^{-t} + e^{-2t}$;　　　　　　(3)$3\sin t + 2\cos t$;

(4)$\cos(2t + 45°)$;　　　　　　(5)$e^t + e^{-t}$;　　　　　　　　　(6)$e^{-t}\sin(2t)$;

(7)te^{-2t};　　　　　　　　　(8)$2\delta(t) - e^{-t}$。

6.2　求题 6.2 图所示信号拉普拉斯变换,并注明收敛域。

6.3　利用常用函数(例如 $u(t)$,$e^{-st}u(t)$,$\sin(\beta t)u(t)$,$\cos(\beta t)u(t)$ 等)的像函数及拉普拉斯变换的性质,求下列函数 $f(t)$ 的拉普拉斯变换 $F(s)$。

(1)$e^{-t}u(t) - e^{-(t-2)}u(t-2)$;　　　　　(2)$e^{-t}[u(t) - u(t-2)]$;

(3)$\sin(\pi t)[u(t) - u(t-1)]$;　　　　　　(4)$\sin(\pi t)u(t) - \sin[\pi(t-1)]u(t-1)$;

(5)$\delta(4t - 2)$;　　　　　　　　　　　(6)$\cos(3t - 2)u(3t - 2)$;

(7)$\sin(2t - \frac{\pi}{4})u(t)$;　　　　　　　　(8)$\sin(2t - \frac{\pi}{4})u(2t - \frac{\pi}{4})$;

(9)$\int_0^t \sin(\pi t)\mathrm{d}x$;　　　　　　　　(10)$\int_0^t \int_0^\tau \sin(\pi x)\mathrm{d}x \cdot \mathrm{d}\tau$;

(11)$\frac{\mathrm{d}^2}{\mathrm{d}t^2}[\sin(\pi t)u(t)]$;　　　　　　(12)$\frac{\mathrm{d}^2 \sin(\pi t)}{\mathrm{d}t^2}u(t)$;

(13)$t^2 e^{-2t}u(t)$;　　　　　　　　　(14)$t^2 \cos tu(t)$;

(15)$te^{-(t-3)}u(t-1)$;　　　　　　　(16)$te^{-at}\cos(\beta t)u(t)$。

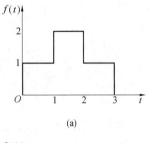

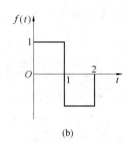

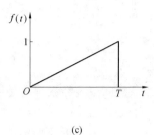

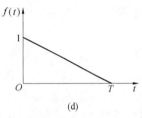

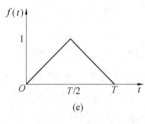

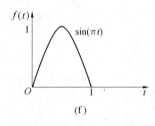

题 6.2 图

6.4　如已知因果函数 $f(t)$ 的像函数 $F(s) = \dfrac{1}{s^2 - s + 1}$，求下列函数 $y(t)$ 的像函数 $Y(s)$。

$(1) e^{-t} f(\dfrac{t}{2})$；　　$(2) e^{-3t} f(2t-1)$；　　$(3) t e^{-2t} f(3t)$；　　$(4) t f(2t-1)$。

6.5　设 $f(t)u(t) \leftrightarrow F(s)$，且有实常数 $a > 0, b > 0$，试证：

$(1) f(at-b)u(at-b) \leftrightarrow \dfrac{1}{a} e^{-\frac{b}{a}s} F(\dfrac{s}{a})$；　$(2) \dfrac{1}{a} e^{-\frac{b}{a}t} f(\dfrac{t}{a})u(t) \leftrightarrow F(as+b)$。

6.6　求下列像函数 $F(s)$ 的原函数的初值 $f(0^+)$ 和终值 $f(+\infty)$。

$(1) F(s) = \dfrac{2s+3}{(s+1)^2}$；　　$(2) F(s) = \dfrac{3s+1}{s(s+1)}$。

6.7　求题 6.7 图所示在 $t=0$ 时接入的有始周期信号 $f(t)$ 的像函数 $F(s)$。

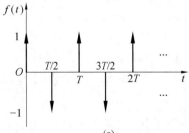

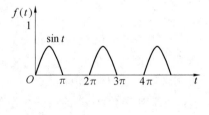

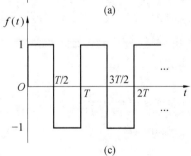

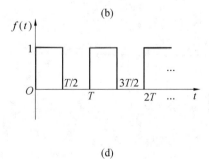

题 6.7 图

6.8　求下列各像函数 $F(s)$ 的拉普拉斯逆变换 $f(t)$。

(1) $\dfrac{1}{(s+2)(s+4)}$;

(2) $\dfrac{s}{(s+2)(s+4)}$;

(3) $\dfrac{s^2+4s+5}{s^2+3s+2}$

(4) $\dfrac{(s+1)(s+4)}{s(s+2)(s+3)}$;

(5) $\dfrac{2s+4}{s(s^2+4)}$;

(6) $\dfrac{s^2+4s}{(s+1)(s^2+4)}$;

(7) $\dfrac{1}{s\,(s-1)^2}$;

(8) $\dfrac{1}{s^2(s+1)}$;

(9) $\dfrac{s+5}{s(s^2+2s+5)}$;

(10) $\dfrac{s^2-4}{(s^2+4)^2}$;

(11) $\dfrac{1}{s^3+2s^2+2s+1}$;

(12) $\dfrac{5}{s^3+s^2+4s+4}$。

6.9　求下列像函数 $F(s)$ 的拉普拉斯变换 $f(t)$。

(1) $\dfrac{1-e^{-Ts}}{s+1}$;

(2) $\left(\dfrac{1-e^{-s}}{s}\right)^2$;

(3) $\dfrac{e^{-2(s+3)}}{s+3}$;

(4) $\dfrac{e^{-(s-1)}}{s-1}$;

(5) $\dfrac{\pi(1+e^{-s})}{s^2+\pi^2}$;

(6) $\dfrac{\pi(1-e^{-2t})}{s^2+\pi^2}$。

6.10　下列像函数 $F(s)$ 原函数 $f(t)$ 是 $t=0$ 接入的有始周期信号,求周期 T 并写出第一个周期 $(0<t<T)$ 的时间函数表达式 $f_0(t)$。

(1) $\dfrac{1}{1+e^{-s}}$;　(2) $\dfrac{1}{s(s+e^{-2s})}$;　(3) $\dfrac{\pi(1+e^{-s})}{(s^2+\pi^2)(1-e^{-2s})}$;　(4) $\dfrac{\pi(1+e^{-s})}{(s^2+\pi^2)(1-e^{-s})}$

6.11　用拉普拉斯变换法解微分方程
$$y'(t)+2y(t)=f(t)$$
(1) 已知 $f(t)=u(t),y(0^-)=1$;(2) 已知 $f(t)=\sin(2t)u(t),y(0^-)=0$。

6.12　用拉普拉斯变换法解微分方程
$$y''(t)+5y'(t)+6y(t)=3f(t)$$
的零输入响应和零状态响应。

(1) 已知 $f(t)=u(t),y(0^-)=1,y'(0^-)=2$。

(2) 已知 $f(t)=e^{-t}u(t),y(0^-)=0,y'(0^-)=u(t)$。

6.13　描述某系统的输出 $y_1(t)$ 和 $y_2(t)$ 的联立微分方程为
$$\begin{cases} y'_1(t)+y_1(t)-2y_2(t)=4f(t) \\ y'_2(t)-y_1(t)+2y_2(t)=-f(t) \end{cases}$$

(1) 已知 $f(t)=0,y_1(0^-)=1,y_2(0^-)=2$,求零输入响应 $y_{zi1}(t),y_{zi2}(t)$。

(2) 已知 $f(t)=e^{-t}u(t),y_1(0^-)=y_2(0^-)=0$,求零状态响应 $y_{zi1}(t),y_{zi2}(t)$。

6.14　描述某 LTI 系统的微分方程为
$$y'(t)+2y(t)=f'(t)+f(t)$$
求在下列激励下的零状态响应。

(1) $f(t)=u(t)$;(2) $f(t)=e^{-t}u(t)$;(3) $f(t)=e^{-2t}u(t)$;(4) $f(t)=tu(t)$。

6.15　描述某系统的微分方程为
$$y''(t)+3y'(t)+2y(t)=f'(t)+4f(t)$$
求下列条件下的零输入响应和零状态响应。

(1) $f(t)=u(t),y(0^-)=0,y'(0^-)=1$;

(2) $f(t)=e^{-2t}u(t),y(0^-)=1,y'(0^-)=1$。

6.16 描述某 LTI 系统的微分方程为

$$y''(t) + 3y'(t) + 2y(t) = f'(t) + 4f(t)$$

求下列条件下的零输入响应和零状态响应。

(1) $f(t) = u(t), y(0^+) = 1, y'(0^+) = 3$;

(2) $f(t) = e^{-2t}u(t), y(0^+) = 1, y'(0^+) = 2$。

6.17 求下列方程所描述的 LTI 系统的冲激响应 $h(t)$ 和阶跃响应 $s(t)$。

(1) $y''(t) + 4y'(t) + 3y(t) = f'(t) - 3f(t)$;

(2) $y''(t) + y'(t) + y(t) = f'(t) + f(t)$。

6.18 已知系统函数和初始状态如下,求系统的零输入响应 $y_{zi}(t)$。

(1) $H(s) = \dfrac{s+6}{s^2+5s+6}, y(0^-) = y'(0^-) = 1$;

(2) $H(s) = \dfrac{s}{s^2+4}, y(0^-) = 0, y'(0^-) = 1$;

(3) $H(s) = \dfrac{s+4}{s(s^2+3s+2)}, y(0^-) = y'(0^-) = y''(0^-) = 1$。

6.19 已知某 LTI 系统的阶跃响应 $s(t) = (1 - e^{-2t})u(t)$,欲使系统的零状态响应

$$y_{zs}(t) = (1 - e^{-2t} + te^{-2t})u(t)$$

求系统的输入信号 $f(t)$。

6.20 某 LTI 系统,当输入 $f(t) = e^{-t}u(t)$ 时其零状态响应

$$y_{zs}(t) = (e^{-t} - 2e^{-2t} + 3e^{-3t})u(t)$$

求该系统的阶跃响应 $s(t)$。

6.21 已知系统函数 $H(s) = \dfrac{s^2+4s+5}{s^2+3s+2}$,求下列系统零输入响应 $y_{zi}(t)$、零状态响应 $y_{zs}(t)$ 和完全响应 $y(t)$。

(1) $f(t) = e^{-3t}u(t), y(0_-) = 1, y'(0_-) = 1$;

(2) $f(t) = e^{-t}u(t), y(0_-) = y'(0_-) = 0$。

6.22 如题 6.22 图所示的符合系统,由 4 个子系统连接组成,若各子系统的系统函数或冲激响应分别为 $H_1(s) = \dfrac{1}{s+1}$,$H_2(s) = \dfrac{1}{s+2}$,$h_3(t) = u(t)$,$h_4(t) = e^{-2t}u(t)$,求符合系统的冲激响应 $h(t)$。

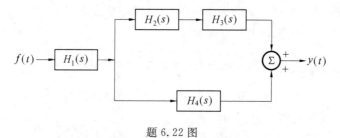

题 6.22 图

6.23 若题 6.22 图所示的系统中子系统的系统函数 $H_1(s) = \dfrac{1}{s+1}$,$H_2(s) = \dfrac{2}{s}$,冲激响应 $h_4(t) = e^{-4t}u(t)$,求子系统的冲激响应 $h_3(t)$。

6.24　如题 6.24 图所示的复合系统是由两个子系统组成,子系统的系统函数或冲激函数应如下,求复合系统的冲激响应。

(1)$H_1(s)=\dfrac{1}{s+1}$,$h_2(t)=2e^{-2t}u(t)$;

(2)$H_1(s)=1$,$h_2(t)=\delta(t-T)$,T 为常数。

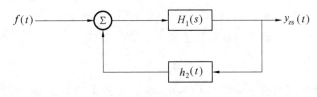

题 6.24 图

6.25　若题 6.24 图中 $H_1(s)=\dfrac{1}{s-2}$(这样的系统式不稳定的),为使复合系统的冲激响应 $h(t)=e^{-3t}u(t)$,求 $h_2(t)$。

6.26　如题 6.26 图所示系统,已知当 $f(t)=u(t)$ 时,系统的零状态响应 $y_{zs}(t)=(1-5e^{-2t}+5e^{-3t})u(t)$,求系数 a、b、c。

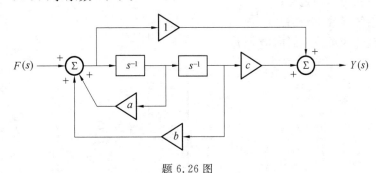

题 6.26 图

6.27　系统如题 6.26 图所示,已知当 $f(t)=u(t)$ 时,其全响应 $y(t)=(1-e^{-t}+2e^{-2t})u(t)$,$t \geqslant 0$。求其系数 a、b、c 和系统的零输入响应 $y_{zi}(t)$。

6.28　某 LTI 系统,在以下各种情况下其初始状态相同。已知当激励 $f_1(t)=\delta(t)$ 时,其全响应 $y_1(t)=\delta(t)+e^{-t}u(t)$;当激励 $f_2(t)=u(t)$ 时,其全响应 $y_2(t)=3e^{-t}u(t)$。

(1)若 $f_3(t)=e^{-2t}u(t)$,求系统的全响应;

(2)若 $f_4(t)=t[u(t)-u(t-1)]$,求系统的全响应。

6.29　某系统的频率响应 $H(j\omega)=\dfrac{1-j\omega}{1+j\omega}$,求当输入 $f(t)$ 为下列函数时的零状态响应 $y_{zs}(t)$。

(1)$f(t)=u(t)$;(2)$f(t)=\sin tu(t)$。

6.30　设已知一 LTI 因果系统的系统函数 $H(s)$ 及其单位阶跃响应 $s(t)$,试证具有系统函数 $H_a(s)=H(s+a)$ 的另一个系统的单位阶跃响应 $s_a(s)=e^{-at}g(t)-a\displaystyle\int_0^t g(\tau)d\tau$。

6.31　一个 LTI 因果系统,已知当输入 $f(t)$ 如题 6.32 图所示时,其零状态响应为
$$y_{zs}(t)=\begin{cases} |\sin(\pi t)| & (0<t<2) \\ 0 & (其他)\end{cases}$$

求该系统的单位阶跃响应 $s(t)$,并画出波形。

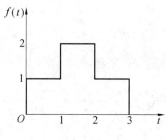

题 6.32 图

6.32 已知连续时间系统的单位冲激响应,求系统的系统函数,并判断系统是否稳定。

(1)$h(t) = 0.5\delta(t) + 0.5\delta(t-1)$;

(2)$h(t) = \delta(t) - e^{-t}u(t)$;

(3)$h(t) = (1 - e^{-t})u(t)$;

(4)$h(t) = 2(e^{-t} - e^{-2t})u(t)$。

6.33 某 LTI 系统的零、极点分布如题 6.33 图,且 $H(1) = 1/3$。

(1)判断该系统的稳定性;

(2)写出系统函数 $H(s)$;

(3)求该系统的单位冲激响应 $h(t)$。

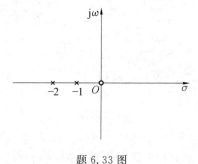

题 6.33 图

第 7 章 *

电路的 s 域分析

第6章介绍的拉普拉斯变换方法在电路理论的研究中得到广泛的应用,在相当长的时间内,电路理论和工程方面的问题,几乎都使用拉普拉斯变换方法。本章旨在讨论建立在拉普拉斯变换基础上的线性时不变电路系统复频域分析方法,它是经典电路理论的核心内容之一,只是由于电路 CAD 技术的迅猛发展,使电路求解变得容易。虽然在获得广泛应用的非线性电路系统和时变电路系统不能运用拉普拉斯变换分析,但是线性时不变电路系统的分析仍然是以拉普拉斯变换为强有力的工具。

对于一般动态电路的时域分析,存在以下问题:

(1)对一般的二阶或二阶以上的电路,建立微分方程困难。

(2)确定微分方程所需要的 0^+ 初始条件,以及确定微分方程解中的积分常数也很繁琐。

(3)动态电路的分析方法无法与电阻性电路和正弦稳态电路的分析统一起来。

(4)当激励源是任意函数时,求解也不方便。

用拉普拉斯变换分析动态电路,可以完全解决上述问题,所以,复频域分析是研究动态电路的最有效方法之一。用拉普拉斯变换分析动态电路是如何解决时域分析动态电路时所存在的问题呢?在用拉普拉斯变换分析动态电路时,也是先找出动态元件的复频域(s 域)模型,同时推导电路定律的拉普拉斯变换形式,引出复频域阻抗和导纳的概念,这种分析方法称为复频域法。该方法往往比传统方法求解电路更加简洁方便,也更利于计算机编程求解。

7.1 电路元件的 s 域模型

7.1.1 电路元件的 s 域模型

对于具体的电路系统,即使不列写电路的微分方程也可以求解,方法是预先导出电路的 s 域模型,再列写 s 域代数方程,即可求解。下面先介绍基本元件的 s 域模型。

1. 电阻元件

图 7.1(a) 所示电阻元件 R 上的时域电压 — 电流关系为一个代数方程,即

$$v(t) = Ri(t)$$

两边取拉普拉斯变换,可得复频域(s 域)中的电压 — 电流像函数关系为

$$V(s) = RI(s) \tag{7.1}$$

由此得出相应的 s 域模型如图 7.1(b) 所示。

2. 电容元件

图 7.2(a) 所示电容元件 C 上的时域电压 — 电流关系为

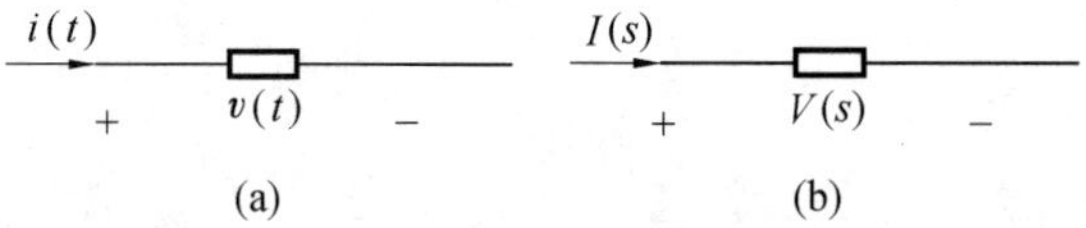

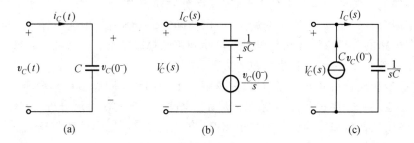

图 7.1　电阻的 s 域模型

$$i_C(t) = C\frac{\mathrm{d}v_C(t)}{\mathrm{d}t}$$

两边取拉普拉斯变换,利用拉普拉斯变换时域微分性质,并记 $i_C(t)\Leftrightarrow I_C(s)$,$v_C(t)\Leftrightarrow V_C(s)$,在 $t\geqslant 0$ 时有

$$\begin{cases} V_C(s) = \dfrac{1}{sC}I_C(s) + \dfrac{v_C(0^-)}{s} \\ I_C(s) = sCV_C(s) - Cv_C(0^-) \end{cases} \tag{7.2}$$

由此可得电容的 s 域模型如图 7.2(b)、(c) 所示。其中 $\dfrac{1}{sC}$ 称为电容的 s 域阻抗(Impedance),或称为运算阻抗(Operator Impedance);$Cv_C(0^-)$ 和 $\dfrac{v_C(0^-)}{s}$ 分别为附加电流源和附加电压源的量值,它们反映了初始储能对系统响应的影响。

图 7.2　电容的 s 域模型

3. 电感元件

图 7.3(a) 所示电感元件 L 上的时域电压－电流关系为

$$v_L(t) = L\frac{\mathrm{d}i_L(t)}{\mathrm{d}t}$$

两边取拉普拉斯变换,利用拉普拉斯变换时域微分性质,并记 $i_L(t)\Leftrightarrow I_L(s)$,$v_L(t)\Leftrightarrow V_L(s)$,在 $t\geqslant 0$ 时有

$$\begin{cases} V_L(s) = sLI_L(s) - Li_L(0^-) \\ I_L(s) = \dfrac{1}{sL}V_L(s) - \dfrac{i_L(0^-)}{s} \end{cases} \tag{7.3}$$

由此可得电容的 s 域模型如图 7.3(b)、(c) 所示。其中 sL 电感的 s 域运算阻抗 $Li_L(0^-)$ 和 $\dfrac{i_L(0^-)}{s}$ 分别为与 $i_L(0^-)$ 有关的附加电流源和附加电压源的量值,它们反映了电感初始储能对系统响应的影响。

4. 耦合电感

用与电感相似的处理方法可以获得耦合电感的 s 域模型,如图 7.4 所示,其中 sM 称为互感运算阻抗,两电压源分别为

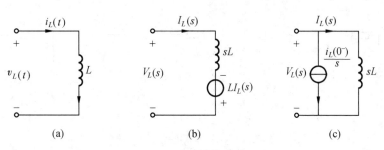

图 7.3　电感的 s 域模型

$$\begin{cases} V_{1M}(s) = L_1 i_1(0^-) + M i_2(0^-) \\ V_{2M}(s) = L_2 i_2(0^-) + M i_1(0^-) \end{cases} \tag{7.4}$$

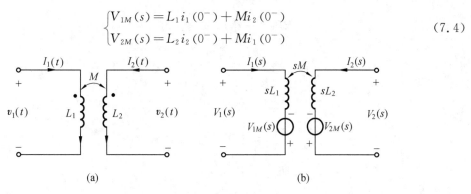

图 7.4　耦合电感的 s 域模型

7.1.2　电路定律的复频域形式

1. KCL 与 KVL 的复频域形式

在 s 域中分析电路,仍然离不开基尔霍夫定律。基尔霍夫定律的时域形式表述为

对于任一节点:$\sum i_k(t) = 0$;

对于任一回路:$\sum v_k(t) = 0$。

对上述方程两边取拉普拉斯变换,并根据拉普拉斯变换的线性性质,有

对任一节点,KCL 的运算形式为

$$\sum I_k(s) = 0 \tag{7.5}$$

对任一回路,KVL 的运算形式为

$$\sum U_k(s) = 0 \tag{7.6}$$

由上可见,s 域中的 KCL 和 KVL 与时域中的 KCL 和 KVL 在形式上是相同的。

2. 复频域阻抗、导纳和欧姆定律的复频域形式

应用基尔霍夫定律的 s 域形式可以得到电路的运算阻抗的一般形式。如图 7.5(a) 所示的 RLC 串联电路,设初始状态为零,其对应的 s 域模型如图 7.5(b) 所示。

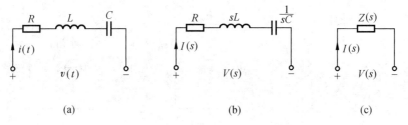

图 7.5　RLC 串联电路的 s 域模型

由图 7.5(b) 可列 KVL 方程

$$RI(s) + sLI(s) + \frac{1}{sC}I(s) = V(s)$$

即

$$\left(R + sL + \frac{1}{sC}\right)I(s) = V(s)$$

从而

$$\frac{V(s)}{I(s)} = R + sL + \frac{1}{sC} = Z(s) \tag{7.7}$$

式中　$Z(s)$——RLC 串联电路的运算阻抗。

在形式上和正弦稳态阻抗

$$Z(\mathrm{j}\omega) = R + \mathrm{j}\omega L + \frac{1}{\mathrm{j}\omega C}$$

相似,只是用 s 代替 $\mathrm{j}\omega$。

运算阻抗的倒数称为运算导纳,用 $Y(s)$ 表示,即

$$Y(s) = \frac{1}{Z(s)} = \frac{I(s)}{V(s)}$$

所以欧姆定律的复频域形式为

$$V(s) = Z(s)I(s) \quad 或者 \quad I(s) = Y(s)V(s) \tag{7.8}$$

在电网络系统中,当 KCL、KVL 和元件的时域模型用 s 域模型代替后,其定律和阻抗形式完全与正弦稳态时的向量形式一致。因此,用拉普拉斯变换法分析电路时,只要将每个元件用 s 域模型代替,再将信号源用其像函数表示,就可以作出整个电路的 s 域模型,然后应用所学的线性电路的各种分析方法和定理(如节点法、网孔法、叠加定理、戴维宁定理等),求解 s 域电路模型,得到待求响应的像函数,最后通过反变换获得响应的时域解。

在零状态情况下,R、L、C 的伏安关系的运算形式总结如下:

对于电阻元件:$V(s) = RI(s)$ 或者 $I(s) = GV(s)$

对于电感元件:$V(s) = sLI(s)$ 或者 $I(s) = \dfrac{1}{sL}V(s)$

对于电容元件:$V(s) = \dfrac{I(s)}{sC}$ 或者 $I(s) = sCV(s)$

3. 复频域法与向量法的比较

现将三种电路分析方法中的电路变量、电路定律、电路元件的伏安关系归纳成表 7.1 所示,从表中可知,各项形式完全相同。

表 7.1　三种电路分析方法的比较

直流电路	正弦稳态电路(向量法)	动态电路(复频域法)
I	$\dot{I}$	$I(s)$
V	$\dot{V}$	$U(s)$
R	$Z(j\omega) = R + j\omega L + \dfrac{1}{j\omega C}$	$Z(s) = R + sL + \dfrac{1}{sC}$
$G = \dfrac{1}{R}$	$Y(j\omega) = \dfrac{1}{Z(j\omega)}$	$Y(s) = \dfrac{1}{Z(s)}$
$V = RI$	$\dot{V} = Z(j\omega)\dot{I}$	$V(s) = Z(s)I(s)$
$\sum i_k(t) = 0, \sum v_k(t) = 0$	$\sum \dot{I}_k = 0, \sum \dot{V}_k = 0$	$\sum I_k(s) = 0, \sum V_k(s) = 0$

　　引入复频域阻抗后,复频域法与向量法或直流电路分析法完全一样,即直流电路应用的所有计算方法、定理、等效变换等完全可以用于复频域法来求解动态电路。

　　将电感、电容元件分别用它们的 s 域模型替代,需特别注意初值电源的方向,将电源用其拉普拉斯变换式替代,电路中的变量用其像函数表示。

【思考题】

1. s 域模型中都有哪些元件具有附加电源?为什么?

2. 电容元件的 s 域形式中初始值决定了哪些标量值?

3. 拉普拉斯变换为什么可以在电路分析中广泛应用?

7.2　电路的网络函数

7.2.1　复频域中网络函数的定义

　　对于电路网络,系统函数也称为网络函数(Network Function)。线性非时变电路在单一激励 $f(t)$ 作用下,零状态响应 $y_{zs}(t)$ 的像函数 $Y_{zs}(s)$ 与激励 $f(t)$ 的像函数 $F(s)$ 之比称为该电路(复频域中)的网络函数,即

$$H(s) = \frac{Y_{zs}(s)}{F(s)} \tag{7.9}$$

式中　　$Y_{zs}(s)$——系统的零状态输出信号的拉普拉斯变换;

　　　　$F(s)$——系统输入信号的拉普拉斯变换。

　　网络函数中的激励与响应既可以是电压,也可以是电流,因此网络函数可以是阻抗(电压除以电流)、导纳(电流除以电压),也可以是电压放大倍数或电流放大倍数。网络函数有时也称转移函数或传递函数。

　　当电路激励为复频率信号时,由线性 RLC 元件、受控源和其他电路元件组成的线性网络对于激励的强迫响应是同样形式的复频率信号,激励与响应是线性关系,它们对应的复频率向量也是线性关系。

利用基本二端元件或二端网络的阻抗或导纳,可以将激励与响应向量联系起来。当系统为一个二端网络,激励与响应在同一端口,如图 7.6(a) 中的 $V_i(s)$ 与 $I_i(s)$,即电路在端口处施加输入,而响应也在同一端口观察,则此网络函数称为策动点函数或称为驱动点函数,由此可知,策动点函数可能是阻抗或导纳,为输入电阻在复频域的推广。

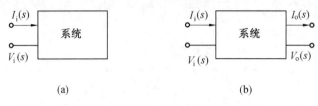

图 7.6   策动点函数与转移函数

若系统为一个四端网络,激励与响应不在同一端口,如图 7.6 (b) 中 $V_i(s)$、$I_i(s)$ 与 $V_o(s)$ 与 $I_o(s)$,则此网络函数称为转移函数或传输函数。传递函数在信号处理中的应用极为重要,它描述了信号穿过电路时如何被改变的。传递函数的输入和输出信号时电压或电流可能是阻抗、导纳或传输比值,所以共有如图 7.7 所示的 4 种形式的传递函数,表达式分别为

电压传递函数 $\qquad\qquad H_U(s) = \dfrac{V_2(s)}{V_1(s)}$ $\qquad\qquad\qquad$ (7.10)

电流传递函数 $\qquad\qquad H_I(s) = \dfrac{I_2(s)}{I_1(s)}$ $\qquad\qquad\qquad$ (7.11)

传递阻抗 $\qquad\qquad\qquad H_Z(s) = \dfrac{V_2(s)}{I_1(s)}$ $\qquad\qquad\qquad$ (7.12)

传递导纳 $\qquad\qquad\qquad H_Y(s) = \dfrac{I_2(s)}{V_1(s)}$ $\qquad\qquad\qquad$ (7.13)

综上所述,将不同条件下的系统函数的名称列于表 7.2,供读者查阅。

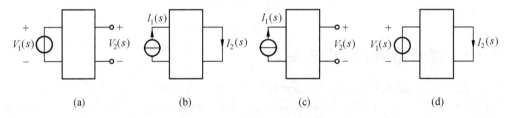

图 7.7   多种形式的传递函数

表 7.2   系统函数(网络函数)的具体名称

激励与相应的位置	名称	响应	激励	名称
在同一端口	策动点函数 (驱动点函数)	电压	电流	策动电阻抗(驱动点阻抗)
		电流	电压	策动电导纳(驱动点导纳)
在不同端口	传输函数 (转移函数)	电压	电流	传输阻抗(转移阻抗)
		电流	电压	传输导纳(转移导纳)
		电压	电压	电压传输比(转移电压比)
		电流	电流	电流传输比(转移电流比)

求取电路系统的网络函数通常有两种方法，一种是直接列写法，即根据已知网络结构，利用网络分析的一般方法（节点分析法、回路分析法和其他电路分析方法）直接求取；另一种是黑箱（或称黑盒子）法，即根据网络的端口激励与响应来求得网络函数。

　　首先讨论直接列写法，直接列写法有两条途径：

　　（1）由电路微分方程，取零状态响应的拉普拉斯变换与激励的拉普拉斯变换之比，而得到网络函数。

　　（2）由 s 域运算等效电路，运用其他方法直接求出网络响应，进而得到网络函数。

　　【例 7.1】　已知电路如图 7.8 所示，其中 $v_s(t)$ 为激励电压信号，$R_1 = \dfrac{1}{3}$ Ω，$L = 1$ H，$C_1 = C_2 = 1$ F，$v_{C1}(0^-) = v_{C2}(0^-) = 0$，$i_L(0^-) = 0$，试求电路网络函数 $H(s) = V_2(s)/V_s(s)$。

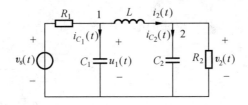

图 7.8　例 7.1 用图

　　解　由电路图可知 $u_2(t)$ 和 $u_1(t)$ 为节点 1 和 2 的节点电压，列写节点的 KCL 为

$$
\begin{cases}
-\dfrac{v_s(t)}{R_1} + C_1 \dfrac{\mathrm{d}v_1(t)}{\mathrm{d}t} + \dfrac{1}{L}\displaystyle\int_{-\infty}^{t}\left[v_1(t) - v_2(t)\right]\mathrm{d}t = 0 \\[2mm]
-\dfrac{1}{L}\displaystyle\int_{-\infty}^{t}\left[v_1(t) - v_2(t)\right]\mathrm{d}t + C_2 \dfrac{\mathrm{d}v_2(t)}{\mathrm{d}t} + \dfrac{v_2(t)}{R_2} = 0
\end{cases}
$$

经过整理，带入数值得

$$
\frac{\mathrm{d}^3 v_2(t)}{\mathrm{d}t^3} + 6\frac{\mathrm{d}^2 v_2(t)}{\mathrm{d}t^2} + 11\frac{\mathrm{d}v_2(t)}{\mathrm{d}t} + 6v_2(t) = 3v_s(t)
$$

因为电路初始条件为零，对上式的两端同时取拉普拉斯变换，即得

$$
(s^3 + 6s^2 + 11s + 6)V_2(s) = 3V_s(s)
$$

所以

$$
H(s) = \frac{V_2(s)}{V_s(s)} = \frac{3}{s^3 + 6s^2 + 11s + 6}
$$

　　【例 7.2】　已知有源 RC 低通网络如图 7.9(a) 所示，试求其网络函数。

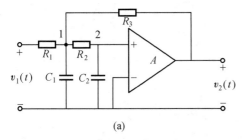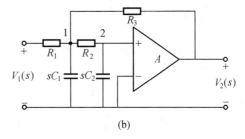

(a)　　　　　　　　　　　　　　　　　(b)

图 7.9　有源 RC 低通网络

　　解　首先作电路的 s 域模型，如图 7.9(b) 所示。其中起始状态为零，对节点 1、2 列写节点

方程有

$$\left(\frac{1}{R_1} + \frac{1}{R_2} + \frac{1}{R_3} + sC_1\right)V_{C_1}(s) - \frac{1}{R_3}V_2(s) - \frac{1}{R_2}V_{C_2}(s) = \frac{1}{R_1}V_1(s)$$

$$\frac{1}{R_2} + sC_2 V_{C_2}(s) - \frac{1}{R_2}V_{C_1}(s) = 0$$

运算放大器有

$$V_2(s) = AV_{C_2}(s)$$

联解上述三式,即可求得网络函数

$$H(s) = \frac{V_2(s)}{V_s(s)} = \frac{-\dfrac{A}{R_1 R_2 C_1 C_2}}{s^2 + \left(\dfrac{1}{R_1 C_1} + \dfrac{1}{R_2 C_1} + \dfrac{1}{R_3 C_1} + \dfrac{1}{R_1 C_2}\right)s + \dfrac{R_3 + (1+A)R_1}{R_1 R_2 R_3 C_1 C_2}}$$

【例 7.3】 试求出图 7.10 所示电路的电压传输比 $H_U(s) = v_2(t)/v_1(t)$。

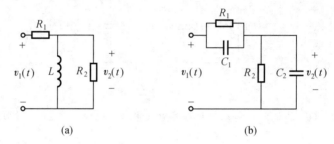

图 7.10 例 7.3 所用电路

解 由图 7.10(a) 可知

$$V_2(s) = \frac{\dfrac{R_2 sL}{R_2 + sL}}{R_1 + \dfrac{R_2 sL}{R_2 + sL}}V_1(s) = \frac{R_2 sL}{R_1 R_2 + (R_1 + R_2)sL}V_1(s)$$

所以电压传输比为

$$H_U(s) - \frac{V_2(s)}{V_1(s)} = \frac{R_2 sL}{R_1 R_2 + (R_1 + R_2)sL}$$

由图 7.10(b) 图可知

$$V_2(s) = \frac{\dfrac{R_2 \dfrac{1}{sC_2}}{R_2 + \dfrac{1}{sC_2}}}{\dfrac{R_1 \dfrac{1}{sC_1}}{R_1 + \dfrac{1}{sC_1}} + \dfrac{R_2 \dfrac{1}{sC_2}}{R_2 + \dfrac{1}{sC_2}}}V_1(s) = \frac{1 + R_1 sC_1}{1 + \dfrac{R_1 R_2}{R_1 + R_2}s(C_1 + C_2)} \cdot \frac{R_2}{R_1 + R_2}V_1(s)$$

令

$$K = \frac{R_2}{R_1 + R_2}; \quad T_1 = R_1 C_1; \quad T = \frac{R_1 R_2}{R_1 + R_2}(C_1 + C_2)$$

则电压传输比为

$$H_U(s) = \frac{V_2(s)}{V_1(s)} = \frac{1 + R_1 s C_1}{1 + \dfrac{R_1 R_2}{R_1 + R_2} s (C_1 + C_2)} \cdot \frac{R_2}{R_1 + R_2} = K \frac{1 + T_1 s}{1 + T s}$$

7.2.2　网络函数与冲激响应

因为单位冲激函数 $\delta(t)$ 的像函数为 1，所以当激励 $f(t) = \delta(t)$ 时，激励的像函数为

$$F(s) = \mathscr{L}[\delta(t)] = 1$$

由式（7.9）知，激励为单位冲激函数时，网络函数为

$$H(s) = \frac{Y_{zs}(s)}{F(s)} = Y(s)$$

式中　$Y(s)$——冲激响应的像函数，即

$$\mathscr{L}^{-1}[H(s)] = \mathscr{L}^{-1}[Y_{zs}(s)] = h(t)$$

这说明冲激响应 $h(t)$ 与相应的网络函数是拉普拉斯变换对，可表示为

$$h(t) \Leftrightarrow H(s)$$

根据线性电路的输入与零状态响应呈线性关系，可知 $H(s)$ 是与输入 $F(s)$ 无关的量，它具有如下性质：

（1）$H(s)$ 取决于电路网络参数的结构，是一个实系数有理分式，其分子、分母多项式的根为实数或为共轭复数。

（2）$H(s)$ 的原函数 $h(t)$ 即为电路网络的时域冲击响应，即 $H(s)$ 反映网络中响应的基本特性。

（3）一般情况下，$H(s)$ 分母多项式的根为对应电路变量的固有频率，因此 $H(s)$ 的零点、极点分布对电路网络响应的分析研究具有重要意义。它的分布反映该网络冲激响应 $h(t)$ 的性质亦即反映出该网络时域响应的动态过程中自由分量的变化规律，具体参照 6.7 节内容。

7.2.3　求任意波形激励作用下的零状态响应

由网络函数的定义式（7.9）可知，在任意波形激励 $F(s)$ 作用下，零状态响应 $Y_{zs}(s)$ 为

$$Y_{zs}(s) = H(s) F(s) \tag{7.14}$$

由式（7.14）可以先求出网络函数 $H(s)$，然后再乘以激励的像函数 $F(s)$，最后拉普拉斯逆变换可求响应 $y(t)$ 的时域解。

【例 7.4】　已知时域电路如图 7.11(a)所示，$R = \dfrac{1}{3}$ Ω，$L = 1$ H，$C = 1$ F，求 $v(t) = e^{-2t} u(t)$ 时的零状态响应。

解　求关于 $V_1(s)$ 的网络函数，对节点 1 列写节点方程

$$\left(\frac{1}{R} + \frac{1}{sL} + sC \right) V_1(s) = \frac{V(s)}{R}$$

代入数据得

$$\left(3 + \frac{1}{s} + s \right) V_1(s) = 3V(s)$$

解得 $V_1(s)$ 的网络函数为

$$H(s) = \frac{V_1(s)}{V(s)} = \frac{3s}{s^3 + 3s + 1}$$

当 $u(t)=\mathrm{e}^{-2t}u(t)$ 时,其像函数为

$$V(s)=\frac{1}{s+2}$$

由式(7.14)有

$$V_1(s)=H(s)V(s)=\frac{3s}{(s^3+3s+1)(s+2)}=$$

$$\frac{6}{s+2}-\frac{0.314}{s+0.38}-\frac{5.66}{s+2.62}$$

对 $V_1(s)$ 进行拉普拉斯逆变换有

$$v_1(t)/\mathrm{V}=\mathscr{L}^{-1}[V_1(s)]=6\mathrm{e}^{-2t}-0.314\mathrm{e}^{-0.38t}-5.66\mathrm{e}^{-2.62t} \quad (t\geqslant 0)$$

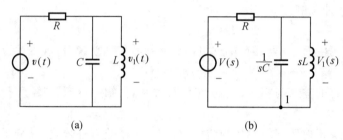

图 7.11　例 7.4 用图

7.2.4　网络函数的性质

1. 网络函数是 s 的实系数有理函教

从以上例子可以看出,网络函数是 s 的有理函数(两个多项式之比),并且其系数是实数(因电路元件参数为实数)。实际上,对于线性时不变网络,其网络函数都具有这种性质(包括无源、有源、互易、非互易网络),其一般形式为

$$H(s)=\frac{b_m s^m+b_{m-1}s^{m-1}+\cdots+b_1 s+b_0}{a_n s^n+a_{n-1}s^{n-1}+\cdots+a_1 s+a_0} \tag{7.15}$$

式中 a_i,b_j 为实数,$i=0,1,\cdots,n,j=0,1,\cdots,m$。

证明　设无源网络有 n 个独立回路,激励电压 U_1 在第一个回路,并且初始储能为零,则可列出如下 n 个回路方程

$$\begin{cases}Z_{11}I_1+Z_{12}I_2+\cdots+Z_{1n}I_n=U_1 \\ Z_{21}I_1+Z_{22}I_2+\cdots+Z_{2n}I_n=0 \\ \vdots \\ Z_{n1}I_1+Z_{n2}I_2+\cdots+Z_{nn}I_n=0\end{cases} \tag{7.16}$$

式中　　I_i——第 i 段回路的回路电流;

　　　　U_1——网络中唯一的激励源;

　　　　Z_{ij}——回路自阻抗或互阻抗,其一般形式为

$$Z_{ij}=\frac{L_{ij}s^2+R_{ij}s+\dfrac{1}{C_{ij}}}{s} \tag{7.17}$$

是 s 的实系数有理函数。

若响应是 I_i，则按克拉姆法则（Carmer's Rule），由式（7.16）可解得

$$I_i = \frac{\Delta_{1i} U_1}{\Delta}$$

式中　　Δ—— 式（7.16）左边的系数行列式；

　　　　Δ_{1i}—— 行列式 Δ 中元素 Z_{1i} 的代数余子式。

于是，网络函数 Y_{1i} 为

$$Y_{1i} = \frac{I_{1i}}{V_1} = \frac{\Delta_{1i}}{\Delta} \tag{7.18}$$

由于 Δ 和 Δ_{1i} 中的诸元素都是形如式（7.17）的实系数有理函数，所以将式（7.18）右边展开后（只涉及算术运算），也必定还是 s 的实系数有理函数。在式（7.1）中，若取 i 为 1，则是策动点导纳，若 i 不为 1，则是传递导纳。如果响应是某个阻抗 Z 上的电压 U_i，则相应的网络函数为

$$K_U(s) = \frac{V_i}{V_1} = \frac{I_i Z}{V_1} = \frac{Z \Delta_{1i}}{\Delta} \tag{7.19}$$

由于 Z 也是形如式（7.17）的实系数有理函数，所以 $K_U(s)$ 也是 s 的实系数有理函数。

对于转移阻抗、电流比等类型的网络函数，可以用节点方程作对偶的推导并得出相同的结论。当网络中含有回转器、受控源、负阻抗变换器等非互易或有源元件对，仍有上述结论，因为这些元件只是使式（7.17）中的某些元素 Z_{ij} 增加一些常数项，并不影响结论。

2. 网络函数的零点和极点对 σ 轴对称

如果将式（7.15）的分子分母多项式都写成因式形式，就得出 $H(s)$ 的另一种表示式

$$H(s) = \frac{a_m (s - z_1)(s - z_2) \cdots (s - z_m)}{b_n (s - p_1)(s - p_2) \cdots (s - p_n)} \tag{7.20}$$

式中　　z_i—— 网络函数 $H(s)$ 的零点，因为当 $s = z_i$ 时 $H(s) = 0$；

　　　　p_j—— $H(s)$ 的极点，因为当 $s = p_j$ 时，$H(s) = +\infty$。

如果把在无穷大频率处的极点或零点也计算在内，$H(s)$ 的零点个数和极点个数是相等的。

网络函数的零点和极点可以画在 s 平面上，如图 7.12 所示，称为网络函数的零、极点图，图中用"。"表示零点，用"×"表示极点，无穷大频率处的零、极点一般不画出。

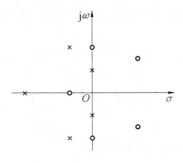

图 7.12　网络函数 $H(s)$ 的零、极点图示例

由于网络函数分子分母多项式都是实系数多项式，由代数知识可知，网络函数的零点和极点可以是实数或复数（或虚数），但当它是复数（或虚数）时，必须以共轭对的形式出现，这反映在零、极点图上就是零、极点都对 σ 轴对称，如图 7.12 所示。

3. 稳定网络极点位置所受的限制和霍尔维茨多项式

稳定网络,是当对这种网络加上冲激后,其响应是有界的,即响应不会变成无限大。对于无源网络,因为它的内部没有附加的能量供应,所以必然是稳定网络。但是,对于有源网络,因为它含有内部能源,所以加冲激后,其响应可能无限增大,因此,有源网络是否稳定要视具体条件而定。

当网络是稳定网络时,其网络函数的性质要受进一步的限制,反映在零、极点图上就是极点的位置要受某些限制。

确定一个网络是否稳定的一种简便方法就是考察它的冲激响应,如果它是有界的,则网络是稳定的,否则就是不稳定的。我们知道,网络函数的拉普拉斯逆变换就是它的冲激响应。由于线性时不变网络的网络函数是 s 的有理函数,所以可以将它展开成部分分式来求拉普拉斯逆变换。网络函数 $H(s)$ 的因式形式为式(7.20),若式中诸极点 p_j 都是单阶极点,则其部分分式展开式为

$$H(s) = \frac{A_1}{s-p_1} + \frac{A_2}{s-p_2} + \cdots + \frac{A_k}{s-p_k} + \cdots + \frac{A_n}{s-p_n} \tag{7.21}$$

式中 A_j —— 极点 p_j 处的留数。

网络的冲激响应就等于式(7.21)右边各项的拉普拉斯逆变换之和,即右边每一项的逆变换都是冲激响应的一个分量。下面就来研究各种类型极点所对应的冲激响应分量的波形。

若 p_j 为实数极点,即 p_j 位于 σ 轴上,如果 p_j 为正实数,则该冲激响应分量将随时间指数式增长,如图7.13所示,显然有这种极点的网络是不稳定的。所以稳定网络的网络函数 $H(s)$ 不能具有正的实数极点,即其极点不能位于正实轴上。p_j 为负实数或零的相应冲激响应分量的波形也画在图7.13中,由于它们是有界的,所以实数极点可以位于负实轴上和原点处。

如果 $H(s)$ 有一对共轭复数极点 $p_{i1,i2} = \sigma_i \pm j\omega_i$,若 σ_i 为正数,即这一对共轭极点在 s 右半平面内,其对应波形是指数增长的正弦波(见图7.13),这是稳定网络所不允许的,所以 $H(s)$ 不能具有 s 右半平面的极点。当 σ_i 小于或等于零,即共轭极点位于 s 左半平面或 $j\omega$ 轴上时,其对应波形有界(见图7.13),因而是允许的。

对于 $j\omega$ 轴上的极点,还应限于单阶极点,否则网络也是不稳定的。例如,若 $H(s)$ 含有一对 $j\omega$ 轴上的共轭二阶极点,则其相应冲激响应分量中有一项为 $h(t) = 2A_i t \cos(\omega_i t) (t > 0)$,它将随时间无限增大。

从以上的讨论可以看出,稳定网络的 $H(s)$ 应具有如下的形式

$$H(s) = \frac{N(s)}{\prod_i (s+a_i) \prod_k (s^2 + c_k s + d_k)} \tag{7.22}$$

式中 $N(s)$ —— 分子多项式;

a_i, c_k, d_k —— 系数,都是非负的实数;

$s + a_i$ —— 负实轴上的极点;

$s^2 + c_k s + d_k$ —— 左半平面上的共轭极点对,当 $c_k = 0$ 时则为 $j\omega$ 轴上的共轭极点对;当 $c_k^2 \geqslant 4d_k$ 时则退化为负实轴极点。

还要指出,由于 $H(s)$ 在 $s = +\infty$ 处的极点不是分母多项式的根,而是由分子多项式幂次较分母高而形成的,所以分子的幂次最多只能比分母的幂次高一次($s = +\infty$ 处的极点也可认

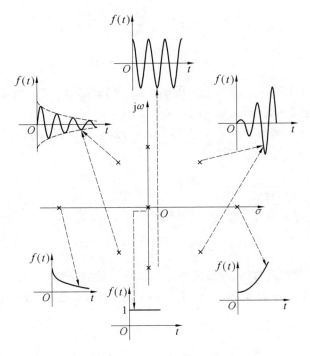

图 7.13　与极点相应的冲激响应波形

为是在 $j\omega$ 轴上）。

为了方便，把根不在 s 右半开平面，且无 $j\omega$ 轴重根的实系数多项式称为霍尔维茨多项式，简称霍氏多项式，它又再分为：

① 只有 s 左半开平面根的实系数多项式，称为严格霍尔维茨多项式；

② 根不在 s 右半开平面，但具有 $j\omega$ 轴单根的实系数多项式，称为广义霍尔维茨多项式。

于是线性时不变稳定网络的网络函数具有如下重要性质：

（1）必须是 s 的实系数有理函数；

（2）分母多项式必须是霍尔维茨多项式；

（3）分子多项式的幂次最多比分母高一次。

在某些应用中，对稳定性有更严格的要求，这时在 $j\omega$ 轴上的极点也在禁止之列，通常把这种只容许左半开平面极点的稳定，称为有界输入有界输出稳定。而将容许具有 $j\omega$ 轴单阶极点者称为弱稳定。

4. 网络函数的幅度和时延是 ω 的偶函数，相位是 ω 的奇函数

将式（7.15）改写为

$$H(s)=\frac{b_m s^m+b_{m-1}s^{m-1}+\cdots+b_1 s+b_0}{a_n s^n+a_{n-1}s^{n-1}+\cdots+a_1 s+a_0}=\frac{A_1+sB_1}{A_2+sB_2} \tag{7.23}$$

式中　　A_1,sB_1——分子多项式的偶函数项和奇函数项；

　　　　A_2,sB_2——分母多项式的偶函数项和奇函数项。

注意 A_1,A_2,B_1,B_2 本身都是 s 的实系数偶次多项式，所以，当 $s=j\omega$ 时，A_1,A_2 是实数，sB_1,sB_2 是虚数，因此 $H(j\omega)$ 的幅度和相位分别为

$$| H(\mathrm{j}\omega)\,|=\sqrt{\frac{A_1^2+\omega^2 B_1^2}{A_2^2+\omega^2 B_2^2}} \tag{7.24}$$

$$\varphi(\omega)=\arctan\left(\frac{\omega B_1}{A_1}\right)-\arctan\left(\frac{\omega B_2}{A_2}\right) \tag{7.25}$$

由于 $s=\mathrm{j}\omega$ 时，A_1,A_2,B_1,B_2 都是 ω 的偶函数，所以由式(7.24)和式(7.25)可以看出，幅度 $| H(\mathrm{j}\omega)\,|$ 是 ω 的偶函数，而相位 $\varphi(\omega)$ 则是 ω 的奇函数。

在许多应用中，还用到相移 $\beta(\omega)$，它是输出信号的相位比输入信号的相位滞后之值，所以有

$$\beta(\omega)=-\varphi(\omega) \tag{7.26}$$

因此，$\beta(\omega)$ 也是 ω 的奇函数。

群时延 $t_{\mathrm{G}}(\omega)$ 也是经常用到的量，其计算式为

$$t_{\mathrm{G}}(\omega)=-\frac{\mathrm{d}\varphi(\omega)}{\mathrm{d}\omega}=\frac{\mathrm{d}\beta(\omega)}{\mathrm{d}\omega} \tag{7.27}$$

由于 $\varphi(\omega)$ 是 ω 的奇函数，所以其导数函数 $t_{\mathrm{G}}(\omega)$ 是 ω 的偶函数。

此外，还可以证明 $H(\mathrm{j}\omega)$ 的实部 $\mathrm{Re}\{H(\mathrm{j}\omega)\}$ 是 ω 的偶函数，虚部 $\mathrm{Im}\{H(\mathrm{j}\omega)\}$ 是 ω 的奇函数。

由

$$H(\mathrm{j}\omega)=\frac{A_1+\mathrm{j}\omega B_1}{A_2+\mathrm{j}\omega B_2}$$

得

$$\mathrm{Re}\{H(\mathrm{j}\omega)\}=\frac{A_1 A_2+\omega^2 B_1 B_2}{A_2^2+\omega^2 B_2^2}$$

$$\mathrm{Im}\{H(\mathrm{j}\omega)\}=\omega\,\frac{A_2 B_1-A_1 B_2}{A_2^2+\omega^2 B_2^2}$$

由式可知，实部 $\mathrm{Re}\{H(\mathrm{j}\omega)\}$ 为 ω 的偶函数，虚部 $\mathrm{Im}\{H(\mathrm{j}\omega)\}$ 为 ω 的奇函数。由 $\mathrm{Im}\{H(\mathrm{j}\omega)\}$ 的公式还可以看出，由于其分母是 ω 的偶次多项式，分子是 ω 的奇次多项式，所以当 $\omega\to+\infty$ 时，$\mathrm{Im}\{H(\mathrm{j}\omega)\}=0$(分子的幂次低于分母时)，$\mathrm{Im}\{H(\mathrm{j}\omega)\}=+\infty$(分子幂次高于分母时)；$\omega=0$ 时，$\mathrm{Im}\{H(\mathrm{j}\omega)\}$ 之值也只能为零或无限大。

7.3　电路的复频域分析

在时域分析中，要根据电路列写时域微分方程，电路变量是时间的函数。在复频域分析中，电路变量是像函数，对电路运用以前所学的各种分析方法列网络方程。这时的网络方程是代数方程，通过代数运算求得响应的像函数，再进行拉普拉斯反变换求得时间函数。

用拉普拉斯变换分析动态电路的步骤如下：

(1) 求电路中初始值：$v(0^-),i(0^-)$；

(2) 将电路中电源的时间函数进行拉普拉斯变换，并用其像函数表示；

(3) 将电路元件分别用 s 域模型替代，检查与初始值有关的附加电源(附加电流源或者附加电压源)的方向和数值；

(4) 电路变量用其像函数表示：$i(t)\Leftrightarrow I(s),v(t)\Leftrightarrow V(s)$；

（5）运用直流电路的方法（例如网孔法、节点法、叠加定理、戴维南定理等）求解电路变量的像函数；

（6）对电路变量的计算结果进行拉普拉斯逆变换，求得电路的时间域响应。

【例 7.5】　如图 7.14(a) 所示电路，在 $t \leqslant 0$ 时电路已处于稳态。设 $R_1 = 4\ \Omega, R_2 = 2\ \Omega$，$L = 1\ \mathrm{H}, C = 1\ \mathrm{F}, V_s = 6\ \mathrm{V}$，求 $t \geqslant 0$ 时的响应 $u_C(t)$。

解　由电路可得起始状态

$$i(0^-) = \frac{6}{4+2}\mathrm{A} = 1\ \mathrm{A}$$

$$v(0^-) = \frac{R_2}{R_1 + R_2}U_s = \frac{2}{4+2} \times 6\ \mathrm{V} = 2\ \mathrm{V}$$

从而可得图 7.14(b) 所示 s 域电路模型。列出网孔方程

$$\left(R_2 + sL + \frac{1}{sC}\right)I(s) = -1 - \frac{2}{s}$$

即有

$$I(s) = \frac{-(s+2)}{s^2 + 2s + 1} = \frac{-(s+2)}{(s+1)^2} = \frac{-1}{(s+1)^2} + \frac{-1}{s+1}$$

取反变换得

$$i(t) = -t\mathrm{e}^{-t} - \mathrm{e}^{-t} \quad (t \geqslant 0)$$

又因为

$$V_C(s) = \frac{2}{s} + \frac{I(s)}{s} = \frac{2}{s} - \frac{s+2}{s(s+1)^2}$$

最后得响应

$$v_C(t) = t\mathrm{e}^{-t} + 2\mathrm{e}^{-t} \quad (t \geqslant 0)$$

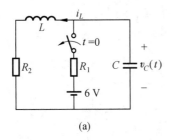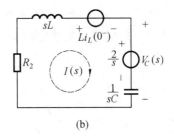

图 7.14　例 7.5 用图

【例 7.6】　图 7.15(a) 为某汽车点火系统的电路模型，12 V 电源为汽车蓄电池，L 为点火线圈。当开关在 $t = 0$ 断开时，将在电感两端产生高压，由高压打火点燃汽油而发动。设 $R = 2\ \Omega, L = 1\ \mathrm{H}, C = 0.25\ \mu\mathrm{F}$，试求 $t \geqslant 0$ 时电感电压 $v_L(t)$ 及其最大值。

解　首先作电路的 s 域模型，如图 7.15(b) 所示。其中起始状态为

$$i_L(0^-) = \frac{12}{2}\mathrm{A} = 6\ \mathrm{A}$$

$$v_C(0^-) = 0$$

由网孔方程可得

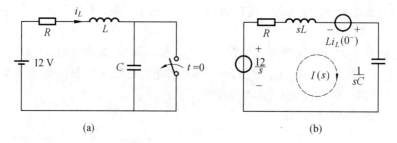

图 7.15　例 7.6 用图

$$I(s) = \frac{\dfrac{12}{s} + Li_L(0^-)}{R + sL + \dfrac{1}{sC}} = \frac{\dfrac{12}{s} + 6}{2 + s + \dfrac{10^6}{0.25s}} =$$

$$\frac{6s + 12}{s^2 + 2s + 4 \times 10^6} \approx \frac{6s}{s^2 + (2 \times 10^3)^2} + \frac{12}{s^2 + (2 \times 10^3)^2} =$$

$$\frac{6s}{s^2 + 2\,000^2} + \frac{12}{2\,000} \frac{2\,000}{s^2 + 2\,000^2}$$

逆变换得

$$i(t)/A = \left[6\cos(2\,000t) + \frac{6}{1\,000}\sin(2\,000t) \right] 6 \approx 6\cos(2\,000t)$$

故有

$$v_L(t)/V = L\frac{\mathrm{d}i}{\mathrm{d}t} = -12\,000\sin(2\,000t)$$

当 $t = \pi/4$ ms 时，电感电压达最大值为

$$v_{L\max} = 12\,000 \text{ V}$$

【例 7.7】　如图 7.16(a) 所示电路系统，已知 $C = 1$ F，$L = 0.5$ H，$R_1 = 0.2$ Ω，$R_2 = 1$ Ω，$v_C(0^-) = 0$，$i_L(0^-) = 2$ A，试求电感电压 $v_L(t)$。

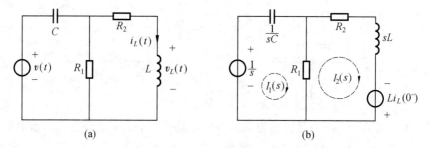

图 7.16　例 7.7 电路系统

解　先画出原电路的 s 域模型，如图 7.16(b) 所示。利用网孔分析法列方程

$$\begin{cases} \left(\dfrac{1}{sC} + R_1 \right) I_1(s) - R_2 I_2(s) = \dfrac{1}{s} \\ -R_1 I_1(s) + (R_1 + R_2 + sL) I_2(s) = Li_L(0^-) \end{cases}$$

即

$$
\begin{cases}
\left(0.2 + \dfrac{1}{s}\right) I_1(s) - I_1(s) = \dfrac{1}{s} \\
-0.2 I_1(s) + (1.2 + 0.5s) I_2(s) = 1
\end{cases}
$$

可解得

$$
I_2(s) = \frac{2(s+6)}{s^2 + 7s + 12}
$$

从而有

$$
U_L(s) = sL I_2(s) - L i_L(0^-) = \frac{-s-12}{s^2+7s+12} = \frac{8}{s+4} - \frac{9}{s+3}
$$

故电感电压为

$$
v_L(t) / \mathrm{V} = 8\mathrm{e}^{-4t} - 9\mathrm{e}^{-3t} \qquad (t \geqslant 0)
$$

【思考题】

1. 利用拉普拉斯变换求解电路微分方程的步骤是什么? 应注意什么问题?

2. 在 s 域分析法中,如何快速地求出零状态响应和零输入响应?

习　题

7.1　频率为 1 kHz 的正弦波通过一个 10 μF 的电容或 10 mH 的电感,哪一个产生的阻抗更大? 为什么?

7.2　如题 7.2 图所示为 RC 并联电路,激励为电流源 $i_s(t)$,若(1) $i_s(t) = u(t)\mathrm{A}$;
(2) $i_s(t) = \delta(t)\mathrm{A}$,试求响应 $v(t)$。

7.3　如题 7.3 图所示 RLC 串联电路,$t=0$ 时刻开关 S 闭合,用拉普拉斯变换求 $i_R(t)$ 的
(1)阶跃响应;(2)零输入响应。(设 $R < 2\sqrt{\dfrac{L}{C}}$,欠阻尼)

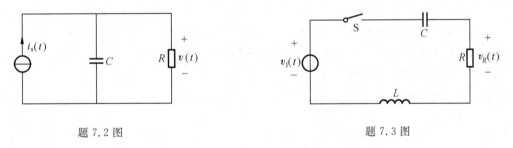

题 7.2 图　　　　　　　　　　　　　　　　题 7.3 图

7.4　题 7.4 图中开关在 $t=0$ 时闭合,C_1 两端的初始电压为 1 V,试计算 $i(t)$。

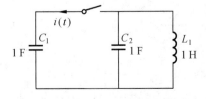

题 7.4 图

7.5 如题7.5图所示电路,其输入均为单位阶跃函数 $u(t)$,求电压 $v(t)$ 的零状态响应。

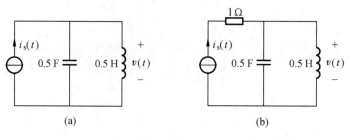

(a)   (b)

题7.5图

7.6 如题7.6图所示电路,激励电流源 $i_s(t) = u(t)$A,求下列情况的零状态响应 $v_{C_{zs}}(t)$。

(1)$L = 0.1$ H,$C = 0.1$ F,$G = 2.5$ S;

(2)$L = 0.1$ H,$C = 0.1$ F,$G = 2$ S;

(3)$L = 0.1$ H,$C = 0.1$ F,$G = 1.2$ S。

7.7 如果7.6题中 $i_L(0^-) = 1$ A,$v_C(0^-) = 1$ V,求以上三种情况的零输入响应 $v_{C_{zi}}(t)$。

7.8 如题7.8图所示的互感耦合电路,若以 $v_s(t)$ 为输入,$v(t)$ 为输出,求其冲激响应 $h(t)$ 和阶跃响应 $s(t)$。

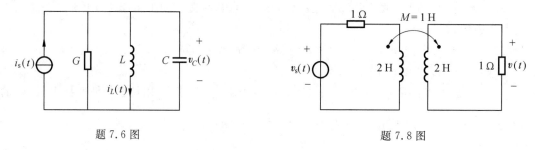

题7.6图   题7.8图

7.9 如题7.9图所示,已知 $C_1 = 1$ F,$C_1 = 2$ F,$R = 1$ Ω,若 C_1 上的初始电压 $v_C(0^-) = V_0$ V,C_1 上的初始电压为零。当 $t = 0$ 时开关S闭合,求 $i(t)$ 和 $v_R(t)$。

7.10 电路如题7.10图所示,已知 $L_1 = 3$ H,$L_2 = 6$ H,$R = 9$ Ω。若以 $i_s(t)$ 为输入,$v(t)$ 为输出,求其冲激响应 $h(t)$ 和阶跃响应 $s(t)$。

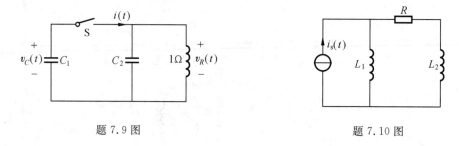

题7.9图   题7.10图

7.11 电路如题7.11(a)图所示,已知 $R = 1$ Ω,$C = 0.5$ F。若以 $v_1(t)$ 为输入,$v_2(t)$ 为输出,求:

(1) 系统函数 $H(s) = \dfrac{V_2(s)}{V_1(s)}$。

(2) 冲激响应和阶跃响应。

(3) 输入为题 7.11(b) 图所示的矩形脉冲时的零状态响应 $y_{zs}(t)$。

(4) 输入为题 7.11(c) 图所示的矩形脉冲时的零状态响应 $y_{zs}(t)$。

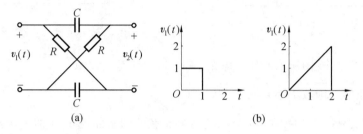

题 7.11 图

7.12　题 7.12 图所示为最平幅度型二阶低通滤波器,接于电源与负载之间,试求其系统函数 $H(s) = \dfrac{V_2(s)}{V_1(s)}$ 和阶跃响应。

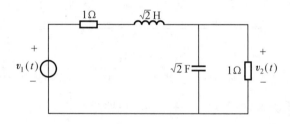

题 7.12 图

7.13　题 7.13 图所示的是二阶有源滤波器,其输出端开路,图中理想放大器 K 的输入阻抗为无限大,输出阻抗为零,放大倍数为 K。当 $R_1 = R_2 = 1\ \Omega$,$C_1 = C_2 = 1\ \mathrm{F}$,$K = 3 - \sqrt{2}$ 时幅频响应 $|H(\mathrm{j}\omega)|$ 是最平幅频特性。试求其系统函数 $H(s) = \dfrac{V_2(s)}{V_1(s)}$ 和阶跃响应。

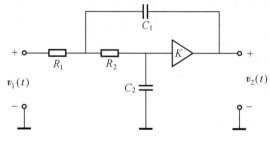

题 7.13 图

7.14　题 7.14 图所示电路,已知 $v_C(0^-) = 1\ \mathrm{V}$,$i_L(0^-) = 1\ \mathrm{A}$,激励 $i_1(t) = u(t)\,\mathrm{A}$,$v_2(t) = u(t)\,\mathrm{V}$,求响应 $i_R(t)$。

7.15　如题 7.15 图所示电路原处于稳态,$t = 0$ 时开关 S 闭合,试用运算法求解电流 $i_1(t)$。

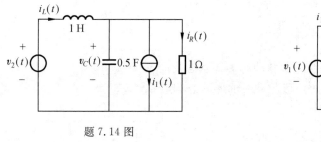

题 7.14 图

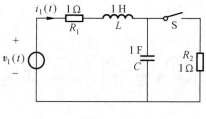

题 7.15 图

7.16 如题 7.16 图所示的反馈电路,其中 $kv_2(t)$ 是受控源。

(1) 求电压转移函数 $H(s) = \dfrac{V_0(s)}{V_1(s)}$;

(2) 求使电路输出的冲击响应 $h(t)$ 为等幅正弦波的条件及 $h(t)$ 的表达式。

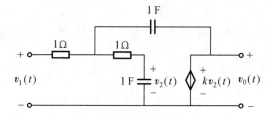

题 7.16 图

7.17 RL 电路如题 7.17 图所示,已知 $L_1 = 3\ \text{Hz}, L_2 = 6\ \text{Hz}, R = 9\ \Omega$,若以 $i_s(t)$ 为激励,$u(t)$ 为响应,试求其系统函数 $H(s) = \dfrac{U(s)}{I_s(s)}$ 和单位冲激响应 $h(t)$。

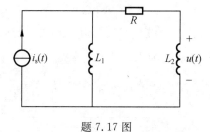

题 7.17 图

第8章

连续时间信号与系统的 MATLAB 仿真实验

8.1　MATLAB 入门知识

8.1.1　简介

MATLAB 是一门计算机编程语言，名字由 Matrix 和 Laboratory 两词的前三个字母组合而成。本意是专门以矩阵的方式来处理计算机数据，它把数值计算和可视化环境集成到一起，非常直观，而且提供了大量的函数，使其越来越受到人们的喜爱，工具箱越来越多，应用范围也越来越广泛。

MATLAB 可应用于数值分析、数值和符号的计算、数字图像处理技术、数字信号处理技术、通信系统和控制系统的设计与仿真、工程与科学绘图等众多领域，其附加的工具箱（单独提供的专用 MATLAB 函数集）扩展了 MATLAB 环境，以解决这些应用领域内特定类型的问题。在这一章中我们利用这门语言对信号的波形和频谱及某些常见系统的特性进行仿真分析。

8.1.2　开始使用 MATLAB

安装 MATLAB 后，双击 MATLAB 快捷方式（图标），在计算机上可以看到类似图 8.1 的界面。

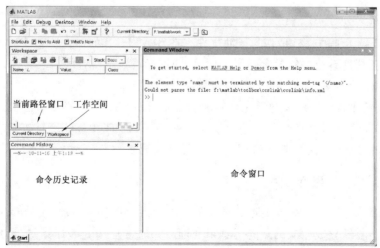

图 8.1　MATLAB 用户界面

1. 命令窗口(Command Window)

命令窗口是 MATLAB 的主要交互窗口,是 MATLAB 最基本的窗口,用于输入命令并显示除图形外的所有执行结果。命令窗口中的提示符"≫"为命令提示符,表示 MATLAB 正处于准备状态。用户可以在提示符后键入命令,MATLAB 将迅速显示出结果并且再次进入准备工作状态。

一般来说,一个命令行输入一条命令并以回车结束;但一个命令行可以输入若干条命令,各命令之间以逗号分隔。

例如:p=15,m=35

2. 工作空间窗口(Workspace)

工作空间窗口是 MATLAB 用于存储各种变量和结果的内存空间。该窗口中显示工作空间中所有变量的名称、大小、字节数和变量类型说明,可对变量进行观察、编辑、保存和删除。若双击某变量,则用户可通过弹出的 Array Editor 窗口查看及修改变量的内容。

3. 命令历史记录窗口(Command History)

在默认设置下,命令历史记录窗口会自动安装起所有用过命令的历史记录,以及每次使用的时间等信息,从而方便用户查询。如果双击某条命令的记录,则 MATLAB 会再次执行该命令。如果要清楚这些历史记录,可以选择 Edit 菜单中的 Clear Command History 命令。

4. 当前路径窗口(Current Directory)

当前路径窗口主要显示当前工作在什么路径下,包括 M 文件的打开路径等,允许用户对 MATLAB 的路径进行查看和修改,如果修改了路径会立即产生作用。通常启动 MATLAB 后默认当前路径是\MATLAB\work,如果不改变当前目录,则用户自己的工作空间和文件都将保存到该目录。

除上述窗口外,常见的 MATLAB 窗口还包括用于显示图形的图形窗口、用于复杂计算的编辑/调试窗口、帮助窗口、Simulink Library Browser 窗口、Simulink Model Editor 窗口、GUIDE 窗口、Profile 窗口等。

5. 帮助系统

MATLAB 最详细的教材是它的帮助文件。在 MATLAB 的命令窗口中键入 Help 命令,将会显示出当前帮助系统中所包含的所有项目,即搜索路径中所有的目录名称。同样,也可以通过 Help 加函数名来显示该函数的帮助说明。

Help 命令只搜索出那些关键字完全匹配的结果,Lookfor 命令对搜索范围内的 M 文件进行关键字搜索,条件比较宽松。Lookfor 命令只对 M 文件的第一行进行关键字搜索。若对 Lookfor 命令加上-all 选项,则可对 M 文件进行全文搜索。

8.1.3 矩阵、数组的使用

矩阵是 MATLAB 进行数据处理和运算的基本元素,事实上通过一定的转化方法,都可以将一般的数学运算转化成相应的矩阵运算来处理。如通常意义上的标量(数量)在 MATLAB 中是作为 1×1 的矩阵来处理,仅有一行或一列的矩阵在 MATLAB 中称为向量。统一将矩阵或者向量称为数组。

1. 变量和常量

变量：在程序运行过程中需要改变数量的值，每一个变量都具有一个名字。

常量：在程序运行过程中不需要改变数量的值，每一个常量亦具有一个名字。

2. 数组

数组是有序数据的集合，在大多数编程语言中，数组的每一个成员（元素）都属于同一组数据类型，它们使用同一个数组名称和不同的下标来确定数组中的成员。

例如：x＝[1,2,3];y＝[3,2,1];z＝x. * y 为

z＝3 4 3

其中". *"表示数组的乘法。

在 MATLAB 中经常使用":"产生一个一维数组，例如：

≫X＝1:5

X＝

1 2 3 4 5

产生一个 1 到 5 单位增量的一维数组，也可以产生任意增量的一维数组，如：

≫X＝0:pi/4:pi

X＝

0.7854　1.5708　2.3562　3.1416

数组增量为 pi/4，即左端和右端分别为起始值和结束值，两个冒号中间是增量，如果只使用一个冒号时，默认增量为单位 1。

3. 向量

从编程语言的角度看，向量其实就是一维数组，然而从数学的角度来看，向量就是 $1 \times N$ 或者 $N \times 1$ 的矩阵，即行向量或列向量。

例如：$\boldsymbol{A}_1 = \begin{bmatrix} a_{1,1} \\ a_{2,1} \\ a_{3,1} \end{bmatrix}$ 和 $\boldsymbol{A}_2 = [a_{1,1} \ a_{2,1} \ a_{3,1}]$ 都是一维数组，但从数学角度看，分别称为列向量和行向量。

4. 矩阵

MATLAB 语言的基本运算单位是矩阵或向量。矩阵是用一对圆括号或方括号括起来，符合一定规则的数学对象。

例如：$\boldsymbol{A} = \begin{bmatrix} 1 & 2 & 3 \\ 4 & 5 & 6 \\ 7 & 8 & 9 \end{bmatrix}$ 就是一个三行三列的方阵。

(1)创建矩阵。

在编程语言中，矩阵和数组一般指的是同一概念，在 M 语言中矩阵的元素可以为任意的 MATLAB 数据类型的数值或者对象。创建矩阵的方法有多种，不仅可以直接输入元素，还可以使用 MATLAB 的数组编辑器编辑矩阵的元素。

①直接输入法：在"Command Window"里直接按格式将矩阵元素输入，适合创建元素较

少的矩阵,如图 8.2 所示。

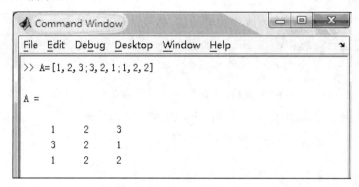

图 8.2

②命令法:MATLAB 中提供了一些命令,可以生成一些特殊矩阵。

i. 单位矩阵:产生 n 阶单位矩阵,用命令 eye(n),如:

eye(3)

ans＝

```
       0   0
       1   0
       0   1
```

ii. 全"1"的矩阵:产生 $m×n$ 阶全"1"的矩阵,用命令 ones(m,n),如:

ones(2,3)

ans＝

```
       1   1
       1   1
```

iii. 全"0"的矩阵:产生 $m×n$ 阶全"0"的矩阵,用命令 zeros(m,n),如:

zeros(2,3)

ans＝

```
       0   0
       0   0
```

iv. 对角矩阵:产生 n 阶对角矩阵,用命令 diag,如:

diag([1,2,3])

ans＝

```
       1   0   0
       0   2   0
       0   0   3
```

v. 范德蒙矩阵:用命令 vander,如:

vander([1,2,3])

ans＝

```
       1   1   1
       4   2   1
       9   3   1
```

vi. 希尔伯特矩阵：用命令 hilb，如：

hilb(3)

ans＝

　　　　1.0000　　0.5000　　0.3333
　　　　0.5000　　0.3333　　0.2500
　　　　0.3333　　0.2500　　0.2000

（2）数组编辑器。

在工作空间浏览器中可以查看当前工作空间中保存的各种数据信息，利用工作空间浏览器，在相应的变量上单击鼠标右键，通过弹出的快捷菜单可以对矩阵或者向量进行编辑，也可以删除或重命名工作空间中的变量，如图 8.3 所示。

另外，矩阵还可以通过内部语句或函数、利用 M 文件、外部数据文件产生。

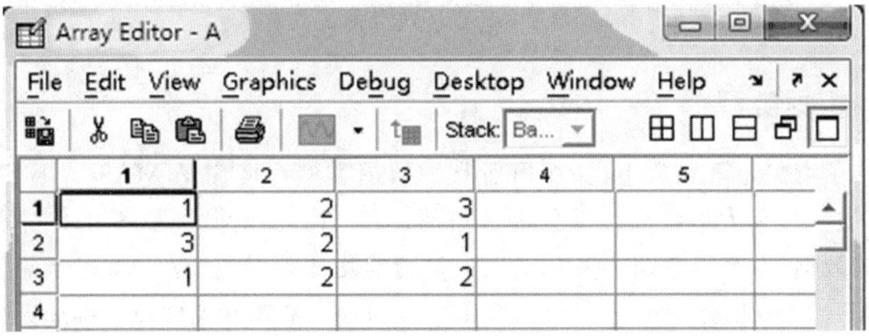

图 8.3

5. 索引

怎样访问和操作向量或者矩阵元素？ 就是利用矩阵或者向量元素的索引来完成相应的操作。注意，MATLAB 的矩阵或者数组的索引起始值为 1。

访问矩阵的元素要使用矩阵元素的索引，有两种形式：使用矩阵元素的行列全下标形式；使用矩阵元素的单下标形式（二维数组时，是按列存储的，即从左至右从上至下），如图 8.4 所示。

图 8.4

表 8.1 列出使用索引访问矩阵元素的方法。

表 8.1 索引访问矩阵元素

矩阵元素的访问	说明
$A(i,j)$	访问矩阵 A 的第 i 行第 j 列元素
$A(I,J)$	访问由向量 I 和 J 指定的元素
$A(i,:)$	访问矩阵 A 第 i 行的所有元素
$A(:,j)$	访问矩阵 A 第 j 列的所有元素
$A(:)$	访问矩阵 A 的所有元素,将矩阵看做一个向量
$A(I)$	使用单下标形式访问矩阵的元素,I 为标量
$A(L)$	访问由向量 L 指定的矩阵元素,向量 L 中的元素为矩阵元素的单下标数值

8.1.4 数据类型

上节介绍了有关矩阵和数组,在那里所有的数据类型都使用了 MATLAB 默认的数据类型,即双精度类型。和大多数高级编程语言类似,MATLAB 也提供了各种不同的数据类型用来操作不同的数据,本节将介绍 MATLAB 中常用的几种数据类型。

获取 MATLAB 数据类型列表可以在 MATLAB 命令行窗口中键入"help datatypes"命令。

1. 基本数值类型

数值类型包括符号整数类型、无符号整数类型、单精度浮点类型和双精度浮点类型,见表 8.2。

表 8.2 基本数值类型

数据类型	说明	字节数	取值范围
double	双精度	8	—
sparse	稀疏矩阵	N/A	—
single	单精度整数	4	—
uint8	无符号 8 位整数	1	$0\sim255$
uint16	无符号 16 位整数	2	$0\sim65535$
uint32	无符号 32 位整数	4	$0\sim4294967295$
uint64	无符号 64 位整数	8	$0\sim18446744073709551615$
int8	有符号 8 位整数	1	$-128\sim127$
int16	有符号 16 位整数	2	$-32768\sim32767$
int32	有符号 32 位整数	4	$-2147483648\sim2147483647$
int64	有符号 64 位整数	8	$-9223372036854775808\sim9223372036854775807$

复数可以用表 8.2 中所示的各种数据类型来创建,但是由于复数由实部数据和虚部数据组成,所以占用的字节数为构成复数数据类型的两倍。

MATLAB 中有部分函数和这些数据类型有关,其中最常用的一个函数是 class 函数,该函数可以用来获取变量或对象的类型,也可以用来创建用户自定义类型。

例如:在 MATLAB 中键入命令

A＝[1 2 3];

class(A);

ans＝

Double

在 MATLAB 中,任何数据变量都不需要预先声明,MATLAB 自动将数据类型设置为双精度类型,其他的数据类型要经过数据类型转换来完成。MATLAB 的数据类型名称同样就是数据类型转换的函数。

基本数值类型还有一种称为空数组,空数组就是指那些某个一维或者某些维长度为 0 的数组,它是为了完成某些 MATLAB 运算和操作而专门设计的数组。空数组并不意味着什么都没有。

2. 逻辑数据类型

逻辑数据类型是指仅具有两个数值的一种数据类型,一个数值为 TRUE,一个数值为 FALSE。在 MATLAB 中,参与逻辑运算或者关系运算的不一定必须有逻辑类型的数据。一般的,MATLAB 将所有非零值看做逻辑真,将零值看做逻辑假。与数值类型相似,可以使用特殊的函数生成,见表 8.3。

表 8.3　特殊的函数

函数	说明
logical	将任意类型的数组转变为逻辑类型数组,非零元素为真,零元素为假
True	产生逻辑真值数组
false	产生逻辑假值数组

MATLAB 逻辑运算(与、或、非、异或),见表 8.4。

表 8.4　MATLAB 的逻辑运算

运算符	说明
&&	具有短路作用的逻辑与,仅能处理标量
||	具有短路作用的逻辑或,仅能处理标量
&	元素与操作
|	元素或操作
～	逻辑非操作
xor	逻辑异或操作
any	当向量中元素有非零元素时,返回真
all	当向量中元素都是非零元素时,返回真

其他类型的数据也可进行逻辑运算,但是运算的结果一定是逻辑类型的数据。短路作用是指进行逻辑与或者逻辑或运算时,若参与运算的变量有多个,例如"a&&b&&c&&d",若

a、b、c、d 四个变量中 a 为假,则后面三个不再被处理,运算结束,并返回与运算结果逻辑假。

例如:将 5×5 矩阵中大于 0.5 的元素设为 0

        A＝rand(5);

        A(A＞0.5)＝0

3. 字符串

在 MATLAB 中可能会遇到对字符和字符串的操作。字符串能够显示在屏幕上,也可以用来构成一些命令,这些命令在其他的命令中用于求值或者被执行。一个字符串是存储在一个行向量中的文本,这个行向量中的每一个元素代表一个字符。实际上,元素中存放的是字符的内部代码,也就是 ASCII 码。当在屏幕上显示字符变量的值时,显示出来的是文本,而不是 ASCII 数字。由于字符串是以向量的形式来存储的,所以可以通过它的下标对字符串中的任何一个元素进行访问。

在 MATLAB 中,字符串用单引号定义:

例如:在命令窗口中键入"name＝'John Smith'",屏幕上就会显示

        name＝

        John Smith

字符串还可以用"[]"运算符进行拼接,不过拼接字符串时要注意:若使用",",作为不同字符串之间的间隔,则相当于扩展字符串为更长的字符串向量;若使用";"作为不同字符串之间的间隔,则相当于扩展字符串成为二维或者多维数组,这时,不同行上的字符串必须具有相同的长度。

MATLAB 还允许不同类型的数据和字符串类型的数据进行转换。

4. 结构

和 C 语言类似,MATLAB 也具有结构类型数据。结构是包含一组记录的数据类型,而记录则存储在相应的字段中,结构的字段可以是任意一种 MATLAB 的变量或者对象。结构型变量也能在一个数组里存放各类数据。和元胞数组一样,结构类型数据也能在一个数组里存放各类数据。

创建结构类型数据可以使用直接赋值的方法,也可以使用 struct 函数创建。

8.1.5　M 文件

当用户要运行的指令较多时,直接从键盘上逐行输入指令比较麻烦,而 M 文件可以较好地解决这一问题。M 文件是由 MATLAB 语句构成的 ASCII 码文件,用户可以用普通的文本编辑把一系列 MATLAB 语句写进一个文件里,给定文件名,确定文件的扩展名为".m",并存储。这种由一串命令集合构成的文件就是 M 文件。

在 File 菜单中选择 New,再选择 M－File,或点击新建图标,就可以跳出 M 文件编辑器,用户可以用此编辑器编写 M 文件。

M 文件有两种形式,一种是主程序,也称为脚本(Script File),是由用户为解决特定的问题而编制的;另一种是子程序,也称为函数文件(Function File),它必须由其他 M 文件来调用。

1. 脚本(Script File)

如果要输入较多的命令,或者经常对某些命令进行重复的输入,则可以将这些命令按执行顺序存放到一个 M 文件中,以后只要在 MATLAB 的命令窗口中输入该文件的文件名,系统就调入该文件并执行其中的全部命令。这种形式就是 MATLAB 的脚本。

脚本中的语句可以访问 MATLAB 工作空间的所有变量,而在脚本执行过程中创建的变量也会一直保留在工作空间中,其他命令或 M 文件都可以访问这些变量。

建立一个脚本等价于从命令窗口中顺序输入文件里的命令,程序不需要预先定义,只要依次将命令编辑在脚本中,再将程序保存成为扩展名为".m"的 M 文件即可。

例如:求满足 $1+2+3+\cdots+n<100$ 的最大正整数 n 的 MATLAB 程序为

```
sum=0;n=0;              %赋初始值
while sum<100           %判断当前的和是否小于 100
 n=n+1;                 %若小于 100,则对 n 加 1
 sum=sum+n;             %计算最新的和
end
sum=sum-n;             %循环结束时 sum>=100,故对 sum-n
n=n-1;                 %循环结束时 sum>=100,n-1
n,sum                  %显示最大正整数 n 以及和 sum
```

将上述程序存入文件 aaa.m,在命令窗口中键入 aaa,结果为:

```
n=
   13
sum=
   91
```

2. 函数文件(Function File)

函数文件是另一类 M 文件,可以像库函数一样方便的被调用,MATLAB 提供的许多工具箱是由函数文件组成。函数文件和脚本不同,可以接受参数,也可以返回参数,在一般情况下不能单独键入文件名来运行函数体,必须由其他语句来调用。从运行结果上看,函数文件在 M 文件中的作用与一般语言函数的子程序类似。

函数文件和脚本的主要区别有 3 点:

(1)由 function 起头,后跟的函数名必须与文件名相同;

(2)有输入输出变量,可进行变量传递;

(3)除非用 global 声明,程序中的变量均为局部变量,不保存在工作空间中。

例如:创建如下函数文件并保存。

```
function[m,s]=mean(a)   %定义函数文件 mean.m,a 为传入参数,m、s 为返回参数
l=length(a);            %计算传入向量长度
s=sum(a);               %对传入向量 a 求和,并赋值给返回向量 s
m=s/1;                  %计算传入向量的平均值并赋值给返回向量 m
```

该函数文件定义了一个新的函数 mean,其功能是对指定向量求和及平均值,并通过向量 s、m 返回计算结果。用户可以通过如下所示的命令调用该函数,如:

```
a＝1:10;
[m,s]＝mean(a)
结果为:
m＝
    5
s＝
    55
```

比较简单的函数可以不必写成外部 M 函数文件,而是用更简捷的 inline 函数或匿名函数方式。

inline 函数的使用格式为

fun＝inline('expr',arg1,arg2,…)

其中,fun 为函数名;expr 为表达式;arg1、arg2 为输入变量名。

匿名函数的使用格式为

fun＝@(arg1,arg2,…)expr

其中,fun 为函数名;expr 为表达式;arg1、arg2 为输入变量名。

为了更好地使用 MATLAB,有必要学习一些简单的编程。在编写程序时,为了增加可读性,常常使用注释语句。表 8.5 是一些简单的常用语句。

表 8.5　常用语句

语句名称	语法	使用说明
循环语句 for	for　循环变量＝数组 指令组 end	对于循环变量依次取数组中的值,循环执行指令组直到循环变量遍历数组。数组常采用的形式是"初值:增量:终值"
循环语句 while	while　条件式 指令组 end	当条件满足时循环执行指令组,直到条件式不满足。使用 while 语句要注意避免出现死循环,如果不小心陷入了死循环,可以使用快捷键 Ctrl＋C 强行中断
分支语句 if	if　条件式 1 指令组 1; elseif　条件式 2 指令组 2; else 指令组 k end	如果条件式 1 满足,则执行指令组 1,且结束该语句;否则检查条件式 2,若满足则执行指令组 2,且结束该语句;若所有条件式都不满足,则执行指令组 k;并结束该语句
中断语句	pause	中断语句,使程序暂停执行,直到击键盘
中断语句	break	中断语句,用在循环语句内,表示跳出循环
input	input	用在交互式执行程序中,提示键盘输入
disp	disp	用于屏幕显示

8.1.6　Simulink

1. Simulink 简介

Simulink 是 MATLAB 中的一种交互式工具,用于实现动态系统建模和仿真的软件包,是 MATLAB 相对独立的重要组成部分。它可以处理的系统包括:线性、非线性;离散、连续及混合系统;单任务、多任务离散时间系统。

Simulink 完全支持图形用户界面(GUI),无需考虑算法的实现,只要进行鼠标的简单拖拉操作就可以构造复杂的仿真模型。

Simulink 具有如下特点:

①设计简单,系统结构使用方框图绘制,以绘制模型化的图形来代替程序的输入,以鼠标的操作代替编程。

②分析直观,用户不需要考虑系统模块内部,只需要考虑系统中各模块的输入输出。

③仿真快速准确,智能化地建立各环节的方程,自动地在给定的精度要求下以最快的速度仿真,还可以交互式的进行仿真。

2. Simulink 启动

Simulink 可以通过三种方式启动:点击 MATLAB 工具条上 Simulink 图标;在 MATLAB 桌面开始菜单启动,如图 8.5 所示;在 MATLAB 命令行输入 Simulink,如图 8.6 所示。

图 8.5　在 MATLAB 桌面开始菜单启动 Simulink

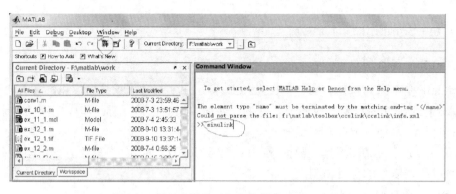

图 8.6　通过 MATLAB 命令行启动 Simulink

3. Simulink 基本工作环境

启动 Simulink 后,会弹出如图 8.7 所示的 Simulink 模块库浏览器窗口。

图 8.7　Simulink 模块库浏览器窗口

　　图 8.7 是 Simulink 的基本界面环境,通过该界面可以新建 Simulink 模型,其界面模型如图 8.8 所示。

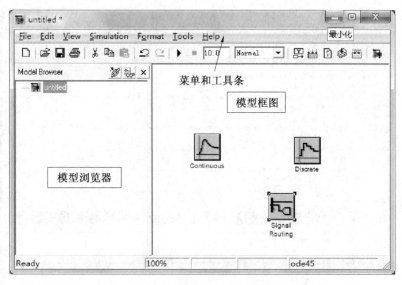

图 8.8　新建 Simulink 模型

4. 模型的创建

(1)模块的操作。

①选定模块：分为选定单个模块和选定多个模块。选定单个模块只需要在模块上单击鼠标，被选定的模块四角处会出现小黑块编辑器。选定多个模块时可按下 Shift 键。

②模块复制：不同模型窗口中可用鼠标直接拖动，或使用菜单的"copy"和"paste"命令，工具栏的"copy"和"paste"按钮；在同一个模型窗口中可以按下鼠标右键，拖动模块到合适位置再释放鼠标或按住"ctrl"键再用鼠标拖动。

③模块移动：在同一个窗口中直接用鼠标拖动；在不同的窗口中按住"shift"键，用鼠标拖动，这样与之相连的线也随之移动。

④模块删除：选定要删除模块，按"delete"键或者菜单的"cut"命令和工具栏中的"cut"按钮。

⑤模块大小：若需要改变模块的大小，在出现小黑框编辑框后，用鼠标拖动编辑框可以实现放大或缩小。

⑥模块翻转：选择菜单"format"中的"flip block"可以将模块旋转 180°；"rotate block"可以将模块旋转 90°。

⑦模块名：单击模块下面或旁边的模块名，可以对模块名进行设置和修改。

(2)模块的参数设置。

Simulink 中几乎所有模块的参数(Parameter)都允许用户进行设置。只要双击要设置参数的模块就会弹出设置对话框，如图 8.9 所示。该对话框分为两部分，上面一部分是模块功能说明，下面一部分用来进行模块参数设置。这是正弦波模块的参数设置对话框，可以设置它的幅值、频率、相位、采样时间等参数。模块参数还可以用"set_param"命令修改。同样，先选择要设置的模块，再在模型编辑窗口 Edit 菜单下选择相应模块的参数设置命令也可以打开模块参数对话框。

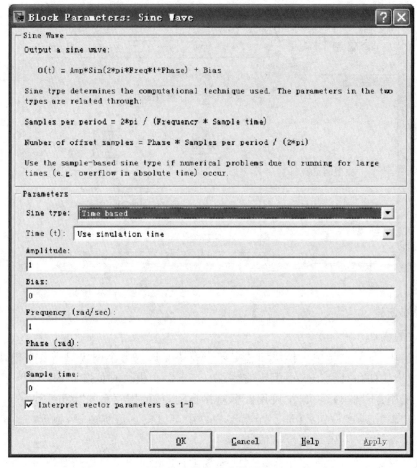

图 8.9　模块的参数设置

（3）模块的属性设置。

选定要设置属性的模块,然后在模块上按鼠标右键并在弹出的快捷菜单中选择 Block properties,或先选择要设置的模块,再在模型编辑窗口的 Edit 菜单下选择 Block properties 命令,将打开模块属性对话框。该对话框包括 General、Block annotation 和 Callbacks 可以相互切换的选项卡,其中选项卡中可以设置 3 个基本属性:Description（说明）、Priority（优先级）、Tag（标记）,如图 8.10 所示。

①说明（Description）:是对该模块在模型中用法的注释。

②优先级（Priority）:规定该模块在模型中相对于其他模块执行的优先顺序。优先级的数值必须是整数或不输入数值,这时系统会自动选取合适的优先级。优先级的数值越小（可以是负整数）,优先级越高。

③标记（Tag）:用户为模块添加的文本格式的标记。

（4）信号线的操作。

①模块间的连线:先将光标指向一个模块的输出端,待光标变成十字符后,按下鼠标并进行拖动直到另一个模块的输入端。

②信号线的分支与折曲。

i.信号线的分支:按住"ctrl"键同时按下鼠标左键拖动到分支线终点,如图 8.11 所示。

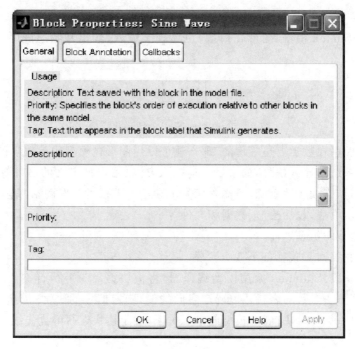

图 8.10　模块的属性设置

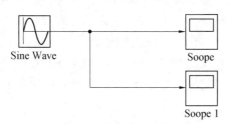

图 8.11　信号线的分支

ii. 信号线的折曲：选定信号线，将光标指向折点处，按住"shift"键，当光标变成小圆圈时，用鼠标拖动圆圈将折点拉至合适位置释放鼠标，如图 8.12 所示。

图 8.12　信号线的折曲

③信号线文本注释：双击需要添加文本的信号线，出现一个空的文字填写框，在其中输入文本。

④信号线中插入模块：如果模块只有一个输入口和一个输出口，则该模块可以直接被插入到一条信号线中。

5. Simulink 的工作原理

(1)图形化模型和数学模型之间的关系。

现实中每个系统都有输入、输出、状态 3 个基本要素，以及它们之间随时间变化的数学函数关系,即数学模型。

一个典型的 Siulink 模型(图形化模型)也体现了输入、输出和状态随时间变化的某种关系,如图 8.13 所示。

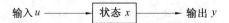

图 8.13　典型的 Siulink 图形化模型

只要这两种关系在数学上是等价的,那么就可以用图形化模型代替数学模型。图 8.13 所示的输入 u 提供系统的输入信号,如常量、正弦波、方波、用户自定义的信号等;状态是对仿真对象的数学描述,如连续线性系统,对输入信号求和还是进行了一次调制,是系统建模的核心;输出是信号的显示模块,包括图形、数据和文件等。

(2)图形化模型的仿真过程。

Simulink 的仿真过程包括如下 3 个阶段。

①模型编译阶段:Simulink 调用模型编译器,将模块编译为可执行文件。编译器主要完成以下任务:计算模块参数的表达式以确定它们的值;确定信号的属性;传递信号属性以确定未定义信号的属性;优化模块;展开模型的继承关系;确定模块运行的优先级;确定模块的采样时间。

在仿真过程中,Simulink 会在每个时间步内更新一次模型中模块的状态和输出,模块的更新顺序是由模块类型决定的,Simulink 按照一定的方式对模块进行排序。

②连接阶段:在这个阶段中,Simulink 会创建方法执行列表,这个列表列出了执行模型中模块方法计算模块输出的最有效的顺序,Simulink 使用在模型编译时生成的排序列表来构造方法执行列表。用户也可以指定模块的更新优先权,Simulink 会在低优先权模块之前执行高优先权模块的输出方法。

③仿真循环阶段:仿真进入执行阶段。在这个过程中,Simulink 利用模块提供的信息,每隔一段时间计算由仿真起始时间到终止时间的系统状态和输出。计算状态和输出的这些连续的时间点被称为时间步(Time Steps),两个时间步之间的长度称为步长(Step Size),步长的大小取决于用来计算系统连续状态的算法、系统的基本采样时间以及系统的连续状态中是否有不连续因素。

仿真循环阶段又分成两个子阶段,初始化阶段和迭代阶段。初始化阶段只运行一次,用于初始化系统的状态和输出。迭代阶段在定义的时间段内按采样点的步长重复运行。

6. 系统的仿真

(1)设置仿真参数。

打开系统仿真模型,从模型编辑窗口的 Simulation 菜单中选择 Simulation parameters 命令,打开一个仿真参数对话框,如图 8.14 所示,其仿真参数的设置主要包括:

①Solver(解法器设置):用于设置仿真起始和停止时间,选择微分方程求解算法并为其规定参数,以及选择某些输出选项。

②Data Import/Export(数据输入/输出):用于管理对 MATLAB 工作空间的输入和输出。

③Optimization(仿真优化):用于设置仿真优化模式。

④Diagnostics(仿真诊断):用于设置在仿真过程中出现各类错误时发出警告的等级。

⑤Hardware Implementation(仿真硬件实现):用于设置实现仿真的硬件。

⑥Model Referencing(参考模型):用于设置参考模型。

⑦Real-time Workshop(实时工作间):用于设置若干实时工具中的参数。如果没有安装实时工具箱,则将不出现该选项卡。

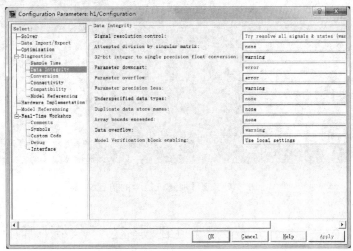

图 8.14　Simulink 仿真参数设置

(2)系统仿真实例。

至此,可以总结出利用 Simulink 进行系统仿真的步骤如下:

①建立系统仿真模型,这包括添加模块、设置模块参数以及进行模块连接等操作。

②设置仿真参数。

③启动仿真并分析仿真结果。

由于建立系统模型需要很多相关知识及函数,这里对一个简单的系统模型(正弦信号加随机信号)进行仿真。

首先,启动 Simulink,建立模型;选择"Singal Generator"模块、"add"模块和"scope"模块,并用信号线相连。在一个"Singal Generator"模块中选择正弦,并设置其参数,复制一个"Singal Generator"模块选择随机信号,并设置其参数。连接这些模块,如图 8.15 所示。

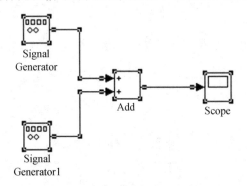

图 8.15　正弦信号加随机信号的仿真模型

然后开始仿真。双击"scope"模块,单击开始仿真图标,或选择菜单"Simulink"中的"start"命令,则可以看到如图 8.16 所示的仿真结果。

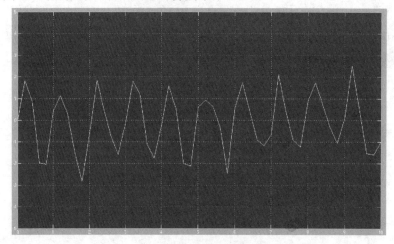

图 8.16　正弦信号加随机信号的仿真结果

8.2　实验一 微分方程的建立与系统的响应

一、实验名称

微分方程的建立与系统的响应。

二、实验目的

(1)熟悉微分方程的解法;

(2)利用 MATLAB 建立一般的微分方程,并求出方程的解;

(3)利用 MATLAB 求出系统的响应。

三、实验原理

"信号与系统"研究的大部分是 LTI 系统,可以用一元高阶微分方程描述。设激励信号 $e(t)$,系统的响应 $r(t)$,则系统可以表示为

$$C_0 \frac{\mathrm{d}^n}{\mathrm{d}t^n}r(t) + C_1 \frac{\mathrm{d}^{n-1}}{\mathrm{d}t^{n-1}}r(t) + \cdots + C_{n-1} \frac{\mathrm{d}}{\mathrm{d}t}r(t) + C_n r(t) =$$

$$E_0 \frac{\mathrm{d}^m}{\mathrm{d}t^m}e(t) + E_1 \frac{\mathrm{d}^{m-1}}{\mathrm{d}t^{m-1}}e(t) + \cdots + E_{m-1} \frac{\mathrm{d}}{\mathrm{d}t}e(t) + E_m e(t)$$

利用激励和响应的各阶系数,通过 MATLAB 的 tf 函数建立起系统的模型,求出其微分方程的解,绘制响应的波形,分析系统。

四、实验步骤

(1)打开 MATLAB 软件,使用 tf 函数建立微分方程:

$$\frac{\mathrm{d}^2 r(t)}{\mathrm{d}t^2} + 4 \frac{\mathrm{d}r(t)}{\mathrm{d}t} + 3r(t) = \frac{\mathrm{d}e(t)}{\mathrm{d}t} + 2e(t)$$

对 ① $e(t) = \exp(-5t)$;② $e(t) = t^2$ 分别进行下面的求解。

(2)使用 roots 函数求出该微分方程的齐次解。

（3）使用 lsim 函数求出该微分方程的特解，并分别绘制两种输入信号及其响应。

（4）令 $e(t) = \delta(t)$ 和 $e(t) = u(t)$，分别求出其（使用 Impulse 函数）冲激响应 $h(t)$ 和（使用 Stem 函数）阶跃响应 $g(t)$。

（5）观察绘制的波形图，并记录实验结果。

五、思考题

（1）思考其他方法求微分方程的解，求冲激响应和阶跃响应，并对比。

（2）计算方法求解，并与实验结果对比并做分析。

六、程序中需要用到的函数简要说明

（1）roots 函数，用来求系统的齐次解，使用方法为 roots(c)：c 为行向量，其由齐次方程的各阶导数项的系数由高至低排列而成，返回值即为上述齐次方程的解。

（2）set 函数的调用格式为 set(句柄，属性名 1，属性值 1，属性名 2，属性值 2，…）。

（3）figure 用来生成新图框。

（4）plot 函数为画线函数，其基本格式为 plot(x,y,s)，其中，x 和 y 表示两个坐标值，s 表示颜色。

（5）legend 函数为在图形上添加图例，其基本使用格式为 legend('string1'，'string2'，…)，用指定的文字 string 在当前坐标轴中对所给数据的每一部分显示一个图例。

（6）在 MATLAB 中，一元高阶微分方程可用 tf 函数建立，使用方法为 SYS＝tf(b,a)，其中 a，b 为两个行向量，分别由系统响应和激励信号的各阶导数项的系数由高至低排列而成，返回值 SYS 即为上述系统的模型。

（7）lsim 函数为线性系统仿真函数，其基本使用格式为 lsim(SYS,U,T)，此函数画出 LTl 系统 SYS 对由 U 和 T 描述的输入信号的时间响应（Time Respouse）。时间向量 T 由等距的时间采样点组成，U 是一个矩阵，它的列数为输入的数目，它的第 i 行是输入在 T(i)时刻的输入值。

（8）stem 函数是计算阶跃响应函数，其基本使用方法 step(SYS)，则 MATLAB 会求取"SYS"所表征的系统的单位阶跃响应并画图，在时间参数 t 缺省的情况下，MATLAB 根据 SYS 系统模型特点自动选取模拟时间，也可以用 step(SYS,Tfinal)来指明时间参数，此时阶跃响应的截止时间被设定为"Tfinal"；也可以用[y,t]＝step(SYS,Tfinal)获得更多信息，此时 MATLAB 将会把模拟"SYS"系统时各个仿真时刻的输出值赋给向量 y，并把所有时间点赋值给向量 t。

（9）impulse 函数是计算冲激响应函数，其基本使用方法 impulse(SYS)，给定系统对象 SYS 求系统的单位脉冲响应并作图，时间向量 t 的范围自动设定。

8.3　实验二 连续信号的卷积积分

一、实验名称

连续信号的卷积积分。

二、实验目的

（1）熟悉卷积的计算方法；

(2)熟悉使用 MATLAB 软件来分析连续时间信号的卷积积分运算,并用图形可视化相关结果。

三、实验原理

卷积在信号与系统中具有非常重要的意义,是信号与系统分析的基本方法。连续时间信号 $f_1(t)$ 和 $f_2(t)$ 的卷积 $f(t)$ 定义为

$$f(t) = f_1(t) * f_2(t) = \int_{-\infty}^{+\infty} f_1(\tau) f_2(t-\tau) \mathrm{d}\tau$$

由此可得到两个与卷积相关的重要结论:

(1) $f(t) = f(t) * \delta(t)$;

(2) 线性时不变连续系统,设输入信号为 $x(t)$,单位冲激响应为 $h(t)$,其零状态响应 $y(t)$ 为

$$y(t) = x(t) * h(t)$$

卷积积分,可用信号的分段求和来实现,即

$$f(t) = f_1(t) * f_2(t) = \int_{-\infty}^{+\infty} f_1(\tau) f_2(t-\tau) \mathrm{d}\tau = \lim_{\Delta \to 0} \sum_{k=-\infty}^{+\infty} f_1(k\Delta) f_2(t-k\Delta)\Delta$$

如果只求当 $t = n\Delta$(n 为整数) 时 $f(t)$ 的值 $f(n\Delta)$,则由上式可得

$$f(n\Delta) = \lim_{\Delta \to 0} \sum_{k=-\infty}^{+\infty} f_1(k\Delta) f_2(t-k\Delta)\Delta = \Delta \lim_{\Delta \to 0} \sum_{k=-\infty}^{+\infty} f_1(k\Delta) f_2[(n-k)\Delta]$$

上式中的 $\sum_{k=-\infty}^{+\infty} f_1(k\Delta) f_2[(n-k)\Delta]$ 实际上就是连续信号 $f_1(t)$ 和 $f_2(t)$ 经等时间间隔 Δ 均匀抽样的离散序列 $f_1(k\Delta)$ 和 $f_2(k\Delta)$ 的卷积和。当 Δ 足够小时,$f(n\Delta)$ 就是卷积积分的结果,即连续时间信号 $f(t)$ 的数值近似。

MATLAB 具有一个做离散卷积的函数 $\mathrm{conv}(f_1, f_2)$,对矩阵(序列)$f_1(k\Delta)$ 和 $f_2(k\Delta)$ 做卷积运算。这是一个适合做离散卷积的函数,矩阵中元素的步长(间隔)默认为 1。处理连续信号的卷积时,f_1 和 f_2 取相同的卷积步长(间隔),结果再乘以实际步长(对连续信号取样间隔)。

四、实验步骤

(1) 打开 MATLAB 软件,新建 M 文件。

(2)MATLAB 实现连续时间信号的卷积过程:

① 将两个连续时间信号 $f_1(t)$ 和 $f_2(t)$ 以时间 τ 进行抽样,得到离散序列 $f_1(k\tau)$ 和 $f_2(k\tau)$。

② 构造与 $f_1(k\tau)$ 和 $f_2(k\tau)$ 相对应的时间向量 k_1 和 k_2。

③ 调用 $\mathrm{conv}()$ 函数计算卷积积分 $f(\tau)$ 的近似向量 $f(k\tau)$。

④ 构造 $f(k\tau)$ 对应的时间向量 k。

(3)绘制图形并观察。

五、思考题

(1)对比计算结果与实验结果,分析误差的原因。

(2)取不同的 P 值观察实验数据,并分析当 P 取什么值时实验结果与计算结果最为相似。

六、程序中需要用到的函数简要说明

（1）function 用来定义函数，其基本使用方式是 y＝myfunction(a,b)，其中 a,b 是输入函数的参数，y 是函数返回的值。当需要返回多个值时，可以将 y 看做一个数组，或者直接将函数的开头写成如 function [x,y]＝myfunction(x,y) 的形式。然后就是定义函数的内容，也就是怎样由输入参数 a,b 得到返回值 y。

（2）conv 函数是计算卷积和，其基本使用方式是 y＝conv(x,h)。

（3）length 函数求某一矩阵所有维的最大长度，若为一维向量 length 函数，为求向量的长度，其基本使用方式是 y＝length(A)。

8.4　实验三 连续时间信号的傅里叶变换

一、实验名称

连续时间信号的傅里叶变换。

二、实验目的

（1）熟悉连续时间信号的傅里叶变换，包括非周期信号的傅里叶变换与周期信号的傅里叶级数；

（2）通过傅里叶变换进行信号的频谱分析；

（3）熟悉运用 MATLAB 来实现连续信号的频谱分析。

三、实验原理

傅里叶变换式为

$$F(\omega)=\int_{-\infty}^{+\infty}f(t)^{-j\omega t}\,\mathrm{d}t$$

傅里叶反变换式为

$$f(t)=\frac{1}{2\pi}\int_{-\infty}^{+\infty}F(\omega)^{j\omega t}\,\mathrm{d}w$$

连续时间傅里叶变换主要用来描述连续时间非周期信号的频谱。任意非周期信号，如果满足狄里克利条件，那么，它可以被看做由无穷多个不同频率（这些频率都是非常的接近）的周期复指数信号 $e^{j\omega t}$ 的线性组合构成的，每个频率所对应的周期复指数信号 $e^{j\omega t}$ 称为频率分量（Frequency Component），其相对应幅度为对应频率的 $|F(\omega)|$ 之值，其相位为对应频率的 $F(\omega)$ 的相位。

$F(\omega)$ 通常为关于 ω 的复函数，可以按照复数的极坐标表示方法表示为

$$F(\omega)=|F(\omega)|e^{j\angle F(\omega)}$$

其中，$|F(\omega)|$ 称为 $f(t)$ 的幅度谱；$\angle F(\omega)$ 称为 $f(t)$ 的相位谱。

给定一个连续时间非周期信号 $f(t)$，它的频谱也是连续且非周期的。对于连续时间周期信号，也可以用傅里变换来表示其频谱，其特点是：连续时间周期信号的傅里叶变换是由冲激序列构成，是离散的。

MATLAB 中的 Symbolic Math Toolbox 提供了能直接求解傅里叶变换及其逆变换的函数 fourier() 和 ifourier()。

（1）F＝fourier(*f*) 是符号函数 *f* 的傅里叶变换，默认返回是关于 *ω* 的函数。

（2）f＝ifourier(*F*) 是函数 *F* 的傅里叶逆变换，默认独立变量是 *ω*，返回是关于 *t* 的函数。

MATLAB 进行傅里叶变换有两种方法，一种利用符号运算的方法计算，另一种是数值计算，本实验要求采用数值计算的方法来进行傅里叶变换的计算。严格来说，用数值计算的方法计算连续时间信号的傅里叶变换需要一个限定条件，即信号是时限信号，也就是当时间 $|t|$ 大于某个给定时间时其值衰减为零或接近于零，这个条件与前面提到的为什么不能用无限多个谐波分量来合成周期信号的道理是一样的。计算机只能处理有限大小和有限数量的数。

采用数值计算算法的理论依据是：

$$F(\omega) = \int_{-\infty}^{+\infty} f(t)\mathrm{e}^{-\mathrm{j}\Omega t}\,\mathrm{d}t = \lim_{T\to 0}\sum_{k=-\infty}^{+\infty} f(kT)\mathrm{e}^{-\mathrm{j}k\omega T}T$$

若信号为时限信号，当时间间隔 T 取足够小时，上式可演变为

$$F(\omega) = T\sum_{k=-N}^{N} f(kT)\mathrm{e}^{-\mathrm{j}k\omega T} =$$
$$\left[f(t_1), f(t_2), \cdots, f(t_{2N+1})\right] \cdot \left[\mathrm{e}^{-\mathrm{j}\omega t_1}, \mathrm{e}^{-\mathrm{j}\omega t_2}, \cdots, \mathrm{e}^{-\mathrm{j}\omega t_{2N+1}}\right]T$$

上式用 MATLAB 表示为

$$F = f * \exp(j * t * w) * T$$

其中 F 为信号 $f(t)$ 的傅里叶变换；w 为频率；T 为时间步长。

相应的 MATLAB 程序为

```
T＝0.01;dw = 0.1;              %时间和频率变化的步长
t＝－10:T:10;
w＝－4 * pi:dw:4 * pi;
```

X(jω)可以按照下面的矩阵运算来进行：

```
X＝x * exp(-j * t'* ω) * T;    %傅里叶变换
X1＝abs(X);                    %计算幅度谱
phai＝angle(X);               %计算相位谱
```

为了使计算结果能够直观地表现出来，还需要用绘图函数将时间信号 $x(t)$，信号的幅度谱 $|X(\omega)|$ 和相位谱 $\angle X(\mathrm{j}\omega)$ 分别以图形的方式表现出来，并对图形加以适当的标注。

四、实验步骤

（1）运行 MATLAB 软件，新建 M 文件，用于连续时间信号的频谱分析。

（2）绘制矩形脉冲

$$f(t) = \begin{cases} 1 & (|t| < 1) \\ 0 & (其他) \end{cases}$$

$t \in (-2, 2)$ 的波形，并观察其频谱。

（3）绘制周期方波，周期为 $T = 1$，幅度 $E = 1$，并观察其频谱。

五、思考题

（1）运用其他函数、命令求非周期信号的傅里叶变换和周期信号的傅里叶级数，并做对比。

（2）什么是吉布斯现象，吉布斯现象是怎么产生的。

六、程序中需要用到的函数简要说明

（1）linspace 函数生成线性间隔向量，使用方式为 linspace(a,b,N)，生成一个在 a 和 b 之

间的 N 个线性间隔点的行向量。

（2）zeros 函数产生全 0 矩阵，其基本使用方式是 Y＝zeros(m,n)，返回 Y 为元素都为 0 的 m * n 矩阵，m 和 n 都为标量。

8.5　实验四 连续信号的采样及恢复

一、实验名称

连续信号的采样及恢复。

二、实验目的

（1）加深理解连续信号采样和恢复的概念；

（2）掌握运用 MATLAB 实现连续信号采样和恢复的方法。

三、实验原理

（1）信号的采样。

对某一连续时间信号 $f(t)$ 的采样原理图，如图 8.17 所示。

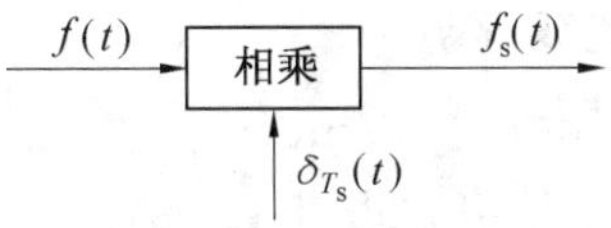

$$f(t) \rightarrow \boxed{相乘} \rightarrow f_s(t)$$
$$\uparrow \delta_{T_s}(t)$$

图 8.17　原理图

由图 8.17 可知，$f_s(t) = f(t) \cdot \delta_{T_s}(t)$，冲激采样信号 $\delta_{T_s}(t)$ 的表达式为

$$\delta_{T_s}(t) = \sum_{n=-\infty}^{+\infty} \delta(t - nT_s)$$

其傅里叶变换为

$$\omega_s \sum_{n=-\infty}^{+\infty} \delta(\omega - n\omega_s)$$

其中 $\omega_s = \dfrac{2\pi}{T}$。

设 $F(j\omega)$ 为 $f(t)$ 的傅里叶变换，$f_s(t)$ 的频谱为 $F_s(j\omega)$，由傅里叶变换的频域卷积定理，有

$$f_s(t) = f(t)\delta_{T_s}(t) \leftrightarrow F_s(j\omega) = \frac{1}{2\pi}F(j\omega) * \omega_s \sum_{n=-\infty}^{+\infty} \delta(\omega - n\omega_s) = \frac{1}{T_s}\sum_{n=-\infty}^{+\infty} F[j(\omega - n\omega_s)]$$

若设 $f(t)$ 是带限信号，带宽为 ω_m，即当 $|\omega| > \omega_m$ 时，$f(t)$ 的频谱 $F(j\omega) = 0$，则 $f(t)$ 经过采样后的频谱就是 $F(j\omega)$ 在频率轴上搬移至 $0, \pm\omega_s, \pm 2\omega_s, \cdots, \pm n\omega_s, \cdots$ 处（幅度为原频谱的 $1/T_s$ 倍）。因此，当 $\omega_s \geqslant 2\omega_m$ 时，频谱不会发生混叠；而当 $\omega_s \leqslant 2\omega_m$ 时，频谱发生混叠。

（2）信号的恢复。

设信号 $f(t)$ 被采样后形成的采样信号为 $f_s(t)$，信号的重构是指采样信号 $f_s(t)$ 经过内插处理后，恢复出原来的信号 $f(t)$ 的过程。取一低通滤波器，频率特性为

$$H(j\omega) = \begin{cases} T_s & (\omega < \omega_c) \\ 0 & (其他) \end{cases} \quad \left(其中\ \omega_m \leqslant \omega_c \leqslant \frac{\omega_s}{2}\right)$$

滤波器与 $F_\mathrm{s}(\mathrm{j}\omega)$ 相乘,得到的频谱即为原信号的频谱 $F(\mathrm{j}\omega)$。

根据实域卷积定理

$$f(t) = h(t) * f_\mathrm{s}(t)$$

得

$$f(t) = \frac{T_\mathrm{s}\omega_\mathrm{c}}{\pi} \sum_{n=-\infty}^{+\infty} f(nT_\mathrm{s})\mathrm{Sa}[\omega_\mathrm{c}(t-nT_\mathrm{s})]$$

四、实验步骤

(1) 打开 MATLAB,新建一个 M 文件。

(2) 选取 $f(t) = \mathrm{Sa}(t) = \sin(t)/t$ 作为被采样信号,其傅里叶变换 $F(\mathrm{j}\omega) = \begin{cases} \pi & (|\omega| < 1) \\ 0 & (|\omega| > 1) \end{cases}$,
信号的带宽 $\omega_\mathrm{m} = 1$,我们选取采样频率 $\omega_\mathrm{s} = 2\omega_\mathrm{m}$。

(3) 观察绘制的图形。

五、思考题

(1) 采样频率满足什么条件时,能无失真的恢复出原信号?

(2) 什么是临界采样,什么是欠采样,什么是过采样?

六、程序中需要用到的函数简要说明

(1) sinc 函数为抽样函数,使用方式为 $\mathrm{sinc}(t)$。

(2) abs 函数为求绝对值函数,使用方式为 $\mathrm{abs}(A)$。

8.6　实验五 低通滤波系统的频率特性分析

一、实验名称

低通滤波系统的频率特性分析。

二、实验目的

(1) 观察理想低通滤波器的单位冲激响应与频谱图;

(2) 观察 RC 低通网络的单位冲激响应与频谱图。

三、实验原理

(写报告时这部分要详细写并要求有必要的推导过程。)

RC 低通滤波电路如图 8.18 所示。

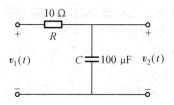

图 8.18　一阶 RC 低通滤波电路

其系统函数为

$$H(\omega)=\frac{V_2(\omega)}{V_1(\omega)}=\frac{\dfrac{1}{RC}}{j\omega+\dfrac{1}{RC}}=\frac{\dfrac{1}{RC}}{\sqrt{\omega^2+\dfrac{1}{(RC)^2}}}\angle -\arctan\omega RC=\mid H(\omega)\mid\angle\partial(\omega)$$

式中 $\mid H(\omega)\mid=\dfrac{\dfrac{1}{RC}}{\sqrt{\omega^2+\dfrac{1}{(RC)^2}}}$ 称为幅频特性；$\partial(\omega)=-\arctan\omega RC$ 称为相频特性。

当 $\omega=0$ 时，$\mid H(\omega)\mid=1$，$\partial(\omega)=0$；当 $\omega=\dfrac{1}{RC}=\dfrac{1}{\tau}$ 时，$\mid H(\omega)\mid=\dfrac{1}{\sqrt{2}}$，$\partial(\omega)=-45°$；当 $\omega\to+\infty$ 时，$\mid H(\omega)\mid\to 0$，$\partial(\omega)\to-90°$。

电路的幅频特性表明，对于同样大小的输入信号，频率越高，输出信号衰减越大；频率越低，输出信号衰减越小或可以认为无衰减。也就是说，对该电路而言，低频信号比较容易通过，而高频信号则不容易通过，因此这个电路称为低通滤波器。

(1)理想低通的单位冲激响应为 $\mathrm{Sa}(t-t_0)$ 函数，幅频特性在通带内为常数，阻带内为零。在截止频率点存在阶跃性跳变。相频特性为通过原点斜率为 $-\omega t_0$ 的直线。

(2)实际物理可实现的 RC 低通网络通带阻带存在过渡时间，与 RC 时间常数有关，通带阻带也不再完全是常数。相频特性为通过原点的曲线（在原点附近近似直线）。

四、实验步骤

(1)打开 MATLAB 软件，建立一个 M 文件。

(2)编写主程序并保存。

(3)运行主程序，观察理想低通滤波器及实际 RC 低通滤波电路的单位冲激响应与频谱图，并记录实验结果。

五、思考题

(1)理想低通滤波器的幅频曲线和相频曲线有什么特点？

(2)实际 RC 低通与理想低通滤波器的频谱有何不同？为什么？

(3)在实验中的低通网络 RC 时间常数是多少？对低通滤波器有何影响？

8.7　实验六 利用 Simulink 生成系统及波形仿真

一、实验名称

利用 Simulink 生成系统及波形仿真。

二、实验目的

(1)学习使用 MATLAB 附带的 Simulink 软件做系统仿真实验。

(2)研究矩形脉冲通过 RC 低通网络的波形变化。

(3)验证 AM-SC 调制解调的过程。

三、实验原理

（1）RC 低通网络的系统函数为 $H(j\omega) = \dfrac{\dfrac{1}{RC}}{j\omega + \dfrac{1}{RC}}$，这里的时间常数为 $RC = 0.1\,s$，这个数

值不同，输出波形会随之变化。写报告时具体推导见例题 5.2。

（2）根据 5.7 节内容，推导出同步调制与解调的波形及频谱变化。在本实验中注意低频调制信号与高频载波信号的频率差别，低通滤波器截止频率的选择。

四、实验步骤

（1）运行 MALTAB 软件，打开 Simulink 图形库，依次选择脉冲发生器、示波器、传递函数等相应器件，并连接组成系统（图 8.19），各器件的参数均选择默认值。

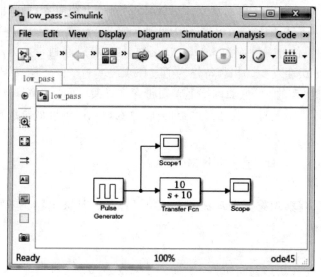

图 8.19　方波通过一阶 RC 低通滤波器系统组成

（2）点击工具栏的向右黑箭头运行该系统，再点击两个示波器分别记录波形。改变 RC 时间常数，并观察示波器的波形变化。保存文件。

（3）建立另一个新的 Simulink 文件，系统连接如图 8.20 所示。上面的第一个正弦波发生器发出低频调制信号，频率参数选 100 Hz；下一个正弦波发生器发出高频载波信号，频率参数选 10 kHz。改变传递函数的参数使其有理分式选择 $H(s) = \dfrac{1\,000}{s + 1\,000}$，示波器时间范围参数选择 0.05，乘法器参数选择默认值。

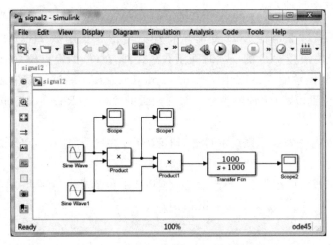

图 8.20 AM−SC 调制解调系统

(4)运行该系统,记录下每个示波器所显示的波形图。

五、实验结果

(1)附录 2 中图 9 所示系统的输入输出波形。

(2)附录 2 中图 10 所示系统输入信号、调制信号及解调后的信号波形。

六、思考题

(1)第一个系统的输出波形与 RC 时间常数存在怎样的关系?

(2)第二个系统低通滤波器的截止频率该如何选择?

8.8 实验七 连续时间系统的零、极点分布及频率特性

一、实验名称

连续时间系统的零、极点分布及频率特性。

二、实验目的

(1)掌握连续时间系统的系统函数零、极点分布图的概念;

(2)掌握系统函数零、极点分布对系统频域特性的影响。

三、实验原理

根据系统函数 $H(s)$ 的零、极点分布来判断连续系统的稳定性是零、极点分析的重要应用之一。设连续时间系统的系统函数为 $H(s)$,冲激响应为 $h(t)$,则

$$H(s) = \int_{-\infty}^{+\infty} h(t)\mathrm{e}^{-st}\,\mathrm{d}t$$

$H(s)$ 包含了 $h(t)$ 的本质特性。

系统函数 $H(s)$ 可以表示成关于 s 的多项式之比,即

$$H(s) = C\frac{\prod\limits_{j=1}^{M}(s-q_j)}{\prod\limits_{i=1}^{N}(s-p_i)}$$

其中,$p_i(i=1,2,\cdots,N)$ 为 $H(s)$ 的 N 个极点;$q_j(j=1,2,\cdots,M)$ 为 $H(s)$ 的 M 个零点。

由上式可知,系统冲激响应 $h(t)$ 的时域特性完全由系统函数 $H(s)$ 的极点位置确定。$H(s)$ 的每一个极点将决定 $h(t)$ 的一项时间函数。显然,$H(s)$ 的极点位置不同,$h(t)$ 的时域特性也完全不同。系统函数的零、极点图(Zero－pole Diagram)能够直观地表示系统的零点和极点在 s 平面上的位置,从而比较容易分析系统函数的收敛域(Regin of Convergence)和稳定性(Stablity)。

系统函数 $H(s)$ 集中表现了系统的性能,研究 $H(s)$ 在 S 平面中极点分布的位置,可以很方便地判断系统稳定性。

(1)稳定系统:$H(s)$ 全部极点落于 S 左半平面(不包括虚轴),则可以满足

$$\lim_{t \to +\infty}[h(t)]=0$$

系统是稳定的。

(2)不稳定系统:$H(s)$ 极点落于 S 右半平面,或在虚轴上具有二阶以上极点,则在足够长时间后,$h(t)$ 仍继续增长,系统是不稳定的。

(3)临界稳定系统:$H(s)$ 极点落于 S 平面虚轴上,且只有一阶,则在足够长时间后,$h(t)$ 趋于一个非零数值或形成一个等幅振荡。

系统函数 $H(s)$ 的零、极点可用 MATLAB 的多项式求根函数 roots( ) 求得:

极点:p ＝ roots(den)

零点:z ＝ roots(num)

根据 p 和 z,用 plot( ) 命令即可画出系统零、极点分布图,进而分析判断系统稳定性。

四、实验步骤

(1)运行 MATLAB,新建文件。

(2)编写一个 MATLAB 程序,求系统函数

$$H(s)=\frac{s^2-4}{s^4+2s^3-3s^2+2s+1}$$

对应的单位冲激响应并画出其零、极点分布图。

(3)MATLAB 所在目录的 \work 子目录下建立一个 M 文件,创建子程序函数;建立一个新的 M 文件,编写主程序并保存。

(4)运行主程序,观察 $H(s)$ 的零、极点分布及其对应的单位冲激响应 $h(t)$ 的波形,并记录实验结果。

(5)改变 $H(s)$ 分子分母多项式系数,建立一个对应 $h(t)$ 时间常数为1,角频率为10的指数衰减正弦震荡。观察并记录其零、极点分布和时域波形。

五、思考题

(1)改变 $h(t)$ 衰减时间常数为2,震荡频率为 1 Hz,波形为余弦信号,重复步骤(5)。

(2)请概述系统函数的零、极点对其冲激响应波形的影响。

六、程序中需要用到的函数简要说明

(1)max 函数为求最大值函数,其基本使用方式是 $C＝\max(A)$,返回一个数组各不同维中的最大元素,如果 A 是一个向量,$\max(A)$ 返回 A 中的最大元素。

(2)axis 函数的作用是控制横纵坐标的刻度和形式,其基本使用方式是 axis([a b c d]) 表

明图的 x 轴范围为 $a \sim b$，y 轴范围为 $c \sim d$。一般在画图之后使用。

（3）ones 函数的作用是产生一个全 1 的矩阵，其基本使用方式是 $Y = \text{ones}(m, n)$，返回 Y 为元素都为 1 的 $m * n$ 矩阵，m 和 n 都为标量。

（4）prod 函数对于向量返回的是所有元素的积，其基本使用方式是 $B = \text{prod}(A)$，将 A 矩阵不同维的元素的乘积返回到矩阵 B。如果 A 是向量，$\text{prod}(A)$ 返回 A 向量的乘积。如果 A 是矩阵，$\text{prod}(A)$ 将 A 看作列向量，返回每一列元素的乘积并组成一个行向量 B。

8.9　实验八 基于 MATLAB 二阶系统的频域分析

一、实验名称

基于 MATLAB 二阶系统的频域分析。

二、实验目的

（1）熟悉二阶系统的频率响应；

（2）熟悉运用 MATLAB 对基本二阶电路进行频域分析。

三、实验原理

二阶系统的结构图，如图 8.21 所示。

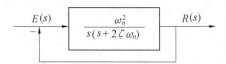

图 8.21　二阶系统的结构图

二阶系统的系统函数为

$$H(s) = \frac{\omega_n^2}{s^2 + 2\zeta\omega_n s + \omega_n^2}$$

其中，ω_n 称为自然频率；ζ 称为阻尼比。

系统函数两个极点为：$s_{1,2} = -\zeta\omega_n \pm \omega_n \sqrt{\zeta^2 - 1}$，通过两个极点来分析二阶系统的频率响应。

四、实验步骤

（1）运行 MATLAB 软件。

（2）绘制二阶低通电路的频率响应，其系统函数简化为

$$H(j\omega) = \frac{1}{1 - \left(\dfrac{\omega}{\omega_n}\right)^2 + j\,\dfrac{1}{Q}\dfrac{\omega}{\omega_n}}$$

其中 Q 为品质因数，令 $Q = 1/3, 1/2, \dfrac{1}{\sqrt{2}}, 1, 2, 7$。

（3）绘制二阶带通电路的频率响应，其系统函数为

$$H(j\omega) = \frac{1}{1 + jQ\left(\dfrac{\omega}{\omega_n} - \dfrac{\omega_n}{\omega}\right)}$$

令 $Q=5,10,20,50,100$。

五、思考题

(1)什么是二阶系统,其系统函数的表达式如何表示?

(2)品质因数 Q 与二阶系统的频率响应有什么关系?

六、程序中需要用到的函数简要说明

(1)logspace 函数为生成对数等分向量,x=logspace(a,b,n)表示生成有 n 个元素的对数等分行向量,且 x(1)$=10^a$,x(n)$=10^b$。

(2)semilogx 函数表示绘制图形的 x 轴坐标为对数,其基本使用格式为 semilogx(x,y),semilogy 函数更为常用,即后标为 x 的是在 x 轴取对数,为 y 的是 y 轴坐标取对数。loglog 是 x、y 轴都取对数。

附录 1

常见 MATLAB 函数与指令集

管理用命令

addpath	增加一条搜索路径	rmpath	删除一条搜索路径
Demo	运行 MATLAB 演示程序	Type	列出 M 文件
Doc	装入超文本文档	Help	在线帮助文件
What	列出当前目录下有关文件	Lookfor	搜索关键词帮助
Which	定位函数与文件	Path	控制 MATLAB 搜索路径

管理变量和工作空间

Clear	删除内存中变量或函数	Pack	整理工作空间内存
Disp	显示矩阵与文本	Save	将工作空间中的变量存盘
Length	查询向量的维数	Size	查询矩阵的维数
Load	从文件中装入数据	Who,whos	列出工作空间中的变量名

文件与操作系统相关命令

Cd	改变当前工作目录	Dir	列出当前目录的内容
Delete	删除文件	Edit	编辑 M 文件
Diary	将 MATLAB 运行命令存盘	!	执行操作系统命令

控制命令窗口

Cedit	设置命令行编辑	Clc	清命令窗口
Format	设置输出格式	Echo	底稿文件中使用的回显命令
Home	光标置左上角	More	控制命令窗口的输出页面

逻辑函数

all	测试向量中所有元素是否为真	Logical	将数字量转换为逻辑量
Any	测试向量中是否有元素为真	Find	查找非零元素下标
Exist	检测变量后文件是否定义		

数学函数

Sin/asin	正弦/反正弦	sinh/asinh	双曲正弦/反双曲正弦
Cos/acos	余弦/反余弦	cosh/acosh	双曲余弦/反双曲余弦
Tan/atan	正切/反正切	tanh/atanh	双曲正切/反双曲正切
Cot/acot	余切/反余切	coth/acoth	双曲余切/反双曲余切
Sec/asec	正割/反正割	sech/asech	双曲正割/反双曲正割
csc/acsc	余割/反余割	csch/acsch	双曲余割/反双曲余割
Atan2	四个象限内反正切	Abs	绝对值函数
Angle	角相位函数	Conj	共轭复数函数
Real	求实部函数	imag	求虚部函数
Exp	指数函数	Sqrt	平方根函数
Log10	常用对数函数	Log	自然对数函数
Fix	沿零方向取整	floor	沿负无穷方向取整
Ceil	沿正无穷方向取整	Round	舍入去整
Rem	求除法余数	Sign	符号函数

基本矩阵

Eye	产生单位阵	Rand	产生随机分布矩阵
Linspace	构造线性分布向量	Logspace	构造等对数分布的矩阵
Randn	产生正太分布矩阵	Zeros	产生零矩阵
Ones	产生全部为 1 的矩阵	:	产生向量

矩阵操作

Cat	向量连接	Reshape	改变矩阵行列个数
Diag	建立对角矩阵	Rot90	矩阵旋转 $90°$
Fliplr	左右方向翻转矩阵	Tril	取矩阵下三角部分
Flipud	上下方向翻转矩阵	Triu	取矩阵上三角部分
Repmat	复制并排列矩阵函数		

矩阵分析

Cond	求矩阵条件数	rcond linpack	逆条件值估计
Det	求矩阵的行列式	Rref	矩阵行阶梯形实现
Norm	矩阵的范数	Rrefmovie	消元法解方程演示
Null	零矩阵	Subspace	子空间
Orth	正交空间	Trace	矩阵的迹
Rank	矩阵的秩		

矩阵函数

Expm	矩阵指数函数	Logm	矩阵对数函数
Funm	矩阵任意函数	Sqrtm	矩阵平方根

编程语言

Builtin	执行 MATLAB 内建函数	Global	定义全局变量
Eval	执行 MATLAB 语句构成的字符串	Script	MATLAB 语句及文件信息
Nargchk	函数输入输出参数个数检验	Feval	执行字符串指定文件
Function	MATLAB 函数定义关键词		

控制流程

Break	中断循环执行的语句	If	条件转移语句
Case	与 switch 结合实现多路转移	Return	返回调用函数
Switch	与 case 结合实现多路转移	Else	与 if 一起使用的转移语句
Otherwise	多路转移中缺省的执行部分	Elseif	与 if 一起使用的转移语句
End	结束控制语句块	Warning	显示警告信息
Error	显示错误信息	While	循环语句
For	循环语句		

建立和控制图形窗口

figure	建立图形	Gcf	获取当前图形的句柄
Clf	清楚当前图形	Close	关闭图形

建立和控制坐标系

Subplot	在标定位置上建立坐标系	gca	获取当前坐标系句柄
Axes	在任意位置上建立坐标系	Cla	清楚当前坐标系
Axis	控制坐标系的刻度和形式	Hold	保持当前图形

基本 $X-Y$ 图形

Plot	线性图形	Loglog	对数坐标图形
Semilogx	X 轴为对数坐标	Semilogy	Y 轴为对数坐标
Fill	二维多边形填充图		

图形注释

Title	图形标题	Xlabel	X 轴标记
Ylabel	Y 轴标记	Text	文本注释
Gtext	用鼠标放置文本	Grid	网格线

附录 2

实验程序及结果

实验一 微分方程的建立与系统的响应

实验程序:

(1)求微分方程齐次解。

```
p=[1,4,3];
a=roots(p);
a              %现实运算结果
```

(2)求特解,绘制两种输入信号及其响应(图1)。

①建立函数文件 sy_1_1_plot. m。

```
figure;
subplot(1,2,1), hold on, box on;
set(gca,'YScale','log');              %将 Y 轴的刻度设置为对数
set(gca,'FontSize',16);
plot(t,e1,'k−',t,e2,'k−.');
legend('e_1','e_2');
xlabel('time');
ylabel('input');
subplot(1,2,2), hold on, box on;
set(gca,'YScale','log');
set(gca,'FontSize',16);
plot(t,r1,'k−',t,r2,'k−.');
legend('r_1','r_2');
xlabel('time');
ylabel('output');
```

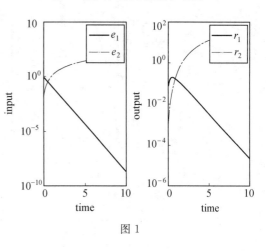

图 1

②建立脚本 M 文 sy_1_1. m。

```
a = [1,4,3];
b = [1, 2];
sys = tf(b,a);              %建立系统仿真
t = [0:0.1:10]';
e1 = exp(−2 * t);
r1 = lsim(sys,e1,t);
```

```
    e2 = t.^2;
    r2 = lsim(sys,e2,t);
    sy_1_1_plot();
```
(3)求冲激响应和阶跃响应(图2)。
```
    a = [1, 4, 3];
    b = [1, 2];
    sys = tf(b,a);
    t = [0:0.01:3]';
    figure;
    subplot(1,2,1);
    step(sys,t);                    %绘制阶跃响应
    subplot(1,2,2);
    [h1,t1] = impulse(sys,t);       %仿真冲激响应,并保存在 h1
    plot(t1,h1,'k');
    title('Impulse Response');      %设置标题
    xlabel('Time(sec)');            %设置横坐标
    ylabel('Amplitude');            %设置纵坐标
```

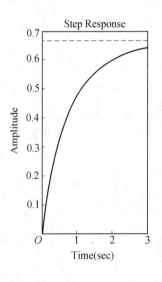
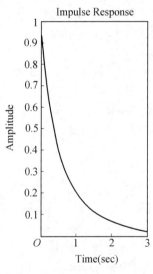

图 2

实验二　连续信号的卷积积分

实验程序：
1.建立函数文件 sconv.m
```
    function[f,k]=sconv(f1,f2,k1,k2,p)
    f=conv(f1,f2);
    k0=k1(1)+k2(1);                      %计算序列 f 非零样值的起点位置
    k3=k1(length(f1))+k2(length(f2));    %计算卷积和 f 非零样值的宽度
```

```
k＝k0:p:k3;                          ％确定卷积和f非零样值的时间向量
subplot(2,2,1)
plot(k1,f1)
xlabel('t')
ylabel('f1(t)')
subplot(2,2,2)
plot(k2,f2)
xlabel('t')
ylabel('f2(t)')
subplot(2,2,3)
plot(k,f)
xlabel('t')
ylabel('f(t)')
```

2. 求卷积(图 3)

```
p＝0.01;
k1＝0:p:2;
f1＝0.5 * k1;
k2＝k1;
f2＝f1;
[f,k]＝sconv(f1,f2,k1,k2,p)
```

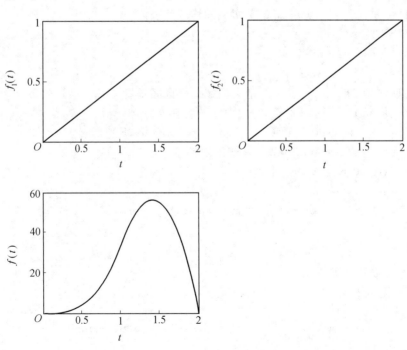

图 3

实验三 连续时间信号的傅里叶变换

实验程序：

1. 矩形脉冲傅里叶变换

(1) 建立函数文件 sy_3_1.plot.m。

```
figure；
subplot(1,2,1)，hold on，box on；
plot(t,f,'-')；
plot(t,real(fs),'-.')；
set(gca,'YLim',[-.5 1.5],'FontSize',16)；
xlabel('t')；
ylabel('f(t)')；
legend('f(t)','f_s(t)')；
subplot(1,2,2)，hold on，box on；
plot(omg,real(F),'-')；
set(gca,'XLim',[-8 * pi,8 * pi],'YLim',[-0.5 1.5],'FontSize',16)；
xlabel('\omega')；
ylabel('F(\omega)')；
```

(2) 建立脚本 sy_3_1.m(图4)。

```
T = 4；              %定义实域抽样区间长度
N = 200；            %定义抽样点数
t = linspace(-T/2,T/2-T/N,N)'；
f = (t>-1&t<1)；
OMG = 16 * pi；       %定义频域抽样区间长度
K = 100；
omg = linspace(-OMG/2,OMG/2-OMG/K,K)'；
F = zeros(size(omg))；    %初始化频谱
for k = 1:K
  for n = 1:N
    F(k) = F(k) + T/N * f(n) * exp(-j * omg(k) * t(n))；
  end
end
fs = zeros(size(t))；
for n = 1:N
  for k = 1:K
    fs(n) = fs(n) + OMG/2/pi/K * F(k) * exp(j * omg(k) * t(n))；
  end
end
sy_3_1_plot()；
```

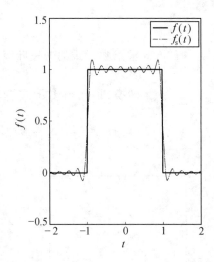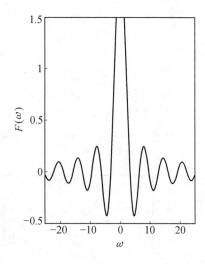

图 4

2.方波

(1)建立函数文件 sy_3_2_plot. m。

```
figure；
subplot(1,2,1)，hold on，box on；
plot(t,f,'—')；
plot(t,fs,'——')；
plot(t,ak(1) * cos(omg1 * t),'—.')；
plot(t,ak(3) * cos(3 * omg1 * t),':')；
plot(t,ak(5) * cos(5 * omg1 * t),':')；
legend('f(t)','f_s(t)','f_1(t)',...
        'f_3(t)','f_5(t)')；
set(gca,'YLim',[-1, 1.5],'FontSize',16)；
xlabel('t')；
ylabel('f(t)')；
subplot(1,2,2)，hold on，box on；
stem([0:10],[a0;ak])；
set(gca,'FontSize',16)；
xlabel('k')；
ylabel('a_k')；
```

(2)建立脚本 sy_3_2. m(图 5)。

```
E = 1；
T1 = 1；
omg1 = 2 * pi/T1；                  %定义基频
N = 1000；
t = linspace(-T1/2,T1/2-T1/N,N)'；
f = E * (t>-T1/4&t<T1/4) - E/2；    %初始化信号
k1 = -10；
```

```
k2 = 10;
k = [k1:k2]';
F = 1/N * exp(-j * kron(k * omg1,t.')) * f;        %求指数形式的傅里叶级数的
                                                    系数
a0 = F(11);                                         %转换到三角函数形式的系数
ak = F(12:21) + F(10:-1:1);
fs = cos(kron(t,[0:5] * omg1)) * [a0;ak(1:5)];     %用前5个系数合成原函数
sy_3_2_plot();
```

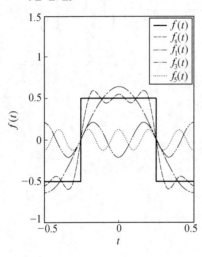
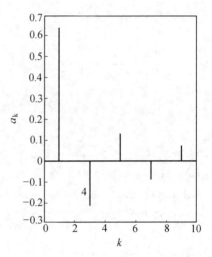

图 5

实验四　连续信号的采样及恢复

实验程序：

新建脚本 sy_4. m 文件(图 6)。

```
wm=1;
wc=wm;
Ts=pi/wm;                              %采样间隔
ws=2 * pi/Ts;
n=-100:100;                            %实域采样点数
nTs=n * Ts;                            %实域采样点
f=sinc(nTs/pi);
Dt=0.005;
t=-15:Dt:15;
fa=f * Ts * wc/pi * sinc((wc/pi) * (ones(length(nTs),1) * t-
    nTs' * ones(1,length(t))));       %信号恢复
error=abs(fa-sinc(t/pi));             %恢复信号与原信号误差
t1=-15:0.5:15;
f1=sinc(t1/pi);
```

```
subplot(3,1,1);
stem(t1,f1);
xlabel('kTs');
ylabel('f(kTs)');
title('采样信号');
subplot(3,1,2);
plot(t,fa);
xlabel('t');
ylabel('fa(t)');
title('信号恢复');
grid;
subplot(3,1,3);
plot(t,error);
xlabel('t');
ylabel('error(t)');
title('采样信号与原信号误差');
```

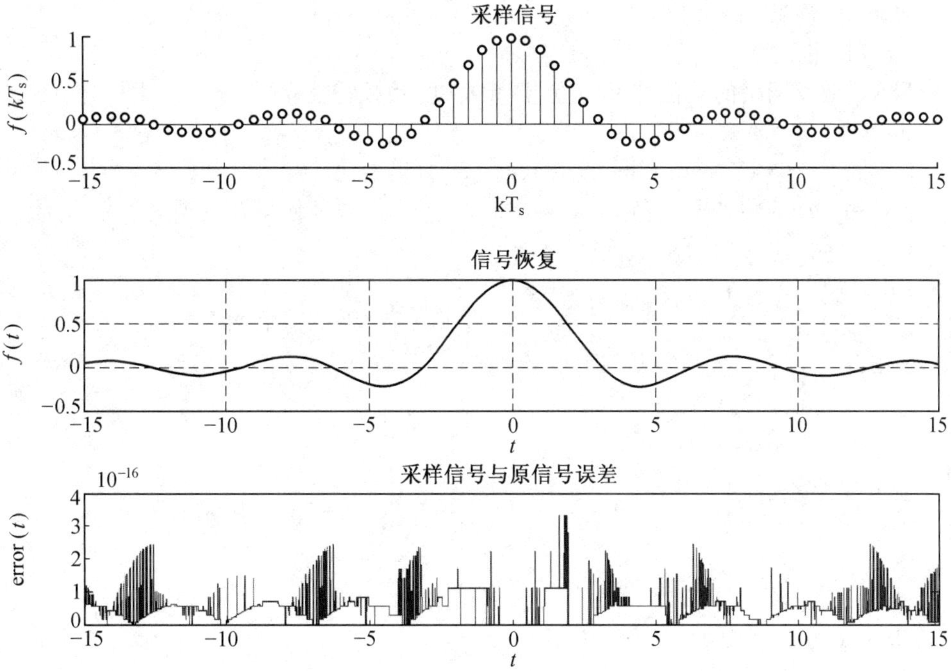

图 6

实验五　低通滤波系统的频率特性分析

实验程序：

主程序（分别对理想低通和实际低通作图：$h(t)$、$|H(j\omega)|$、$\varphi(\omega)$）

%理想低通滤波器的单位冲激响应、幅频特性、相频特性

```
clc;clear all;
```

```
syms t f w;
figure(1)
f=sin(t−1+eps)/(t−1+eps);Fw=fourier(f);%傅里叶变换,+eps 避免除数为零
x=[−20:0.05:20];fx=subs(f,t,x);
subplot(2,1,1);
plot(x,fx);                              %波形图
grid;
W=[−4:0.01:4];FW=subs(Fw,w,W);
subplot(2,2,3);
plot(W,abs(FW));                         %幅频特性
grid;
xlabel('频率');
ylabel('幅值');
subplot(2,2,4);
plot(W,angle(FW));                       %相频特性
grid;
xlabel('频率');
ylabel('相位');
%RC 低通网络的单位冲激响应、幅频特性、相频特性
figure(2)
f=exp(−2*t)*sym('heaviside(t)');
Fw=fourier(f);                           %傅里叶变换
x=[−4:0.02:4];fx=subs(f,t,x);
subplot(2,1,1);
plot(x,fx);                              %波形图
grid;
W=[−4:0.02:4];
FW=subs(Fw,w,W);
subplot(2,2,3);
plot(W,abs(FW));                         %幅频特性
grid;
xlabel('频率');
ylabel('幅值');
subplot(2,2,4);
plot(W,angle(FW));                       %相频特性
grid;
xlabel('频率');
ylabel('相位');
```

运行结果如图 7、图 8 所示。

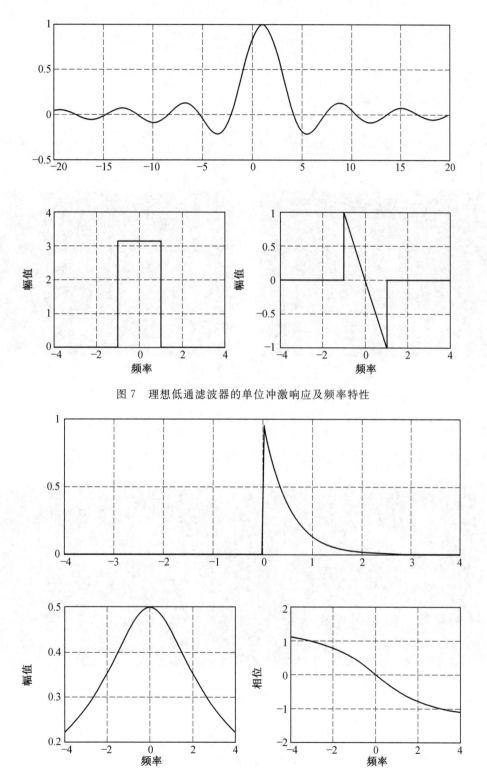

图 7　理想低通滤波器的单位冲激响应及频率特性

图 8　*RC* 低通滤波电路的单位冲激响应及频率特性

实验六　利用 Simulink 生成系统及波形仿真

实验结果：

(1)图 9 所示系统的输入输出波形。

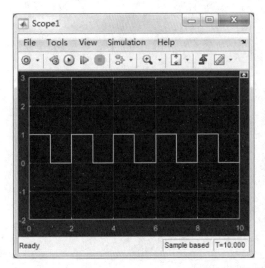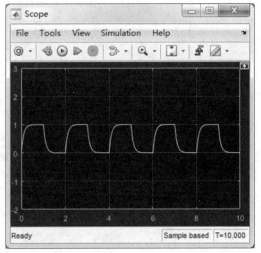

图 9　系统的输入输出波形

(2)图 10 所示系统输入信号、调制信号及解调后的信号波形。

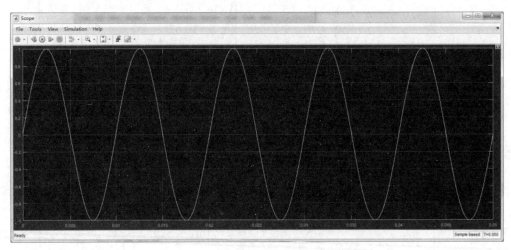

(a)系统输入信号

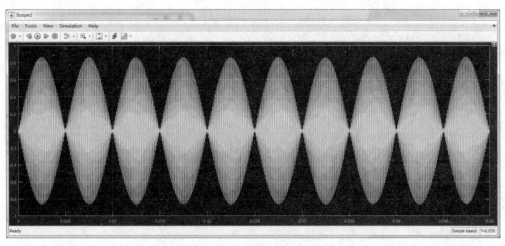

(b)调制信号

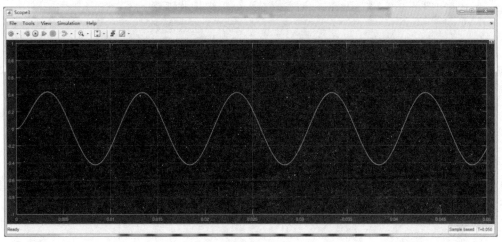

(c)解调后的信号

图 10

实验七　系统的零、极点分布及其冲激响应波形分析

实验程序：

1. 子程序

```
function[p,q]=sjdt(A,B)
p=roots(A)                    %求极点
q=roots(B)                    %求零点
p=p';
q=q';
x=max(abs([p q]));
x=x+0.1;y=x;
clf
hold on
```

```
axis([-x x -y y]);
axis('square')
plot([-x x],[0 0])
plot([0 0],[-y,y])
plot(real(p),imag(p),'X')          %极点分布图
plot(real(q),imag(q),'O')          %零点分布图
title('连续系统零、极点分布图')
text(0.2,x-0.2,'虚轴')
text(y-0.2,0.2,'实轴')
```

2.主程序

```
%系统的单位冲激响应、系统函数的零、极点分布。
clc;
clear all;
a=[1 2 -3 2 1]                     %分母多项式系数
b=[1 0 -4]                         %分子多项式系数
figure(1)
impulse(b,a);                      %求单位冲激响应
grid;
figure(2)
sjdt(a,b);                         %画零、极点分布图
grid;
```

程序运行结果,如图 11、图 12 所示。

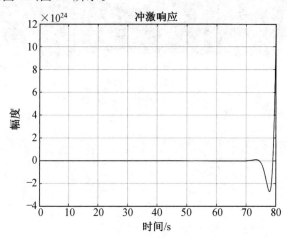

图 11 系统的单位冲激响应

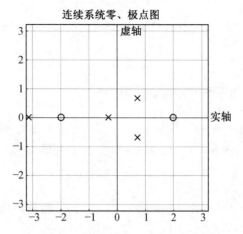

图 12 系统函数的零、极点分布

$h(t)$ 时间常数为 1，角频率为 10 的指数衰减正弦振荡，如图 13、图 14 所示。

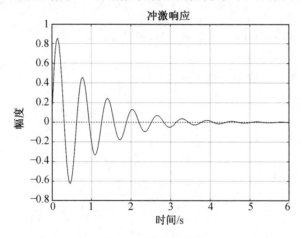

图 13 衰减的振荡

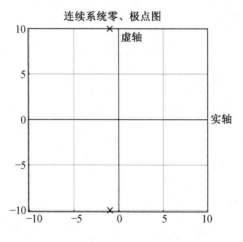

图 14 衰减振荡的极点

实验八　基于 MATLAB 二阶系统的频域分析

实验程序：

1.绘制二阶低通电路频率响应(见图 15、16)

```
for Q＝[1/3,1/2,1/sqrt(2),1,2,5]
        ww＝logspace(－1,1,50);                  %设定频率数组 ww＝w/wn
        H=1./(1+j*ww/Q+(j*ww).^2);              %求复频率响应
        figure(1)
        subplot(2,1,1);
        plot(ww,abs(H)),hold on;                 %绘制幅频特性
        subplot(2,1,2);
        plot(ww,angle(H)),hold on;               %绘制相频特性
        figure(2)                                %绘制对数频率特性
        subplot(2,1,1);
        semilogx(ww,20*log10(abs(H))),hold on;
        subplot(2,1,2);
        semilogx(ww,angle(H)),hold on;
    end
    figure(1)
    subplot(2,1,1);
    grid;
    xlabel('w');
    ylabel('abs(H)');
    subplot(2,1,2);
    grid;
    xlabel('w');
    ylabel('angle(H)');
    figure(2)
    subplot(2,1,1);
    grid;
    xlabel('w');
    ylabel('分贝');
    subplot(2,1,2);
    grid;
    xlabel('w');
ylabel('angle(H)');
```

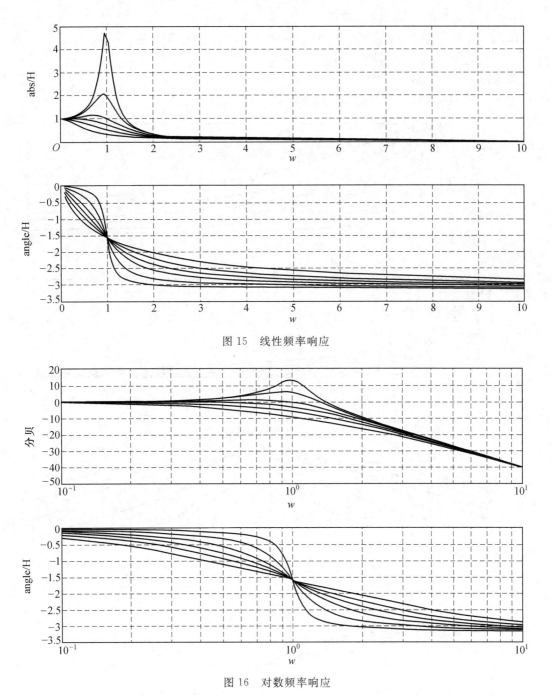

图 15 线性频率响应

图 16 对数频率响应

2.二阶带通频率响应(见图 17、18)

将二阶低通系统的 Q 值更换为 5,10,20,50,100,将上述程序中的

$$H=1./(1+j*ww/Q+(j*ww).^2)$$

更换为

$$H=1./(1+j*Q*(ww-1./ww))$$

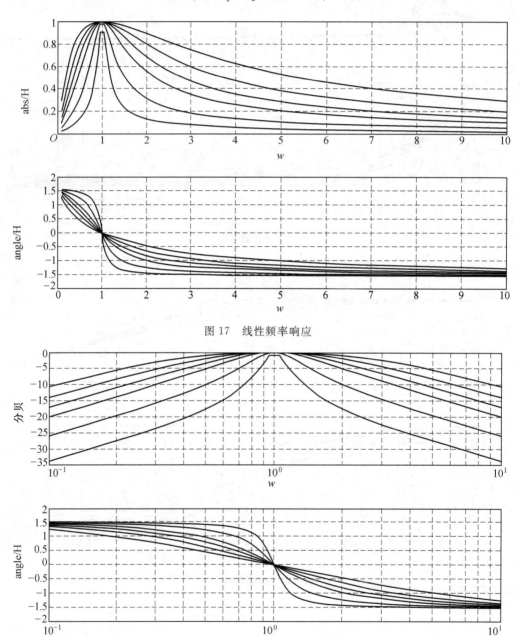

图 17　线性频率响应

图 18　对数频率响应

附录 3

常用信号的傅里叶变换表

常用信号的傅里叶变换表

序号	信号名称	时间函数 $f(t)$ 及波形图	频谱函数 $F(\omega) = \mid F(\omega) \mid e^{j\varphi(\omega)}$ 及频谱图
1	单边 指数脉冲	$f(t) = Ee^{-at}u(t)\ (a>0)$	$F(\omega) = \dfrac{E}{a+j\omega}$
2	双边 指数脉冲	$f(t) = Ee^{-a\mid t \mid}\ (a>0)$	$F(\omega) = \dfrac{2aE}{a^2+\omega^2}$
3	矩形脉冲	$f(t) = \begin{cases} E & (\mid t \mid < \dfrac{\tau}{2}) \\ 0 & (\mid t \mid \geqslant \dfrac{\tau}{2}) \end{cases}$	$F(\omega) = E\tau\,\mathrm{Sa}(\dfrac{\omega\tau}{2}) = \dfrac{2E}{\omega}\sin(\dfrac{\omega\tau}{2})$

续表

序号	信号名称	时间函数 $f(t)$ 及波形图	频谱函数 $F(\omega) = \|F(\omega)\| e^{j\varphi(\omega)}$ 及频谱图
4	三角脉冲	$f(t) = \begin{cases} E(1 - \dfrac{2\|t\|}{\tau}) & (\|t\| < \dfrac{\tau}{2}) \\ 0 & (\|t\| \geqslant \dfrac{\tau}{2}) \end{cases}$	$F(\omega) = \dfrac{E\tau}{2} \text{Sa}^2(\dfrac{\omega\tau}{4}) = \dfrac{8E}{\omega^2\tau} \sin^2(\dfrac{\omega\tau}{4})$
5	抽样脉冲	$f(t) = \text{Sa}(\omega_c t) = \dfrac{\sin(\omega_c t)}{\omega_c t}$	$F(\omega) = \begin{cases} \dfrac{\pi}{\omega_c} & (\|\omega\| < \omega_c) \\ 0 & (\|\omega\| > \omega_c) \end{cases}$
6	升余弦脉冲	$f(t) = \begin{cases} \dfrac{E}{2}[1 + \cos(\dfrac{2\pi t}{\tau})] & (\|t\| < \dfrac{\tau}{2}) \\ 0 & (\|t\| \geqslant \dfrac{\tau}{2}) \end{cases}$	$F(\omega) = \dfrac{E\tau}{2} \cdot \dfrac{\text{Sa}(\dfrac{\omega\tau}{2})}{1 - (\dfrac{\omega\tau}{2\pi})^2}$
7	冲激函数	$f(t) = E\delta(t)$	$F(\omega) = E$

续表

序号	信号名称	时间函数 $f(t)$ 及波形图	频谱函数 $F(\omega) = \lvert F(\omega)\rvert\,\mathrm{e}^{\mathrm{j}\varphi(\omega)}$ 及频谱图
8	阶跃函数	$f(t) = Eu(t)$	$F(\omega) = \dfrac{E}{\mathrm{j}\omega} + \pi E\delta(\omega)$
9	符号函数	$f(t) = E\operatorname{sgn}(t)$	$F(\omega) = \dfrac{2E}{\mathrm{j}\omega}$
10	直流信号	$f(t) = E$	$F(\omega) = 2\pi E\delta(\omega)$
11	冲激序列	$f(t) = \delta_T(t) = \displaystyle\sum_{n=-\infty}^{\infty}\delta(t - nT_1)$	$F(\omega) = \omega_1\displaystyle\sum_{n=-\infty}^{\infty}\delta(\omega - n\omega_1)\ \left(\omega_1 = \dfrac{2\pi}{T_1}\right)$

续表

序号	信号名称	时间函数 $f(t)$ 及波形图	频谱函数 $F(\omega) = \lvert F(\omega) \rvert e^{j\varphi(\omega)}$ 及频谱图
12	余弦信号	$f(t) = E\cos(\omega_0 t)$	$F(\omega) = E\pi[\delta(\omega + \omega_0) + \delta(\omega - \omega_0)]$
13	正弦信号	$f(t) = E\sin(\omega_0 t)$	$F(\omega) = j\pi E[\delta(\omega + \omega_0) - \delta(\omega - \omega_0)]$
14	复指数信号	$f(t) = E e^{j\omega_0 t}$	$F(\omega) = 2\pi E\delta(\omega - \omega_0)$
15	斜坡信号	$f(t) = tu(t)$	$F(\omega) = j\pi\delta'(\omega) - \dfrac{1}{\omega^2}$

附录 4

信号与系统期末综合测试题

信号与系统期末综合模拟测试(A 卷)

(满分 100 分,用时 100 分钟)

一、选择题(共 10 题,每题 2 分,共计 20 分,每题只有一个答案正确)

1. 若 $\int_{-\infty}^{\infty} f(t) \cdot \delta(t) \mathrm{d}t = 2$,那么 $f(t) = ($　　$)$。

A. $\mathrm{Sa}(t)$ 　　　　　 B. $\mathrm{Sa}(2t)$ 　　　　　 C. $2\mathrm{Sa}(2t)$ 　　　　　 D. $0.5\mathrm{Sa}(2t)$

2. 有一线性时不变系统,当激励信号为 $f_1(t) = u(t)$ 时,系统的响应为 $y_1(t) = 2e^{-3t}u(t)$,求当激励 $f_2(t) = \delta(t)$ 时的响应(假设起始时刻系统无储能)(　　)。

A. $h(t) = -6e^{-3t}u(t) + 2\delta(t)$ 　　　　　 B. $h(t) = -6e^{-3t}u(t)$

C. $h(t) = 2\delta(t)$ 　　　　　 D. $h(t) = -6\delta(t)$

3. 在 AM−SC 调制解调电路中,通过本地载波信号和理想低通滤波器解调后的波形与输入波形相比,主要区别是(　　)。

A. 幅值增大 　　　　　 B. 幅值减小 　　　　　 C. 频率有变化 　　　　　 D. 相位有变化

4. 某信号的系统函数 $H(s) = \dfrac{s}{\sin s}$,$s = 0$ 是该系统的(　　)。

A. 零点 　　　　　　　　　　　　 B. 极点

C. 既是零点又是极点 　　　　　　 D. 既不是零点也不是极点

5. 关于周期为 T、脉冲宽度为 τ 的周期矩形信号的频谱,以下说法正确的是(　　)。

A. 其幅度谱是偶对称的 　　　　　　 B. 其相位谱为零

C. 其带宽与信号周期 T 有关 　　　　 D. 其谱线间隔与脉宽 τ 有关

6. 已知信号 $x_1(t)$ 的最高频率为 600 Hz,$x_2(t)$ 的最高频率为 1 400 Hz,如果用于无失真恢复信号的理想低通滤波器的截止频率为 2 500 Hz,当信号 $f(t) = x_1(t) \cdot x_2(t) + x_2(t/2)$ 时,试确定抽样时所允许的最小抽样频率(　　)。

A. 4 500 Hz 　　　　 B. 4 000 Hz 　　　　 C. 2 000 Hz 　　　　 D. 6 500 Hz

7. 如果一个系统的单位冲激响应 $h(t) = \mathrm{Sa}(t-1)$,那么该系统是一个(　　)。

A. 理想低通滤波器 　　　　　　　 B. 理想高通滤波器

C. 理想带通滤波器 　　　　　　　 D. 理想带阻滤波器

8.LTI 系统及各子系统的单位冲激响应如图 1 所示,系统总的单位冲激响应 $h(t)$ 为
(   )。

A. $1+[h_1(t)]^2$　　　　　　　　　　B. $1+h_1(t)*h_1(t)$

C. $\delta(t)+[h_1(t)]^2$　　　　　　　　D. $\delta(t)+h_1(t)*h_1(t)$

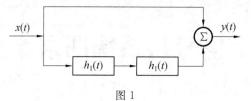

图 1

9.如图 2 所示,原始信号表达式为 $f(t)$,波形变换后的信号 $f_1(t)$ 的表达式为(   )。

A. $f(2t+2)$　　　　B. $f(-2t+2)$　　　　C. $f(2t+4)$　　　　D. $f(-2t-4)$

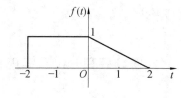 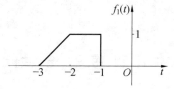

图 2

10.若 $y(t)=f(t)*h(t)$,则 $f(2t)*h(2t)$ 等于(   )。

A. $\dfrac{1}{2}y\left(\dfrac{1}{4}t\right)$　　　　B. $2y(2t)$　　　　C. $\dfrac{1}{2}y(4t)$　　　　D. $\dfrac{1}{2}y(2t)$

二、简答题(共 4 题,每题 5 分,共计 20 分)

1.已知某系统的阶跃响应为 $s(t)=u(t+1)+u(t-1)$。

(1)写出该系统的单位冲激响应 $h(t)$;

(2)判断该系统的因果性并指出它是否是无失真传输系统。

2.已知输入信号 $x(t)=1-\sin(t)+\sin(t)\cdot\cos(t)+\sin(3t),(-\infty<t<+\infty)$,该信号通过一个连续时间 LTI 系统,该系统的频率响应如图 3 所示,写出该系统的输出信号 $y(t)$。

3.某 LTI 因果系统的系统函数 $H(s)$ 零、极点分布如图 4 所示(一个零点、两个极点),且 $H(0)=0.6$。

(1)判断该系统是否为稳定系统;

(2)求该系统的系统函数 $H(s)$ 表达式。

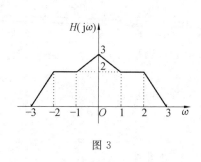

图 3

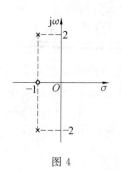

图 4

4.某反馈系统的系统框图如图 5 所示,k 为实常数。试求:

(1) 系统函数 $H(s) = \dfrac{Y(s)}{F(s)}$;

(2) 确定使系统稳定的 k 的取值范围。

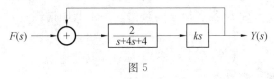

图 5

三、计算题(共 3 题,每题 10 分,共计 30 分)

1.如图 6 所示,当一个 LTI 系统输入信号为 $f_1(t)$ 时,系统输出信号为 $y_1(t)$;当输入信号改为 $f_2(t)$ 时,输出信号为 $y_2(t)$。

(1) 写出 $f_2(t)$ 和 $f_1(t)$ 的关系式;

(2) 画出该系统输出 $y_2(t)$ 的波形图(并标出关键点的横纵坐标)。

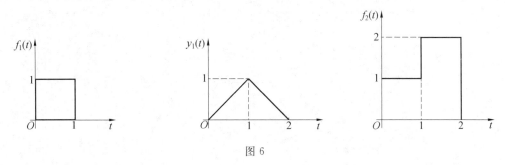

图 6

2.信号 $f(t)$ 的傅里叶级数展开式为 $f(t) = \dfrac{1}{2} + \sum\limits_{n=1}^{N} \dfrac{1}{2^n}\cos(n\omega_1 t)$,基波周期为 $T_1 = \pi/6$,将该信号输入到一个理想滤波器。

(1) 若该滤波器是频率响应为 $H(j\omega) = \begin{cases} 1 & (|\omega| \leqslant 100) \\ 0 & (|\omega| > 100) \end{cases}$ 的理想低通滤波器,且滤波器的输出与输入相同,即 $y_1(t) = f(t)$,求 N 的取值范围;

(2) 若该滤波器是频率响应为 $H(j\omega) = \begin{cases} 1 & (30 \leqslant |\omega| \leqslant 50) \\ 0 & (\omega \text{ 取其他值}) \end{cases}$ 的理想带通滤波器,写出该滤波器的输出信号 $y_2(t)$ 的表达式。

3.已知信号 $x(t) = \dfrac{\sin 3t}{t}\cos(10t)$。

(1) 求该信号的傅里叶变换 $X(j\omega)$;

(2) $X(j\omega)$ 表示的系统可以作为哪种类型的滤波器? 如果该系统输入信号为 $p(t) = \cos(4t) + \cos^2(6t) + \cos(8t)$,则输出信号是什么?

四、综合题(共 2 题,每题 15 分,共计 30 分)

1.已知一个连续系统的微分方程:$y''(t) + 2y'(t) + p(2-p)y(t) = x'(t) - x(t)$,其中 $x(t)$ 和 $y(t)$ 分别为该系统的激励信号和响应信号,p 为实常数。

(1) 求该系统拉普拉斯变换形式的系统函数 $H(s)$；

(2) 若该系统是稳定系统，判断 p 的取值范围；

(3) 若 $p=0.5$，求该系统的单位冲激响应 $h(t)$。

2. 如图 7 所示，一个单边带调制解调系统中输入信号 $f(t)$ 的频谱 $F(\mathrm{j}\omega)$ 如图 8 所示。

(1) 写出系统中 A、B、C、D 各点信号的频谱并画出其频谱图；

(2) 若只改变带通滤波系统 $H_1(\mathrm{j}\omega)=\begin{cases}1 & (100\leqslant|\omega|\leqslant 130)\\ 0 & (\omega\text{ 取其他值})\end{cases}$，输入信号和整个过程其他参数不变，那么输出信号波形是否会产生变化？

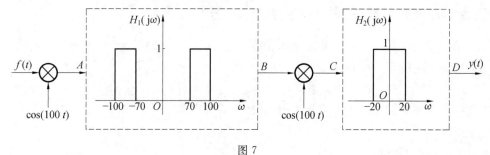

图 7

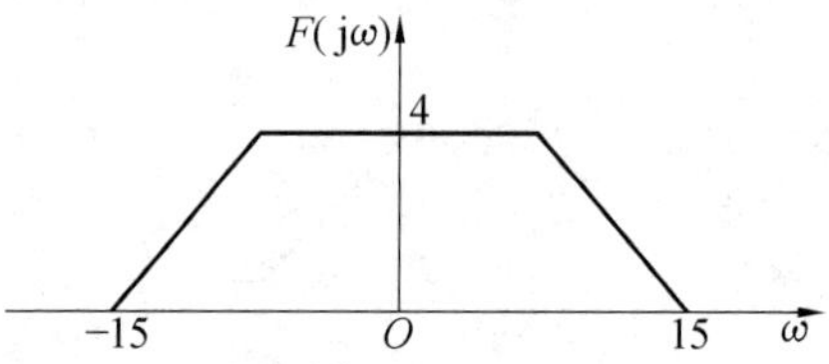

图 8

信号与系统期末综合模拟测试(B卷)

（满分 100 分，用时 100 分钟）

一、选择题(共 10 题,每题 2 分,共计 20 分,每题只有一个答案正确)

1. 在时间上离散周期的信号,其频谱（　　）。

A. 连续周期　　　　　　B. 连续非周期　　　　C. 离散周期　　　　D. 离散非周期

2. 若信号 $f(t)$ 来自一盘录音带,那么 $f(0.5t)$ 相当于该录音带（　　）。

A. 快放　　　　　　　　B. 慢放　　　　　　　C. 倒放　　　　　　D. 延迟播放

3. 下列各式中正确的是（　　）。

A. $\delta(2t)=\delta(t)$　　　　　　　　　　　B. $\delta(2t)=\dfrac{1}{2}\delta(t)$

C. $\delta(2t)=2\delta(t)$　　　　　　　　　　D. $2\delta(t)=\dfrac{1}{2}\delta(2t)$

4. 已知系统微分方程为 $\dfrac{\mathrm{d}r(t)}{\mathrm{d}t}+2r(t)=e(t)$,若 $r(0^+)=1,e(t)=\sin(2t)u(t)$,解得全响应为 $r(t)=\dfrac{5}{4}e^{-2t}+\dfrac{\sqrt{2}}{4}\sin(2t-45°),t\geqslant0$。在全响应中,$\dfrac{\sqrt{2}}{4}\sin(2t-45°)$ 的这部分的含义为（　　）。

A. 稳态响应分量　　　　　　　　　　　　B. 零状态响应分量

C. 瞬态响应分量　　　　　　　　　　　　D. 零输入响应分量

5. 已知 $x_0(t)$ 和 $x(t)$ 如图 9 所示,则 $x(t)=$（　　）。

A. $x_0(t+0.5)-x_0(t-0.5)$　　　　　　　B. $x_0(t+0.5)+x_0(t-0.5)$

C. $x_0(t-0.5)-x_0(t+0.5)$　　　　　　　D. $x_0(t-0.5)+x_0(t+0.5)$

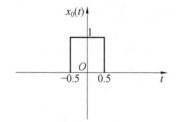 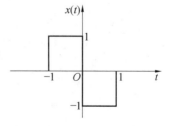

图 9

6. 已知 $f(t)=u(t)-u(t-1)$,$r(t)=f(t)*f(t)$,那么 $r(t)$ 的形状是（　　）。

A. 矩形　　　　　　B. 等腰三角形　　　　C. 等腰梯形　　　　D. 其他形状

7. 若 $f_1(t)$ 和 $f_2(t)$ 的频谱都连续且是有限带宽,带宽(最高频率)分别为 ω_1 和 ω_2($\omega_1<\omega_2$),$f_1(t)\cdot f_2(t)$ 的带宽为（　　）。

A. ω_1　　　　　　B. ω_2　　　　　　C. $\omega_1+\omega_2$　　　　D. $\omega_2-\omega_1$

8. 语音信号抽样前,通常加一个前置低通滤波器,该滤波器的最主要作用是（　　）。

A. 限制带宽,防止抽样信号混叠失真　　　B. 限制幅度,过电保护

C. 增益放大,增加仪器检测灵敏度　　　　　D. 去噪声,防止背景噪声干扰

9. 如果某系统的激励信号 $e(t)$ 和响应信号 $r(t)$ 之间始终存在关系式 $r(t)=e(2t)$,那么可以确定该系统(　　)。

A. 是无失真传输系统　　　　　　　　　B. 存在幅度失真

C. 存在相位失真　　　　　　　　　　　D. 存在非线性失真

10. 如图 10(a) 所示系统,$f_1(t)=\cos t$,$f_2(t)=\cos 10t$,$H(\mathrm{j}\omega)$ 是图 10(b) 所示的带通滤波器,系统响应 $y(t)$ 最可能为(　　)。

A. $2\cos 9t + \cos 11t$　　　　　　　　B. $2\cos 11t + \cos 9t$

C. $2\cos 9t - \cos 11t$　　　　　　　　D. $2\cos 11t - \cos 9t$

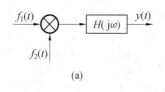
(a)

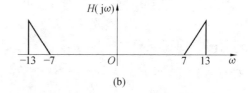
(b)

图 10

二、简答题(共 4 题,每题 5 分,共计 20 分)

1. 设低通滤波器系统函数为 $H(\omega)=\left|H(\omega)\right|\mathrm{e}^{-\mathrm{j}\omega t_0}$,证明:该系统的阶跃响应 $s(t)$ 的终值等于 $H(\omega)$ 的初始值,即 $s(\infty)=H(0)$。

2. $f(t)$ 为周期 $T=12$ 的周期信号,其傅里叶级数展开式中不含正弦谐波,且只含奇次谐波。图 11 给出了 1/4 周期的波形,在图中补充另外 3/4 周期,从而得到 $0\sim T$ 的波形图。

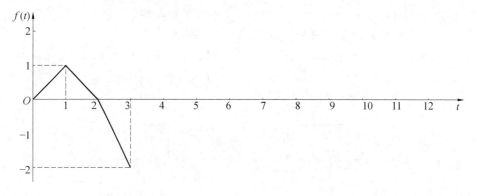

图 11

3.一个实际的低通滤波系统如图 12 所示,这 5 个部分分别代表什么含义?

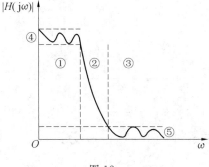

图 12

4.某系统函数 $H(s) = \dfrac{5(s+1)}{s(s+2)(s+5)}$,试画出其系统框图。

三、计算题(共 3 题,每题 10 分,共计 30 分)

1. 若某系统输入信号 $f(t)$ 的波形如图 13 所示,且该系统输出信号为 $y(t) = f\left(-\dfrac{1}{2}t - 1\right)$。

(1) 画出系统输出信号 $y(t)$ 的波形图;

(2) 判断该系统的线性、时不变性和因果性。

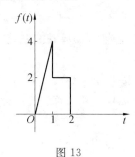

图 13

2.某 LTI 因果系统框图如图 14 所示,求:

(1) 系统函数 $H(s)$;

(2) 使系统稳定的 K 的取值范围。

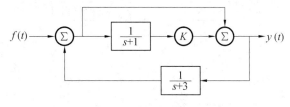

图 14

3.如图 15 所示电路,若激励信号为 $e(t) = (3\mathrm{e}^{-2t} + 2\mathrm{e}^{-3t})u(t)$ 时,求响应 $v(t)$,并指出响应中的瞬态分量和稳态分量。

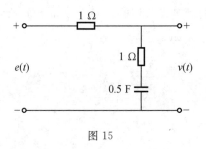

图 15

四、综合题(共 2 题,每题 15 分,共计 30 分)

1.如图 16 所示的系统由几个子系统组合而成,各子系统的冲激响应分别为:$h_1(t)=u(t-1)$,$h_2(t)=u(t-2)$,$h_3(t)=\delta(t-1)$,$h_4(t)=\delta(t+1)$。

(1)求该系统的冲激响应 $h(t)$;

(2)判断该系统是否是稳定系统;

(3)写出该系统的系统函数 $H(j\omega)$。

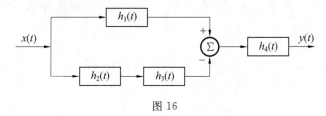

图 16

2.已知输入信号 $f(t)$ 的傅里叶变换 $F(j\omega)$,滤波系统 $H_1(j\omega)$、$H_2(j\omega)$ 如图 17(a)所示,系统组成如图 17(b)所示。

(1)画出信号 $x_1(t)$、$x_2(t)$ 的频谱图 $X_1(j\omega)$、$X_2(j\omega)$,并标出关键点的坐标;

(2)若系统输出 $y(t)$ 的频谱 $Y(j\omega)$ 如图 17(c)所示,求 ω_0 的值及其对应的 ω_c 的取值范围。

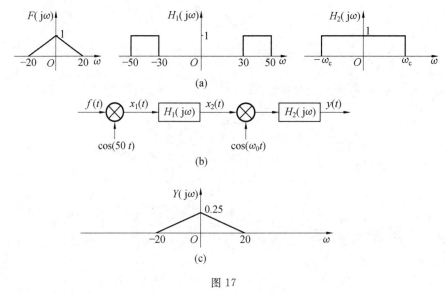

图 17

信号与系统期末综合模拟测试(C卷)

(满分100分,用时100分钟)

一、选择题(共5题,每题2分,共计10分,每题只有一个正确答案)

1. 信号 $f(t) = \sin(0.2t) + \cos(0.5t)$ 的周期为(　　)。

A. 4π 　　　　　　B. 10π 　　　　　　C. 20π 　　　　　　D. 不存在(非周期信号)

2. 已知一线性时不变系统,在相同初始条件下,当激励信号为 $e(t)$ 时,系统全响应为 $r_1(t) = [2e^{-3t} + \sin(2t)]u(t)$;当激励信号为 $2e(t)$ 时,系统全响应为 $r_2(t) = [e^{-3t} + 2\sin(2t)]u(t)$。 若系统在某种条件下,全响应为 $r_3 = [5.5e^{-3t} + 0.5\sin(2t)]u(t)$,可判断该条件是(　　)。

A. 初始条件翻倍,激励信号为原来一半　　B. 初始条件为原来一半,激励信号翻倍

C. 初始条件和激励信号均翻倍　　　　　　D. 初始条件和激励信号均为原来一半

3. 如果连续信号 $f(t)$ 的拉普拉斯变换 $H(s)$ 收敛域为两个平行于虚轴的带状区域,那么 $f(t)$ 应该是一个(　　)。

A. 因果信号　　　　B. 非因果信号　　　　C. 双边信号　　　　D. 有限长信号

4. 某系统的系统函数 $H(s)$ 在 s 平面的左半部分有一对共轭极点,在这对共轭极点连线与横轴交点处有一个一阶零点,那么该系统的单位冲激响应波形是(　　)。

A. 阶跃信号　　　　　　　　　　　B. 正弦或余弦振荡

C. 幅度呈指数衰减的正弦振荡　　　D. 幅度呈指数衰减的余弦振荡

5. 某系统的系统函数的幅频特性和相频特性分别为 $|H(j\omega)| = |\omega|$,$|\varphi(\omega)| = e^{-j3\omega}$,则该系统(　　)。

A. 不失真　　　　B. 存在幅度失真　　　　C. 存在相位失真　　D. 同时存在幅度和相位失真

二、简答题(共5题,每题5分,共计25分)

1. 已知两个线性系统 H_1、H_2,分别按照图18(a)、(b)、(c)中所示连接成新的系统,连接后的系统仍为线性系统的是哪个? 为非线性系统的是哪个?

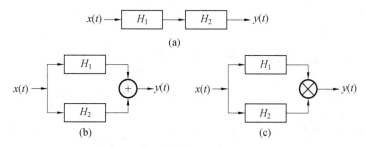

(a)

(b)　　　　　　　　　　　　　　(c)

图18

2. 已知信号 $f(t)$ 的波形如图19所示,信号 $f(at+b)$ 如图20所示,写出 a 和 b 的数值。

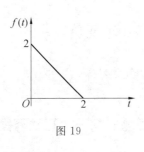

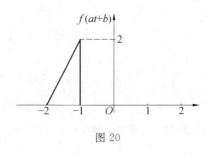

图 19   图 20

3. 两个幅度为 1,截止频率分别为 ω_1 和 ω_2($\omega_1 < \omega_2$)的理想低通滤波器,系统函数分别为 $H_1(j\omega)$ 和 $H_2(j\omega)$,它们组合成三个新的滤波器,分别为:$1 - H_1(j\omega)$、$H_2(j\omega) - H_1(j\omega)$、$1 + H_1(j\omega) - H_2(j\omega)$,这三个系统属于哪种类型的理想滤波器?

4. 已知某系统的系统函数 $H(s) = \dfrac{2s + 4}{s^2 + 2s + 5}$,画出该系统的零点和极点分布图。

5. 对周期为 0.01 s 的连续信号 $f(t)$ 求傅里叶级数,得到的展开系数分别为:$a_0 = 0.5$,$a_n = 2^{-n}$,$b_n = 3^{-n}$。写出该信号的傅里叶展开式,并指出其直流分量和交流分量、偶分量和奇分量。

三、计算题(共 2 题,每题 10 分,共计 20 分)

1. 已知某信号 $f(t) = \text{Sa}(\omega_0 t) \cdot \text{Sa}(2\omega_0 t)$。

(1) 判断该信号所包含的频谱范围(用 ω_0 表示);

(2) 若对该信号进行理想抽样,为使信号不失真,对抽样间隔 T_s 有什么要求?

(3) 对该号进行抽样频率 $\omega_s = 10\omega_0$ 的理想抽样,得到信号 $g(t)$,如果利用理想低通滤波器从 $g(t)$ 中还原信号 $f(t)$,那么该低通滤波器截止频率 ω_c 的取值范围是多少?

2. 某高通系统频率特性曲线如图 21 所示,其中 $\omega_c = 80\pi$。

(1) 求该系统的单位冲激响应 $h(t)$;

(2) 若输入信号 $f(t) = 1 + 0.5\cos(60\pi t) + 0.2\cos(120\pi t)$,求系统稳态响应 $y_s(t)$。

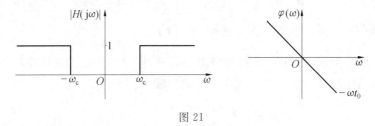

图 21

四、综合题(共 3 题,每题 15 分,共计 45 分)

1. 已知系统阶跃响应为 $g(t) = (1 - e^{-2t})u(t)$,为使其响应为 $r(t) = (1 - e^{-2t} - te^{-2t})u(t)$,求:

(1) 该系统的冲激响应 $h(t)$;

(2) 系统函数 $H(s)$;

(3) 激励信号 $e(t)$。

2. 已知某理想滤波器的单位冲激响应 $h(t)$ 如图 22 所示,按要求回答以下问题。

（1）写出 $h(t)$ 的表达式；

（2）写出其频率响应函数 $H(j\omega)$ 的表达式；

（3）画出其幅频特性 $|H(j\omega)|$ 和相频特性 $\varphi(\omega)$ 的图形，注意标出关键位置的坐标值。

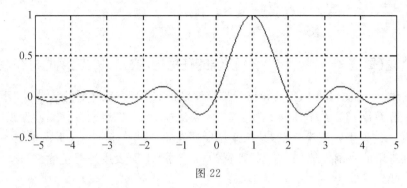

图 22

3. 某 LTI 因果系统微分方程为

$$y''(t) + 5y'(t) + 6y(t) = 2f'(t) + f(t)$$

（1）求该系统函数 $H(s)$ 和冲激响应 $h(t)$；

（2）画出系统框图；

（3）判断系统稳定性；

（4）求系统的频率特性。

信号与系统期末综合模拟测试(D卷)

(满分 100 分,用时 100 分钟)

一、判断题(每空 2 分,共计 20 分,正确的在括号内打"√",错误的打"×")

1.根据信号 $f(t)$ 的傅里叶变换和拉普拉斯变换的关系,判断以下说法是否正确。

(1) 只要把 $f(t)$ 拉普拉斯变换 $F(s)$ 式中 s 换成 $j\omega$,就可以得到其傅里叶变换。 (　　)

(2) 若 $f(t)$ 的傅里叶变换存在,其拉普拉斯变换收敛域一定包含 s 平面虚轴。 (　　)

2.若频带有限的实函数信号 $e(t)$ 的带宽为 ω_m,判断下面表述是否正确。

(1)$e(2t)$ 的带宽应为 $2\omega_m$。 (　　)

(2)$e(t) * e(t)$ 的带宽应该为 $\omega_m \cdot \omega_m$。 (　　)

3.如果一个因果的 LTI 系统的系统函数为 $H(s) = \dfrac{s+1}{s+2}$,判断以下说法是否正确。

(1) 该系统的冲激响应 $h(t)$ 包含冲激信号 $\delta(t)$。 (　　)

(2) 该系统是无失真传输系统。 (　　)

(3) 若输入信号为 $x(t) = e^{-3t}u(t)$,则该系统的稳态响应为零。 (　　)

4.若两个系统 A 和 B 都是因果的 LTI 系统,把两个系统串联组成的新的系统 C。判断以下几种说法是否正确。

(1) 系统 C 也是因果的线性时不变系统。 (　　)

(2) 如果 A、B 都是稳定系统,那么 C 也是稳定系统。 (　　)

(3) 如果 A、B 都是不稳定系统,那么 C 也是不稳定系统。 (　　)

二、画图题(共 5 题,每题 4 分,共计 20 分)

1.已知信号 $f(t)$ 的波形如图 23 所示,画出信号 $f(-2t+2)$ 的波形图。

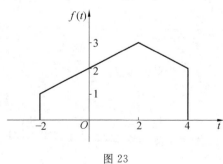

图 23

2.已知信号 $f(t)$ 的波形如图 23 所示(与 1 题相同),分别画出信号 $f(t)$ 的偶分量 $f_e(t)$ 和奇分量 $f_o(t)$ 的波形图。

3.已知 $f(t)$ 为 $T=12$ 的周期信号,其傅里叶级数展开式中不含正弦谐波,且只含奇次谐波。图 24 给出了 1/4 周期的波形,在图中补充另外 3/4 周期,从而得到 $0 \sim T$ 的波形图。

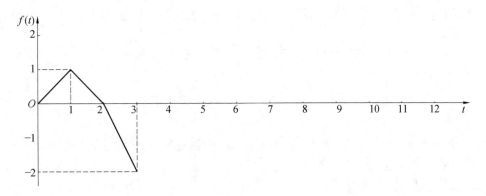

图 24

4.画出理想低通滤波器的频率响应(幅频特性和相频特性)。

5.矩形周期信号 $f(t)$ 的频谱 $F(\omega)$ 如图 25 所示,画出其对应的信号 $f(t)$ 的波形图。

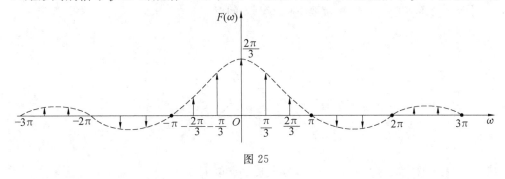

图 25

三、计算题(共 2 题,每题 10 分,共计 20 分)

1.已知信号 $f(t)=\mathrm{Sa}(80\pi t)+\mathrm{Sa}^2(50\pi t)$。

(1)求该信号的奈奎斯特频率和奈奎斯特间隔;

(2)求 $f_2(t)=\mathrm{Sa}^2(50\pi t)$ 的傅里叶变换 $F_2(\mathrm{j}\omega)$;

(3)画出前面求出的 $F_2(\mathrm{j}\omega)$ 的频谱图。

2.(1)已知三个系统的输入输出信号关系如图 26 所示,写出各自的单位冲激响应。(填空)

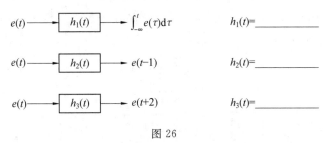

图 26

(2) 把这三个子系统组合成如图 27 所示的系统,求该系统的总的冲激响应。(计算)

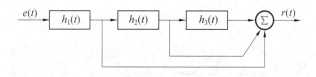

图 27

(3) 判断图 27 组合系统的线性、时不变性、因果性、稳定性。(填空,只填"是"或"否")

A. 该系统是否是 LTI 系统?　　　(　　　)

B. 该系统是否是因果系统?　　　(　　　)

C. 该系统是否是稳定系统?　　　(　　　)

四、综合题(共 2 题,每题 15 分,共计 30 分)

1. $f(t)$ 的波形如图 28 所示,按要求回答以下问题。

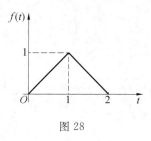

图 28

(1) 若 $f(t)$ 的傅里叶变换为 $F(\omega)$,写出其零点值 $F(0)$;

(2) 试绘出 $x(t) = \dfrac{\mathrm{d}}{\mathrm{d}t} f(t)$ 的波形;

(3) 求出 $x(t)$ 的傅里叶变换。

2. 已知连续时间因果系统的微分方程 $y'(t) + 2y(t) = f(t-1)$,且 $y(0^-) = 1$,求当输入为 $f(t) = \sin(2t) u(t)$ 时系统的输出,并指出零状态响应 $y_{zs}(t)$、零输入响应 $y_{zi}(t)$、暂态响应和稳态响应。

五、实验题(共 2 题,每题 5 分,共计 10 分)

1. 画出矩形周期信号(幅度为 1、周期为 3 s、脉宽为 1 s)通过 RC 低通滤波器(图 29)后两个信号示波器显示的波形。

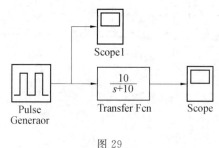

图 29

2. 如果把图 29 中 RC 低通滤波器的传递函数改为 $H(s) = \dfrac{200}{s+200}$，那么输出信号示波器显示的波形 $f_2(t)$ 会有什么变化？为什么？

信号与系统期末综合模拟测试(E卷)

(满分 100 分,用时 120 分钟)

一、填空题(共 10 题,每题 3 分,共计 30 分)

1. $\displaystyle\int_{-\infty}^{1} \sin(t)\delta\left(t - \frac{\pi}{4}\right)\mathrm{d}t = $ _____。

2. 信号 $f(t) = [5\sin(8t)]^2$ 的周期为 _____。

3. 信号 $f(t) = |\cos(\omega t)|$ 的直流分量是 _____。

4. 已知连续时间 LTI 系统组成及各子系统的单位冲激响应如图 30 所示。该系统总单位冲激响应 $h(t) = $ _____。

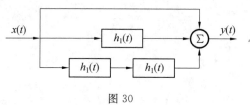

图 30

5. 求表达式 $\sin(t)\delta'(t)$ 的值 _____。

6. 求图 31 所示信号 $f(t)$ 的拉普拉斯变换 $F(s)$ _____。

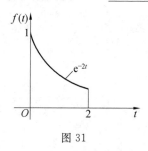

图 31

7. 已知时域信号 $\dfrac{\sin^2(100t)}{100t}$,该信号的最低抽样频率为 _____。

8. 求函数 $F(\mathrm{j}\omega) = 10\delta(\omega) + \dfrac{1}{(\mathrm{j}\omega + 2)(\mathrm{j}\omega + 3)}$ 的傅里叶逆变换 _____。

9. 求像函数 $F(s) = \dfrac{1 - \mathrm{e}^{-0.5s}}{s(1 - \mathrm{e}^{-s})}$ 的拉普拉斯逆变换 _____。

10. 已知 $F(s) = \dfrac{1 - \mathrm{e}^{-2s}}{s(s^2 + 4)}$,求 $f(t)$ _____。

二、简答题(共 4 题,每题 5 分,共计 20 分)

1. 已知函数 $f\left(-\dfrac{t}{3} + 1\right)$ 的波形如图 32 所示,请画出其原函数 $f(t)$ 的波形图。

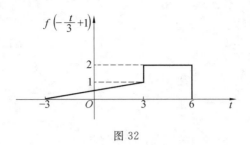

图 32

2.已知 $f(t)$ 是一个 $T=12$ 的周期信号,其傅里叶级数展开式中不含正弦谐波分量,且只含奇次谐波。图 33 中给出了 1/4 周期的波形,在图中补充另外 3/4 周期波形,从而得到 $0\sim T$ 的完整波形图。

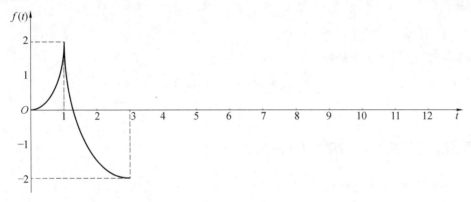

图 33

3.理想低通滤波器属于以下哪类系统?(在括号里打"√"或"×")

(1)该理想低通滤波器属于线性时不变系统。　　　　　(　　)

(2)该理想低通滤波器属于因果系统。　　　　　　　　(　　)

(3)该理想低通滤波器属于稳定系统。　　　　　　　　(　　)

(4)该理想低通滤波器属于无失真传输系统。　　　　　(　　)

(5)该理想低通滤波器属于物理可实现系统。　　　　　(　　)

4.已知一个 LTI 系统的频率响应特性如图 34 所示,且输入信号 $f(t)=5+3\cos 2t+\cos 5t$,$-\infty<t<\infty$,试求该系统的稳态响应 $y(t)$。

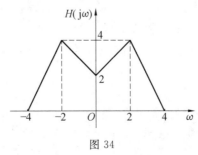

图 34

三、计算题(共 2 题,每题 10 分,共计 20 分)

1.某系统的幅频曲线和相频曲线如图 35 所示,试求该系统的时域函数 $f(t)$。

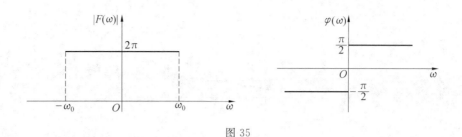

图 35

2.信号 $f(t)=a(t)\sin(\omega_0 t)$, $a(t)>0$, $-\infty<t<\infty$, $a(t)$ 的傅里叶变换 $A(\omega)$ 满足条件 $A(\omega)=0$, $|\omega|>\omega_0$。将 $f(t)$ 通过如图 36 所示系统,其中理想低通滤波器截止频率为 ω_0,滤波器的传输特性为 $H(\omega)=\begin{cases}K\mathrm{e}^{-\mathrm{j}\omega t_0} & (|\omega|<\omega_0)\\0 & (|\omega|>\omega_0)\end{cases}$,其中 K 和 t_0 均为常数。

(1) 求全波整流器输出信号的频谱;

(2) 求理想系统滤波器的输出信号 $g(t)$。

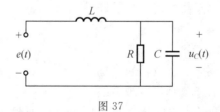

图 36

四、综合题(共 2 题,每题 10 分,共计 20 分)

1.电路如图 37 所示,已知 $R=\dfrac{1}{3}\ \Omega$, $L=\dfrac{1}{2}\ \mathrm{H}$, $C=1\ \mathrm{F}$,若以电容电压 $u_C(t)$ 为输出,求:

(1) 其阶跃响应和冲激响应;

(2) 当激励信号为 $e(t)=\mathrm{e}^{-t}u(t)$ 时,试求电容电压 $u_C(t)$。

图 37

2.线性时不变连续时间因果系统的微分方程 $y''(t)+3y'(t)+2y(t)=5f'(t)+4f(t)$, $t>0$,输入 $f(t)=\mathrm{e}^{-3t}u(t)$,初始状态 $y(0^-)=2$, $y'(0^-)=1$,求:

(1) 系统零状态响应 $y_{zs}(t)$ 和零输入响应 $y_{zi}(t)$;

(2) 系统函数 $H(s)$,冲激响应 $h(t)$,并判断系统是否稳定。

五、实验题(10 分)

在验证调制解调实验中,系统结构如图 38 所示,其中信号源 Signal Generator1 产生的信号为 $f_1(t)=\sin(100\pi t)$,信号源 Signal Generator2 产生的信号为 $f_2(t)=\sin(1\ 000\pi t)$。按要求回答后面的问题:

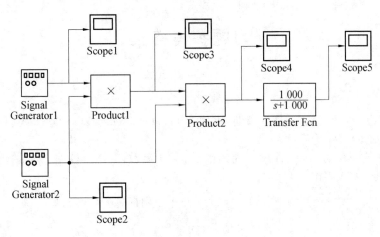

图 38

（1）如果把 Transfer Fcn 中的系统函数改成 $\dfrac{500}{s+500}$，示波器 Scope5 与 Scope1 之间的波形相位差会变大还是变小？为什么？

（2）如果把 Transfer Fcn 换成理想低通滤波器，写出示波器 Scope5 观察到的波形 $f_0(t)$ 的表达式。

（3）如果把 Transfer Fcn 换成一个理想低通滤波器，要求解调信号不失真，求该低通滤波器截止频率 f_c 的取值范围（用 Hz 表示）。

习题参考答案

第1章

1.1 $f_1(t)$、$f_2(t)$、$f_3(t)$ 是连续时间信号，$f_4(t)$、$f_5(t)$、$f_6(t)$ 是离散时间信号，其中 $f_5(t)$、$f_6(t)$ 为数字信号。

1.2 (1) 连续信号；(2) 连续非周期信号；(3) 离散信号；(4) 离散周期信号；(5) 离散信号；(6) 离散信号。

1.3 (1) 30；(2) $\dfrac{8\pi}{3}$；(3) 8；(4) 1；(5) 1；(6) 非周期。

1.4 (1) 非周期信号；(2) 非能量信号，功率信号。

1.5 (1) 能量信号，$E=0$；(2) 能量信号，$E=2$；(3) 功率信号；(4) 非能量非功率信号。

1.6 (a) 能量信号，能量为 4 J；(b) 功率信号，功率为 $P=\dfrac{\tau}{2\pi}$。

1.7 略。

1.8 (a) $y'(t)+y(t)=f(t)$；(b) $\dfrac{d^2 y(t)}{dt^2}+2\dfrac{dy(t)}{dt}+3y(t)=5\dfrac{df(t)}{dt}+4f(t)$。

1.9 (1)、(3) 线性系统；(2)、(4) 非线性系统。

1.10 是线性系统。

1.11 (1) 非时变；(2) 时变；(3) 非时变；(4) 时变。

1.12 略。

1.13 非线性时不变系统，理由略。

1.14 (1) 线性时不变系统；(2) 线性时变系统；(3) 非线性时不变系统；(4) 非线性时不变系统；(5) 非线性时变系统。

1.15 (1)、(4)、(5)、(6)、(7)、(8) 线性系统；(2)、(3)、(4)、(5)、(6) 时不变系统；(2)、(3)、(5) 因果系统。

1.16 线性、时变、非因果、可逆。

1.17 $2r(t-1)=2\sin(t-1)u(t-1)$。

1.18 ～ 1.19 略。

1.20 (a)、(b)、(c) 线性时不变、因果系统，(d) 非线性、时不变、因果系统。

第2章

2.1 (a) $2(t-1)\big[u(t-1)-u(t-2)\big]$；
(b) $u(t)+u(t-1)+u(t-2)$；
(c) $2u(t)+(1-t)u(t-1)+3(t-2)u(t-2)-2(t-3)u(t-3)-3u(t-4)$；
(d) $\sin(\pi t)\big[u(t+2)-u(t+1)\big]$。

2.2 ～ 2.3 略。

2.4 略。

2.5 (1) $\dfrac{5}{16}\delta\left(t+\dfrac{1}{2}\right)$；(2) $-\dfrac{\sqrt{3}}{2}\delta\left(t+\dfrac{\pi}{2}\right)$；(3) $e^{-1}\delta(t-3)$；(4) 0；(5) $\delta(t)$；(6) $\delta(t-2)$。

2.6 (1) 0；(2) $\dfrac{1}{2}+\dfrac{\pi}{6}$；(3) -4；(4) -5；(5) 2；(6) 0。

2.7 $\delta(t) - ae^{-at}u(t)$。

2.8 ~ 2.17 略。

2.18 (1)1, $\cos t$；(2)0, $\sin t + \cos t$；(3)1/2, $\dfrac{\cos(2t)}{2}$；(4) $\dfrac{2}{\pi}$，$|\sin(\omega t)| - \dfrac{2}{\pi}$。

2.19 ~ 2.20 略。

2.21 $\dfrac{3}{2}\pi$。

2.22 正交、不完备、非归一化函数集。

2.23 $R(\tau) = \dfrac{1}{2}\cos(\omega\tau)$。

第 3 章

3.1 (1) $y^{(h)}(t) = 2e^{-2t} - e^{-3t}, t \geqslant 0$；(2) $y^{(h)}(t) = 2\cos t, t \geqslant 0$。

3.2 $y(0^+) = 1, y'(0^+) = 3$。

3.3 $y(0^+) = 0, y'(0^+) = 3$。

3.4 $y(t) = 4te^{-2t} - 3e^{-2t} + 6e^{-t} \quad (t \geqslant 0)$。

3.5 $y(t) = -\dfrac{11}{6}e^{-3t} + \dfrac{5}{2}e^{-t} + \dfrac{1}{3} \quad (t \geqslant 0)$。

3.6 (1) $y_{zi}(t) = e^{-t} - e^{-6t}$；(2) $y_{zi}(t) = e^t + 2e^{2t}$；
　　(3) $y_{zi}(t) = 2e^{-2t} - e^{-3t}$；(4) $y_{zi}(t) = (2t+1)e^{-t}$。

3.7 (1) $y_{zi}(t) = (1+3t)e^{-t} (t \geqslant 0)$；

　　(2) $y_{zs}(t) = \left(t - \dfrac{1}{2}t^2\right)e^{-t}u(t)$；

　　(3) $y(t) = \left(-\dfrac{1}{2}t^2 + 4t + 1\right)e^{-t}u(t)$。

3.8 $2 - e^{-t}$。

3.9 (1) $h(t) = 4(e^{-t} - e^{-2t})u(t)$；(2) $h(t) = -10e^{-4t}u(t) + 3\delta(t)$。

3.10 (1) $s(t) = e^{-3t}u(t)$；(2) $h(t) = \delta(t) - 3e^{-3t}u(t)$。

3.11 $h(t) = e^{t-1}u(3-t)$。

3.12 (1) $h(t) = e^{2-t}u(t-2)$；(2) $s(t) = (1 - e^{2-t})u(t-2)$。

3.13 $y_{zs}(t) = (2 - 2e^{-t})u(t)$。

3.14 $y_{zs}(t) = (t-1)u(t-1) - (t-2)u(t-2)$。

3.15 (1) $y_{zs}(t) = (1.5 - 2e^{-t} + 0.5e^{-2t})u(t)$；(2) $y_{zs}(t) = (e^{-t} - e^{-2t})u(t)$。

3.16 瞬态响应 $y_t(t) = -e^{-2t} + e^{-3t}$，稳态响应 $y_s(t) = \cos t + \sin t$，
　　自由响应 $y(t) = -e^{-2t} + e^{-3t}$，强迫响应 $y(t) = \cos t + \sin t$。

3.17 (1) $a = 2, x(t) = 10u(t)$；(2) $3e^{-2t}, t \geqslant 0, 5u(t)$。

3.18 (1) $r(t) = f(t) * f(t) = tu(t) - 2(t-2)u(t-2) + (t-4)u(t-4)$。
　　(2) $r(t) = f(t) * f(t) = tu(t) - 2(t-1)u(t-1) + (t-2)u(t-2)$。
　　(3) $r(t) = f(t) * f(t) = (t-2)u(t-2) - 2(t-3)u(t-3) + (t-4)u(t-4)$。
　　(4) $r(t) = e(t) * e(t-1) = (t-1)u(t-1) - 2(t-2)u(t-2) + (t-3)u(t-3)$。

3.19 (1) $h(t) = u(t-2) - u(t-1)$；(2) $h(t) = u(t) + u(t-2) + u(t-4)$。

3.20 略。

3.21 (1)3；(2) $(t-2)u(t-2)$；
　　(3) $[1 - e^{-(t-t_0)}]u(t-t_0)$；(4) $(6 - e^{-5t})u(t)$；
　　(5) $\delta(t) - 2e^{-2t}u(t)$；(6) $-e^{-1}$。

3.22 略。

第 4 章

4.1 三角形式：$f(t) = \dfrac{E}{2} - \dfrac{E}{\pi} \sum\limits_{n=1}^{+\infty} \dfrac{\sin(n\omega_0 t)}{n}$。

指数形式：$f(t) = \dfrac{E}{2} + \dfrac{jE}{2\pi} \sum\limits_{n=-\infty}^{+\infty} \dfrac{1}{n} e^{jn\omega_0 t}$ $(n \neq 0)$ $F_0 = \dfrac{E}{2}$ $F_n = \dfrac{jE}{2n\pi}$ $(n \neq 0)$。

4.2 $a_0 = a_n = 0$；$b_n = \begin{cases} 0 & (n = 2,4,6,\cdots) \\ \dfrac{4}{n\pi} & (n = 1,3,5,\cdots) \end{cases}$。

$f(t) = \dfrac{4}{\pi}\sin t + \dfrac{4}{3\pi}\sin(3t) + \dfrac{4}{5\pi}\sin(5t) + \cdots$

4.3 $f(t) = 4 + 6\cos(3t) + 2\cos(6t) + 4\cos(9t)$。

4.4 $a_0 = a_n = 0$；

$b_n = \begin{cases} 0 & (n = 2,4,6,\cdots) \\ \dfrac{8}{n^2 \pi^2}(-1)^{\frac{n-1}{2}} & (n = 1,3,5,\cdots) \end{cases}$；

$f(t) = \dfrac{8}{\pi^2} \sum\limits_{n=2k-1}^{+\infty} (-1)^{n+1} \dfrac{1}{n^2} \sin\left(\dfrac{2n\pi}{T}t\right)$ $(k = 1,2,3,\cdots)$。

4.5 (1)(a)$v_2(t)/V = \dfrac{400}{\pi}\sin(\omega_1 t)$；

(b)$v_2(t)/V = 0$；

(c)$v_2(t)/V = \dfrac{400}{3\pi}\sin(3\omega_1 t)$。

(2) 参数 $\tau = 5\ \mu s$，$T = 10\ \mu s$ 时，电路只能从矩形波中选出 100 kHz 和 300 kHz 的正弦分量。

4.6 $F(\omega) = \dfrac{8E}{\omega^2(\tau_2 - \tau_1)} \sin\dfrac{\omega(\tau_2 + \tau_1)}{4} \sin\dfrac{\omega(\tau_2 - \tau_1)}{4}$。

4.7 $F(\omega) = \begin{cases} e^{-j\omega} & (|\omega| \leqslant \pi) \\ 0 & (|\omega| > \pi) \end{cases}$。

4.8 (a)$2j\mathrm{Sa}\left(\dfrac{\omega}{2}\right)\sin\left(\dfrac{\omega}{2}\right)$；　(b)$\dfrac{2j}{\omega}\left[\cos(\omega) - \mathrm{Sa}(\omega)\right]$。

4.9 (a)$f(t) = \dfrac{2}{\pi}\mathrm{Sa}(2t) + \dfrac{1}{\pi}\mathrm{Sa}(t)$；

(b)$f(t) = \dfrac{1}{4}\left\{\mathrm{Sa}\left[\dfrac{\pi(t+1)}{2}\right] + \mathrm{Sa}\left[\dfrac{\pi(t-1)}{2}\right]\right\}$。

4.10 $f(t) = u(t+3) - u(t+1) + u(t-1) - u(t-3)$。

4.11 (1)$\varphi(\omega) = -\omega$；(2)$F(0) = 4$；(3)$\displaystyle\int_{-\infty}^{+\infty} F(\omega)\,d\omega = 2\pi$；

(4) $\dfrac{1}{2}$；(5) 略。

4.12 $\dfrac{X(\omega)}{j\omega} e^{-2j\omega} + \delta(\omega)$。

4.13 (1) $\dfrac{1}{2}F\left(-\dfrac{\omega}{2}\right)e^{-j3\omega}$；(2) $\dfrac{1}{2}F(\omega) + \dfrac{1}{4}\left[F(\omega+2) + F(\omega-2)\right]$；

习题参考答案

(3) $\dfrac{1}{2}\mathrm{j}\,\dfrac{\mathrm{d}F\left(\dfrac{\omega}{2}\right)}{\mathrm{d}\omega}-\dfrac{1}{2}F\left(\dfrac{\omega}{2}\right)$;(4) $-F(\omega)-\omega\,\dfrac{\mathrm{d}F(\omega)}{\mathrm{d}\omega}$。

4.14　$\mathrm{j}\omega\,\dfrac{1}{|a|}F\left(\dfrac{\omega}{|a|}\right)F\left(\dfrac{\omega}{a}\right)\mathrm{e}^{\mathrm{j}\frac{\omega b}{a}}$; $f(0)=\dfrac{1}{2\pi}\displaystyle\int_{-\infty}^{+\infty}F(\mathrm{j}\omega)\,\mathrm{d}\omega$; $F(0)=\displaystyle\int_{-\infty}^{+\infty}f(t)\,\mathrm{d}t$。

4.15　$F(\omega)=\begin{cases}1-\mathrm{e}^{-\mathrm{j}2\omega t} & (|\omega|<\omega_{\mathrm{c}})\\ 0 & (|\omega|>\omega_{\mathrm{c}})\end{cases}$;

　　　　$|F(\omega)|=\begin{cases}2\,|\sin(\omega\tau)| & (|\omega|<\omega_{\mathrm{c}})\\ 0 & (|\omega|<\omega_{\mathrm{c}})\end{cases}$;

　　　　$|F(\omega)|=\begin{cases}2\left|\sin\left(\dfrac{\pi\omega}{\omega_{\mathrm{c}}}\right)\right| & (|\omega|<\omega_{\mathrm{c}})\\ 0 & (|\omega|<\omega_{\mathrm{c}})\end{cases}$。

4.16　$F(\omega)=\dfrac{1}{2}G(\omega-\omega_0)+\dfrac{1}{2}G(\omega+\omega_0)=\dfrac{E\tau}{2}\mathrm{Sa}\left[\dfrac{(\omega-\omega_0)\tau}{2}\right]+\dfrac{E\tau}{2}\mathrm{Sa}\left[\dfrac{(\omega+\omega_0)\tau}{2}\right]$。

4.17　$F(\omega)=E\pi\displaystyle\sum_{n=-\infty}^{+\infty}\mathrm{Sa}^2\left(\dfrac{n\pi}{2}\right)\delta\left(\omega-\dfrac{2n\pi}{\tau}\right)$。

4.18　(1)12 kHz;(2)6 kHz;(3)10 kHz;(4)4 kHz。

4.19　(1)1/3 000 s;(2)1/4 500 s;(3)1/3 500 s。

4.20　768 点。

4.21　略。

4.22　(1)$T_{\max}=\dfrac{1}{3\ 000}$s;

　　　　(2)幅度为 $\dfrac{3}{2}$,周期为 6 000π 的周期梯形信号。

4.23　$F_{\mathrm{s}}(\omega)=\dfrac{\omega_1 E\tau}{T_{\mathrm{s}}}\displaystyle\sum_{m=-\infty}^{+\infty}\sum_{n=-\infty}^{+\infty}\mathrm{Sa}\left(\dfrac{n\omega_1\tau}{2}\right)\delta(\omega-m\omega_{\mathrm{s}}-n\omega_1)$。

4.24　$W=\dfrac{\pi}{\omega_{\mathrm{c}}}$。

4.25　$B_\omega=50$ rad/s, $T_{\mathrm{s}}=\dfrac{\pi}{50}$ s。

第 5 章

5.1　$y(t)=\dfrac{1}{\tau}[u(t)-u(t-\tau)]+\dfrac{2}{\tau}[u(t-\tau)-u(t-2\tau)]+$
　　　　$\dfrac{3}{\tau}[u(t-2\tau)-u(t-3\tau)]$。

5.2　$H(\mathrm{j}\omega)=\dfrac{Y(\mathrm{j}\omega)}{X(\mathrm{j}\omega)}=2-\dfrac{1}{2+\mathrm{j}\omega}$; $h(t)=2\delta(t)-\mathrm{e}^{-2t}u(t)$。

5.3　$h(t)=2\mathrm{e}^{-t}u(t)$; $s(t)=(1-\mathrm{e}^{-2t})u(t)$。

5.4　$y_{\mathrm{zs}}(t)=\left(\dfrac{1}{2}\mathrm{e}^{-t}+\mathrm{e}^{-2t}-\dfrac{3}{2}\mathrm{e}^{-3t}\right)u(t)$。

5.5　$y(t)=2\mathrm{Sa}(2t)\cos\left(4t-\dfrac{\pi}{2}\right)=2\mathrm{Sa}(2t)\sin(4t)$。

5.6　$y(t)=2+2\cos t+2\cos(2t)$。

5.7　$v_2(t)$ 的稳态响应: $\dfrac{10}{\sqrt{17}}\cos(4t-76°)$　$(t>0)$。

5.8 $\quad H(j\omega) = \dfrac{j\omega C_1 + \dfrac{1}{R_1}}{j\omega(C_1 + C_2) + \dfrac{1}{R_1} + \dfrac{1}{R_2}}$;

该系统是无失真传输系统应满足条件:$R_1C_1 = R_2C_2$。

5.9 $\quad y(t) = \sin(\omega_0 t)$,不是无失真传输系统。

5.10 略。

5.11 略。

5.12 $\quad \omega_c = a$。

5.13 $\quad H(j\omega) = \dfrac{V_2(j\omega)}{V_1(j\omega)} = \dfrac{1}{1 - \omega^2 LC + j\omega\dfrac{L}{R}} = \dfrac{2\omega_c}{\sqrt{3}} \cdot \dfrac{\dfrac{\sqrt{3}}{2}\omega_c}{\left(\dfrac{\omega_c}{2} + j\omega\right)^2 + \left(\dfrac{\sqrt{3}}{2}\omega_c\right)^2}$;

$h(t) = F^{-1}\left[H(j\omega)\right] = \dfrac{2\omega_c}{\sqrt{3}} e^{-\frac{\omega_c t}{2}} \sin\left(\dfrac{\sqrt{3}}{2}\omega_c t\right)$;

$t < 0$ 时,$h(t) = 0$,因此该系统是物理可实现的因果系统。

5.14 略。

5.15 $\quad Y(j\omega) = \dfrac{1}{4}\left[F(\omega + 20) + F(\omega - 20)\right] \cdot \left[u(\omega + 20) - u(\omega - 20)\right]$;

画图略。

5.16 $\quad X_4(j\omega) = u(\omega + 75) - u(\omega + 50) + u(\omega - 50) - u(\omega - 75)$;

画图略。

5.17 $\quad y(t) = \left[A + f(t)\right]\cos(100t) =$

$\left\{2 + \displaystyle\sum_{n=-\infty}^{+\infty}\left[u(t + \dfrac{\pi}{2} - 2n\pi) - u(t - \dfrac{\pi}{2} - 2n\pi)\right]\right\}\cos(100t)$;

$Y(j\omega) = 2\pi\left[\delta(\omega + 100) + \delta(\omega - 100)\right] +$

$\dfrac{\pi}{2}\displaystyle\sum_{n=-\infty}^{+\infty}\mathrm{Sa}\left(\dfrac{n\pi}{2}\right)\left[\delta(\omega - n + 100) + \delta(\omega - n - 100)\right]$。

5.18 $\quad H_1(j\omega)$:99.7 kHz $< f_1 <$ 100.3 kHz,$f_h >$ 103.4 kHz;

$H_2(j\omega)$:9 899.7 kHz $< f_1 <$ 10 100.3 kHz,$f_h >$ 10 103.4 kHz。

其中 f_h 和 f_1 分别表示带通滤波器的上、下截止频率。

5.19 $\quad T_{\max} = \dfrac{5}{12}$ ms。

第 6 章

6.1 $\quad$ (1) $\dfrac{1}{s} - \dfrac{1}{s+1} = \dfrac{1}{s(s+1)}$,$\mathrm{Re}[s] > 0$; $\qquad$ (2) $\dfrac{2}{s(s+1)(s+2)}$,$\mathrm{Re}[s] > 0$;

$\quad$ (3) $\dfrac{2s+3}{s^2+1}$,$\mathrm{Re}[s] > 0$; $\qquad\qquad\qquad$ (4) $\dfrac{s-2}{\sqrt{2}(s^2+4)}$,$\mathrm{Re}[s] > 0$;

$\quad$ (5) $\dfrac{2s}{s^2-1}$,$\mathrm{Re}[s] > 1$; $\qquad\qquad\qquad$ (6) $\dfrac{2}{(s+1)^2+4}$,$\mathrm{Re}[s] > 0$;

$\quad$ (7) $\dfrac{1}{(s+2)^2}$,$\mathrm{Re}[s] > 0$; $\qquad\qquad\qquad$ (8) $\dfrac{2s+1}{s+1}$,$\mathrm{Re}[s] > -1$。

6.2 $\quad$ (a) $\dfrac{1}{s}$,$\mathrm{Re}[s] > 0$; $\quad$ (b) $\dfrac{(1 - e^{-s})^2}{s}$,$\mathrm{Re}[s] > 0$;(c) $\dfrac{1}{s^2}$,$\mathrm{Re}[s] > 0$;

(d) $\dfrac{Ts - 1 + \mathrm{e}^{-sT}}{Ts^2}$, $\mathrm{Re}[s] > 0$; (e) $\dfrac{2(1 - \mathrm{e}^{-\frac{T}{2}s})^2}{Ts^2}$, $\mathrm{Re}[s] > 0$;

(f) $\dfrac{\pi(1 + \mathrm{e}^{-s})}{s^2 + \pi^2}$, $\mathrm{Re}[s] > 0$。

6.3 (1) $\dfrac{1 - \mathrm{e}^{-2s}}{s + 1}$;   (2) $\dfrac{1 - \mathrm{e}^{-2(s+1)}}{s + 1}$;   (3) $\dfrac{\pi(1 + \mathrm{e}^{-s})}{s^2 + \pi^2}$;

    (4) $\dfrac{\pi(1 - \mathrm{e}^{-s})}{s^2 + \pi^2}$;   (5) $\dfrac{1}{4}\mathrm{e}^{-\frac{s}{2}}$;   (6) $\dfrac{s}{s^2 + 9}\mathrm{e}^{-\frac{2}{3}s}$;

    (7) $\dfrac{2 - s}{\sqrt{2}(s^2 + 4)}$;   (8) $\dfrac{2}{s^2 + 4} \cdot \mathrm{e}^{-\frac{\pi}{8}s}$;   (9) $\dfrac{\pi}{s(s^2 + \pi^2)}$;

    (10) $\dfrac{s^2\pi}{s^2(s^2 + \pi^2)}$;   (11) $\dfrac{s^2\pi}{s^2 + \pi^2}$;   (12) $\dfrac{-\pi^3}{s^2 + \pi^2}$;

    (13) $\dfrac{2}{(s + 2)^3}$;   (14) $\dfrac{s + 2}{(s + 1)^2}\mathrm{e}^{-(s-2)}$;   (15) $\dfrac{s + 2}{(s + 1)^2}\mathrm{e}^{-(s-2)}$;

    (16) $\dfrac{(s + a)^2 - \beta^2}{[(s + a)^2 + \beta^2]^2}$。

6.4 (1) $\dfrac{2}{4s^2 + 6s + 3}$;   (2) $\dfrac{2\mathrm{e}^{-\frac{1}{2}(s+3)}}{s^2 + 4s + 7}$;

    (3) $\dfrac{2s + 1}{(s^2 + 2s + 7)^2}$;   (4) $\dfrac{s^2 + 2s}{(s^2 - 2s + 4)^2}\mathrm{e}^{-\frac{s}{2}}$。

6.5 略。

6.6 (1) $f(0^+) = 2, f(+\infty) = 0$; (2) $f(0^+) = 3, f(+\infty) = 1$。

6.7 (a) $\dfrac{1}{1 + \mathrm{e}^{-\frac{T}{2}s}}$;   (b) $\dfrac{\dfrac{\beta}{s^2 + \beta^2}}{1 - \mathrm{e}^{-\frac{\pi}{\beta}s}}$;

    (c) $\dfrac{1 - \mathrm{e}^{\frac{-T}{2}s}}{s(1 + \mathrm{e}^{\frac{-T}{2}s})}$;   (d) $\dfrac{1}{s(1 + \mathrm{e}^{-\frac{T}{2}s})}$。

6.8 (1) $f(t) = \dfrac{1}{2}(\mathrm{e}^{-2t} - \mathrm{e}^{-4t})u(t)$;   (2) $f(t) = (2\mathrm{e}^{-4t} - \mathrm{e}^{-2t})u(t)$;

    (3) $f(t) = \delta(t) + (2\mathrm{e}^{-t} - \mathrm{e}^{-2t})u(t)$;   (4) $f(t) = (\dfrac{2}{3} + \mathrm{e}^{-2t} - \dfrac{2}{3}\mathrm{e}^{-3t})u(t)$;

    (5) $f(t) = [1 + \sqrt{2}\sin(2t - 45^0)]u(t)$; (6) $f(t) = [\mathrm{e}^{-t} + 2\sin(2t)]u(t)$;

    (7) $f(t) = [1 - (1 - t)\mathrm{e}^t]u(t)$;   (8) $f(t) = (\mathrm{e}^{-t} + t - 1)u(t)$;

    (9) $f(t) = [1 - \mathrm{e}^{-t}\cos(2t)]u(t)$;   (10) $f(t) = t\cos(2t)u(t)$;

    (11) $f(t) = \left[\mathrm{e}^{-t} - \dfrac{2}{\sqrt{3}}\mathrm{e}^{-\frac{1}{2}t}\cos\left(\dfrac{\sqrt{3}}{2}t + \dfrac{\pi}{6}\right)\right]u(t)$;

    (12) $f(t) = \left[\mathrm{e}^{-t} - \dfrac{\sqrt{5}}{2}\cos(2t + 26.6°)\right]u(t)$。

6.9 (1) $f(t) = \mathrm{e}^{-t}\varepsilon(t) - \mathrm{e}^{-(t-T)}u(t - T)$;

    (2) $f(t) = tu(t) - 2(t - 1)u(t - 1) + (t - 2)u(t - 2)$;

    (3) $f(t) = \mathrm{e}^{-3t}u(t - 2)$;

    (4) $f(t) = \mathrm{e}^t u(t - 1)$;

    (5) $f(t) = \sin(\pi t)[u(t) - u(t - 1)]$;

    (6) $f(t) = \sin(\pi t)[u(t) - u(t - 2)]$。

6.10   (1) $f_0(t) = \delta(t) - \delta(t - 1)$;   (2) $f_0(t) = u(t) - u(t - 2)$;

$$(3) f_0(t) = \begin{cases} \sin(\pi t) & (0 \leqslant t < 1) \\ 0 & (1 \leqslant t < 2) \end{cases}; \qquad (4) f_0(t) = \sin(\pi t) \left[u(t) - u(t-1) \right]。$$

6.11 　$(1) y(t) = \dfrac{1}{2}(1 + e^{-2t}) u(t)$；　$(2) y(t) = \dfrac{1}{4}\left[e^{-2t} + \sqrt{2} \sin(2t - 45°) \right] u(t)$。

6.12 　(1) 零状态响应 $\left(\dfrac{1}{2} - \dfrac{3}{2} e^{-2t} + e^{-3t} \right) u(t)$，零输入响应 $(5e^{-2t} - 4e^{-3t}) u(t)$；

　　　(2) 零状态响应 $\left(\dfrac{3}{2} e^{-t} - 3 e^{-2t} + \dfrac{3}{2} e^{-3t} \right) u(t)$，零输入响应 $(e^{-2t} - e^{-3t}) u(t)$。

6.13 　(1) 零输入响应为：$y_{zi1}(t) = (2 - e^{-3t}) u(t)$，$y_{zi2}(t) = (1 + e^{-3t}) u(t)$，在输入 $f(t) = 0$ 的情况下，零状态响应 $y_{zs1}(t) = y_{zs2}(t) = 0$；

　　　(2) 零状态响应为：$y_{zi1}(t) = (2 - e^{-3t} - e^{-t}) u(t)$，$y_{zi2}(t) = (1 + e^{-3t} - 2e^{-t}) u(t)$，在初始状态 $y_1(0^-) = y_2(0^-) = 0$ 的情况下，零输入响应 $y_{zs1}(t) = y_{zs2}(t) = 0$。

6.14 　$(1) \dfrac{1}{2} u(t) + \dfrac{1}{2} e^{-2t} u(t)$；　　　　　　　$(2) e^{-2t} u(t)$；

　　　$(3) (1 - t) e^{-2t} u(t)$；　　　　　　　　$(4) \dfrac{1}{4}(2t + 1 - e^{-2t}) u(t)$。

6.15 　$(1) y_{zi}(t) = (e^{-t} - e^{-2t}) u(t)$，$y_{zs}(t) = (2 - 3e^{-t} + e^{-2t}) u(t)$；

　　　$(2) y_{zi}(t) = (3e^{-t} - 2e^{-2t}) u(t)$，$y_{zs}(t) = \left[3e^{-t} - (2t + 3) e^{-2t} \right] u(t)$。

6.16 　(1) 零输入响应 $y_{zi}(t) = (4e^{-t} - 3e^{-2t}) u(t)$，

　　　零状态响应 $y_{zs}(t) = (2 - 3e^{-t} + e^{-2t}) u(t)$。

　　　(2) 零输入响应 $y_{zi}(t) = (3e^{-t} - 2e^{-2t}) u(t)$，

　　　零状态响应 $y_{zs}(t) = \left[3e^{-t} - (2t + 3) e^{-2t} \right] u(t)$。

6.17 　(1) 冲激响应 $h(t) = (3e^{-3t} - 2e^{-2t}) u(t)$，阶跃响应 $s(t) = (2e^{-t} - e^{-3t} - 1) u(t)$；

　　　(2) 冲激响应 $h(t) = \dfrac{2}{\sqrt{3}} e^{-\frac{t}{2}} \cos\left(\dfrac{\sqrt{3}}{2} t - \dfrac{\pi}{6} \right) u(t)$，

　　　阶跃响应 $s(t) = \left[1 - \dfrac{2}{\sqrt{3}} e^{-\frac{t}{2}} \cos\left(\dfrac{\sqrt{3}}{2} t - \dfrac{5\pi}{6} \right) \right] u(t)$。

6.18 　$(1) y_{zi}(t) = (4e^{-2t} - 3e^{-3t}) u(t)$；

　　　$(2) y_{zi}(t) = \dfrac{1}{2} \sin(2t) u(t)$；

　　　$(3) y_{zi}(t) = (3 - 3e^{-t} + e^{-2t}) u(t)$。

6.19 　$f(t) = \left(1 + \dfrac{1}{2} e^{-2t} \right) u(t)$。

6.20 　$s(t) = (1 - e^{-2t} + 2e^{-3t}) u(t)$。

6.21 　$(1) y_{zi}(t) = (3e^{-t} - 2e^{-2t}) u(t)$；$y_{zs}(t) = (e^{-t} - e^{-2t} + e^{-3t}) u(t)$；

　　　$y(t) = y_{zi}(t) + y_{zs}(t) = (4e^{-t} - 3e^{-2t} + e^{-3t}) u(t)$；

　　　$(2) y_{zi}(t) = 0$，$y_{zs}(t) = (2te^{-t} + e^{-2t}) u(t)$；

　　　$y(t) = y_{zi}(t) + y_{zs}(t) = (2 + e^{-t} + e^{-2t}) u(t)$。

6.22 　$h(t) = \dfrac{1}{2}(1 - e^{-2t}) u(t)$。

6.23 　$h_3(t) = 3\delta(t) - 8e^{-4t} u(t)$。

6.24 　$(1) h(t) = \dfrac{1}{3}(2 + e^{-3t}) u(t)$；

　　　$(2) h(t) = \delta(t) + \delta(t - T) + \delta(t - 2T) + \cdots = \displaystyle\sum_{k=0}^{+\infty} \delta(t - kT)$。

6.25 $h_2(t) = -5\delta(t)$。

6.26 $a = -5, b = -6, c = 6$。

6.27 $y_{zi}(t) = (2e^{-t} - e^{-2t})u(t)$。

6.28 (1) $y_3(t) = (e^{-t} + 2e^{-2t})u(t)$；

(2) $y_4(t) = (1 + e^{-t})u(t) - u(t-1)$。

6.29 (1) $y_{zs}(t) = (1 - 2e^{-t})u(t)$；   (2) $y_{zs}(t) = (e^{-t} - \cos t)u(t)$。

6.30 略。

6.31 $s(t) = \sum_{n=0}^{+\infty} \sin\pi(t-n)u(t-n)$。

6.32 (1) $H(s) = \dfrac{1}{2}(1 + e^{-s})$，稳定；(2) $H(s) = \dfrac{s}{s+1}$，稳定；

(3) $H(s) = \dfrac{1}{s^2 + s}$，临界稳定；(4) $H(s) = \dfrac{2}{s^2 + 3s + 2}$，稳定。

6.33 (1) 稳定；(2) $H(s) = \dfrac{2s}{(s+1)(s+2)}$；(3) $h(t) = (4e^{-2t} - 2e^{-t})u(t)$。

第7章

7.1 略。

7.2 (1) $v(t)/V = R(1 - e^{-\frac{t}{RC}})u(t)$；(2) $v(t)/V = \dfrac{1}{C}e^{-\frac{t}{RC}}u(t)$。

7.3 (1) 阶跃响应 $i(t) = \dfrac{1}{\omega L}e^{-\alpha t}\sin(\omega t)$；

(2) 零输入响应 $i(t) = -\dfrac{U_0}{\omega L}e^{-\alpha t}\sin(\omega t)$，其中，$\omega = \sqrt{\omega_0^2 - \alpha^2}$，$\omega_0 = \dfrac{1}{\sqrt{LC}}$，$\alpha = \dfrac{R}{2L}$。

7.4 $i(t) = \dfrac{1}{2}\delta(t) + \dfrac{1}{2\sqrt{2}}\sin\left(\dfrac{1}{\sqrt{2}}t\right)u(t)$。

7.5 (a) $v_{zs}(t)/V = \sin(2t)u(t)$；(b) $v_{zs}(t)/V = \dfrac{2}{\sqrt{3}}e^{-t}\sin(\sqrt{3}t)u(t)$。

7.6 (1) $v_{C_{zs}}(t)/V = \dfrac{2}{3}(e^{-5t} - e^{-20t})u(t)$；

(2) $v_{C_{zs}}(t)/V = 10e^{-10t}u(t)$；

(3) $v_{C_{zs}}(t)/V = \dfrac{5}{4}e^{-50t}\sin(8t)u(t)$。

7.7 (1) $v_{C_{zi}}(t)/V = (2e^{-20t} - e^{-5t})u(t)$；

(2) $v_{C_{zi}}(t)/V = (1 - 20t)e^{-10t}u(t)$；

(3) $v_{C_{zi}}(t)/V = \sqrt{5}e^{-6t}\sin(8t + 63.4°)u(t)$。

7.8 系统函数为 $H(s) = \dfrac{-\dfrac{1}{6}}{s + \dfrac{1}{3}} + \dfrac{\dfrac{1}{2}}{s+1}$，则冲激响应 $h(t) = \dfrac{1}{6}(3e^{-t} - e^{-\frac{t}{3}})u(t)$。

阶跃响应 $s(t) = \displaystyle\int_{-\infty}^{t} h(\tau)d\tau = \dfrac{1}{2}(e^{-\frac{t}{3}} - e^{-t})u(t)$。

7.9 $i(t) = \dfrac{2}{3}V_0\delta(t) + \dfrac{1}{9}V_0 e^{-\frac{t}{3}}u(t)$ A，$v_R(t) = \dfrac{1}{3}V_0 e^{-\frac{t}{3}}u(t)$。

7.10 $h(t) = 2\delta'(t) - 2\delta(t) + 2e^{-t}u(t)$，$s(t) = 2\delta(t) - 2e^{-t}u(t)$。

7.11　(1) 系统函数 $H(s) = \dfrac{1 - \dfrac{2}{s}}{1 + \dfrac{2}{s}} = \dfrac{s-2}{s+2}$;

　　　(2) 冲激响应 $h(t) = \delta(t) - 4e^{-2t}u(t)$,阶跃响应 $s(t) = (2e^{-2t} - 1)u(t)$;

　　　(3) $y_{zs}(t) = (2e^{-2t} - 1)u(t) - [2e^{-2(t-1)} - 1]u(t-1)$;

　　　(4) $y_{zs}(t) = (1 - t - e^{-2t})u(t) + [t - 1 - 3e^{-2(t-2)}]u(t-2)$.

7.12　系统函数 $H(s) = \dfrac{V_2(s)}{V_1(s)} = \dfrac{1}{2s^2 + 2\sqrt{2}s + 2}$;

　　　阶跃响应 $s(t) = \dfrac{1}{2}\left[1 - \sqrt{2}\,e^{-\frac{1}{\sqrt{2}}t}\cos\left(\dfrac{\sqrt{2}}{2}t - \dfrac{\pi}{4}\right)\right]u(t)$.

7.13　系统函数 $H(s) = \dfrac{V_2(s)}{V_1(s)} = \dfrac{K}{s^2 + (s-K)s + 1} = \dfrac{3-\sqrt{2}}{s^2 + \sqrt{2}s + 1}$;

　　　阶跃响应 $s(t) = (\sqrt{2} - 3)\left[\sqrt{2}\,e^{-\frac{1}{\sqrt{2}}t}\cos\left(\dfrac{1}{\sqrt{2}}t - \dfrac{\pi}{4}\right) - 1\right]u(t)$.

7.14　$i_R(t) = (1 - 2e^{-t}\sin t)u(t)$.

7.15　$i_1(t) = \dfrac{1}{2}(1 + e^{-t}\cos t - e^{-t}\sin t)u(t)$.

7.16　(1) 电压转移函数 $H(s) = \dfrac{V_0(s)}{V_1(s)} = \dfrac{k}{s^2 + (3-k)s + 1}$;

　　　(2) 根据罗斯判据,只有当 $3-k > 0$ 时,即 $k < 3$ 时,系统稳定。当 $k=3$ 时,$H(s) = \dfrac{3}{s^2 + 1}$,冲激响应为 $h(t) = 3\sin tu(t)$。

7.17　系统函数 $H(s) = \dfrac{2s^2}{s+1} = 2s - 2 + \dfrac{2}{s+1}$;

　　　单位冲激响应 $h(t) = 2\delta'(t) - 2\delta(t) + 2e^{-t}u(t)$。

信号与系统期末综合模拟测试(A 卷)

一、选择题

1. C　　　2. A　　　3. B　　　4. D　　　5. A

6. A　　　7. A　　　8. D　　　9. D　　　10. D

二、简答题

1.(1)$h(t) = \delta(t+1) + \delta(t-1)$;

　(2) 该系统是非因果系统,失真系统。

2.$y(t) = 3 - 2\sin(t) + \sin(2t)$。

3.(1) 稳定系统;

　(2) $H(s) = \dfrac{3(s+1)}{(s+1)^2 + 4}$。

4.(1)$H(s) = \dfrac{2ks}{s^2 + (4-2k)s + 4}$;

　(2)$k < 2$ 时,系统稳定。

三、计算题

1.(1)$y_2(t) = y_1(t) + 2y_1(t-1)$。

　(2)

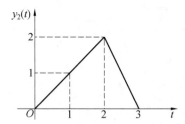

2.(1)$N \leqslant 8$;

(2)$y_2(t) = \sum_{n=3}^{4} \frac{1}{2^n} \cos(12nt) = \frac{1}{8}\cos(36t) + \frac{1}{16}\cos(48t)$。

3.(1)$X(j\omega) = 0.5\pi[u(\omega+13) - u(\omega+7) + u(\omega-7) - u(\omega-13)]$;

(2)带通滤波器;输出信号 $y(t) = 0.5\pi[\cos(8t) + 0.5\cos(12t)]$。

四、综合题

1.(1)$H(s) = Y(s)/X(s) = \dfrac{s-1}{s^2+2s+p(2-p)} = \dfrac{s-1}{(s+p)(s+2-p)}$;

(2)$0 < p < 2$;

(3)$h(t) = L^{-1}H(s) = \dfrac{1}{2}\left[5e^{-\frac{3}{2}t} - 3e^{-\frac{1}{2}t}\right]u(t)$。

2.(1)A、B、C、D 各点频谱图分别如下图所示。

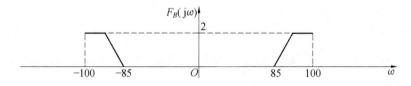

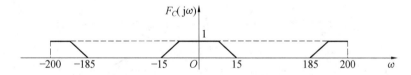

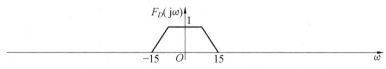

（2）不会产生变化,带通滤波更改后变为上边带调制,解调系统相同。

信号与系统期末综合模拟测试(B 卷)

一、选择题

1. C   2. B   3. B   4. A   5. A
6. B   7. C   8. A   9. D   10. B

二、简答题

1. 证明：

$$s(t) = \int_{-\infty}^{t} h(\tau)\mathrm{d}\tau, \text{当 } t \to \infty \text{ 时有}$$

$$s(\infty) = \int_{-\infty}^{\infty} h(t)\mathrm{d}t$$

$$H(\omega) = \int_{-\infty}^{\infty} h(t)\mathrm{e}^{-\mathrm{j}\omega t}\mathrm{d}t$$

当 $\omega = 0$ 时有

$$H(0) = \int_{-\infty}^{\infty} h(t)\mathrm{d}t = s(\infty)$$

2.

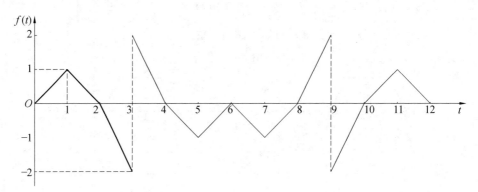

3. ① 部分代表通带，② 部分代表过渡带，③ 部分代表阻带，④ 部分代表通带波纹，⑤ 部分代表阻带噪声。

4.

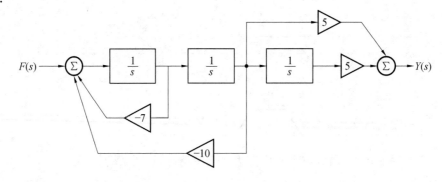

三、计算题

1.（1）

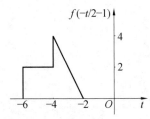

（2）该系统为线性、时变、非因果系统。

2.（1）$H(s) = \dfrac{Y(s)}{F(s)} = \dfrac{s^2 + (K+4)s + 3K + 3}{s^2 + 3s + 2 - K}$；

（2）$K < 2$ 时，系统稳定。

3.$v(t) = 2e^{-t}u(t) + 0.5e^{-3t}u(t)$；

瞬态分量：$(2e^{-t} + 0.5e^{-3t})u(t)$；　　稳态分量：0。

四、综合题

1.（1）$h(t) = u(t) - u(t-2)$；

（2）冲激响应绝对可积（积分面积为 2），是稳定系统；

（3）$H(j\omega) = 2\mathrm{Sa}(\omega)e^{-j\omega}$。

2.（1）

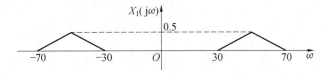

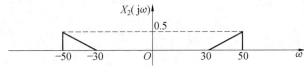

（2）$\omega_0 = 50$，$20 \leqslant \omega_\mathrm{C} \leqslant 80$（把 $\leqslant$ 写成 $<$ 也可以）。

信号与系统期末综合模拟测试（C 卷）

一、选择题

1.C　　2.A　　3.C　　4.D　　5.B

二、简答题

1.（a）和（b），（c）。

2.$a = -2$，$b = -2$。

3.（1）高通；（2）带通；（3）带阻。

4.

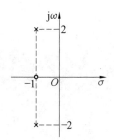

5. $f(t) = 0.5 + \sum\limits_{n=1}^{+\infty} \left[2^{-n}\cos(200\pi nt) + 3^{-n}\sin(200\pi nt) \right]$;

直流分量:0.5;

交流分量:$\sum\limits_{n=1}^{+\infty} \left[2^{-n}\cos(200\pi nt) + 3^{-n}\sin(200\pi nt) \right]$;

偶分量:$f_e(t) = 0.5 + \sum\limits_{n=1}^{+\infty} \left[2^{-n}\cos(200\pi nt) \right]$;

奇分量:$f_o(t) = \sum\limits_{n=1}^{+\infty} \left[3^{-n}\sin(200\pi nt) \right]$。

三、计算题

1.(1) 时域乘积相当于频域卷积,两个有限长函数卷积后长度为二者和,因此频谱范围是 $0 \sim 3\omega_0$;

(2)$\omega_s \geqslant 6\omega_0$,$T_s \leqslant \dfrac{2\pi}{6\omega_0}$;

(3)$3\omega_0 < \omega_C < 7\omega_0$。

2.(1)$h(t) = \delta(t-t_0) - 80\mathrm{Sa}[80\pi(t-t_0)]$;

(2)$y_s(t) = 0.2\cos[120\pi(t-t_0)]$。

四、综合题

1.(1) $h(t) = \dfrac{\mathrm{d}}{\mathrm{d}t}g(t) = 2\mathrm{e}^{-2t}u(t)$;

(2) $H(s) = \dfrac{2}{s+2}$;

(3) $e(t) = \left(1 - \dfrac{1}{2}\mathrm{e}^{-2t}\right)u(t)$。

2.(1)$h(t) = \mathrm{Sa}[\pi(t-1)]$;

(2)$\mathscr{F}\{\mathrm{Sa}[\pi(t-1)]\} = [u(\omega+\pi) - u(\omega-\pi)]\mathrm{e}^{-\mathrm{j}\omega} = H(\mathrm{j}\omega)$。

(3)

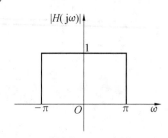
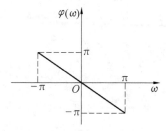

3.(1)$H(s) = \dfrac{Y(s)}{F(s)} = \dfrac{2s+1}{s^2+5s+6}$;

$$h(t) = (-3e^{-2t} + 5e^{-3t})u(t);$$

（2）

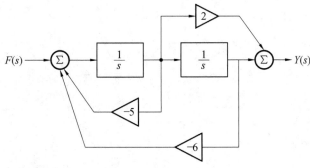

（3）系统稳定；

（4）$H(\omega) = \dfrac{2(j\omega) + 1}{(j\omega)^2 + 5(j\omega) + 6}$。

信号与系统期末综合模拟测试（D 卷）

一、判断题

1. （1）×，（2）√
2. （1）√，（2）×
3. （1）√，（2）×，（3）√
4. （1）√，（2）√，（3）×

二、画图题

1.

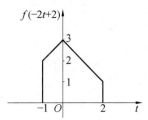

2.

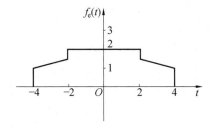 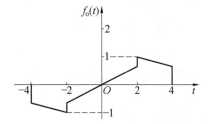

3.

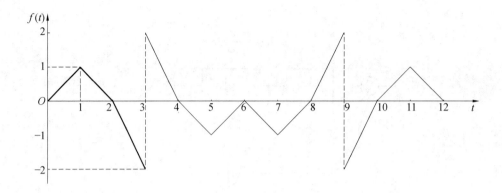

4.

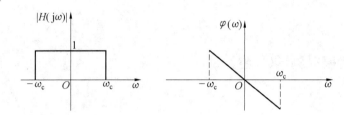

5.

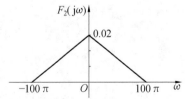

三、计算题

1.(1) 奈奎斯特频率 $f_s = 100$ Hz,奈奎斯特间隔 $T_s = 0.01$ s。

(2) $\mathscr{F}[\mathrm{Sa}^2(50\pi t)] = \dfrac{1}{5\,000\pi}[r(\omega+100\pi) - 2r(\omega) + r(\omega-100\pi)]$。

(3)

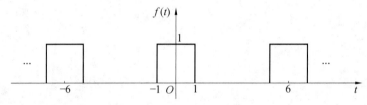

2.(1) $h_1(t) = \underline{u(t)}, h_2(t) = \underline{\delta(t-1)}, h_3(t) = \underline{\delta(t+2)}$;

(2) $h(t) = u(t) + u(t-1) + u(t+1)$;

(3) A:是;B:否;C:否。

四、综合题

1. (1) $F(0)=1$;

(2)

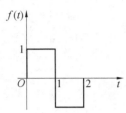

(3) $X(\omega)=2\mathrm{j}\mathrm{Sa}\left(\dfrac{\omega}{2}\right)\sin(0.5\omega)\mathrm{e}^{-\mathrm{j}\omega}=\dfrac{4\mathrm{j}}{\omega}\sin^2\left(\dfrac{\omega}{2}\right)\mathrm{e}^{-\mathrm{j}\omega}$ 或 $\dfrac{2\mathrm{j}}{\omega}(1-\cos\omega)\mathrm{e}^{-\mathrm{j}\omega}$。

2. 零输入响应 $y_{zi}(t)=\mathrm{e}^{-2t}u(t)$;

零状态响应 $y_{zs}(t)=0.25\sin(2t-2)u(t-1)-0.25\cos(2t-2)u(t-1)$
$$+0.25\mathrm{e}^{-2(t-1)}u(t-1);$$

暂态响应 $0.25\mathrm{e}^{-2(t-1)}u(t-1)+\mathrm{e}^{-2t}u(t)$;

稳态响应 $0.25\sin(2t-2)u(t-1)-0.25\cos(2t-2)u(t-1)$。

五、实验题

1.

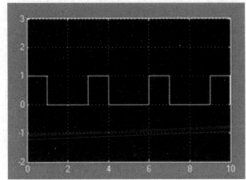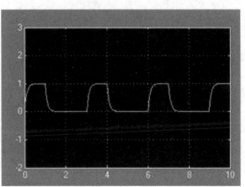

2. 输出信号示波器显示的波形的上升、下降时间会进一步减小,波形失真更小,因为时间常数变小了。

信号与系统期末综合模拟测试(E卷)

一、填空题

1. $\dfrac{\sqrt{2}}{2}$。

2. $\dfrac{\pi}{8}$。

3. $\dfrac{2}{\pi}$。

4. $\delta(t)+h_1(t)+h_1(t)*h_1(t)$。

5. $-\delta(t)$。

6. $\dfrac{1-\mathrm{e}^{-2(s+2)}}{s+2}$。

7. $\dfrac{200}{\pi}$。

8. $\dfrac{5}{\pi}+\mathrm{e}^{-2t}u(t)-\mathrm{e}^{-3t}u(t)$。

9. $\displaystyle\sum_{n=0}^{\infty}u(t-0.5n)$。

10. $\dfrac{1}{4}[1-\cos(2t)]u(t)-\dfrac{1}{4}[1-\cos(2t-4)]u(t-2)$。

二、简答题

1.

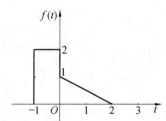

2.

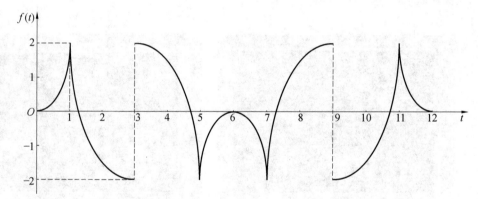

3. (1)$\sqrt{}$ ，(2)$\times$，(3)$\sqrt{}$，(4)$\times$，(5)$\times$。

4. $y(t)=T[f(t)]=5H(\mathrm{j}0)+3H(\mathrm{j}2)\cos 2t+H(\mathrm{j}5)\cos 5t=10+12\cos 2t\quad(-\infty<t<+\infty)$。

三、计算题

1. $f(t)=\dfrac{2}{t}(\cos\omega_0 t-1)$ 或 $-\dfrac{4}{t}\sin^2(\dfrac{\omega_0 t}{2})$。

2. (1)$Y(\omega)=-\dfrac{2}{\pi}\displaystyle\sum_{n=-\infty}^{\infty}\dfrac{A(\omega-2n\omega_0)}{4n^2-1}$；

    (2)$g(t)=\dfrac{2}{\pi}Ka(t-t_0)$。

四、综合题

1. (1)$h(t)=(2\mathrm{e}^{-t}-2\mathrm{e}^{-2t})u(t)$， $g(t)=(-2\mathrm{e}^{-t}+\mathrm{e}^{-2t}+1)u(t)$；

    (2)$u_c(t)=2(t\mathrm{e}^{-t}+\mathrm{e}^{-2t}-\mathrm{e}^{-t})u(t)$。

2. (1) $y_{zi}(t)=(5\mathrm{e}^{-t}-3\mathrm{e}^{-2t})u(t)$；

    $y_{zs}(t)=(-0.5\mathrm{e}^{-t}+6\mathrm{e}^{-2t}-5.5\mathrm{e}^{-3t})u(t)$；

（2）$H(s) = \dfrac{Y_{zs}(s)}{F(s)} = \dfrac{5s+4}{s^2+3s+2}$，系统稳定。

$$h(t) = \mathscr{L}^{-1}\big[H(s)\big] = (-e^{-t} + 6e^{-2t})u(t)。$$

五、实验题

（1）相移是由于实际 RC 低通滤波器 Transfer Fcn 不是理想低通；

$$H(j\omega) = \dfrac{a}{j\omega + a} = \dfrac{a(a - j\omega)}{a^2 + \omega^2}\ (a > 0)；$$

$$\varphi(\omega) = -\arctan(\omega/a)；$$

由于反正切函数是单调上升的，因此 a 从 $1\,000$ 减小到 500 时，ω/a 增大，$|\varphi(\omega)|$ 也会增加，因此相移会变大。

（2）$f_0(t) = \dfrac{1}{2}\sin(100\pi t)$；

（3）$50\ \mathrm{Hz} < f_c < 950\ \mathrm{Hz}$。

参考文献

[1]郑君里,杨启珩,杨为理. 信号与系统(上册)[M]. 3版.北京:高等教育出版社,2011.

[2]贾永兴,朱莹. 信号与系统[M]. 北京:清华大学出版社,2021.

[3]陈后金,胡建,薛健,等. 信号与系统[M]. 3版.北京:高等教育出版社,2020.

[4]奥本海姆. 信号与系统[M]. 刘树堂,译.2版.北京:电子工业出版社,2014.

[5]宋琪,陆兰兰. 信号与系统学习与考研指导[M]. 武汉:华中科技大学出版社,2018.

[6]王宝祥. 信号与系统[M]. 哈尔滨:哈尔滨工业大学出版社,2000.

[7]徐亚宁,苏启常. 信号与系统[M]. 2版.北京:电子工业出版社,2007.

[8]燕庆明. 信号与系统[M].4版.北京:高等教育出版社,2008.

[9]燕庆明. 信号与系统教程[M]. 2版.北京:高等教育出版社,2007.

[10]范世贵. 常见题型解析及模拟题[M]. 2版.西安:西北工业大学出版社,2001.

[11]陈后金. 信号与系统学习指导及习题精解[M]. 北京:清华大学出版社,2005.

[12]张德民,胡庆. 信号与系统分析[M]. 北京:高等教育出版社,2006.

[13]许庆山,张志文,刘荣济. 信号与系统(上册)[M]. 北京:航空工业出版社,1992.

[14]张建奇,张增年,陈琢,等. 信号与系统[M]. 杭州:浙江大学出版社,2006.

[15]金波. 信号与系统基础[M]. 武汉:华中科技大学出版社,2006.

[16]杨林耀. 信号与系统[M]. 北京:中国人民大学出版社,2006.

[17]段哲民,范世贵. 信号与系统[M]. 2版.西安:西北工业大学出版社,2005.

[18]廖继红. 信号与系统[M]. 2版.北京:电子工业出版社,2004.

[19]宗伟,李培芳,盛惠兴. 信号与系统分析[M]. 北京:中国电力出版社,2004.

[20]赵录怀,高金峰,刘崇新,等. 信号与系统分析[M]. 北京:高等教育出版社,2003.

[21]王应生,徐亚宁. 信号与系统分析[M]. 北京:电子工业出版社,2003.

[22]曾禹村,张宝俊,沈庭芝,等. 信号与系统分析[M]. 北京:北京理工大学出版社,2003.

[23]GURUNG J B. Signals and Systems[M]. New Delhi,India:PHI Learning Private Limited,2009.

[24]NAGRATH I J,SHARAN S N,RANJAN R,et al. Signals and Systems[M]. New York, USA:McGraw—Hill Education,2003.

[25]谷源涛,应启珩,郑君里. 信号与系统—MATLAB综合实验[M]. 北京:高等教育出版社, 2008.

[26]陈怀琛,吴大正,高西全. MATLAB及在电子信息课程中的应用[M]. 北京:电子工业出版社,2006.

[27]王洪元. MATLAB语言及其在电子信息工程中的应用[M]. 北京:清华大学出版社, 2006.

[28]唐向宏,岳恒立,郑雪峰. MATLAB及在电子信息类课程中的应用[M]. 北京:电子工业出版社, 2006.

[29]陈晓平,李长杰,毛彦欣. MATLAB在电路与信号及控制理论中的应用[M]. 合肥:中国科学技术大学出版社,2008.